U0168636

数 字 南 海

王 颖 主编

科学出版社

北 京

内 容 简 介

　　本书是对南海综合研究、区域海洋研究的一部专著,用数字地球科学、地理信息系统技术,将研究成果利用计算机表现出来,可实现可视化及做各种运算、演示。全书分7章。第1章～第3章,主要是数字南海的GIS软件系统与硬件设备系统的设计研制。以国内外收集的200余幅图件和水深地形数据为基础,制作南海海底地形模型和南海地形数据库。第4章～第7章是对南海海洋环境、海洋资源的专门研究,包括海底地质、海底地貌、海洋沉积、海洋水文、气象、南海岛礁和海底石油天然气资源等。

　　本书可供区域海洋规划、海洋海岛资源开发利用、国防、外交等相关行业人员及高校相关专业师生阅读。

审图号:GS(2019)1279号

图书在版编目(CIP)数据

数字南海/王颖主编. —北京:科学出版社,2022.8
ISBN 978-7-03-072774-9

Ⅰ.①数… Ⅱ.①王… Ⅲ.①数字技术–应用–南海–研究 Ⅳ.①P722.7-39

中国版本图书馆CIP数据核字(2022)第139452号

责任编辑:朱　丽　李秋艳 / 责任校对:樊雅琼
责任印制:吴兆东 / 封面设计:蓝正设计

科 学 出 版 社 出版
北京东黄城根北街16号
邮政编码:100717
http://www.sciencep.com

北京建宏印刷有限公司 印刷
科学出版社发行　各地新华书店经销
*
2022年8月第 一 版　开本:787×1092　1/16
2023年7月第二次印刷　印张:21 3/4
字数:515 000

定价:259.00元

(如有印装质量问题,我社负责调换)

前　言

　　《数字南海》是对南海综合研究、区域海洋研究的一项成果结晶。它是在南海区域综合研究基础上，用"数字地球"科学、地理信息系统（GIS）技术构成的一项大型实验系统的专项研究。如今将这一系统的部分成果以专著的形式出版。

　　"数字南海"是针对南海及周边区域海洋环境、资源、人文、经济等进行系统研究、归纳，用数字地球技术，将研究成果利用计算机表示出来，能实现可视化及做各种运算。

　　"数字南海"是以多要素、多尺度、多时态的空间数据形式集成南海及周边区域的海洋环境资源、人文经济等信息，结合"数字地球"三维空间可视化技术将不同的空间信息及研究成果，通过计算机综合表现出来，并进行相应的空间分析，获得针对复杂南海问题的技术解决方案，为研究人员和决策部门提供分析和判断的全面、正确的数据依据，同时，可支持制订南海的长期战略目标，对南海的突发事件能实时地进行问题的研究与及时获得决策。

　　南京大学海洋研究团队自 1961 年参加国家大项目"天津新港泥沙来源与减轻回淤措施研究"开始，一直结合海洋工程从事海岸海洋调查研究。20 世纪 80 年代以来，海洋研究中开始采用 GIS 技术，如深圳湾人工岛工程中用 GPS 高精度定位，用 GeoPulse 作深圳湾海底格网状探测，用 GIS 技术将海底沉积物作立体表现，可瞬间提供海底沙层储量、分布、体积，可在计算机上制作各种工程预案，提供有关数量、沙量、开挖量。在南黄海海底沙脊群研究，洋口深水港的选址开发研究，江苏大丰港、东台深水港的选址勘测研究中，以及唐山曹妃甸深水港的选址勘测及开发研究中，都广泛应用了 GIS、遥感技术。特别在支持海南三亚港与铁炉港的扩建基础上，选定洋浦深水大港港址，获得深水深用的效益。同时，成功地与加拿大合作培养海岸海洋资源环境硕士人才，为南海研究与开发打下坚实基础。多年来，海岸海洋研究中地理信息技术的应用，促使我们设想在中国较大海区做海洋科学与地理信息科学相结合的研究。南京大学海洋研究团队在海南岛工作多年，故将目光投向南海，几经多次商榷，遂与海南政府部门合作从事数字南海的大型综合研究，并在海南建设该实验系统。

　　《数字南海》一书包括两大部分。第一部分为第 1 章至第 3 章，是"数字南海"GIS软件系统与硬件实验设备系统的设计研制，以及由国内外收集的 200 余幅水深地形数据图件、制作的南海海底地形模型。第二部分是南海区域海洋研究，为第 4 章至第 7 章，包括7 组数据源信息系统，即海底地质、地貌，海洋沉积，海洋气象，海洋水文，南海岛礁和南海石油天然气资源等。目标是在南京及海南建立实验基地，供专业人员使用；书中有详尽、完整的南海海底地形资源，有各类海洋环境、资源资料，可显示、查询、提取、阅读，系统中可瞬时提供南海海域任意区域的信息底图，给出该海区及周边的各种地理信息坐标、面积、长度、海洋环境、资源分布数量等信息数据，供科技人员了解该海域实况及制作各类预案，比较研究；可将该成果系统进入研究人员和决策者的电脑工作系统，供他们及时查询、了解情况、研究决策。

　　"数字南海"研究项目是由南京大学海洋研究团队 10 位教授，30 位博士研究生、硕士研究生，经历 2003～2005 年三年时间完成的。在 GIS 软件设计过程中，曾请中国科学院、澳门科技大学著名地理信息专家、计算机专家专门到南京商讨检查科研工作，得到权威专家的帮助肯定。我们也专程到中国科学院地理科学与资源研究所、中国科学院遥感与应用研究所、超图信息工程公司等处学习咨询，得到许多专家的帮助与建议，并做出相应的调整。

　　《数字海南》从研究工作到出版，经历十几年，故出版前对书稿又作了全面的补充修改。

　　在研制开发及该实验系统的运行过程中，我们深刻体会到：①地理信息科学技术要能正常地使用，并更好地发挥作用，使用者必须有一定的 GIS 与计算机系统知识，才能正常操作使用，实验室必须有专门的 GIS 技术人员，管理操作并及时指导帮助科技人员使用；②GIS 科学工作者要向 Google Earth 学习，使 GIS 技术普及，并能更容易被广大科技人员接受，目前大型 GIS 系统还必须由专门人员来管理操作，一般的科技人员不易熟练地掌握使用。

　　"数字南海"研究项目是个不断克服困难、设计研发的过程，现将该系统成果成书出版，便于更多读者了解南海的资源环境。

　　本书作者为中国南海研究协同创新中心、南京大学王颖、马劲松、徐寿成、贾培宏、李海宇、朱大奎、殷勇、邹欣庆、葛晨东、王栋、何华春、张振克、张永战等（各章前列出作者名字）。由王颖主编，统筹安排各章内容及审核书稿，朱大奎、何华春统校全书，修饰书稿。

　　书中不妥之处谨请读者指正。

王　颖

中国科学院院士、南京大学教授

2019 年 3 月

目　录

前言

第1章　数字南海软件系统 ··· 1

　1.1　数字南海系统概论 ··· 1

　　1.1.1　数字南海是数字地球系统 ··· 1

　　1.1.2　数字南海系统的设计要求 ··· 4

　　1.1.3　数字南海开发工作方法与步骤 ··· 6

　　1.1.4　数字南海系统开发的技术指标 ··· 6

　　1.1.5　使用的开发工具软件系统 ··· 11

　1.2　数字南海系统软件架构及功能 ·· 12

　　1.2.1　局域网客户/服务器体系结构 ··· 12

　　1.2.2　支撑软硬件系统 ··· 14

　1.3　数字南海系统的空间数据库 ·· 21

　　1.3.1　对象-关系模型空间数据库建库系统 ······································ 21

　　1.3.2　数据库详细设计 ··· 26

　　1.3.3　空间数据库软件系统 ·· 38

　1.4　数字南海的三维客户端查询系统 ··· 45

　　1.4.1　客户端的用户界面 ·· 46

　　1.4.2　客户端的主要功能 ·· 50

　1.5　数字南海中的数字地球技术 ·· 66

　　1.5.1　虚拟椭球体的数学基础 ··· 66

　　1.5.2　椭球体的导航 ··· 70

第2章　数字南海实验平台设计 ··· 85

　2.1　虚拟现实技术 ··· 85

　　2.1.1　虚拟现实概论 ··· 85

　　2.1.2　投影系统中的三维立体影像技术 ··· 87

　　2.1.3　CRT、LCD、DLP投影技术 ·· 89

　2.2　数字南海实验室软硬件平台设计 ··· 92

　　2.2.1　数字南海工作实验室建设 ··· 92

　　2.2.2　数字南海虚拟现实实验室建设 ··· 94

　2.3　构建虚拟现实仿真系统关键硬件设备 ·· 98

　　2.3.1　图形发生器 ··· 98

　　2.3.2　多通道柱面投影系统 ·· 99

　　2.3.3　BARCO投影系统 ·· 101

      2.3.4　美国科视投影系统 ·········· 105
  2.4　构建虚拟现实仿真系统主要软件平台 ·········· 106
      2.4.1　三维视景实时仿真软件（Multigen/vega） ·········· 106
      2.4.2　实时场景管理驱动软件（VEGA Prime） ·········· 109
      2.4.3　GIS 软件平台 ·········· 111
  2.5　结语 ·········· 113

第 3 章　南海海底地形 ·········· 115
  3.1　数字南海地形数据 ·········· 115
      3.1.1　数据内容 ·········· 115
      3.1.2　数据处理及建库流程 ·········· 123
      3.1.3　数字地形三维模型建立 ·········· 124
  3.2　南海大陆架 ·········· 125
      3.2.1　北部大陆架 ·········· 125
      3.2.2　南部大陆架 ·········· 128
      3.2.3　东部大陆架 ·········· 128
      3.2.4　西部大陆架 ·········· 128
  3.3　南海大陆坡 ·········· 128
      3.3.1　海底高原 ·········· 130
      3.3.2　海山和海丘 ·········· 131
      3.3.3　海槽和海沟 ·········· 131
      3.3.4　海底峡谷 ·········· 133
      3.3.5　海底扇 ·········· 134
  3.4　南海中央海盆 ·········· 134
      3.4.1　南海深海平原 ·········· 134
      3.4.2　中央海盆 ·········· 135
      3.4.3　西北次海盆 ·········· 135
      3.4.4　西南次海盆 ·········· 136
  3.5　珊瑚环礁群岛 ·········· 137
      3.5.1　东沙群岛 ·········· 137
      3.5.2　西沙群岛 ·········· 138
      3.5.3　中沙群岛 ·········· 141
      3.5.4　南沙群岛 ·········· 142
  3.6　南海的海峡 ·········· 143
      3.6.1　琼州海峡 ·········· 144
      3.6.2　巴拉巴克海峡 ·········· 144
      3.6.3　马六甲海峡 ·········· 144
      3.6.4　吕宋海峡 ·········· 146
      3.6.5　巽他海峡 ·········· 147

　　　3.6.6　民都洛海峡 147
　　　3.6.7　卡里马塔海峡 148
第4章　南海地质 149
　4.1　南海大地构造特征 149
　　　4.1.1　南海构造单元划分 149
　　　4.1.2　南海断裂构造 154
　　　4.1.3　南海主要的断裂带 155
　　　4.1.4　南海地质构造演化 157
　4.2　南海地层 160
　　　4.2.1　南海海域地层 160
　　　4.2.2　南海陆区地层 165
　　　4.2.3　南海岩浆活动 171
　　　4.2.4　南海第四纪火山喷发活动 174
　　　4.2.5　南海地震活动 175
　4.3　南海海底沉积 178
　　　4.3.1　沉积物粒度特征及分布 178
　　　4.3.2　沉积物分类和分布特征 182
　4.4　南海矿产资源 185
　　　4.4.1　南海砂矿资源 185
　　　4.4.2　南海铁锰结核与结壳矿产 187
第5章　南海的气象与水文 189
　5.1　风 189
　5.2　降水 192
　　　5.2.1　南海北部的降水 192
　　　5.2.2　南海西部的降水 194
　　　5.2.3　南海东部的降水 194
　　　5.2.4　南海中部的降水 195
　5.3　热带气旋（含台风） 196
　　　5.3.1　热带气旋 196
　　　5.3.2　台风 198
　5.4　气温 199
　5.5　波浪 201
　　　5.5.1　南海海浪的时空分布 201
　　　5.5.2　海南岛及周边海域波浪要素分布 203
　　　5.5.3　西沙群岛及周边海域波浪要素分布 205
　　　5.5.4　南沙群岛海域波浪要素分布 206
　　　5.5.5　南海中部海域波浪要素分布 206
　5.6　潮汐、风暴潮、潮流与余流 207

　　　　5.6.1　潮汐 ·· 207

　　　　5.6.2　风暴潮 ··· 210

　　　　5.6.3　潮流与余流 ·· 211

　　5.7　南海环流 ··· 212

　　5.8　海水温度 ··· 215

　　　　5.8.1　海水温度的分布与变化 ··· 215

　　　　5.8.2　南海的温度跃层 ·· 218

　　　　5.8.3　南沙、中沙群岛温度分布特征 ·· 218

　　　　5.8.4　西沙群岛附近海域的水温分布 ·· 220

　　5.9　盐度和密度 ·· 222

　　　　5.9.1　盐度 ·· 222

　　　　5.9.2　密度 ·· 225

第6章　南海的岛礁 ··· 228

　　6.1　南海诸岛概况 ··· 228

　　6.2　南海主要岛礁特征 ·· 231

　　　　6.2.1　东沙群岛的岛礁 ··· 231

　　　　6.2.2　中沙群岛的岛礁 ··· 234

　　　　6.2.3　西沙群岛的岛礁 ··· 239

　　　　6.2.4　南沙群岛的岛礁 ··· 254

第7章　南海海洋石油天然气资源 ··· 295

　　7.1　南海油气资源概况 ·· 295

　　7.2　南海油气资源勘查历史 ··· 295

　　　　7.2.1　南海北部油气资源勘查历史 ·· 295

　　　　7.2.2　南海南部陆架油气勘查历史 ·· 297

　　7.3　南海新生代沉积盆地发育的构造背景及盆地分类 ······························ 299

　　　　7.3.1　南海新生代沉积盆地发育的构造背景 ·· 299

　　　　7.3.2　南海新生代沉积盆地类型 ··· 301

　　7.4　南海油气资源分布和评价 ··· 302

　　　　7.4.1　南海油气资源分布特点 ·· 302

　　　　7.4.2　南海油气资源评价 ·· 304

　　7.5　南海典型含油气盆地 ·· 306

　　　　7.5.1　南海北部盆地 ··· 306

　　　　7.5.2　南海南部盆地 ··· 319

参考文献 ·· 337

第1章　数字南海软件系统[*]

1.1　数字南海系统概论

数字南海系统是采用数字地球信息化技术，将整个南海及其周边国家和地区的地形、水深、海底地质、地貌结构与地层组成等三维信息、资源矿产分布信息、海洋水文、波浪潮汐海流时空变化信息，以及历史、政治、经济等信息，以数字化的三维空间数据库形式进行数据组织与存储，用虚拟现实的可视化技术通过计算机综合地表现出来，可进行相应的空间数据计算与分析研究，以此获得复杂的南海问题的技术解决方案，为我国政府、外交部门进行南海的管理与南海的研究、决策提供技术保障。

数字南海系统将整个南海数字化，并进入政府决策部门及专门科研机构的实验室，供政府决策人员和南海问题专家进行科学的分析研究决策。系统可以适时提供静态和动态的立体地理景观、卫星遥感影像、虚拟现实仿真图像、数字地图等数字化产品，还可以通过计算机网络直接为社会提供联机信息服务，为我国南海问题的研究、南海的开发管理、南海主权的维护等发挥积极的作用。

1.1.1　数字南海是数字地球系统

1. 数字地球

数字地球是美国前副总统戈尔于 1998 年 1 月在加利福尼亚科学中心开幕典礼上发表的题为《数字地球——新世纪对人类星球的认识》演说时，提出的一个与 GIS、网络和虚拟现实等高新技术密切相关的概念。

数字地球可以理解为对真实地球各种现象的数字化表达和认识。其核心思想是用数字化的手段来处理整个地球的自然和社会等诸方面的问题，以便更合理地利用资源，并使普通使用者能够通过简单的方式获得他想了解的地球的有关信息。其特点是存储海量地理空间数据，在计算机上实现多分辨率的数字三维地球描述，即"虚拟地球"（virtual globe）。

严格地讲，数字地球是以计算机技术、多媒体技术和大规模存储技术为基础，以宽带网络为纽带，运用海量地理空间信息对地球进行多分辨率、多尺度、多时空和多种类的数字化三维建模，并利用它作为工具来支持和改善人类各种生产和生活质量。

（1）数字地球系统的组成

要在计算机系统上实现数字地球不是一件简单的事，它需要诸多学科，特别是信息科学技术的支撑。这其中主要包括：信息高速公路和计算机宽带高速网络技术、高分辨率卫星影像、空间信息技术与空间数据基础设施、大容量数据存储及元数据、科学计算，以及可视化和虚拟现实技术。

＊ 本章作者：马劲松、徐寿成、贾培宏

1）信息高速公路和计算机宽带高速网络技术：一个数字地球所需要的数据已不能通过单一的数据库来存储，而需要由成千上万的不同组织来维护。这意味着参与数字地球的服务器将需要由高速网络来连接。为此，美国前总统克林顿早在 1993 年 2 月就提出实施美国国家信息基础设施，通俗形象地称为信息高速公路，它主要由计算机服务器、网络和计算机终端组成。

2）高分辨率卫星影像：这里的分辨率指卫星遥感影像的空间分辨率、光谱分辨率和时间分辨率。空间分辨率指影像上所能看到的地面最小目标尺寸，用像元在地面的大小来表示。从遥感形成之初的 80m，提高到 30m、10m，乃至 1m，军用甚至可达到 10cm。光谱分辨率指成像的波段范围，波段范围越窄，波段越多，光谱分辨率就越高，现在的技术可以达到 5～6nm 量级，400 多个波段。细分光谱可以提高自动区分和识别目标性质及组成成分的能力。时间分辨率指卫星重访周期的长短，目前一般对地观测卫星为 15～25 天的重访周期。通过发射合理分布的卫星星座，可以 3～5 天观测地球一次。

3）空间信息技术与空间数据基础设施：空间信息是指与地理分布有关的信息，经统计，世界上的事物有 80% 与空间分布有关，空间信息用于地球研究即为地理信息系统。国家空间数据基础设施主要包括空间数据协调管理与分发体系和机构，空间数据交换网站、空间数据交换标准及数字地球空间数据框架。我国在 21 世纪初开始抓紧建立基于 1：50000 和 1：10000 比例尺的空间信息基础设施。美国、欧洲、俄罗斯和亚太地区各国也都纷纷抓紧空间数据基础设施的建设。

4）大容量数据存储及元数据：数字地球将需要存储巨大数量的信息。例如，美国国家航空航天局的行星地球计划每天产生 1TB（10^{12}byte）的遥感影像数据。一方面，1m 分辨率遥感影像如果覆盖江苏省区域，大约就有 1TB 的数据，而江苏省面积仅是全国面积的 1% 多一点。所以要建立起中国的数字地球，仅仅是遥感影像数据就很大。这还只是一个时刻的数据量，多时相的动态数据其容量就更大了。所以需要大容量的数据存储设备和技术。另一方面，为了在海量数据中迅速找到需要的数据，元数据（metadata）库的建设是非常必要的。元数据是关于数据的数据，通过它可以了解有关数据的名称、位置和属性等信息，从而大大地减少用户寻找所需数据的时间。

5）科学计算：地球是一个复杂的巨系统，地球上发生的许多事件、变化和过程又十分复杂，其时间和空间跨度变化大小不一，差别很大，只有利用超级计算机才有能力来模拟一些不能观测到的现象。利用数据挖掘（data mining）技术，才能够更好地认识和分析所观测到的海量数据，从中找出规律和知识。科学计算能够突破实验和理论科学的限制，建模和模拟可以更加深入地探索所搜集到的有关于我们星球的数据。

6）可视化和虚拟现实技术：可视化是实现数字地球与人交互的工具，而数字地球的另一个显著的技术特点是虚拟现实技术。在数字地球中用户戴上显示头盔，就可以看见地球从太空中出现，使用开窗放大功能放大地球的数字图像；随着分辨率的不断提高，可以看见陆地，然后是乡村、城市，最后是私人住房、商店、树木和其他天然、人造景观。

虚拟现实技术为人类观察自然、了解世界提供了身临其境的感觉。最近，WebGL 等三维新技术也日益普及。虚拟现实技术在摄影测量中已得到应用，近几年的数字摄影测量已经能够在计算机上建立可供量测的数字虚拟环境。当然，当前的技术是对单一物体拍摄照片，产生视差，构造立体模型。进一步的发展是对整个地球进行无缝拼接，由三维数据通过人造视差的方法，构造虚拟立体。

（2）数字地球系统的技术

数字地球的核心是地理空间信息科学，地理空间信息科学的技术体系中最基础的技术核心，是"3S"技术及其集成。"3S"是全球定位系统（GPS）、地理信息系统（GIS）和遥感（RS）的统称。没有"3S"技术的发展，现实变化中的地球是不可能以数字的方式进入计算机系统的。

1）空间定位技术：GPS 是一种现代定位方法。用 GPS 同时测定三维坐标的方法将测绘定位技术从陆地和近海扩展到整个海洋和外层空间，从静态扩展到动态，从单点定位扩展到局部差分与广域差分，从事后处理扩展到实时（准实时）定位与导航，绝对精度和相对精度扩展到米级、厘米级乃至亚毫米级，从而大大拓宽它的应用范围。现在，人们可以使用 GPS 手机，个人的活动就可以融入数字地球中去。

2）航空航天遥感技术：当代遥感的发展主要表现在它的多传感器、高分辨率和多时相特征。遥感的高分辨率特点体现在空间分辨率、光谱分辨率和温度分辨率 3 个方面，空间分辨率表现为长线阵 CCD 成像扫描仪可以达到 1～2m 的空间分辨单元，光谱分辨率表现为能全面覆盖大气窗口的所有部分，如光学遥感包含可见光、近红外和短波红外区域，热红外遥感的波长为 8～14mm，微波遥感波长范围为 1mm～100cm，且成像光谱仪的光谱细分可以达到 5～6nm 的水平。此外，热红外辐射计的温度分辨率可从 0.5K 提高到 0.3K 乃至 0.1K。

遥感的多时相特征体现在小卫星群计划的推行，可以用多颗小卫星，实现每 2～3 天对地表重复一次采样，获得高分辨率成像光谱仪数据，多波段、多极化方式的雷达卫星，将能解决阴雨多雾情况下的全天候和全天时对地观测，通过卫星遥感与机载、车载遥感技术的有机结合，是实现多时相遥感数据获取的有力保证。

3）地理信息系统技术：随着"数字地球"这一概念的提出和人们对它认识的不断加深，从二维向多维动态以及网络方向发展是地理信息系统发展的主要方向，也是地理信息系统理论发展和诸多领域，如资源、环境和城市等的迫切需要。在技术发展方面，目前是发展 WebGIS 应用，可以实现远程寻找所需要的各种地理空间数据，而且可以进行各种地理空间分析。另一个发展方向是数据挖掘，从空间数据库中自动发现知识，用来支持遥感解译自动化和 GIS 空间分析的智能化。

4）"3S"集成技术："3S"集成是指将上述三种对地观测技术有机地集成在一起。这里所说的集成，是英文 Integration 的中译文，是指一种有机的结合，即在线的连接、实时的处理和系统的整体性。"3S"集成包括空基"3S"集成与地基"3S"集成。前者用空-地定位模式实现直接对地观测，主要目的是在无地面控制点（或有少量地面控制点）的情况下，实现航空航天遥感信息的直接对地定位、侦察、制导和测量等；后者是车载、舰载定位导航和对地面目标的定位、跟踪和测量等实时作业。

2. 国内外的数字地球系统

（1）Google Earth

谷歌地球（Google Earth）是 Google 公司开发的一款虚拟地球软件，2005 年 6 月正式推出。它把卫星影像、航空相片和地理空间数据布置在一个地球的三维模型上。Google将最基本版本的 Google Earth 当作免费的软件，可以自由下载且不限时间地使用。

Google Earth 的卫星影像并非单一数据来源，而是卫星影像与航拍的数据整合。其卫星影像部分来自美国数字地球（Digital Globe）公司（QuickBird 商业卫星）与美国 EarthSat 公司（陆地卫星 Landsat-7 卫星居多），航拍部分的来源有英国 BlueSky 公司（航拍、GIS/GPS 相关业务）。此外还有美国 IKONOS 及法国 SPOT5 卫星影像。其中 SPOT5 可以提供解析度为 2.5m 的影像，IKONOS 可提供 1m 左右的影像，而 QuickBird 能够提供最高为 0.61m 的高精度影像，是当时全球商用的最高水平。

（2）美国航空航天局 World Wind

美国航空航天局 World Wind（直译为"世界风"），是美国航空航天局发布的一个开放源代码的地理科普软件，由美国航空航天局研究中心开发。它是一个可视化地球仪，将 NASA、USGS，以及其他 WMS（web map service）服务商提供的图像通过一个三维的地球模型展现，近期还包含了火星和月球的展现。

和谷歌地球软件一样，用户可在所观察的行星上随意地旋转、放大、缩小，同时可以看到地名和行政区划。软件还包含了一个软件包，能够浏览地图及其他由因特网上的 OpenGIS Web Mapping Service 提供的图像。

1.1.2 数字南海系统的设计要求

1. 数字南海系统的定位与目标

数字地球系统常常按规模分为 4 个级别：全球级（global）、区域级（regional）、国家级（national）、局部级（local）。数字南海系统覆盖的区域经度范围为：104°～122°E；纬度范围为：0°～26°N；因此，数字南海系统的定位属于国家级（national）数字地球系统。其目标是将数字南海建成具有国际先进水平的数字地球系统工程。

2. 数字南海系统的用户

数字南海系统的建设主要服务于南海管理部门、决策部门、研究人员和社会公众四类用户。

3. 数字南海系统研究区域的范围

数字南海系统的研究区域经度范围为 104°～122°E、纬度范围为 0°～26°N，包括了南海整个海洋区域以及周边相关的国家与地区的部分陆地。

4. 数字南海系统包含的空间数据的类型

数字南海系统数据库中将包含的数据类型有：DLG 数据、DRG 数据、DEM 数据、DOM 数据、地名数据、多媒体（视频、音频、图像、动画……）数据等。

数字中国要求空间数据采用 1∶100 万、1∶25 万、1∶5 万和 1∶1 万的比例尺序列，数字南海系统根据具体的情况，采用全区域 1∶200 万，分区域 1∶50 万，岛屿则根据实际情况确定。

5. 数字南海系统软件的基本框架

数字南海系统软件的基本框架采用三层结构，即数据逻辑层（空间数据库）、业务逻辑层（查询功能服务器）和应用逻辑层（局域网、因特网查询层）等。

数字南海系统开发技术上采取三层体系结构，其中心特征是每个应用程序的业务逻辑在一个共享的应用服务器（中间层）上运行，而不在客户机上执行。这种模式利用 3 个逻辑分开的系统服务，分为用户界面逻辑（描述逻辑）、应用处理逻辑（业务逻辑）和数据逻辑 3 个层次。对这 3 个逻辑层次，用不同的方法实现。

数字南海系统关键功能采用三层次式多层次体系结构。在终端用户与数据管理系统（包括数据库系统、队列系统、文件系统）之间，引入应用服务器（application server）来统一管理应用程序，完成应用与数据库系统的连接与管理。这个应用服务器就是我们所说的"中间件"，是连接这 3 个层次必不可少的部分。

应用客户机完成描述逻辑，应用服务器完成业务处理逻辑。在一个事务处理过程中，每一个客户机只向应用服务器发出一个请求，这就大大减少了网络通信和竞争。每个应用程序的业务逻辑是由该应用程序的所有用户共享的，这样就能更好地控制业务处理，同时当修订业务处理而产生变化时，能极大地简化变化的实现。

6. 数字南海系统软件的基本需求

通过对中国南海研究院的用户需求调查等分析，得出三点数字南海系统的基本需求。

1）数字南海性能的用户需求。数字南海系统要求支持大数据量的存储、查询与显示，多用户并发，并在多用户环境下保证数据库的完整性和一致性，保证系统稳定与数据的质量。

2）数字南海安全性的用户需求。数字南海系统需要实现数据安全分级、不同的用户可查询不同级别的数据，具体由身份认证与权限管理两部分组成：①身份验证：建立统一的认证体系，为用户提供统一、集中的身份认证过程，以更加安全的方式来维护整个系统的登录。同时为了方便用户，提供"一站式"服务，即用户只需一次登录，登录成功后就可以访问经过授权的信息以及处理相应的业务。②权限管理：系统操作权限是限制用户能够进行访问与操作的控制信息，系统所有操作行为分受控和非受控两种。非受控操作是没有限制的系统功能，任何合法登录用户都自动享受这些功能，同时，由于所有用户自动享受这些功能，非受控操作在用户权限设置部分即可不必出现。受控操作是系统可以控制的用户访问的操作，任何需要控制访问的操作均应列入受控操作范围，受控操作的权限授予部分用户组和用户，用户的初始权限（建立用户时创建的权限）从用户组权限继承，同时每个用户的权限也可以单独设置，优先级高于用户组权限设置。系统的访问范围是登录用户的授权限操作和所有非受控操作。

3）数字南海用户界面的设计需求。①局域网内部用户界面：专用的基于 Windows 视窗系统的图形用户界面；局域网内部图形用户界面设计为采用 4 种基本组件：窗口、图标、菜单和鼠标指针的人机交互形式，称为 WIMP 界面（window, icon, menu and pointing device）。系统图形用户界面中，固有的重要特性是操作直观、提供对鼠标或指针的支持、提供图形和应用软件功能的显示等。②因特网外部用户界面：通用的 Web 浏览器图形用户界面；系统网页用户界面包含形象的描述和超链接，以及常用的分级菜单结构。基本的导航通过一个或更多使用了文本或可视化超链接的应用软件来实现。根据软件超链接的结构，网页用户界面的内部导航是在一个单独的图形用户界面窗口中，以线性或非线性的方式来显示网页。

1.1.3　数字南海开发工作方法与步骤

数字南海系统软件开发的软件工程方法是采用统一软件开发过程（RUP），以用例为驱动，以系统构架为核心，迭代、增量方式开发。每一次迭代过程都可以看作是一次小规模的完整产品开发，都会有分析、设计，开发、测试等过程，来保证每一次迭代产品的品质，从而保证最终交付的产品是完整的、可用的、符合需求定义，并能满足用户的需求。

数字南海系统的开发从时间上可以分为初始阶段、细化阶段、构建阶段和交付阶段4 个阶段；其核心工作流为需求分析、设计、实现、测试和发布等活动。各期工程的进度及研究内容设计方案如下。

第一期：在第一期工程中要进行系统需求调研与需求分析，形成数字海南系统的总体设计方案。设计方案包括体系架构设计、软硬件环境设计、数据库设计、系统功能设计及系统安全性设计。该期工程主要是为后面具体工作的有序展开提供依据。

第二期：在第二期工程中，按照第一期工程提出的设计方案，完成数字南海系统的硬件设备安装及调试；完成 GIS 数据库系统的软件实现，部分系统数据实现数字化及入库测试，各种数据查询方法的调试和大数据量网络传输测试；开发出系统查询等功能组件；测试各功能的性能，调试并交付用户试运行。

第三期：继续完成数字南海剩余的所有数据的数字化工作与数据库入库工作，软件实现所有数据的查询功能，完成所有设计功能的测试工作，撰写系统测试报告。实现成果地图集的编制工作。

第四期：在这个阶段完成系统总结，将系统正式交付用户使用，课题验收及课题鉴定等。在系统开通阶段，将与南海研究中心方共同成立系统切换领导小组，确定双方技术负责人员，明确双方技术人员在系统切换各环节的分工及职责；课题验收涉及的内容包括对系统技术方案、数据库及 GIS 进行全面校验；进行应用软件、文件资料等交接工作，提交课题验收报告，签发课题验收证书。拟定系统进一步发展的计划。

1.1.4　数字南海系统开发的技术指标

数字南海系统开发的目标是创建国际先进水平的数字地球系统示范工程，所以，在数字南海系统开发中所运用的技术必须符合国际最新信息技术要求。

1. 基于微软.NET 框架的 Web Services 技术

Web Services 是近年内兴起的一种新型的基于 Internet 的分布式计算技术，它使得Internet 不仅是传输的平台，也变成了传递服务的平台。目前 ISO 和 OGC 对于如何提供地理信息服务都已经有了相应的抽象规范（abstract specification），OGC 已经开始制定相应的实现规范（implement specification），其中有一部分涉及在网络上提供各种服务，这部分的规范目前仍在讨论和发展之中。数字南海系统的开发直接基于 Web Services 技术，使得系统具有当前最先进的技术含量。

可扩展标记语言（XML）是 Web Services 的基础。由于 XML 在分布式应用之间被广泛用于作为信息交换的方式，在 2000 年 9 月 Web Services 的 XML 工作组成立。数字南海系统采用先进的 XML 与 GML 空间数据规范，使得系统的数据具有互操作的网络特性，为主管领导部门、研究部门各种异构系统之间的空间信息交换提供了技术的保证。同时，XML 数据形式也是未来一段时间内国际上最先进的 B2B 数据共享技术。

Web Services 中重要的协议标准是 SOAP（simple object access protocol）、WSDL（web services description language）、UDDI（universal description discovery and integration）。SOAP 是基于 XML 的 RPC（remote process call）协议，用于描述通用的 WSDL 目标。通过将 SOAP 进行扩展，如数字签名、加密等支持 Web Services 框架的安全性。WSDL 用于描述服务，包括接口和访问的方法，复杂的服务可以由几个服务组成，它是 Web Services 的接口定义语言。UDDI（universal description discovery and integration）定义了 Web Services 的目录结构。数字南海系统使用 SOAP 等协议可以使得外交部的计算机系统直接通过中国南海研究院的数字南海系统防火墙，进行数据共享时增加了数据的安全性。

C/S 结构采用 Intranet 技术，适用于局域网环境，用以连接有限用户，是主管领导部门、研究使用部门内部主要的系统体系结构。B/S 结构采用 Internet/Intranet 技术，适用于广域网环境，可以支持更多的客户。客户端只需标准的浏览器，采用面向对象技术，代码可重用性好，系统扩展维护简单。所以主要是在因特网上提供非授权一般性用户的信息服务。

2. 基于关系数据库的空间数据库技术

目前基于关系数据库或者对象关系数据库的空间数据管理技术已经成为发展潮流。国际 GIS 厂商纷纷研制空间数据库解决方案。空间数据库在多用户并发操作、权限管理等诸多方面有优势，适合建设大型数字地球系统工程项目。

ADO.NET 是一个全新的数据库访问编程模型，将成为构建数据感知.NET 应用程序的基础。ADO.NET 更具有通用性，并不专门针对数据库而进行设计。ADO.NET 聚集了所有可以进行数据处理的类。这些类呈现了具有典型数据库功能的 Data Container Objects，如索引、排序、浏览等。ADO.NET 在数字南海系统中是作为重要的.NET 数据库应用程序的解决方案，海量空间数据管理是 ADO.NET 将解决的重要技术问题。

空间数据快速索引是实现海量数据管理的关键技术之一。传统的格网索引和空间四叉树索引方法在一定程度上解决了空间索引问题，但是仍然存在一些缺陷，如格网法索引存在较大的数据冗余；四叉树索引在索引命中精度方面则有所不足。数字南海系统创造性地提出了基于浮动四叉树的空间索引技术，成功地解决了传统索引技术的不足，为海量空间数据管理奠定了可靠的基础。

SQL 是数字南海系统数据查询的主要技术，所谓 SQL，即结构化查询语言（structured query language），是用于关系型数据库通信的标准语言，其模型的原型是由大型共享数据仓库的关系模型发展而来的。数字南海系统主要使用 Microsoft SQL Server 作为主要的数据库系统,这是一个客户/服务器关系型数据库系统,可以分为两部分定义,即客户/服务器部分和关系型数据库系统部分。

SQL Server 支持三层客户/服务器结构。三层客户/服务器结构将一个 SQL Server 应用程序分成三个部分:①用户界面端为用户提供了可在自己的桌面上运行的服务;②运行在 SQL Server 上的业务规则端支持业务服务;③运行在另一个 SQL Server 上的数据端支持数据服务。这和数字南海系统整个的软件体系结构是相吻合的。

3. 基于虚拟现实的三维建模、可视化技术

虚拟现实(virtual reality,VR),是一种基于可计算信息的沉浸式交互环境,具体地说,就是采用以计算机技术为核心的现代高科技,生成逼真的视、听、触觉一体化的特定范围的虚拟环境,用户借助必要的设备以自然的方式与虚拟环境中的对象进行交互作用、相互影响,从而产生亲临等同真实环境的感受和体验。虚拟现实技术是数字地球系统必需的组成部分,也将是数字南海系统中重要的软件功能之一。

虚拟现实的关键技术可以包括以下两个方面:①动态环境建模技术。虚拟环境的建立是虚拟现实技术的核心内容。动态环境建模技术的目的是获取实际环境的三维数据,并根据应用的需要,利用获取的三维数据建立相应的虚拟环境模型。三维数据的获取可以采用 CAD 技术(有规则的环境),而更多的环境则需要采用非接触式的视觉建模技术,两者的有机结合可以有效地提高数据获取的效率。②实时三维图形生成技术。三维图形的生成技术已经较为成熟,其关键是如何实现"实时"生成。为了达到实时的目的,至少要保证图形的刷新率不低于 15 帧/s,最好是高于 30 帧/s。在不降低图形的质量和复杂度的前提下,如何提高刷新频率将是该技术的研究内容。

数字南海系统中的三维数据获取主要采用空间内插的技术方法解决,而实时三维图形的生成技术则需要 OpenGL、GDI+等软件技术的实现。

开放性图形库(open graphics library,OpenGL)为一套三维图形应用程序接口库,软件开发借助 OpenGL 可以实现复杂的三维图形变换。OpenGL 被设计成独立于硬件,独立于窗口系统,在运行各种操作系统的各种计算机上都可用,并能在网络环境下以客户/服务器模式工作,是专业的图形处理、科学计算等高端应用领域的标准图形库。数字南海系统中,三维可视化与虚拟现实的实现,主要就是依赖于 OpenGL 技术的运用。

新增的图形设备接口(graphics device interface plus,GDI+)是 Windows XP 操作系统的子系统,负责在屏幕和打印机上显示信息。它是微软的.NET Framework 的一个重要组成部分,是最新的 Windows 图形图像编程接口。GDI+将应用程序与图形硬件隔离,而正是这种隔离允许开发人员创建设备无关的应用程序。数字南海系统中的内部用户客户端软件图形浏览与操作界面主要是运用 GDI+技术加以实现。

可任意缩放矢量图像格式(scalable vector graphics,SVG)是一套基于 XML 的二维图形描述语言,可以用来描述矢量图形、图像及文字等图形对象。这些图形对象可以被分组、加入式样、被转换或者用来构成其他的对象。SVG 不同于传统的二元(平面)图像和动画制作,它完全是用普通文本来描述的,是一种为网络应用而设计的基于文本的图像

格式。数字南海系统中的 Internet 用户浏览系统图形界面主要是使用 SVG 结构来实现 Web 上的二维地图信息显示的。

虚拟现实建模语言（virtual reality modeling language，VRML）是一种用于定义虚拟现实世界的面向图形、面向网络的描述性语言，它以结点（node）描述虚拟现实世界中的物体及它们的形状、特征。它具有平台独立性、可扩展性和低带宽要求 3 个明显的特征。作为 VRML 最新的发展，Web3D 等新技术可以考虑作为数字南海系统 Internet 端的三维图形浏览功能的实现技术。

4. 基于 RUP 的软件系统分析设计技术

最先进的现代软件工程的过程技术一般认为当属统一软件过程（rational unified process，RUP）。RUP 的基本思想是在软件开发过程中提出的，针对所有关键的开发活动为每个开发成员提供必要的准则、模板和工具指导。在信息系统开发中贯彻 RUP 思想，将大大减少综合信息系统集成与设计的困难。运用 RUP 技术，将数字南海系统的开发按照体系结构，组织成若干次不同的迭代步骤，逐步递增地开发出整个软件系统。

统一建模语言（unified modeling language，UML）是面向对象的标准建模语言。RUP 技术的实现主要体现在使用 UML 语言方面。UML 包括 UML 语义和 UML 表示法两个部分。数字南海软件系统的开发在结构上采用 UML 进行分析和组织，在过程上则贯彻 RUP 的指导思想来进行。RUP 与 UML 是当前最先进的软件工程技术。

5. 基于互操作的标准化技术

不同软件系统之间的互操作是当前基于网络系统的主要技术难关，空间数据的互操作由于空间数据的极度复杂性而显得尤为困难。地理标记语言（geography markup language，GML）是 OpenGIS 协会基于 XML 制定的网络空间数据交换标准，已逐渐成为广泛接受的一种空间信息的交换格式。异构 GIS 信息集成要求支持 OpenGIS 的 GML 规范。OpenGIS 同时还制定了 GML 的扩展集——SML，扩展的 SML 规范除支持 OpenGIS 的简单几何实体以外，还可刻画复杂曲线、圆、椭圆、圆弧等复杂几何实体。异构 GIS 信息集成框架下的每一个几何对象都可以输出为 XML 节点字符串，同时也可以从一个 XML 节点字符串创建几何对象。通过这一技术，每个几何对象都可以在网络的一端转换为 XML，通过网络传递到另一端，最后还原成 GIS 几何对象。数字南海系统的数据传输结构即遵循 GML 的规范，使得无论是外交部，还是中国南海研究院的用户，都可以共享数字南海系统中的数据。

6. 基于 GIS 的相关技术

数字南海系统是一个网络的 GIS 系统，GIS 是利用现代计算机图形技术和数据库技术，输入、存储、编辑、分析、显示空间信息及其属性信息的地理资料系统。在 GIS 中存储和处理数据可以分为两大类：第一类反映事物地理空间位置信息，称空间信息或空间数据；第二类是与地理位置有关的反映事物其他特征的信息，称属性信息或属性数据。通过 GIS 对这两类数据的管理，在它们之间建立双向对应关系，实现图形与数据的互查互用。

GPS 作为一种全新的现代定位方法，已逐渐在越来越多的领域取代了常规光学和电子仪器。用 GPS 同时测定三维坐标的方法，可以从陆地到整个海洋和外层空间进行定位，从而大大拓宽其应用范围及在各行各业中的作用。GPS 技术将为数字南海系统提供精确的数据保证。

遥感是应用探测仪器，不与探测目标相接触，从远处记录目标电磁波特性，通过分析解释物体特征性质及其变化的综合性探测技术。遥感系统包括：被测目标信息特征、信息的获取、信息的传输与记录、信息的处理和信息的应用五大部分。数字南海系统中将包括南海重要岛礁的航空摄影影像与卫星影像数据。遥感是数字南海系统中重要的数据源之一。

地图投影的实质就是将地球椭球面上的地理坐标按照一定的数学法则转移成平面上的坐标。在地图学中，地图投影就是指建立地球表面上的点与投影平面上点之间的一一对应的函数关系。地图投影按投影变形的性质可分为等角投影、等面积投影、等距离投影；按正常位置投影经纬网图形可分为方位投影、圆锥投影、圆柱投影等。在实际制图中，要根据不同要求和各种投影的特点选择合适的投影，减少投影变形。数字南海系统由于研究范围较大，地球的曲率对整个区域有较显著的影响，已经不能够再使用常规 GIS 中的平面数字高程模型来存储地理空间数据。所以，地图投影转换技术在数字南海系统中是极其重要的技术之一。

专题地图是以表现某单一属性的位置或若干选定属性之间关系为主要目的的地图。专题制图的一般程序包括对合适的符号和图形对象的选择、生成和放置，以明确突出研究主题的重要属性和空间关系，同时还要考虑参考系统。GIS 专题地图输出的规则是，不但要有美观的图形，更重要的是便于读图、分析地图和理解地图。数字南海系统中将包含 50 个以上的专题数据源，这些专题数据源最终都将以专题电子地图的形式表现出来。所以，专题电子地图的数字化制作技术在数字南海系统中也将是重要的一环。

7. 基于微软开发平台的软件开发技术

C++是一种在国际上得到广泛认可与应用的面向对象方法的程序设计语言，具有封装性、继承性和多态性等特性，它使得软件，特别是大型复杂软件的构造和维护变得更加有效和容易，并使软件的开发能更加自然地反映事物的本来面貌，从而大大提高软件开发的质量与效率。数字南海系统的核心功能及采用 C++实现。

.NET Framework 是用于生成、部署和运行 XML Web services 和应用程序的多语言环境。它由 3 个主要部分组成。

1）公共语言运行库：它在组件的运行和开发时都起到了很大的作用。在组件运行时，运行库除了负责满足此组件在其他组件上可能具有的依赖项外，还负责管理内存分配、启动和停止线程和进程，以及强制执行安全策略。在开发时，由于做了大量的自动处理工作（如内存管理），运行库使开发人员的操作非常简单。

2）统一编程类：该框架为开发人员提供了统一、面向对象、分层和可扩展的类库集。目前，C++开发人员使用 Microsoft 基础类，而 Java 开发人员使用 Windows 基础类。框架统一了这些完全不同的模型，并且为 Visual Basic 和 JScript 程序员同样提供了对类库的访问。通过创建跨所有编程语言的公共 API 集，公共语言运行库使得跨语言继承、错误处理和调试成为可能，开发人员可以自由选择它们要使用的语言。

3）ASP.NET：ASP.NET 建立在 .NET Framework 的编程类之上，它提供了一个 Web 应用程序模型，并且包含使生成 ASP Web 应用程序变得简单的控件集和结构。ASP. NET 包含封装公共 HTML 用户界面元素（如文本框和下拉菜单）的控件集。在服务器上，这些控件公开一个面向对象的编程模型，为 Web 开发人员提供了面向对象的编程的丰富性。ASP. NET 还提供结构服务（如会话状态管理和进程回收），进一步减少了开发人员必须编写的代码量，并提高了应用程序的可靠性。另外，ASP. NET 使用这些同样的概念使开发人员能够以服务的形式交付软件。使用 XML Web services 功能，ASP. NET 开发人员可以编写自己的业务逻辑，并且使用 ASP. NET 结构通过 SOAP 交付该服务。

数字南海系统中的客户端软件都是采用微软这种最新的.net 框架技术实现的，中间的业务逻辑层则使用 XML Web Services 等技术。

1.1.5　使用的开发工具软件系统

1. Microsoft Visual Studio .NET 2005

Visual Studio .NET 是一套完整的开发工具，用于生成 ASP Web 应用程序、XML Web Services、桌面应用程序和移动应用程序。Visual Basic .NET、Visual C++. NET、Visual C# . NET 和 Visual J# . NET 全都使用相同的集成开发环境（IDE），这些语言利用了. NET Framework 的功能，此框架提供对简化 ASP Web 应用程序和 XML Web Services 开发的关键技术的访问。

2. Microsoft SQL Server 2005

一个具备完全 Web 支持的数据库产品，提供了对 XML 的核心支持以及在 Internet 上和防火墙外进行查询的能力。丰富的 XML 和 Internet 标准支持允许使用内置的存储过程以 XML 格式轻松存储和检索数据。还可以使用 XML 更新程序容易地插入、更新和删除数据为数据管理与数据分析带来了极大的灵活性。

3. . NET Framework 2.0

. NET Framework 用于. NET 平台的编程模型。. NET Framework 的关键组件是公共语言运行库和. NET Framework 类库（包括 ADO. NET、ASP. NET 和 Windows 窗体）。. NET Framework 提供了托管执行环境、简化的开发和部署，以及与各种编程语言的集成。

4. Microsoft IIS 6.0

微软 Windows Server 2003 中的 IIS 6.0（Internet Information Services 6.0）为用户提供了集成的、可靠的、可扩展的、安全的及可管理的内联网、外联网和互联 Web 服务器解决方案。IIS 6.0 经过改善的结构可以完全满足全球客户的需求。在网络应用服务器的管理、可用性、可靠性、安全性、性能与可扩展性方面，IIS 6.0 和 Windows Server 2003 提供了最可靠的、高效的、连接的、完整的解决方案。

5. Microsoft Visio 2003

图表绘制程序，用以创建说明和组织复杂设想、过程与系统的业务和技术图表。使用 Visio 2003 创建的图表能够将信息形象化，并能够以清楚简明的方式有效地交流信息，这是使用文字和数字所无法实现的。Visio 2003 还可通过与数据源直接同步自动形象化数据，以提供最新的图表；还可以对 Visio 2003 进行自定义，以满足特殊组织的需要。

1.2　数字南海系统软件架构及功能

软件架构（software architecture）是一系列相关的抽象模式，用于指导大型软件系统各个方面的设计。软件架构描述的对象是直接构成系统的抽象组件。各个组件之间的连接描述组件之间的通信。软件构架包括逻辑构架和物理构架等。数字南海系统的软件构架是基于局域网的客户/服务器（client/server）体系结构的。

1.2.1　局域网客户/服务器体系结构

从硬件角度看，数字南海系统的客户/服务器体系结构是指：将空间数据服务和应用任务在两台或多台计算机之间进行分配，其中客户机（client）用来运行提供用户接口和前端处理的应用程序，服务器机（server）提供客户机使用的各种空间数据资源和服务（图 1-1）。

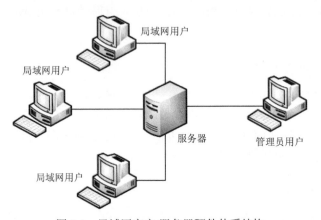

图 1-1　局域网客户/服务器硬件体系结构

从软件角度看，数字南海系统的客户/服务器体系结构是指：把空间数据服务和应用任务按逻辑功能划分为客户端软件部分和服务器端软件部分。客户端软件部分负责空间数据的表示和应用，处理用户界面，用以接收用户的空间数据处理请求，并将之转换为对空间数据服务器的请求，要求空间数据服务器为其提供空间数据的存储和检索服务；服务器端软件负责接收客户端软件发来的请求并提供相应服务（图 1-2）。

基于局域网的客户/服务器的工作模式是：客户与服务器之间采用网络协议（如 TCP/IP、IPX/SPX 等）进行连接和通信，由客户端向服务器发出请求，服务器端响应请求，并进行相应服务。

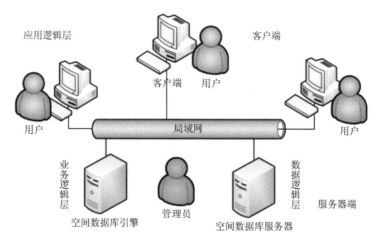

图 1-2　局域网客户/服务器软件体系结构

1. 三层体系结构

三层（three-tier）体系结构的特点是加入一个中间件层，将 C/S 体系结构中原本运行于客户端的一部分应用功能移到中间件层，客户端只负责显示与用户交互的界面及少量的数据处理（如数据合法性检验）等工作。客户端将收集到的信息（请求）提交给中间件服务器，中间件服务器进行相应的业务处理（包括对数据库的操作），再将处理结果反馈给客户机。

数字南海系统软件的三层体系结构如图 1-3 所示。

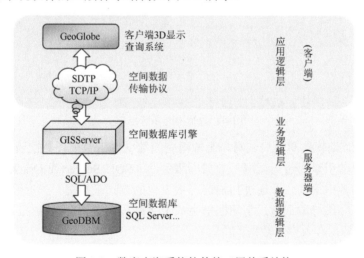

图 1-3　数字南海系统软件的三层体系结构

1）数字南海系统客户端即应用逻辑层：该层是客户端三维显示查询系统，命名为GeoGlobe。其功能一方面是把用户查询需求传送给服务器端的业务逻辑层，另一方面是接收服务器返回的查询数据，并使用三维或二维显示方法，把数字南海的空间数据、属性数据等展现给用户。

2）数字南海系统服务器端的业务逻辑层：该层是空间数据库引擎，命名为 GISServer。其功能是在局域网络上侦听来自网内各个客户端的数据请求，处理这些请求，对空间数据库服务器进行查询，并将查询结果通过网络返回给查询的客户端。

3）数字南海系统服务器端数据逻辑层：该层是存储空间数据的服务器系统，它以特殊的数据库模型表达和存储空间数据与属性数据。

2. 系统组成与功能

数字南海系统的软件针对两类主要的用户：第一类用户是数字南海系统的授权使用用户；第二类用户是数字南海系统的管理员用户。前者主要在客户端使用数字南海系统的 3D 查询软件进行南海相关数据的查询与分析工作。后者主要负责数字南海系统服务器空间数据库引擎软件的启动、对第一类用户的身份验证和权限授予、空间数据库中数据的维护管理等。其中空间数据库的维护包括矢量空间数据的采集、数字地形模型生成、空间数据入库等。

由此，数字南海系统的软件包括：①客户端 3D 查询软件 GeoGlobe；②服务器空间数据库引擎 GISServer；③矢量空间数据采集软件；④DEM 生成软件；⑤空间数据批量入库软件等（图 1-4）。

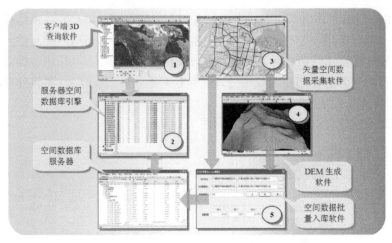

图 1-4 数字南海系统组成

客户端 3D 查询软件通过局域网与服务器空间数据库引擎进行数据请求与响应交互。服务器空间数据库引擎通过局域网与数据库服务器（SQL Server 或 Oracle 等）进行数据交互。矢量空间数据采集软件通过扫描屏幕数字化的方式采集空间矢量数据。DEM 生成软件将采集的等高线等数据通过空间插值生成数字高程模型。空间数据批量入库软件将矢量数据和 DEM 数据存入空间数据库中。

1.2.2 支撑软硬件系统

1. 硬件系统

数字南海系统的开发和运行是基于 Intel 32 位处理器的个人计算机和服务器等硬件组成的局域网络系统。

（1）服务器硬件配置

数字南海系统的服务器计算机在局域网环境下运行空间数据库引擎等软件,为网络上的用户提供共享信息资源和各种服务。基本配置为:①处理器类型,Dual-Core Intel® Xeon® Processor 3000（32 位双核处理器）;②内存,2GB;③硬盘,500GB。理想配置为:①处理器类型,Quad-Core Intel Xeon® Processor 3000（32 位四核处理器）,处理器数量 2;②内存,类型 ECC PC2-5300 DDR2 667 FB-DIMM,内存容量 1GB*4;③存储,硬盘类型 SAS/SATA,SCSI 控制器,1TB,配有 64MB 高速缓存的智能阵列;④网络,嵌入式双 NC373i 多功能千兆网卡。

（2）客户计算机硬件配置

数字南海系统的客户机是指用于 3D 图形显示和处理用户请求的计算机系统。基本配置为:①处理器类型,Intel Core 2 Duo E6600（32 位双核处理器）;②内存,2GB DDR2;③硬盘,160GB;④显卡,ATi 或 nVIDIA 256MB 显存;⑤显示器,17 英寸[①]液晶显示器（分辨率为 1280×1024）。理想配置为:①处理器类型,Intel Core 2 Duo Q6600（32 位四核处理器）;②内存,4GB DDR;③硬盘,250GB;④显卡,ATi 或 nVIDIA 512MB 显存;⑤显示器,22 英寸 16:9 宽屏液晶显示器（分辨率为 1920×1200）。

（3）操作系统

数字南海系统基于 Microsoft Windows 系列的两个操作系统,客户端系统采用 Windows XP Professional SP2（32 位简体中文专业版）,并且带有.NET Framework 2.0。服务器端系统采用 Windows Server 2003 Enterprise Edition SP1（32 位的简体中文企业版）。

（4）关系数据库服务器系统

数字南海系统的数据库服务器系统基于 Microsoft SQL Server 2005。也可以采用 Oracle 10g 作为数据库服务器系统。空间数据可以通过一个自行设计与实现的软件 SpatialDBTrans,从 SQL Server 系统自动转换到 Oracle 系统中。

（5）集成设计与开发系统

数字南海系统的设计软件采用的是 Microsoft Visio 2007（图 1-5）。开发工具软件采用 Microsoft Visual Studio 2005 Team Suite 中的 Visual C++2005。

2. 数据采集与处理系统

（1）数字化软件系统

数字南海系统由于空间范围广,要求空间数据以地理经纬度的形式存储,而不是像常规 GIS 一样采用地图投影坐标系（如高斯-克吕格坐标系等）的形式。在实现数字南海系统的水下数字地形工作中,原始地形数据是 1:50 万的海图经过扫描的图像,采用墨卡托投影,图廓控制点标注经纬度。所以,对海图上等深线等要素的数字化就需要用经纬度进行图像配准。但 ArcGIS 等软件的数字化功能中,图像只能用平面直角坐标配准,这是因为 ArcGIS 等仅使用仿射变换进行图像坐标系到平面坐标系的变换,如图 1-6 所示。

_____

① 1 英寸=2.54cm

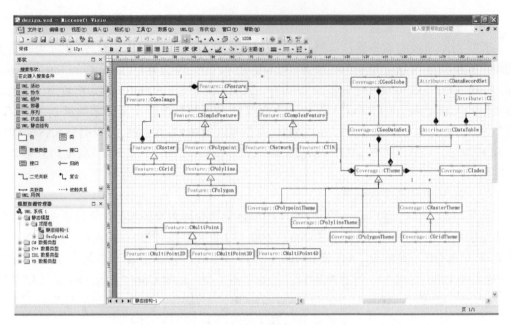

图 1-5　数字南海系统软件设计工具

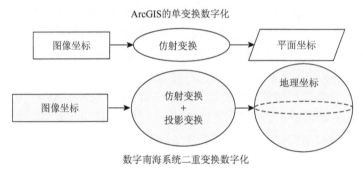

图 1-6　数字南海系统的二重变换数字化

要进行经纬度坐标配准，除仿射变换外，还要再作地图投影变换，因此无法直接用
ArcGIS 等进行二重变换的数字化。于是自主开发了空间数据二重变换数字化软件系统，
其关键技术就是将图像坐标系到投影平面坐标系的仿射变换和投影平面坐标系到地理坐
标系的墨卡托投影变换结合起来实现，如图 1-7 所示。

A. 仿射变换技术

经扫描仪得到的海图图像坐标系以像素为单位，以有效幅面的框架为纵横轴，构成左
手坐标系。海图数据自身采用墨卡托投影平面直角坐标系。因此，数字化的第一步需要通
过仿射变换将图像坐标系变换为墨卡托投影坐标系。

仿射变换是经过平移、缩放、旋转和错切等复合变换得到的坐标变换数学模型。设 T
是两个平面间坐标一一对应的变换：$(x', y') \rightarrow (x, y)$。若

$$\begin{cases} x = a_0 x' + a_1 y' + a_2 \\ y = b_0 x' + b_1 y' + b_2 \end{cases}$$

则称 T 为仿射变换。若已知海图图像坐标系 $Ox'y'$ 和墨卡托投影坐标系 Oxy 上 3 个或 3 个以上的对应控制点坐标，就可以通过最小二乘法按下式的法方程组求解 6 个系数，实现仿射变换。

$$\begin{cases} a_0 n + a_1 \sum x' + a_2 \sum y' = \sum x \\ a_0 \sum x' + a_1 \sum x'^2 + a_2 \sum x'y' = \sum x'x \\ a_0 \sum y' + a_1 \sum x'y' + a_2 \sum y'^2 = \sum y'x \end{cases}$$

$$\begin{cases} b_0 n + b_1 \sum x' + b_2 \sum y' = \sum y \\ b_0 \sum x' + b_1 \sum x'^2 + b_2 \sum x'y' = \sum x'y \\ b_0 \sum y' + b_1 \sum x'y' + b_2 \sum y'^2 = \sum y'y \end{cases}$$

结果中 a 的 3 个值为下式所示，b 的三个系数与此相似。

$$\begin{bmatrix} a_0 \\ a_1 \\ a_2 \end{bmatrix} = \begin{bmatrix} \sum 1 & \sum x_1 & \sum x_2 \\ \sum x_1 & \sum x_1^2 & \sum x_1 x_2 \\ \sum x_2 & \sum x_1 x_2 & \sum x_2^2 \end{bmatrix}^{-1} \begin{bmatrix} \sum y \\ \sum x_1 y \\ \sum x_2 y \end{bmatrix}$$

但是，海图上的控制点（如图廓点）是以经纬度标注的，并没有墨卡托投影的对应坐标数值，所以需要再通过地图投影变换计算出墨卡托投影坐标值。

B. 墨卡托投影变换

墨卡托投影是正轴等角切圆柱投影，主要用于海图。在二重变换数字化中，需要将海图上的控制点经纬度坐标逆变换成墨卡托投影坐标。墨卡托投影正变换方法是已知的，即纬度和经度坐标 (φ, λ) 转换为墨卡托投影平面直角坐标 (x, y) 的公式为

$$y = r_0 \ln\left(\tan\left(\frac{\pi + 2\varphi}{4}\right)\right) - \frac{r_0 e}{2} \ln\left(\frac{1 + e\sin\varphi}{1 - e\sin\varphi}\right), \qquad x = r_0 \lambda$$

式中，$r_0 = \dfrac{a\cos\varphi_0}{\sqrt{1 - e^2 \sin^2\varphi_0}}$；$\varphi_0$ 为墨卡托投影的标准纬线；a 为地球椭球长半径；e 为椭球第一偏心率。

墨卡托投影逆变换可由正变换推算，其中，x 和 λ 是线性关系，容易求出反函数 $\lambda = x/r_0$。但 y 和 φ 是非线性方程，只有通过数值迭代运算来逼近 φ 值。在数字南海系统中采用了牛顿迭代法来求实根。这样，就可将仿射变换和墨卡托投影变换结合起来完成二重变换的数字化，如图 1-7 和图 1-8 所示。

按照上述二重变换的原理，设计实现了数字南海系统水下地形等深线的数字化软件。该软件以 Visual C++语言进行编程，具有打开与显示扫描图像、设置地图投影参数（图 1-8）、扫描的数字图像的几何配准控制点的设置（图 1-7）、屏幕跟踪数字化矢量数据（图 1-9）和输入属性数据（图 1-10）等功能。该数字化软件还具有将数字化成果转换成常用的 ESRI Shapefile 格式和 MapInfo 的 MIF/MID 格式的功能，如图 1-11 所示。

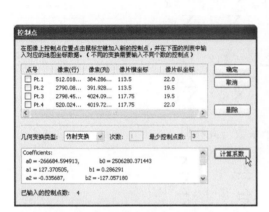

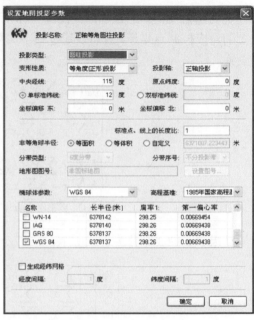

图 1-7　实现仿射变换的控制点采集与系数计算　　　图 1-8　实现墨卡托投影变换的参数设置

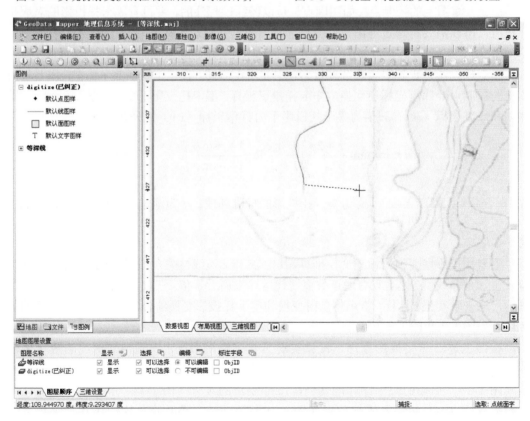

图 1-9　二重变换数字化软件屏幕数字化采集坐标

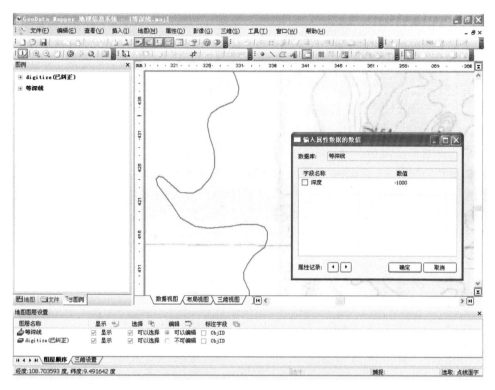

图 1-10 二重变换数字化软件屏幕数字化输入属性数据

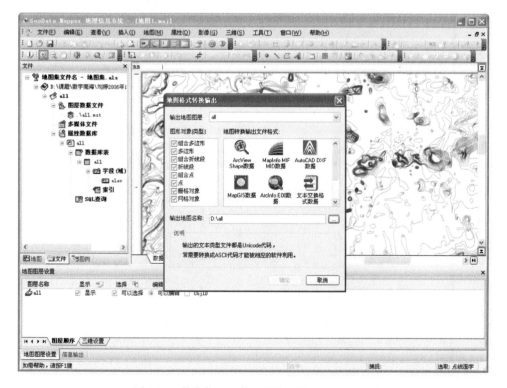

图 1-11 数字化成果数据的格式转换输出的种类

（2）数字地形生成软件系统

数字南海系统的水下数字地形可以用等高（深）线、不规则三角网（TIN）和规则格网（Grid）等进行建模。其中，Grid 是我国及美国等国家普遍采用的数字地形模型，数字南海系统采用 Grid 模型。由于数字化的是等深线数据，所以需要将等深线转换为相应的 Grid 模型。

但是，目前 ArcGIS 等软件不能将等高（深）线直接转换为 Grid，只能通过先将等深线转换为 TIN，然后再将 TIN 转换为 Grid，共两个步骤来实现，容易造成较大的地形误差。因此，在数字南海系统中，自主实现了等深线直接转换为 Grid 地形模型的剖面算法。

剖面算法的原理是：对 Grid 中的每一个栅格计算 8 个方向的剖面，分别求与最邻近等深线的交点。在其中取距离最近的两个相对方向的交点运用线性插值求栅格的深度数值。根据上述原理设计实现了数字地形生成软件，数字地形插值的结果如图 1-12 和图 1-13 所示。

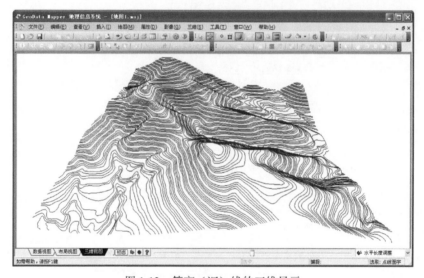

图 1-12　等高（深）线的三维显示

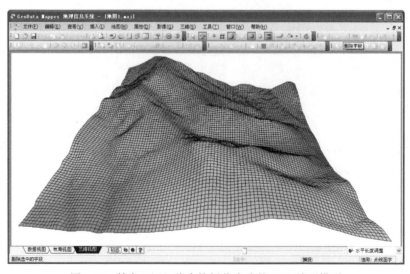

图 1-13　等高（深）线直接插值生成的 Grid 地形模型

1.3　数字南海系统的空间数据库

1.3.1　对象-关系模型空间数据库建库系统

数字南海系统的空间数据库主要基于关系型数据库系统 Microsoft SQL Server 2005，空间数据以关系表的形式加以组织。空间数据模型是空间数据库模型最基础、最核心的部分。几何数据关系数据库存储方案有关系模型和对象-关系模型（或称为实体数据模型）两种。

在数字南海系统中，针对不同的用户需求，分别实现了关系模型和对象-关系模型。其中，关系模型主要包含空间拓扑结构数据，有利于数据的编辑和更新，这是针对数字南海系统管理员和高级空间分析应用的数据库模型；而对象-关系模型则不含有显式表达的拓扑结构，有利于网络空间数据的发布和图形显示，主要针对一般的系统用户。因此，在数字南海系统空间数据库模型设计中，将空间数据分成实体数据模型和拓扑数据模型两大类。

1. 空间数据库概念模型

空间数据库概念模型设计是空间数据库三个设计步骤的第一步。由于面向对象数据库建模技术的逐渐普及，因此选择 Microsoft Visio 2007 中的概念模型建模工具——ORM 源模型图来设计数字南海系统空间数据库的概念模型。该模型包含了两个基本的子类型，即简单特征（simple feature）和复杂特征（complex feature），如图 1-14 所示。

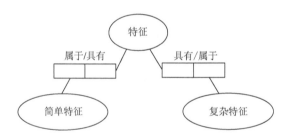

图 1-14　空间数据库 ORM 概念模型简图

空间简单特征子模型包含了点（point）、线（polyline）和多边形（polygon）等几何对象类型，如图 1-15 所示。它们都是从特征对象（feature）继承而来的。除了各自具有对象标识（ID）外，线和多边形还通过多重弧段（poly_arc）对象与组成它们的弧段对象（arc）形成聚集关系。而弧段对象再通过弧段坐标（arc_coord）对象与组成它们的坐标对象（coord）形成聚集关系。

2. 空间数据库逻辑模型

由于采用了关系数据库，所以，空间数据库的逻辑模型可以通过从上述 ORM 源模型映射得到。目前，使用 IDEF1X 模型来表达数据库系统的逻辑模型是较好的方法之一。空间数据的逻辑模型以 IDEF1X 模型来表达，由相应的实体-关系组成。

（1）实体数据逻辑模型

实体数据模型是以抽象成点、线、面等几何元素表示的空间实体的数据模型，代表性的空间数据为 ESRI 的 Shapefile 格式。数字南海系统空间数据库实体数据模型如图 1-16 所示。

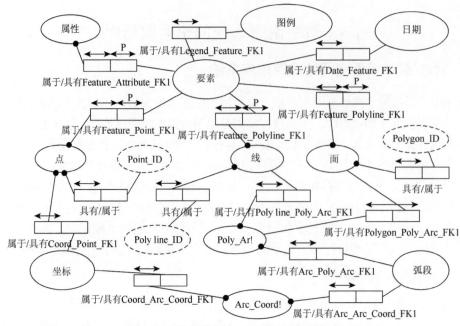

图 1-15 简单特征的 ORM 概念模型简图

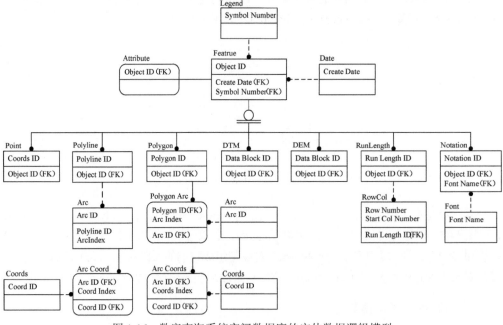

图 1-16 数字南海系统空间数据库的实体数据逻辑模型

（2）拓扑数据逻辑模型

拓扑数据模型是表达了点、线、面及其空间关系的空间数据模型。数字南海系统空间数据库的拓扑数据模型的设计参考了以 ESRI 的 Coverage 为代表的拓扑数据模型等，即以弧段结构为中心的拓扑数据模型，如图 1-17 所示。图 1-17 中还表达了空间数据库用户身份确定与密码管理的逻辑模型。图 1-18 是数字南海系统空间数据库完整的逻辑模型图。

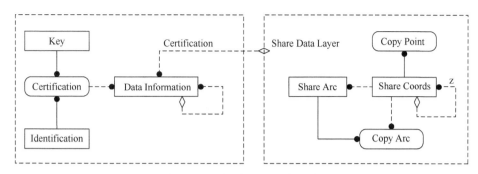

图 1-17　数字南海系统空间数据库拓扑数据逻辑

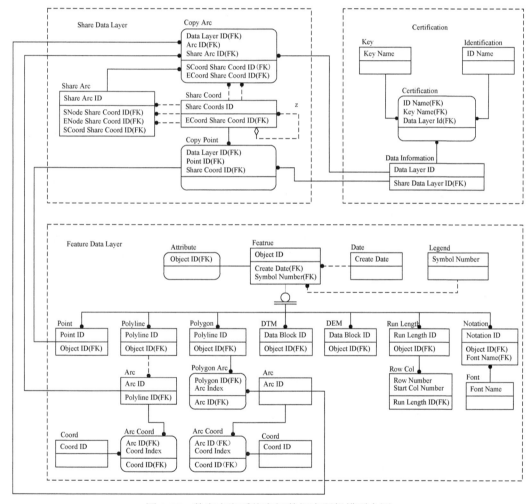

图 1-18　数字南海系统空间数据库逻辑模型全图

3. 空间数据库存储模型

数字南海系统空间数据库存储模型分为实体模型和拓扑模型，分别如图 1-19、图 1-20 所示。建立好逻辑模型，可以通过数据库建模工具 Visio 的正向工程技术，将逻辑模型转化为数据库的物理模型。

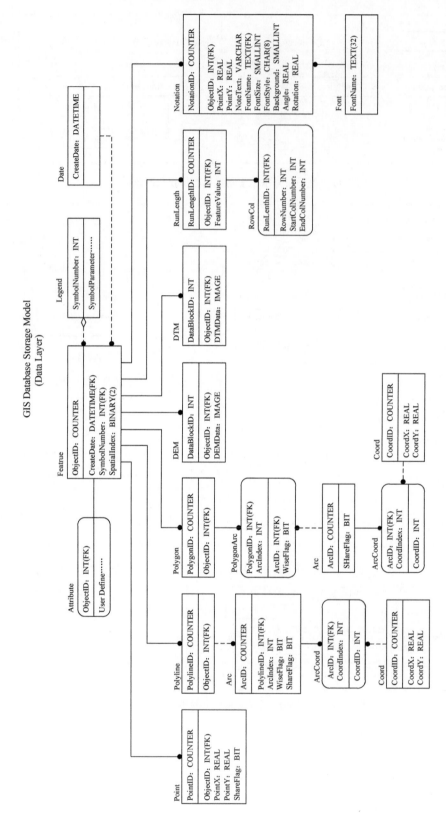

图 1-19 实体空间数据存储模型

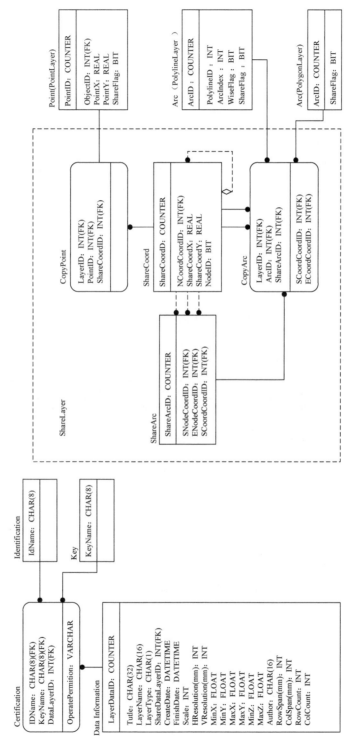

图 1-20　拓扑空间数据存储模型

1.3.2 数据库详细设计

1. 结构设计

（1）概念结构设计

对 GIS 数据库的使用，将由相关人员进行，并且必须得到某种认可。因此，其基本流程步骤如下：①用户登录 GIS 数据库，验证是否有获取数据信息的权限，如没有则自动退出 GIS 数据库（不算用户）；如有则继续进行。②根据 GIS 数据的元数据和控制信息，检索地形地物的各类信息，包括属性信息，即了解地理事物的状态特征，以及定性和定量表述；空间信息，即确定地理事物的空间分布，以及进行图示化再现。空间信息又包括栅格形式（以格网的行和列表示空间范围）以及矢量形式（以几何学点、线、面表示空间范围）。③在权限允许的范围内，根据需要对 GIS 数据库中的数据，分别进行访问、更新、创建和管理等操作。在更新和创建过程中正确地引用共享数据（针对矢量数据）。检索、操作反复进行，直至退出 GIS 数据库。

通过上述分析，找出潜在的概念模型的若干实体，并进行定义，如表 1-1 所示。得出的概念模型如图 1-21 所示。

表 1-1　数据库实体名称及其定义

实体名称	定义
User	能够使用数据库，并对该数据库有一定操作权限的人，如系统管理员、数据库维护人员、数据操作员、访问者等
Data Information	GIS 数据的元数据及各控制参数，如名称、标题、比例尺、分辨率、工作范围、数据类型、创建日期等
Certification	限制用户使用数据库中各类数据时所具有的不同操作范围，如数据的拒绝、允许和只读、可读写、完全控制等
Share Data	不同地理事物之间所拥有的共同坐标位置，这里特指空间数据中矢量形式下的坐标数据共享，如链段、点位等
Feature	位于地层表面的、具有位置特征的地理事物或控制点，如河流、道路、行政区划、高程控制点、等高线等
Attribute	描述地理事物的状态特征，进行定性和定量表述，如植被类型、生成年代、土层厚度、人口密度、上级部门、级别等
Spatial	地理事物的定位数据和拓扑数据，作为现实世界在信息世界中的映射，如面域、网络、样本、曲面、文本、符号等数据
Raster	将空间分割成有规则的格网，通过行和列来表示地理事物空间分布的一种数据组织形式。属于空间实体的子实体
Vector	利用欧几里得几何学中的点、线、面来表示地理事物空间分布的一种数据组织形式。属于空间实体的子实体

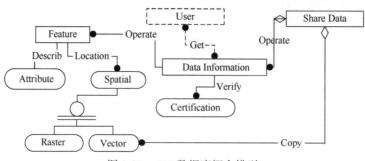

图 1-21　GIS 数据库概念模型

（2）逻辑结构设计

从上述 GIS 数据库概念模型出发，经过论证确认：①用户实体并不重要，处于研究范围之外，可以删除；②对 GIS 数据库中的地理要素必须分类管理，因为不同专题的地理要素，其属性描述的内容也不尽相同，将形成各自不同的数据集合；③地理要素相应的共享数据也必须分别管理，多个不同专题的地理要素集合与一个共享数据集合组合来保证数据共享。各组合之间不提供交叉共享。这将增加地理要素和共享数据两个实体，将两实体分别命名为要素数据层实体和共享数据实体，如表 1-2 所示，并分别进行定义。

表 1-2　新增两实体名称及其定义

实体名称	定义
Feature Data Layer	分别按不同的地理专题内容和存储类别进行组织的地理要素集合
Share Data Layer	由大于等于 2 层专题数据层共同使用的数据所组成的数据集合

根据特定的业务领域，将概念实体划分成 3 个主题领域，它们既是大的模型的子域，同时也是独立的模型，能够映射到一个完整的 GIS 数据库概念模型，如表 1-3 所示。

表 1-3　概念实体对应的主题领域及其描述

主题领域名称	概念实体	描述
Certification	User、Certification、Data Information	获取进入 GIS 数据库所需的权限
Share Data Layer	Share Data	共享数据的组织方式
Feature Data Layer	Feature、Attribute、Spatial、Raster、Vector	各类别地理事物的组织形式

1）对"Certification"主题领域进行建模：对 Certification 实体分析可将其分组为：①身份：系统管理员、数据库管理员、数据管理员、内部使用者、一般使用者等；②密钥：读取、读写、完全控制等；③数据信息：已存在的地理专题数据层信息和共享数据层信息（表 1-4，图 1-22）。

表 1-4　Certification 实体名称及相应的定义

实体（逻辑元素）名	定义
Certification	限制用户使用 GIS 数据库时所具有的不同操作范围
Key	数据的操作范围
Identification	用户所具有的身份标示
Data Information	地理专题数据层或共享数据层的元数据及各控制参数

各实体之间联系如下：每个权限必须由 1 个且恰好 1 个密码确定；每个密码必须确定 1 个或多个权限；每个权限必须由 1 种且恰好 1 种身份标示；每种身份必须标示 1 个或多个权限；每个数据信息必须获取 1 个或多个权限；每个权限必须由 1 个且恰好 1 个数据信息获取；每个数据信息可以连接 0 个或 1 个共享数据信息；每个共享数据信息必须由 1

个或多个数据信息连接。

Certification 实体的详细内容如下，其逻辑模型如图 1-23 所示。

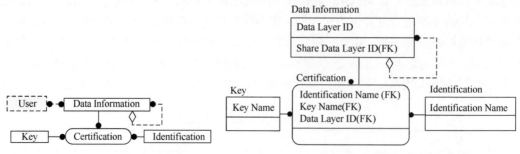

图 1-22 Certification 主题领域概念模型　　　图 1-23 Certification 主题领域逻辑模型

①Identification 主键：成员已经设置，是管理员和使用者等人员，被记录在 Identification Name 属性里，区分使用者身份，因此将它定为主键，加入数据域，为文本。根据模型中 Identification 同 Certification 之间的关系，将 Identification Name 移植到 Certification 实体中，并将这种联系确定为标识的。

②Key 主键：成员已经设置，是对数据的控制程度，被记录在 Key Name 属性里，区分控制程度，因此将它定为主键，加入数据域，为文本。根据模型中 Key 同 Certification 之间的关系，将 Key Name 移植到 Certification 实体中，并将这种联系确定为标识的。

③Data Information 主键：实体内容无法确定候选键，则将 Data Layer ID 代理键作为主键，以数字标示每个地理专题数据层。并将其移植入 Certification 中，其联系确定为标识的。同时此实体，还存在一个自身关联，即地理专题数据层可以与一个共享数据层相联系。

④Certification 主键：Key Name 和 Identification Name 均为键的一部分，通过 Key Name 和 Identification Name 就可以确定操作范围，将它们构成一个复合键，并将其移植到 Certification Layer 实体中，并将这种联系确定为标识的。

2）对"Share Data Layer"主题领域进行建模：对 Share Data Layer 实体分析可以看出其作为多个地理专题（矢量）数据层的共享目标，所定义的实体应该具备如下功效：①具备共享用的坐标集合；②并通过坐标的有序处理形成共享用的链段；③坐标的添加、修改、删除不应改变复制目标的顺序（表 1-5，图 1-24）。

表 1-5 Share Data Layer 实体名称及相应的定义

实体（逻辑元素）名	定义
Share Coords	坐标链和多个矢量数据层（点位）中点位共同使用的坐标点
Share Arc	多个矢量数据层（面域、线段）中链段共同使用的坐标链
Copy Point	从共享坐标点中复制到各矢量数据层（点位）中点位
Copy Arc	从共享坐标链中复制到各矢量数据层（面域、线段）中链段

各实体之间的联系如下：每个共享坐标可以控制 0 个、1 个或多个共享链段；每个共享链段必须由多个共享坐标控制；每个共享坐标可以由 0 个、1 个或多个复制点位拷贝；每个复制点位必须复制 1 个且恰好 1 个共享坐标；每个共享坐标可以确定 0 个、1 个或多个复制链段；每个复制链段必须由多个共享坐标确定；每个共享链段必须由 1 个或多个复制链段拷贝；每个复制链段

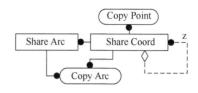

图 1-24　Share Data Layer 主题领域概念模型

必须拷贝 1 个且恰好 1 个共享链段；每个共享链段的共享坐标（只要不是最后一个共享坐标）后接一个共享坐标。

Share Data Layer 实体的详细内容见图 1-25。

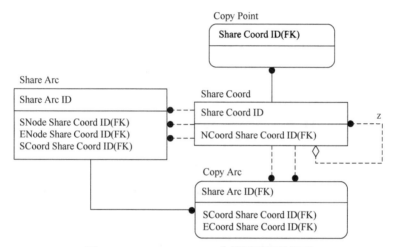

图 1-25　Share Data Layer 主题领域逻辑模型

①Share Coords 主键：实体中的属性为坐标的 x、y 值，因而将 Share Coord ID 代理键作为主键，为每对坐标指定一个数字来标识它，并把它分别移植到 Share Arc、Copy Point 和 Copy Arc 实体中。同时，在本实体内部还有一自身的关系，这个关系是递归的，即当前坐标的后面可能还跟有另一个坐标。

②Share Arc 主键：通过由 Share Coords 实体移植过来的 Share Coord ID 属性，分别确定为 Share Arc 实体的起始结点（SNode Share Coord ID）属性、终止结点（ENode Share Coord ID）属性和起始坐标（SCoord Share Coord ID）属性，为简便主键移植，使用 Share Arc ID 代理键作为主键，为每条共享链段指定一个数字来标识它，并将其移植到 Copy Arc 实体中。

③Copy Point 主键：将由 Share Coords 实体移植过来的 Share Coord ID 属性作为本实体的主键，来确定需要复制的点位。

④Copy Arc 主键：将由 Share Arc 实体移植过来的 Share Arc ID 属性和顺逆标识（Wish Flag）属性作为该实体的主键，以确定需要复制链段。通过由 Share Coords 实体移植过来的 Share Coord ID 属性作为复制链段的起点坐标（SCoord Share Coord ID）和终止坐标（ECoord Share Coord ID）。

从 Share Data Layer 主题领域中的各实体主键，可以得到 Share Data Layer 主题领域的逻辑模型。在此模型中，Copy Point 实体和 Copy Arc 实体主键的最终确定，还需要复制目标的图层名和标识的加入（在阐述三个主题领域的关系中论述）。

3）对"Feature Data Layer"主题领域进行建模：对 Feature Data Layer 实体分析，其就是 GIS 数据库的主体，包括对各种地理事物的数据，根据地理专题数据的分类管理，需要对地理数据的组织形式和存储形式进行分类等处理（图 1-26）。包括：①空间实体分类：按组织形式分为栅格实体和矢量实体；②栅格实体分类：按存储形式分为 DEM 实体、DTM 实体和行程编码实体；③矢量实体分类：按存储形式分为点位实体、线段实体、面域实体；④空间实体中，还有一个特殊的类别为注记实体，采用一种字体；⑤线段实体，由若干链段实体连接而成，而链段实体又由若干坐标实体串接而成；⑥面域实体，由若干链段实体连接并封闭，而链段实体又由若干坐标串接实体而成；⑦行程编码实体，通过若干行列实体的范围标定；⑧Feature 实体有一个创建日期属性，其值为一集合；⑨Feature 实体有一个绘制图例属性，其值也为一集合（表 1-6）。

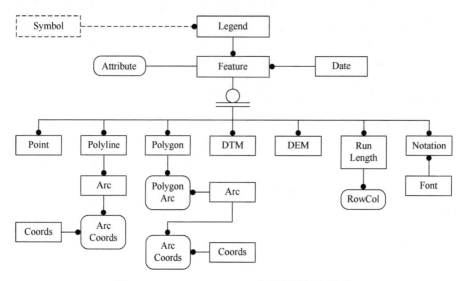

图 1-26　Feature Data Layer 主题领域概念模型

表 1-6　实体名称及相应的定义

逻辑实体名	定义	逻辑实体名	定义
Feature	位于地层表面的、具有位置特征的地理事物或控制点	Attribute	描述地理事物的状态特征，进行定性和定量表述
Date	地理事物的创建日期	Legend	地理事物可视化处理是使用的图例
Polygon	一个或多个链段形成的闭合空间	Polyline	一个或多个链段所形成的一个折线
Point	一个坐标点表示	Arc	一连串有序的坐标点所形成的折线
Coords	坐标点	DEM	形成数字高程（曲面）模型
DTM	网格地形特征，形成数字地形模型	Run Length	以行扫描方式来标示地理事物的特征
Row Col	用行列表达要素的位置和属性	Notation	在地图上以图形方式绘制文本注记
Font	绘制文本注记时所使用的字体		

　　各实体之间的联系如下：每个地理事物必须由 1 个且恰好 1 个属性描述；每个属性必须描述 1 个且恰好 1 个地理事物；每个地理事物必须由 1 个且恰好 1 个日期创建；每个日期必须创建 1 个或多个地理事物；每个地理事物必须由 1 个且恰好 1 个图例可视化；每个图例必须可视化 1 个或多个地理事物；每个地理事物必须由 1 个或多个空间（数据）定位；每个空间（数据）必须定位 1 个且恰好 1 个地理事物；每个面域必须由 1 个或多个（面域）链段形成边界；每个（面域）链段必须是一个或多个面域边界的部分或全部；每个线段必须由 1 个或多个（线段）链段连接形成；每个（线段）链段必须是 1 个且恰好 1 个线段的部分或全部；每个链段必须由多个坐标有序的串接形成；每个坐标必须是 1 个或多个链段的一部分；每个行程必须由 1 个或多个行列表示；每个行列必须表示一个且恰好一个行程；每种字体可以由 0 个、1 个或多个注记采用；每个注记必须采用一种且恰好 1 个字体。

　　考虑面域体与（面域）链段体、链段体与坐标体之间的关系，将分别通过添加面域链段体和链段坐标两实体来建立参照映射。其实体间关系如下：每个面域必须由一个或多个面域链段表示；每个面域链段必须表示 1 个且恰好 1 个面域；每个（面域）链段必须由 1 个或多个面域链段表示；每个面域链段必须表示 1 个且恰好 1 个（面域）链段；每个链段必须由多个链段坐标表示；每个链段坐标必须表示 1 个且恰好 1 个链段；每个坐标必须由 1 个或多个链段坐标表示；每个链段坐标必须表示 1 个且恰好 1 个坐标。

　　Feature Data Layer 实体的详细内容见图 1-26。

　　①Date 主键：实体内容单一，仅为创建日期，记入 Create Date 属性，直接作为主键，以区分创建日期，类型为 DateTime。按关系移植到 Feature 实体中。

　　②Legend 主键：实体内容为符号库中的符号代码，及其若干可调整参数。采用 Legend ID 代理码作为主键，用数字标示各图例。按关系移植到 Feature 实体中。

　　③Feature 主键：由于实体内容包括创建时间、图例、属性、空间数据等。无法找出适当的候选键，因而采用 Feature ID 代理键作为主键，用数字标示不同的 Feature 实体。按关系分别移植到 Attribute 和空间实体的各个子实体。

　　④Attribute 主键：实体内容是为描述 Feature 实体而定义的各种状态特征，通过 Feature 实体移植过来的 Feature ID 键，即可确定所描述的实体。因此，将 Feature ID 作为主键。

　　⑤Point 主键：实体内容为点位的 x、y 值，无法作为候选键，于是采用 Point ID 代理键作为主键，用数字来标示每一个点位。

　　⑥Polyline 主键：实体内容无法作为候选键，于是采用 Polyline ID 代理键作为主键，用数字来标示每条线段，并移植到线段的 Arc 实体中。

　　⑦Polygon 主键：实体内容无法作为候选键，于是采用 Polygon ID 代理键作为主键，用数字来标示每个块面域，并移植到 Polygon Arc 实体中。

　　⑧（Polyline）Arc 主键：作为（线段的）Arc 实体，其内容包括：移植过来的 Feature ID 和序号。将 Feature ID 和序号组合，作为候选键，上升为主键，并移植到 Arc Coord 实体中。

　　⑨（Polygon）Arc 主键：作为（面域的）Arc 实体，其作用就是连接 Polygon 和 Polygon Arc 实体。采用 Arc ID 代理键作为主键，并移植到 Polygon Arc 和 Arc Coord 实体中。

　　⑩Polygon Arc 主键：作为（面域的）Arc 实体，其内容包括移植过来的 Feature ID、

Arc ID 和序号。将 Feature ID 和序号组合，作为候选键，上升为主键。

⑪Coords 主键：其内容就是坐标的 x、y 值，采用 Coord ID 代理键作为主键，用数字标示每个坐标，并移植到 Arc Coord 实体中。

⑫Arc Coord 主键：内容有坐标的 Coord ID。其他可分为两种情况：其一是在线段的 Arc Coord 中，移植过来的有 Polyline ID 和 Arc Index，再加上 Coord Index 即可组合为候选键，上升为主键；其二是在面域的 Arc Coord 中，移植过来的有 Arc ID，再加上 Coord Index 也可组合为候选键，上升为主键。

⑬DTM 和 DEM 主键：在 DTM 实体和 DEM 实体中，存在着移植过来的 Feature ID 和数据主体块，因而，采用 DTM ID 和 DEM ID 代理键，分别作为 DTM 实体和 DEM 实体的主键，并用数字标示每个数据块。

⑭Run Length 主键：实体内容为移植过来的 Feature ID 和行程的特征值、格网数，这些均不能作为候选键，采用 Run Length ID 代理键作为主键，用数字标示每个行程，并移植到 Row Col 实体中。

⑮Row Col 主键：实体内容为移植过来的 Run Length ID 和行列定位值，将行列定位值组合作为候选键，并上升为主键。

⑯Font 主键：在实体中，只有字体名称，以区分不同的字体，因而，将字体名称作为主键，放入 Font Name 属性中，并移植到 Notation 实体中。

⑰Notation 主键：实体中，有注记的各种描述和移植过来的 Feature ID、Font Name。采用 Notation ID 代理键作为主键，用数字标示每个注记。

在 Feature Data Layer 主题领域逻辑模型中（图 1-27），可以看到 7 种类型的地理专题数据层，也就是 GIS 数据库中 7 种存储方式来适应各类地理要素的组织形式，使得对地

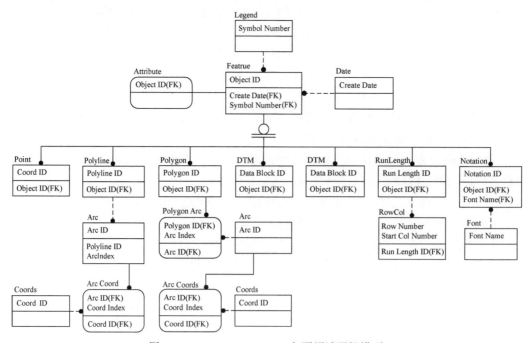

图 1-27　Feature Data Layer 主题领域逻辑模型

理数据的管理能够更加有效。由于影子实体 Symbol 来自外部的图形符号库，因此，这里暂不考虑。

　　由此形成逻辑模型全图（图 1-18），在 3 个主题领域之间呈现出一种组合联系（图 1-28），即由一个共享数据层和若干个相关的专题数据层（矢量）形成一个专题层数据共享组合，这个组合由 Certification 主题领域中的 Data Information 实体控制。而专题数据层有 7 个类别（Feature Data Layer 领域），包括矢量、栅格和注记，每种都由 Feature、Attribute、Date、Legend 和单一类别的相关实体组成。

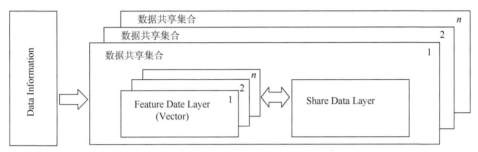

图 1-28　专题层数据共享组合联系

　　观察概念模型中（图 1-29），3 个主题模型（Certification、Share Data Layer 及 Feature Data Layer）之间的关系。①Certification 与 Share Data Layer 的关系为：每个 Share Data Layer 必须由 1 个或多个 Certification 对应，每个 Certification 可以对应 0 个或 1 个 Share Data Layer；②Certification 与 Feature Data Layer 关系为：每个 Certification 必须确定 1 个且恰好 1 个 Feature Data Layer，每个 Feature Data Layer 必须由 1 个且恰好 1 个 Certification 确定；③Share Data Layer 与 Feature Data Layer 的关系为：每个 Share Data Layer 必须被 1 个或 Feature Data Layer 复制；每个 Feature Data Layer 可以复制 0 个或 1 个 Share Data Layer。

　　这里 Share Data Layer 和 Feature Data Layer 都是 1 个组合（组合的依据见前面所述）。从"概念模型全图"上看，这种联系实际上是 Data Information 实体与 Share Data Layer 集合、Data Information 实体与 Feature Data Layer 集合、Share Data Layer 集合与 Feature Data Layer 集合之间的联系。

　　逻辑模型里，必须明确 3 个主题领域之间的相互联系，而这种联系发生在实体之间。在 Share Data Layer 和 Feature Data Layer 中，主要反映在 Copy Arc、Copy Point 和 Arc、Point 之间。其联系如下：每个 Copy Arc 必须与 1 个且恰好 1 个 Arc 对应；每个 Arc 可以对应 0 个、1 个或多个 Copy Arc；每个 Copy Point 必须与 1 个且恰好 1 个 Point 对应；每个 Point 必须对应 1 个且恰好 1 个 Copy Point。

　　（3）物理结构设计

　　在 GIS 数据库逻辑模型的基础上，将其转换为相对应的物理模型，首先需要解决的是，如何将 Feature Data Layer 和 Share Data Layer 中的实体名转换为数据表名。这是因为从地理专题数据层的角度进行数据的分类管理，必然会导致大量的重名现象，而在数据库中是不允许的。在逻辑模型中，采用 Data Layer ID 作为主键，目的是区别每个数据层，因此，可以使用实体名加 Data Layer ID 的方式，确定 GIS 数据库中的相关数据表的名称。

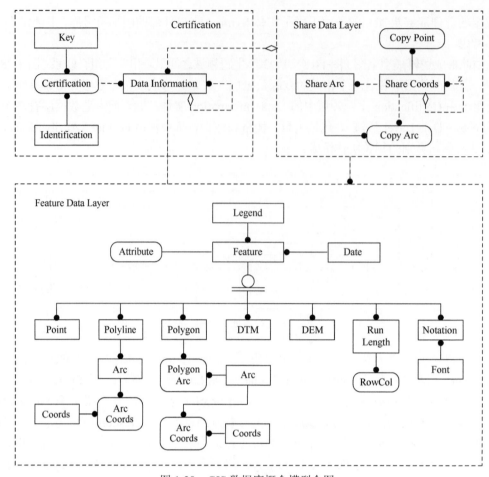

图 1-29　GIS 数据库概念模型全图

A. 逻辑名到物理名

原则是要缩短名字，并保证在实现物理模型时，不会造成任何表名的长度问题。命名规格为使用大写字母表示名字中下一个单词的开始，在列名的命名中，也将采用同样规则（表 1-7）。

表 1-7　物理结构设计的实体名和表名

实体名	表名	实体名	表名
Key	Key	Arc（Polygon）	Arc（Polygon）
Identification	Identification	Arc Coord（Polygon）	ArcCoord（Polygon）
Certification	Certification	Coord（Polygon）	Coord（Polyon）
Data Information	DataInformation	Polyline	Polyline
Share Point	SharePoint	Arc（Polyline）	Arc（Polyline）
Share Arc	ShareArc	Arc Coord（Polyline）	ArcCoord（Polyline）
Copy Point	CopyPoint	Coord（Polyline）	Coord（Polyline）
Copy Arc	CopyArc	Point	Point

续表

实体名	表名	实体名	表名
Feature	Feature	DTM	DTM
Attribute	Attribute	DEM	DEM
Data	Data	Run Length	RunLength
Legend	Legend	Row Col	RowCol
Polygon	Polygon	Notation	Natation
Polygon Arc	PolygonArc	Font	Font

B. 外键的命名与定义
具体见表 1-8。

表 1-8　父表、子表及其主键和外键对照

父表	子表	父表主键	子表外键
Key	Certification	KeyName	KeyName
Identification	Certification	IdName	IdName
DataInformation	Certification	DataLayerID	DataLayerID
DataInformation	DataInformation	DataLayerID	ShareDataLayerID
ShareCoord	ShareArc	ShareCoordID	SNode_CoordID
ShareCoord	ShareArc	ShareCoordID	ENode_CoordID
ShareCoord	ShareArc	ShareCoordID	SCoord_CoordID
ShareCoord	CopyPoint	ShareCoordID	ShareCoordID
ShareCoord	CopyArc	ShareCoordID	SCoord_CoordID
ShareCoord	CopyArc	ShareCoordID	ECoord_CoordID
ShareCoord	ShareCoord	ShareCoordID	NCoord_CoordID
ShareArc	CopyArc	ShareArcID	ShareArcID
Date	Featrue	CreateDate	CreateDate
Legeng	Featrue	SymbolNumber	SymbolNumber
Featrue	Attribute	ObjectID	ObjectID
Featrue	Polygon	ObjectID	ObjectID
Featrue	Polygline	ObjectID	ObjectID
Featrue	Point	ObjectID	ObjectID
Featrue	DEM	ObjectID	ObjectID
Featrue	DTM	ObjectID	ObjectID
Featrue	RunLength	ObjectID	ObjectID
Featrue	Notation	ObjectID	ObjectID
Polygon	PolygonArc	PolygonID	PolygonID
Arc（Polygon）	PolygonArc	ArcID	ArcID
Arc（Polygon）	ArcCoord（Polygon）	ArcID	ArcID

父表	子表	父表主键	子表外键
Arc（Polygon）	CopyAre	ArcID	ArcID
Coord（Polygon）	Arc（Polygon）	CoordID	CoordID
Polyline	Arc（Polygline）	PolylineID	PolylineID
Arc（Polyline）	ArcCoord（Polyline）	ArcID	ArcID
Arc（Polyline）	CopyArc	ArcID	ArcID
Node（Polyline）	Arc（Polygline）	CoordID	CoordID
Point	CopyPoint	PointID	PointID
RunLength	RowCol	RunLength ID	RunLengthID
Font	Notation	FontName	FontName

C. 字段名
具体见表 1-9。

表 1-9　数据表名称和字段名称

表名	字段名
Key	KeyName
Identification	IdName
Certification	IdName，KeyName，LayerID，DataLayerID
DataInformation	LayerID，Title，LayerName，LayerType，ShareLayerID，CreateDate，FinishData，Scale，HResolution，Vresolution，MinX，MinY，MinZ，MaxX，MaxY，MaxZ，Author，RowSpan，ColSpan，RowCount，ColCount
ShareCoord	ShareCoordID，NCoordCoordID，ShareCoordX，ShareCoordY，NodeID
ShareArc	ShareArcID，SNodeCoordID，ENodeCoordID
CopyPoint	LayerID，PointID，ShareCoordID
CopyArc	LayerID，ArcID，ShareArcID，SCoordCoordID，ECoordCoordID
Featrue	ObjectID，CreatData，SymbolNumber，SpatialIndex
Attribute	ObjectID，User Define…
Date	CreateDate
Legend	SymbolNumber，SymbolParameter…
Polygon	PolygonID，ObjectID
PolygonArc	PolygonID，ArcIndex，ArcID，WiseFlag
Arc（Polygon）	ArcID，Length，ShareFlag
ArcCoord（Polygon）	ArcID，CoordsIndex，CoordID
Coord（Polygon）	CoordID，CoordX，CoordY
Polyline	PolylineID，ObjectID
Arc（Polyline）	ArcID，PolylineID，ArcIndex，WiseFlag，Length，ShareFlag
ArcCoord（Polyline）	ArcID，CoordIndex，CoordID

续表

表名	字段名
Coord（Polyline）	CoordID，CoordX，CoordY
Point	PointID，ObjectID，PointX，PointY，ShareFlag
DEM	DataBlockID，DEMData
DTM	DataBlockID，DTMData
RunLength	RunLengthID，ObjectID，FeatureValue
RowCol	RunLengthID，RowNumber，StartColNumber，EndColNumber
Notation	NotationID，ObjectID，PointX，PointY，NoteText，FontID，FontSize，FontStyle，Background，Angle，Rotation
Font	FontName

2. 数据库查询设计

对地理事物的数据库查询过程，首先确定查询的地理专题数据层，然后分别按下面两种情况进行：①按字段查询，得到相关的 ObjectID 集合后，再由 ObjectID 进行具体要素的查询，主要用于表的查询。②划定矩形范围，根据位置条件，进行空间定位编码搜索，得到相关的 ObjectID 集合后，再由 ObjectID 进行具体事物的查询，主要用于图的查询。

对于字段查询，可以直接由用户使用 SQL 语句进行；而空间定位搜索采用浮动四叉分割法进行（其原理在后面阐述）；具体要素的查询应用数据库存储过程进行。

（1）存储过程

GIS 数据库的常用查询采用存储过程以提高效率。同时，提供自定义查询方式，以解决一些特殊查询。

（2）空间定位编码

每个地理要素都有一个包含自身的外接矩形，将这一矩形采用有规律的编码进行表示，可使每个地理要素唯一地对应一个相应编码，通过定位编码的查询得到 ObjectID 的集合。

首先，将整个范围按矩形框进行四叉划分，从大到小，层层分割。第一层为包含整个范围的矩形；第二层为将第一层的矩形四叉分割；第三层为将第二层的各矩形四叉分割；以此类推，第 n 层为将第 $n-1$ 层的各矩形四叉分割。

由于采用规则的矩形框进行空间定位，肯定有一些地理事物所处的空间位置，与 n 层矩形框的边框线相交，在地理事物众多的大范围中，矩形框的分解层次较深，这种现象必然大量存在，以至于将严重影响位置的准确性，使得定位失去意义。为此，在采用规则矩形框进行空间定位时，辅以错位浮动，使得矩形框在四叉分割的基础上，实行向右、向上和向右上三个方向的错动，幅度为 1/2 边长，以避开原矩形框的边框线，作为定位编码的补充编码。表现为：地理事物的矩形编号排列后，再列出其浮动编号。

3. 运用设计

（1）数据字典设计

采用两级结构设计，即数据表记录和字段名记录，并通过数据表名称建立联系，如图 1-30 所示。

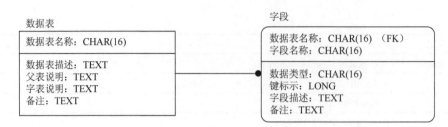

图 1-30　数据字典设计

（2）安全保密设计

GIS 数据库的安全保密，主要体现在对地理专题数据层的操作管理权限方面。数据使用者可分为四类：①数据库管理员；②数据操作员；③访问者；④专题数据层创建者。这四类使用者对具体的专题数据层所具有的使用权限如表 1-10 所示。

表 1-10　数据库用户和权限

用户	权限
数据库管理员	拥有 GIS 数据库的创建、读取和删除权限
数据操作员	拥有专题数据层的读取和更新权限，分为特指和一般，特指为指定的人员或工作组
访问者	仅拥有专题数据层的读取权限，分为特殊、内部和一般，特殊访问者级别最高、内部访问者次之、一般访问者最低
专题数据层创建者	拥有专题数据层的创建和读取权限

从上述的权限管理来看，专题数据层的删除权限只有数据库管理员才有，这样可以防止专题数据层被意外删除。而创建人也没有专题数据库的更新和删除权限（表 1-11）。

表 1-11　地理专题数据层安全分析

使用者	创建	读取	更新	删除
数据库管理员	○	○	○	○
数据操作员（特指、一般）		○	○	
访问者（特殊、内部、一般）		○		
创建人	○	○		

注：带下划线者为默认值，如需改变，必须由数据库管理员进行

1.3.3　空间数据库软件系统

1. 数据库软件构架及工作流程

数字南海系统的空间数据服务器软件相当于空间数据库引擎的作用，是三层体系结构的中间件，起着承上启下的关键作用。一方面，空间数据服务器运行在网络服务器上，在局域网内侦听客户端用户的数据联结请求；另一方面，将客户请求转换为对空间数据库的数据查询提交给空间数据库，并将对空间数据库的查询结果通过网络，反馈给局域网内的客户软件。此外，空间数据服务器系统还要每隔一定的时间，对所有建立连接的客户端用

户进行轮询，对没有消息响应的客户端软件，自动终止与其的连接，以保证实际连接的并发用户的效率。数字南海系统的空间数据服务器系统的工作流程如图 1-31 所示。

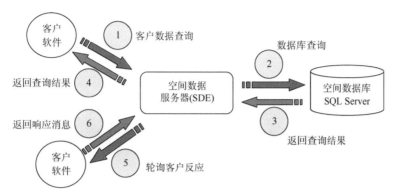

图 1-31　数字南海系统空间数据服务器工作流程

2. 命名规则

（1）数据表命名规则

数字南海系统空间数据库以 SQL Server 存储。数据表采用实体数据模型，命名规则为字母"G"作为前缀，后接数据层编码、下划线"_"。后缀"Attr"表示属性数据表，后缀"Point"表示点数据，后缀"Line"表示线数据，后缀"Region"表示面数据，后缀"Bmp"表示图像数据，后缀"Dem"表示数字高程模型数据。这样的命名规则同样符合 Oracle 数据库的要求。

（2）空间元数据结构

数字南海系统空间数据库的 LayerData 表存储了数据层的空间元数据，其结构如图 1-32 所示，包括了数据层编码、数据集编码、名称、数据类型、长度单位、空间水平分辨率、空间垂直分辨率、空间数据的范围（包括最小的 X、Y、Z 值，最大的 X、Y、Z 值）和栅格的行列值（如果是栅格数据）等。

（3）注册用户密码数据表

数字南海系统数据的注册用户密码存放在 Users 数据表中，如图 1-33 所示。

（4）数据库日志数据表

数字南海系统的数据库日志记录了空间数据授权用户的所有操作动作的相关信息，包括用户登录系统的日期和时间、用户名、用户的网络地址、用户进行数据传输所使用的端口号、用户的操作指令、操作所涉及的数据层，以及操作是否成功等的说明，如图 1-34 所示。

3. 空间数据库服务器的实现技术

（1）线程池技术

数字南海系统空间数据服务器程序利用线程技术响应客户请求，并利用线程池来优化性能。因为提高服务程序效率的一个手段就是尽可能减少创建和销毁对象的次数，特别是线程这样的很耗资源的对象创建和销毁。所以，利用已有线程来服务是问题的关键。

图 1-32 数字南海系统空间元数据表的结构

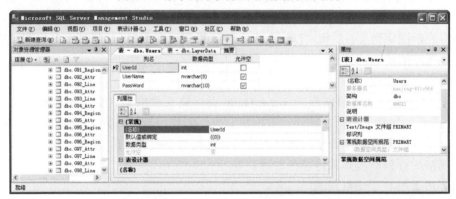

图 1-33 数字南海系统数据的注册用户密码数据表

图 1-34 数字南海系统数据库日志数据表结构

　　数字南海系统空间数据服务器程序的线程池包含下列组成部分：①线程池管理器，用于创建并管理线程池具有创建线程池、销毁线程池、添加新任务等功能；②工作线程，线程池中线程，是一个可以循环执行任务的线程，在没有任务时将等待；③任务接口，每个任务必须实现的接口，以供工作线程调度任务的执行；是为所有任务提供统一的接口，以便工作线程处理，主要规定了任务的入口，任务执行完后的收尾工作，任务的执行状态等；④任务队列，用于存放没有处理的任务，提供一种缓冲机制。

　　在考虑了局域网并发用户数量和空间数据请求的性质后，数字南海系统空间数据服务器程序设计并实现了具有 8 个工作线程的线程池。

　　（2）关系数据库 ADO 查询技术

　　微软公司为使所有的数据库访问标准化而不是把相关数据库标准化，推出了 universal data access（UDA）技术。UDA 技术使得应用通过一致的接口来访问各种数据，而不管数据驻留在何处，也不需要进行数据转移或复制、转换，在实现分布式的同时也带来了高效率。

　　UDA 技术包括 OLE DB 和 ADO 两层标准接口，对应于不同层次的应用开发。OLE DB 提供了底层软件接口，即系统级的编程接口。这组接口封装了各种数据系统的访问操作，为数据使用方和数据提供方建立了标准。ADO（activeX data objects）提供了高层软件接口，即应用层的编程接口。它以 OLE DB 为基础，对 OLE DB 进行了封装。ADO 最主要的优点是易于使用、速度快、内存支出少和磁盘冗余小。ADO 使用最少的网络流量，并且在前端和数据源之间使用最少的层数，所有这些都是为了提供轻量、高性能的接口。因此，数字南海系统的空间数据库服务器程序使用 ADO 作为解决方案。

　　（3）异步非阻塞流式套接字网络传输技术

　　数字南海系统是基于局域网的客户/服务器系统，空间数据的网络传输是空间数据服务器的主要技术难题之一。由于空间数据自身数据量大的特点，以及局域网内部多用户并发数据需求的实际要求，必须采用高效快捷的数据传输技术，才能保证系统数据传输的有效性。因此，采用异步非阻塞流式套接字技术进行空间数据的网络传输。

　　套接字（Socket）是网络通信的端点。Socket 应用程序通过它来发送或者接收网络数据包。一个 Socket 有一个类型，并且和一个运行的进程关联，它也可能有一个名字。目前，Socket 一般只是和 Socket 交流数据，使用的是 Internet 协议簇。两边的 Socket 都是双向的，能在两个方向传递的数据流（全双工）。

　　Socket 类型有：流式套接字（Stream Socket）和数据报套接字（Datagram Socket）。流式套接字为不记录边界的数据流提供字节流。流式套接字保证数据被投递，并且是按照正确的序列、不重复地投递。数据报套接字支持面向记录的数据流，不保证被正确投递，并且可能不会按照发送的序列达到，也可能重复。

　　异步方式指的是发送方不等接收方响应，便接着发下个数据包的通信方式；而同步指发送方发出数据后，等收到接收方发回的响应，才发下一个数据包的通信方式。

　　阻塞套接字是指执行此套接字的网络调用时，直到成功才返回，否则一直阻塞在此网络调用上；而非阻塞套接字是指执行此套接字的网络调用时，不管是否执行成功，都立即返回。在实际 Windows 网络通信软件开发中，异步非阻塞套接字是用得最多的。客户/服务器结构的软件就是异步非阻塞模式的。这也是数字南海系统采用的网络数据传输技术。

Windows Sockets 规范为 Windows 定义了一套面向字节兼容的网络编程接口。Windows Sockets 基于 BSD UNIX Socket 实现。该规范包含了 BSD 风格的 Socket 和 Windows 的扩展规范。使用 Windows Sockets 可保证程序能通过任何网络通信，只要网络能支持 Windows Sockets API。在 Win32 中，Windows Sockets 是线程安全的。

许多软件商在协议层支持 Windows Sockets，包括 TCP/IP、XNS、DECNet、IPX/SPX 以及其他的协议。尽管 Windows Sockets 规范定义了 TCP/IP 的抽象，其他网络协议也能和 Windows Sockets 一致，只要这些协议能提供它自己的 DLL 实现。使用 Windows Sockets 的典型应用程序包括：XWindow Server、终端仿真和电子邮件系统。

Windows Sockets 的目的是抽象网络底层通信协议，使用 Windows Sockets 的程序能运行在任何支持 Sockets 的网络上。由于 Socket 使用 Internet 协议簇，所以它是计划运行在 Internet 和 Intranet 上程序的开发者的首选。

数字南海系统的空间数据服务器软件首先在某个特定的端口（本系统定为 2222 号端口）利用套接字监听网络客户的连接请求，验证客户身份的有效性，进而为该授权客户建立网络连接的工作线程。以后对于该用户的数据请求，即通过该工作线程进行处理。所以，数字南海系统的空间数据服务器是一个基于多处理器的多线程网络服务软件系统。

4. 空间数据网络传输协议

（1）空间数据传输协议的性质

通信涉及的双方必须认同一套用于信息交换的规则，称为协议。计算机网络通信中规定消息的格式以及每条消息所需的适当动作的一套规则称为网络协议。空间数据的网络传输协议目前文献较少，一般建立的 WebGIS 大多基于 HTTP、SOAP 等协议。而对于数字南海系统的大量空间数据传输，运用常规 Web 上的协议一方面影响效率，另一方面对于数据信息的安全性难以保证。所以，在数字南海系统中的空间服务器软件和客户软件之间，自主设计了一套空间数据网络传输协议 SDTP，直接基于 TCP/IP 协议之上，采用异步非阻塞套接字技术实现了空间服务器与客户端的空间数据传输。

（2）空间传输协议的消息模式

空间数据传输协议的消息实现客户与服务器之间的数据通信。目前，数字南海系统中实现的基本协议消息有 60 条左右。最为常用的消息如表 1-12 所示。其中，服务器向客户计算机发送空间数据的消息中，包含了点对象、线对象、面对象、栅格（含 DEM）对象、遥感影像等多种空间数据形式。

表 1-12　数字南海系统网络传输协议的常用消息

客户消息	消息的说明	服务器消息	消息的说明
CLIENT_LOGIN	客户申请登录服务器	SERVER_LOGIN	服务器确认客户登录
CLIENT_LOGOUT	客户申请退出	SERVER_LOGOUT	服务器确认客户退出
……	……	……	……

续表

客户消息	消息的说明	服务器消息	消息的说明
CLIENT_DATABASE_PARAM	客户查询空间数据库参数	SERVER_DATABASE_PARAM	服务器发送空间数据库参数
CLIENT_OPEN_DATABASE	客户申请打开空间数据库	SERVER_OPEN_DATABASE	服务器确认打开空间数据库
……	……	……	……
CLIENT_OBJ_COUNT	客户查询空间数据个数	SERVER_OBJ_COUNT	服务器发送空间数据个数
CLIENT_WHOLE_OBJ	客户查询所有空间数据	SERVER_WHOLE_OBJ	服务器发送所有空间数据
……	……	……	……
CLIENT_ATTR_OBJID_OBJ	客户查询对象属性数据	SERVER_ATTR_OBJID_OBJ	服务器发送对象属性数据

（3）数字南海系统空间数据传输协议的格式

空间数据传输协议的格式是空间数据消息在网络上传输时的结构，分为客户机传输协议格式和服务器传输协议格式。前者是客户机通过网络发送给服务器的数据服务请求，后者主要是服务器接收到客户机的数据服务请求后，应答客户机的请求，并把数据传输回客户机所使用，如表 1-13、表 1-14 所示。

表 1-13　客户机传输协议格式

CmdType	LayerID	Counts	Array	Class	说明
<CLIENT_LOGIN>	<0>	<1>	<yes>	CLoginAndOutData	//客户申请登录
<CLIENT_LOGOUT>	<0>	<1>	<yes>	CLoginAndOutData	//客户申请退出
<CLIENT_LAYERS_PARAM>	<0>	<0>	<NULL>	<NULL>	//客户索取专题层参数
<CLIENT_OBJ_COUNT>	<k>	<0>	<NULL>	<NULL>	//客户索取指定专题层的对象数
<CLIENT_OBJ_RANG>	<k>	<2>	<yes>	int	//客户索取指定专题层和位置段对象
<CLIENT_OBJID_AREA>	<k>	<1>	<yes>	CSelectRect	//客户索取指定专题层和范围对象 Id
<CLIENT_OBJ_AREA>	<k>	<1>	<yes>	CSelectRect	//客户索取指定专题层和范围的对象
<CLIENT_FEATURE_OBJ>	<k>	<n>	<yes>	int	//客户索取指定专题层和 Id 的对象
<CLIENT_PICK_OBJ>	<0>	<n>	<yes>	CSelectRect &int	//客户索取指定专题层的第一个对象
<CLIENT_ATTR_SELE_OBJID>	<k>	<1>	<yes>	CString	//客户索取指定专题层的属性对象 Id

表 1-14　服务器传输协议格式

CmdType	LayeriD	Counts	Array	Class	说明
<SERVER_LOGIN>	<0>	<1>	<yes>	CLoginAndOutData	//服务器确认客户登录
<SERVER_LOGOUT>	<0>	<1>	<yes>	CLoginAndOutData	//服务器确认客户退出
<SERVER_LAYERS_PARAM>	<0>	<n>	<yes>	CLayerParam	//服务器发送专题层参数
<SERVER_OBJ_COUNT>	<k>	<k>	<NULL>	<NULL>	//服务器发送指定专题层的对象数
<SERVER_OBJ_RANG>	<k>	<n>	<yes>	CData**	//服务器发送指定专题层位置段对象
<SERVER_OBJID_AREA>	<k>	<n>	<yes>	int	//服务器发送指定专题层的对象 Id
<SERVER_OBJ_AREA>	<k>	<n>	<yes>	CData**	//服务器发送指定专题层和范围对象
<SERVER_FEATURE_OBJ>	<k>	<n>	<yes>	CData**	//服务器发送指定专题层和 Id 的对象
<SERVER_PICK_OBJ>	<k>	<1>	<yes>	CData**	//服务器发送专题层范围第一个对象
<SERVER_ATTR_SELE_OBJ>	<k>	<n>	<yes>	CAttributeObj	//客户索取指定专题层属性对象 Id

图 1-35　数字南海系统空间数据
服务器登录界面

其中，Time 为发送时间（格式：00：00：00）；所有具有**的协议格式均相同。CData**应根据 LayerId 码所指定数据类型信息确定，有 CPointObj、CPolylineObj、CPolygonObj、CDEMObj 和 CImageObj 等。

5. 空间数据服务器的操作

在网络服务器上运行数字南海数据库服务器软件 GisServer.exe，首先出现登录对话框，如图 1-35 所示。在系统登录对话框中输入相应的服务器名称、用户名、用户密码、数据库名、端口等，按确定按钮，如果一切输入经过系统验证以后都是正确的话，则会出现如图 1-36 所示的系统主界面。

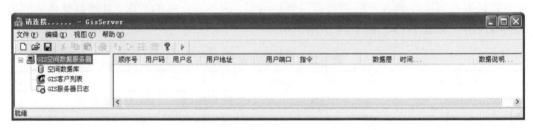

图 1-36　数字南海系统空间数据服务器主界面

再按工具栏上最右边的 Open GeoDatabase 按钮，打开数据库，显示如图 1-37 所示的空间数据列表。此时，空间数据服务器软件已经开始正常运行，等待接受用户的数据请求了。

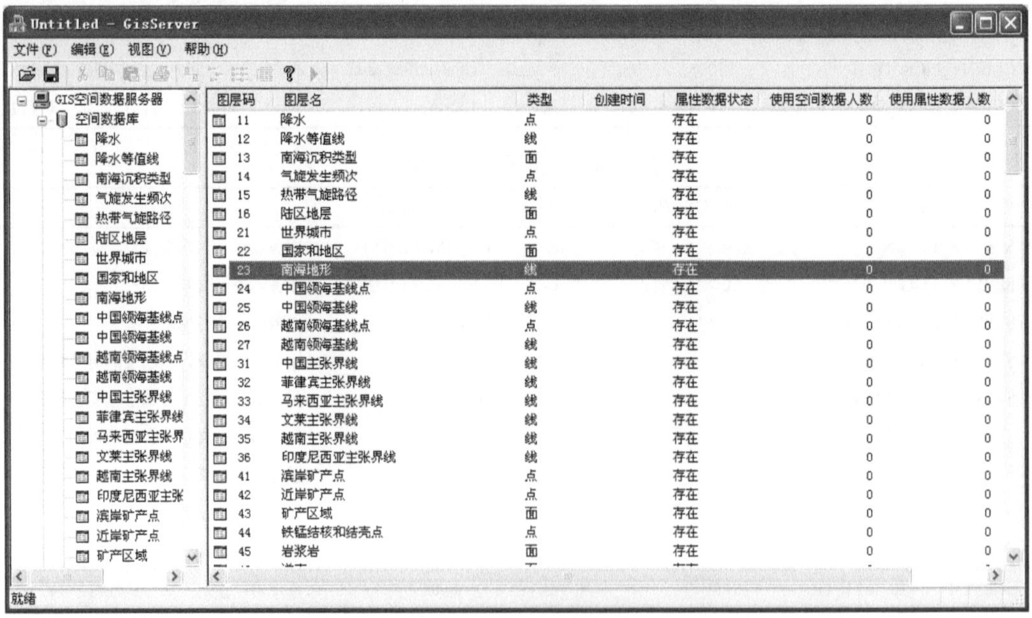

![图 1-37 数字南海系统空间数据服务器显示的空间数据列表窗口截图]

图 1-37　数字南海系统空间数据服务器显示的空间数据列表

6. 空间数据库辅助软件

（1）空间数据库数据自动批量入库软件

数字南海系统中设计和实现了空间数据库数据自动批量入库软件，该软件的作用是将以 ESRI 的 Shapefile 格式或 MapInfo 的 MIF/MID 格式采集的空间数据批量装入 SQL Server 数据库中，包括空间数据和属性数据的入库，如图 1-38 所示。

图 1-38　数字南海系统空间数据自动批量入库软件

（2）SQL Server 数据库与 Oracle 转换系统

数字南海系统的空间数据可以通过一个自行设计与实现的软件 SpatialDBTrans，从 SQL Server 系统自动迁移到 Oracle 系统中，如图 1-39 所示。

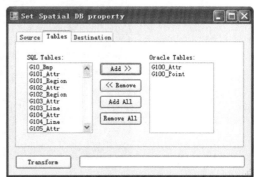

图 1-39　数字南海系统空间数据从 SQL Server 向 Oracle 迁移的软件

1.4　数字南海的三维客户端查询系统

数字南海系统的客户端查询软件采用了 OpenGL 和 GDI+等二、三维可视化技术，空间数据可以按照经纬度显示在三维地球表面，三维操作方法与 Google Earth 的方法完全相同。

OpenGL 为一套三维图形应用程序接口库，数字南海系统的软件开发借助 OpenGL 可以实现复杂的三维图形变换。OpenGL 被设计成独立于硬件和窗口系统，在各种操作系统的计算机上都可用，并能在网络环境下以客户/服务器模式工作，是专业的图形处理、科学可视化等高端应用领域的标准图形库。

数字南海系统中的客户端查询软件系统的二维地图图形、图像浏览与操作界面主要是运用微软的 GDI+技术实现。GDI+是 Windows XP、Windows Vista 等操作系统的图形系统，负责在屏幕和打印机上显示信息。它是微软的.NET Framework 的一个重要组成部分，是最新的 Windows 图形图像编程接口。GDI+将应用程序与图形硬件隔离，允许开发人员创建设备无关的图形应用程序。

1.4.1　客户端的用户界面

数字南海系统客户端的用户界面分为三维显示界面、二维显示界面、图像显示界面、网页显示界面、文字显示界面、属性数据表显示界面等（图 1-40～图 1-45）。

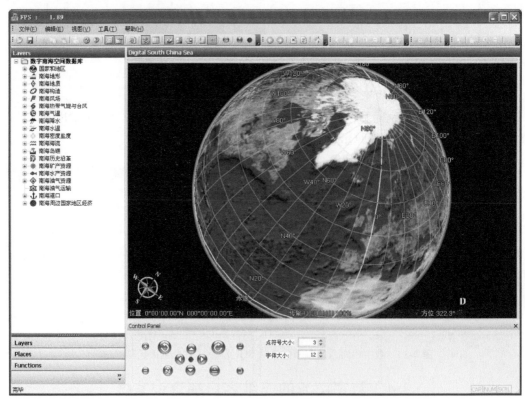

（a）

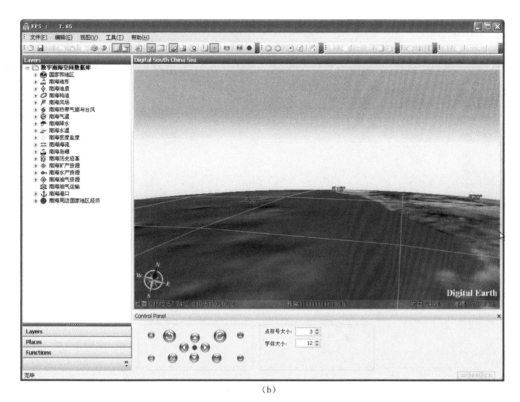

(b)

图 1-40　数字南海系统客户端三维图形界面

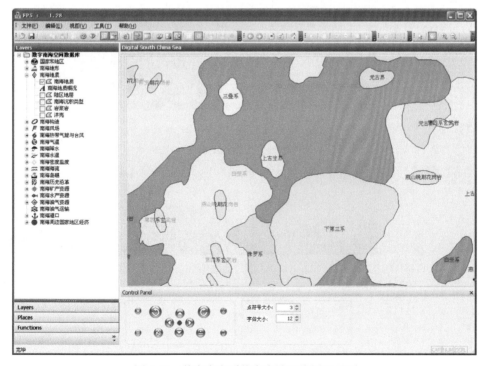

图 1-41　数字南海系统客户端二维图形界面

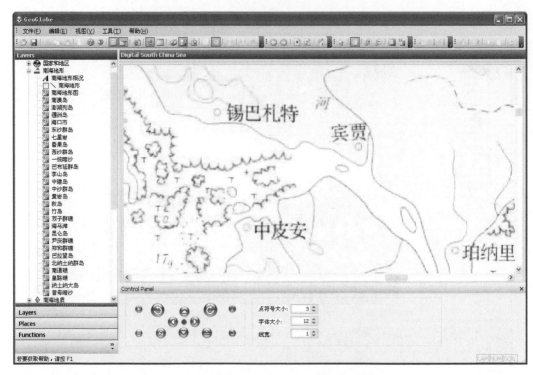

图 1-42　数字南海系统客户端图像显示界面

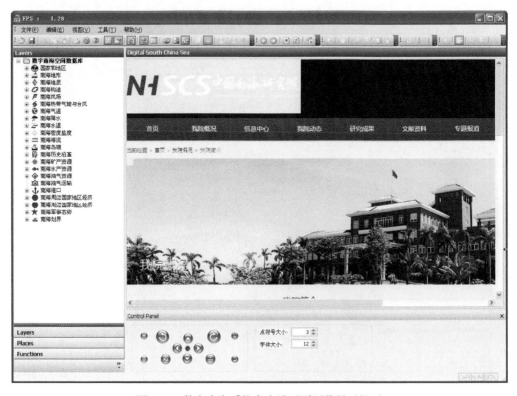

图 1-43　数字南海系统客户端网页浏览显示界面

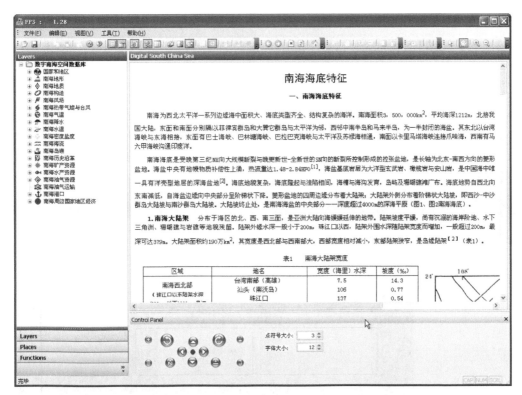

图 1-44　数字南海系统客户端文字资料显示界面

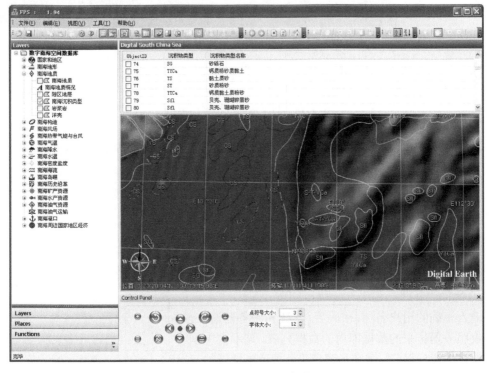

图 1-45　数字南海系统客户端属性数据显示界面

1.4.2　客户端的主要功能

1. 开始界面

系统运行后，显示主框架和软件封面窗口（图 1-46）。软件封面窗口上显示软件名称"Digital South China Sea"以及开发单位和版权信息。该软件封面会在 2～3 秒后自动消失。而主框架左侧用来显示数据库中的图层数据的窗口一开始是空的，主要的图形显示窗口也是黑色的底色，没有内容。

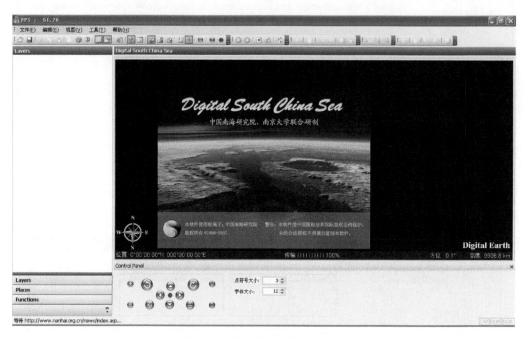

图 1-46　数字南海软件封面窗口

2. 登录用户名、密码输入对话框

在软件封面窗口自动消失后，会出现"登录服务器"的对话框（图 1-47）。需要用户在对话框中的编辑框里分别输入系统注册的用户名称、密码。同时，也要输入数字南海系统服务器所在的网络地址，以及使用的通信端口号，系统默认的通信端口号是 2222。

3. 进入主界面

输入正确的用户名称、密码后，系统和服务器通信，并接收服务器传来的数据库内的数据列表，显示在主框架的左侧的窗口里。三维图形窗口里，显示出地球的三维图像（图 1-48）。

图 1-47　登录用户名、密码
输入对话框

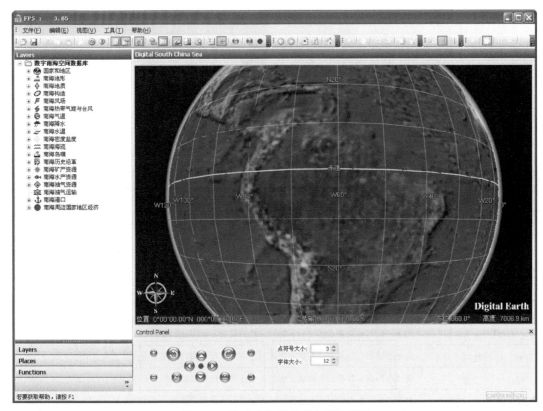

图 1-48　数字南海系统客户端主界面

4. 切换显示经纬网

默认状况下，三维地球表面是显示经纬网线的。可以单击"常用"工具栏上的按钮"切换显示经纬网"，在显示与不显示两种状态之间切换，如图 1-49 所示。

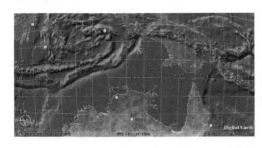 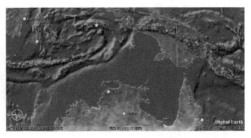

图 1-49　切换经纬网的显示和关闭

5. 三维控制面板

在主框架里三维图形窗口的下部，是三维控制面板窗口（图 1-50）。用户通过鼠标点击或按住面板上的按钮，可以对三维图形窗口里的虚拟地球模型进行交互式操控。操作方法如表 1-15 所示。

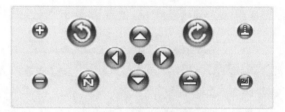

图 1-50　三维控制面板

表 1-15　三维控制面板的操作方法

鼠标动作	作用
左键按住 ▲ 按钮不放	保持现有的高度在地球上空向前飞过，松开鼠标左键停止运动
左键按住 ▼ 按钮不放	保持现有的高度在地球上空向后倒退飞过，松开鼠标左键停止运动
左键按住 ◀ 按钮不放	保持现有的高度在地球上空向左飞过，松开鼠标左键停止运动
左键按住 ▶ 按钮不放	保持现有的高度在地球上空向右飞过，松开鼠标左键停止运动
左键点击 ● 按钮	处于自动滚动中的地球会停止下来
左键按住 ↺ 按钮不放	地球围绕当前的视点位置向左旋转，松开鼠标左键停止运动
左键按住 ↻ 按钮不放	地球围绕当前的视点位置向右旋转，松开鼠标左键停止运动
左键点击 N 按钮	地球围绕当前的视点位置自动旋转到正前方（屏幕窗口的正上方）是正北方向停下来
左键点击 ⊖ 按钮	地球在当前位置自动旋转成正射的方向，即视线穿过地球的球心
左键按住 ⊕ 按钮不放	对准当前的视点位置向地球推进，即降低距离地面的高度，直到松开鼠标按键才停止
左键按住 ⊖ 按钮不放	对准当前的视点位置远离地球，即升高了距离地面的高度，直到松开鼠标按键才停止
左键按住 ⬆ 按钮不放	围绕垂直于视线的方向向前旋转，即前倾，直到视线垂直于地面，形成正射
左键按住 ⬇ 按钮不放	围绕垂直于视线的方向向后旋转，即后仰，直到视线平行于地面

6. 数据层控制栏

默认情况下，界面的左边是数据层控制栏 Layers，如图 1-51 所示，为一个树形的控件。第一层控件项表示的是数字南海"空间数据库"；其下第二层控件项表示的是数据库中的"空间数据集"，如国家和地区、南海地形、南海地质等；在"空间数据集"之下的第三层控件项表示的是"空间数据层"。

（1）打开空间数据

用鼠标左键点击"空间数据层"左边的控件选择框，就可以向空间数据库发送指令，打开（加载）或关闭（卸载）某一空间数据层的数据，并在图形窗口中把空间数据显示出来（即打开）或隐藏起来（即关闭）。打开显示的空间数据层左边的控件选择框内出现一个绿色的勾；卸载掉没有打开的空间数据层左边的控件选择框内是空的。

图 1-51　数据层控制栏

空间数据层有几种特定的类型，分别以不同的图标符号显示在空间数据层名称的左边及打开/关闭控件选择框的右边。如果空间数据层是点要素数据，则图标符号为 ◉ ；如果空间数据层是线要素，则图标符号为＼；如果空间数据层是面状要素，则图标符号为◪；如果是图像数据，则图标符号为🖼；如果是文本数据，则图标符号为**A**，如表 1-16 所示。

表 1-16 空间数据层的分类

类别	名称	图标
1	点状要素层	◉
2	线状要素层	＼
3	面状要素层	◪
4	图像数据层	🖼
5	文本数据层	**A**

（2）显示图像数据

可以用鼠标在图像数据项上右键单击，弹出上下文菜单，如图 1-52 所示。在菜单中选择"图像信息"菜单项，则会自动打开"图像显示窗口"，如图 1-53 所示，并把图像显示在窗口里。

图 1-52 显示图像操作

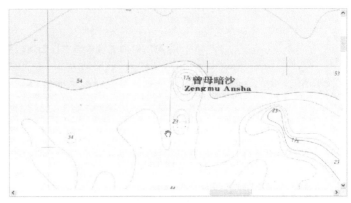

图 1-53 图像显示窗口中显示图像信息

在图像窗口里可以使用鼠标操作浏览图像，如果滚动鼠标的滚轮，图像就会根据滚轮的向前或向后转动而缩小或放大图像；如按下鼠标中键，屏幕上的光标在点击处形成一个固定的十字剪头形状，向各个方向移动鼠标，图像就会朝鼠标移动相反的方向平移。

对图像的操作还可以使用"图像工具栏"里的功能按钮来实现，如图 1-54 所示。使

图 1-54 图像工具栏

用工具按钮🖐，可以在图像窗口里按住鼠标左键不放，移动鼠标来移动图像。使用工具按钮🔍可以点击放大或拉框放大图像的局部到整个窗口范围。使用工具按钮🔍可以点击缩小或拉框缩小整个图像到拉框范围之内。使用工具按钮🖵可以在图像显示窗口中显示完整的整个图像。使用工具按钮🖼可以等大显示图像，也就是按照图像的

实际像素分辨率来显示图像。

要隐藏自动出现的图像显示窗口，可以在如图 1-55 所示的"常用"工具栏里，按下可以切换的▨按钮。当该按钮被按下时，图像窗口是出现的；当该按钮弹起的时候，图像显示窗口会消失隐藏起来，直到再次点击并按下该按钮。

图 1-55　常用工具栏

（3）显示文字信息

可以用鼠标右键点击文本数据层项，在弹出的上下文菜单中选择"文字信息"菜单项，如图 1-56 所示。系统会自动出现"文字信息显示窗口"，如图 1-57 所示。该窗口可以显示任何 HTML 类型的页面信息。要想隐藏该文字信息窗口，在"常用"工具栏里，按下可以切换的▨按钮，当该按钮被按下时，文字信息窗口是出现的；当该按钮弹起的时候，文字信息显示窗口会暂时消失隐藏起来，直到再次点击并按下该按钮。对文字信息窗口内容可以通过鼠标操作右侧的滚动条或使用鼠标滚轮来实现浏览。

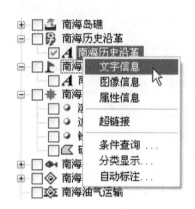

图 1-56　显示文字操作

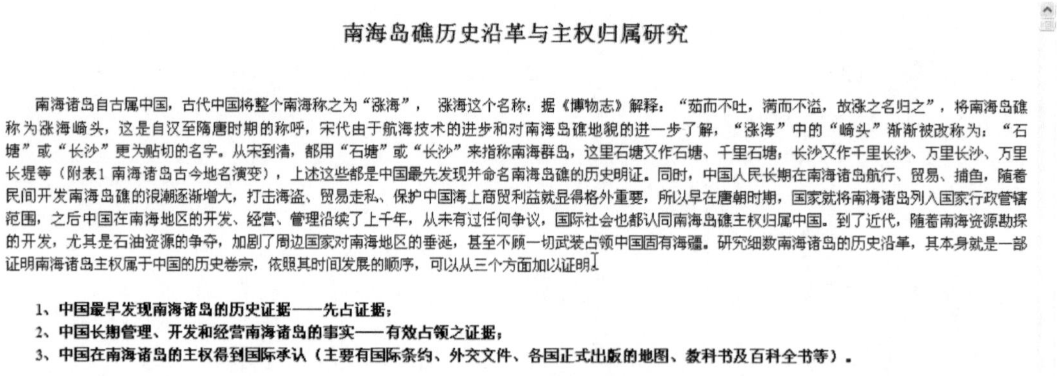

南海岛礁历史沿革与主权归属研究

南海诸岛自古属中国，古代中国将整个南海称之为"涨海"，涨海这个名称：据《博物志》解释："茹而不吐，满而不溢，故涨之名归之"，将南海岛礁称为涨海崎头，这是自汉至隋唐时期的称呼，宋代由于航海技术的进步和对南海岛礁地貌的进一步了解，"涨海"中的"崎头"渐渐被改称为："石塘"或"长沙"更为贴切的名字。从宋到清，都用"石塘"或"长沙"来指称南海群岛，这里石塘又作石塘、千里石塘，长沙又作千里长沙、万里长沙、万里长堤等（附表1 南海诸岛古今地名演变）。上述这些都是中国最先发现并命名南海岛礁的历史明证。同时，中国人民长期在南海岛航行、贸易、捕鱼，随着民间开发南海岛礁的浪潮逐渐增大，打击海盗、贸易走私、保护中国海上商贸利益就显得格外重要，所以早在唐朝时期，国家就将南海诸岛列入国家行政管辖范围，之后中国在南海地区的开发、经营、管理沿续了上千年，从未有过任何争议，国际社会也都认同南海岛礁主权归属中国。到了近代，随着南海资源勘探的开发，尤其是石油资源的争夺，加剧了周边国家对南海地区的垂涎，甚至不顾一切武装占领我国固有海疆。研究细数南海诸岛的历史沿革，其本身就是一部证明南海诸岛主权属于中国的历史卷宗，依照其时间发展的顺序，可以从三个方面加以证明。

1、中国最早发现南海诸岛的历史证据——先占证据；
2、中国长期管理、开发和经营南海诸岛的事实——有效占领之证据；
3、中国在南海诸岛的主权得到国际承认（主要有国际条约、外交文件、各国正式出版的地图、教科书及百科全书等）。

图 1-57　文字信息显示窗口

（4）互联网浏览

文字信息窗口还可以进行互联网浏览。单击▨▨工具栏上的按钮◄可以浏览前一个浏览过的网页；单击按钮►可以从前一个浏览的网页回到后一个浏览过的网页；单击按钮▨可以停止某网页的连接；单击按钮▨可以重新连接刷新网页的显示；单击按钮▨可以连接到中国南海研究院的主页，如图 1-58 所示。

（5）查询属性信息

当某一层空间数据被加载打开显示在图形窗口以后，就可以进一步查询其关联的属性

图 1-58　浏览中国南海研究院网站主页

数据。用鼠标右键点击已经打开的空间数据层项，在弹出的上下文菜单里面选择"属性信息"项，如图 1-59 所示。系统会出现"属性信息显示窗口"，如图 1-60 所示。该窗口以列表的形式显示了数据库中和空间数据对应的属性记录和字段。

　　这时，可以使用"属性信息工具栏"对属性信息列表显示窗口中的内容进行操作。选中按钮，表示属性数据记录按照升序排序，这时在属性信息列表显示窗口中用鼠标左键点击选中某一字段的标题栏，显示出的属性记录就会按照升序重新排列，如图 1-61 所示；反之选中按钮，属性记录就会按照降序重新排列，如图 1-62 所示。

　　使用"飞到对象"按钮，可以通过属性数据记录，迅速找到其对应的空间数据。先在属性信息列表显示窗口中用鼠标左键选中某一属性记录，这时，工具栏里的"飞到对象"按钮就处于激活状态。然后，鼠标左键点击该按钮，图形显示窗口会自动出现，并显示一个连续的动画效果，使得视点从当前的地点飞行到选中记录所对应的空间对象的上空，并使得该选中记录对应的空间对象处于屏幕的正中位置，且处于选中高亮显示状态。

7. 三维图形显示窗口

　　三维图形显示窗口是数字南海系统最主要的用户界面，窗口以三维虚拟地球的方式显示和操作空间数据，如图 1-63 所示。在窗口的下方，是一条半透明的信息显

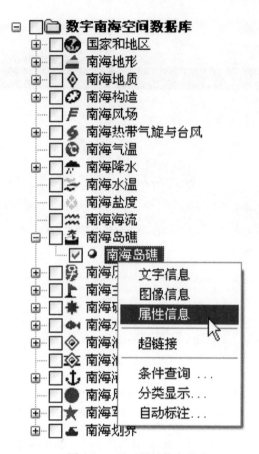

图 1-59　显示属性信息菜单

ObjectID	中文名称_现在	公元1935年公布名称	公元1947年公布名称	公元1983年公布及沿用名称	民间名称及由来	经度	纬度
1	南卫滩	资料暂缺	南卫滩	南卫滩	资料暂缺	东经116° 58′	北纬20° 55′
2	北卫滩	资料暂缺	北卫滩	北卫滩	资料暂缺	东经116° 02′	北纬21° 04′
3	东沙环礁	资料暂缺	资料暂缺	资料暂缺	资料暂缺	东经 116° 41′-116° 53′	北纬20° 37′- 20° 47′
4	东沙岛	东沙岛	东沙岛	东沙岛	资料暂缺	东经116° 43′	北纬20° 42′
5	中沙环礁	资料暂缺	中沙环礁	中沙环礁	资料暂缺	东经113° 40′ -114° 57′	北纬15° 24′-16° 15′
6	西门暗沙	资料暂缺	西门暗沙	西门暗沙	资料暂缺	东经114° 03′	北纬15° 58′
7	本固暗沙	资料暂缺	本固暗沙	本固暗沙	资料暂缺	东经114° 06′	北纬16° 00′
8	美滨暗沙	资料暂缺	美滨暗沙	美滨暗沙	资料暂缺	东经114° 13′	北纬16° 03′
9	鲁班暗沙	资料暂缺	鲁班暗沙	鲁班暗沙	资料暂缺	东经114° 18′	北纬16° 04′
10	比微暗沙	资料暂缺	比微暗沙	比微暗沙	资料暂缺	东经114° 44′	北纬16° 13′
11	隐矶滩	伊机立亚滩	隐矶滩	隐矶滩	资料暂缺	东经114° 58′	北纬16° 03′

图 1-60　属性信息列表显示窗口

示栏，信息栏左边动态显示用户移动的鼠标当前在地球上的位置（经纬度），信息栏
右边动态显示当前正前方的方位角和观察者所处的高度（高程），信息栏的中部动态
显示用户打开加载的空间数据传输的过程进度信息。在窗口左下角信息栏的上方，
显示一个动态可旋转的指南针，会随着用户对三维地球的操作而相应改变方向，指
明当前的方位。

ObjectID	中文名称_现在
☐ 1	南卫滩
☐ 2	北卫滩
☐ 3	东沙环礁
☐ 4	东沙岛
☐ 5	中沙环礁
☐ 6	西门暗沙
☐ 7	本固暗沙

ObjectID	中文名称_现在
☐ 267	澄平礁
☐ 266	破浪礁
☐ 265	鸟鱼碇石
☐ 264	华礁
☐ 263	伏波礁
☐ 262	泛爱暗沙
☐ 261	逍遥暗沙

　图 1-61　属性记录升序排列　　　　　　　　图 1-62　属性记录降序排列

　　对窗口中数字虚拟地球的操作，将鼠标光标移动到三维窗口内，自动激活该窗口，就可以采用如表 1-17 所示的方法，对虚拟地球进行操作。

图 1-63　三维图形显示窗口

表 1-17　三维图形窗口的虚拟地球操作

鼠标按钮	鼠标动作	实现功能
鼠标左键	在虚拟地球上单击，并按住鼠标，光标变成 ↻，移动鼠标，不松开鼠标左键	让虚拟地球跟随鼠标的移动而转动（漫游）
	在虚拟地球上单击拖动，并迅速松开鼠标左键	让虚拟地球按照鼠标移动方向自动转动
	在地球自动移动时，单击	让自动转动的虚拟地球停止转动
鼠标右键	按下鼠标右键，光标变为 🔍，向上移动	远离虚拟地球（使得地球缩小）
	按下鼠标右键，光标变为 🔍，向下移动	接近虚拟地球（使得地球变大）
	当地球移动时，单击	让自动转动的虚拟地球停止转动
鼠标滚轮	向上滚动	远离虚拟地球（使得地球缩小）
	向下滚动	接近虚拟地球（使得地球变大）

（1）显示属性信息

可用鼠标左键在三维窗口中对点状要素单击，或者对线、面要素双击，就可以对选取的要素查询属性信息。属性信息会显示在弹出的属性窗口中，如图 1-64 所示。在打开的属性窗口里，左键双击某属性项，长篇文字显示在下面的文本框里；上下拖动文本框右侧的滚动条，文字自动放大或缩小，如图 1-65 所示。

图 1-64　鼠标点击选取点要素弹出属性窗口　　　　图 1-65　放大属性文本框里的文字

如果属性中带有照片，则会在属性对话框的底部显示照片的略图，如图 1-66 所示。双击略图，会弹出一个显示图像的窗口，如图 1-67 所示。在图像窗口中，点击"全图"按钮显示全图像，点击"1：1"按钮使得图像按照其原来的分辨率显示；这时，如果图像窗口不够大，无法显示全部的图像，则可以通过分别按"上""下""左""右"按钮来上移、下移、左移和右移图像；拖动图像右侧的滚动条可以无级缩放图像，按住属性窗口的边框拖动鼠标，可以改变图形窗口的大小，从而扩大或缩小显示图像的区域。

（2）属性自动标注

对图形窗口中显示的要素可以设置自动标注某属性字段的信息。选择右键点击打开的要素，在弹出的上下文菜单里选择"自动标注……"项，如图 1-68 所示，这时会弹出设置标注字段的对话框，如图 1-69 所示。可以在"数据项"下拉列表框里，选择要作为自动标注的字段名称。按"确定"按钮，选中的标注字段的文字信息就会在图形显示窗口中在要素的地图符号旁边自动显示出来，如图 1-70 所示。如果要取消自动标注，则重复上述过程，在对话框里选中"取消标注"复选框，如图 1-71 所示。

（3）属性分类显示

打开的要素可以对其某一属性进行分类，并把不同类别用不同的地图符号加以显示。右键点击打开的某一要素，弹出上下文菜单，选择"分类显示……"项，如图 1-72 所示。这时会出现"分类显示设置"对话框窗口，在"数据项"下拉列表中，选择需要进行分类

图 1-66　显示属性中的影像、照片

图 1-67　显示图像的窗口

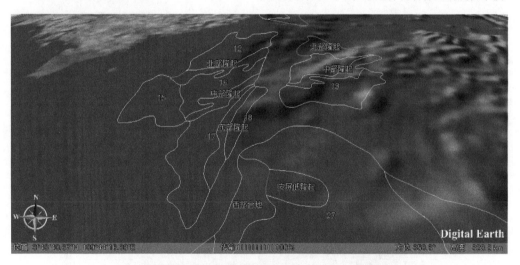

图 1-68　自动标注功能 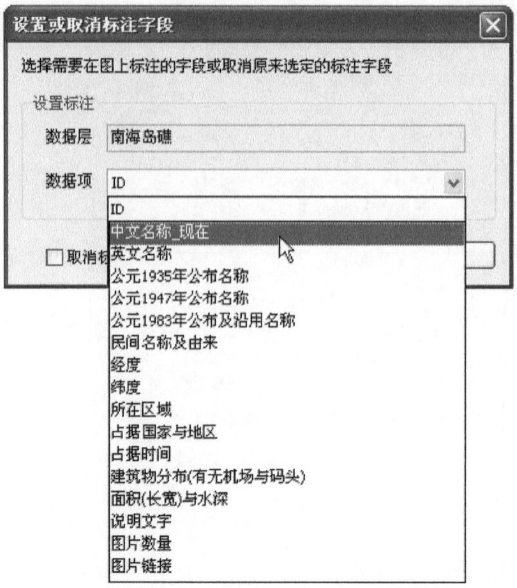　　　　图 1-69　设置自动标注对话框中选择自动标注的属性字段

图 1-70　自动标注了属性信息的空间要素

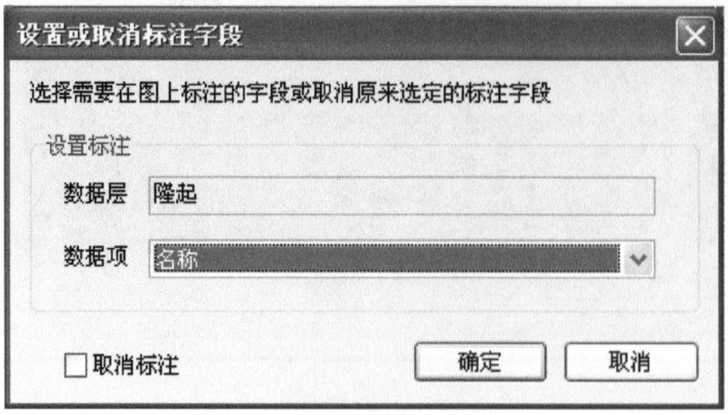

图 1-71　取消标注字段

显示的属性字段名称，如图 1-73 所示。按"统计"按钮，则在"分类数"文本框里显示出属性的不同类别的个数；在"分类值"分栏列表中显示出各个分类的编号、数值、该类的要素个数，以及在图形窗口中用来显示的图例，如图 1-74 所示。可以点击图例中的符号，对图例的颜色进行修改，如图 1-75 所示。

可以在"常用"工具栏中点击"切换图例显示"按钮 来打开和关闭"专题查询图例"窗口。要想取消分类显示，可以重复上述过程，在"分类显示设置"对话框中直接按"确定"按钮而不按"统计"按钮即可。

图 1-72 分类显示功能

图 1-73 分类显示设置对话框及选择分类属性字段

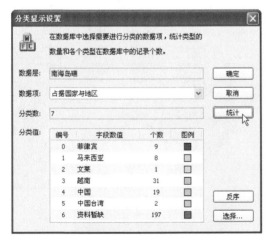

图 1-74 统计出的分类数和数值、图例

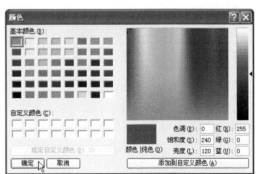

图 1-75 修改地图图例显示的颜色

数 字 南 海

（4）条件查询

可以对打开的要素进行按某一条件的查询，将查询的结果用特定的地图符号表现出来。在打开的要素项上单击鼠标右键，在弹出上下文菜单中选择"条件查询……"，如图1-76所示。弹出"条件查询"对话框，如图1-77所示。在对话框中"数据项"下拉列表框中选择要查询的属性字段，在"运算符"下拉列表框中选择适当的运算符。在"数据值"输入文本框中输入条件查询的数值，即可进行查询。查询的结果在三维地球窗口、二维地图窗口，以及属性列表窗口中都使用特定的符号显示出来，如图1-78所示。

图 1-76　条件查询菜单

图 1-77　条件查询对话框

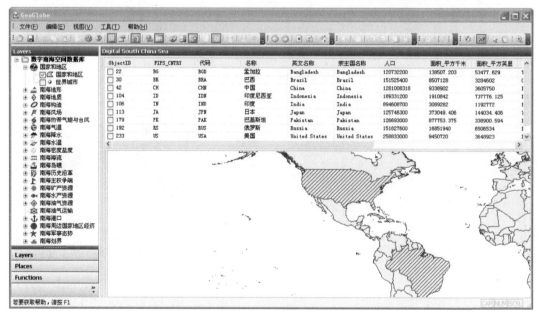

图 1-78　条件查询结果在二维地图窗口中显示（阴影部分为查询结果）

对于文本类型的属性字段，可以采用精确查询和模糊查询两种查询方式。还可以选中复选框"使用 SQL 查询语句"，在下面的文本输入框中直接输入 SQL 语句来实现条件查询。

（5）长度面积量算

在虚拟三维球面上可以进行长度和面积的量算。通过选择"工具"菜单下面的菜单项"长度面积量算……"来实现。这时会弹出一个"测量长度面积"的无模式对话框，该对话框可以一直显示，直到用户点击对话框中的"关闭"按钮，对话框才会消失。该对话框出现的时候，用户可以使用鼠标左键在地球上点击并移动鼠标画出直线段组成的折线，每一次点击形成的折线顶点的经纬度坐标会自动地显示在对话框中的经纬度列表框里面，并按照鼠标点击的顺序，自动给输入的顶点编上序号，如图 1-79 所示。

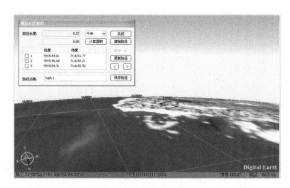

图 1-79　在虚拟地球表面测量长度和面积

随着屏幕上坐标点的输入，在测量长度面积的对话框中，除了会记录下点击的坐标位置以外，还会同时在"路径长度"文本框中显示连接输入坐标点的地球表面测地线形成的累积路径长度。长度单位可以在下拉列表框中选择（如千米、米、英里[①]、海里[②]等），长度数值会自动变换。点击"计算面积"按钮，则会将输入的坐标点中第一点与最后一点自动连接起来，形成一个封闭的面状多边形。同时，其球面面积会计算出来显示在对话框中。按"清除路径"按钮可以清除掉计算过的折线路径，坐标列表被清空（图 1-80），虚拟地球面上的折线也相应消失。还可以按对话框上面"添加一点"按钮，则会在坐标列表里面自动添加一个初始都是 0 的坐标点记录，然后可以用键盘输入正确的经纬度坐标（图 1-81）。再按"更新路径"按钮，把新输入的坐标形成的新的折线显示在图形窗口虚拟地球表面上。

8. 二维地图显示窗口

数字南海既可以使用三维虚拟地球窗口，还可以使用传统的二维图形窗口显示空间数据。可以通过工具栏"地图窗口"按钮 来切换到二维地图显示窗口。按下该按钮，就会弹出二维平面的地图显示窗口；再一次按下该按钮，则显示的地图窗口又会隐藏起来。

---

① 1 英里=1.609344km

② 1 海里=1852m

图 1-80　清除计算的路径　　　　　图 1-81　手工添加路径上点的经纬度

（1）地图浏览

地图窗口激活后，相应的地图操作工具栏也跟着激活，如图 1-82 所示。点击"放大"按钮，然后把鼠标在地图上点击一下，地图放大到原来的两倍，或者在要想显示的区域位置按住鼠标左键拖动鼠标，显示一个移动的方框，移动到适当的位置释放鼠标左键，如图 1-83 所示，则被方框框住的区域会放大显示在窗口中，如图 1-84 所示。

图 1-82　地图操作工具栏（放大按钮、缩小按钮、平移按钮）

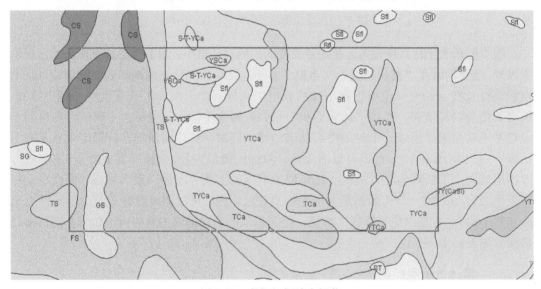

图 1-83　鼠标拉框放大操作

还可以用同样的方法进行图形的缩小、平移操作。选择工具栏里面的"缩小"按钮，在地图上点击一下，地图缩小到原来的 1/2，或者在地图窗口中拉一个矩形框，当前窗口全部内容都缩小到框住的区域中。平移操作是按住鼠标左键不放，移动鼠标，地图内容会跟着鼠标移动。移动到适当的位置，松开鼠标即可。在工具栏中点击"显示全图"按钮 ⊞，地图全部内容显示在窗口中。

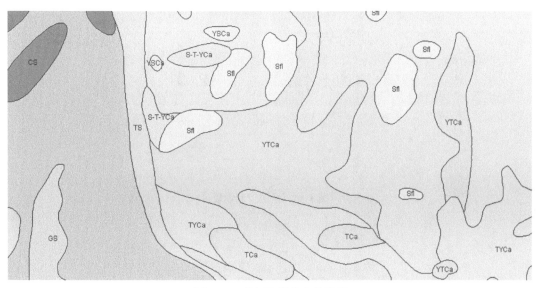

图 1-84　鼠标拉框放大的结果

（2）地图要素选取

选择工具栏中的"选取"按钮 ，用鼠标左键在二维图形窗口中点击某一要素，则该要素被选中。选中的多边形使用图案填充方式显示选中状态，如图 1-85 所示。鼠标左键双击某一要素，则弹出"属性"对话框，显示选中的要素的属性信息。

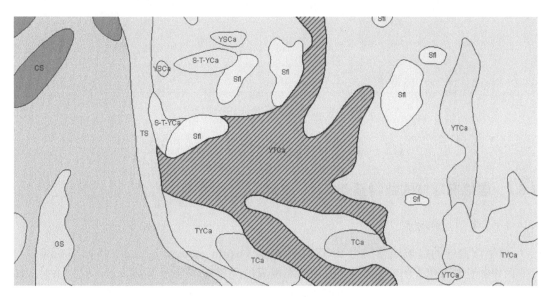

图 1-85　单击选中地图要素

（3）调整地图符号和注记大小

在用户界面下方的地图控制面板里面，有两个带上下箭头的输入框，如图 1-86 所示，可以分别用来调控二维地图窗口中点符号大小和标注字体的大小，如图 1-87 所示。

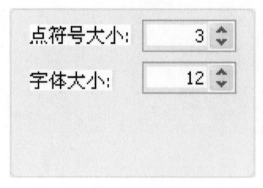

图 1-86 地图控制面板

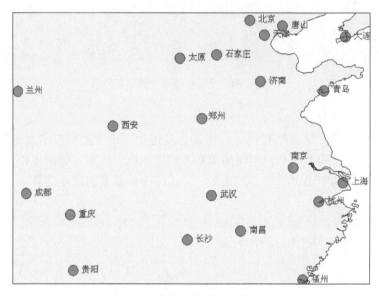

图 1-87 缩放点符号和文字注记

1.5 数字南海中的数字地球技术

1.5.1 虚拟椭球体的数学基础

1. 参考椭球体方程

数字南海中的虚拟地球采用 WGS84 椭球体（world geodetic system 1984，WGS84），是为 GPS 使用而建立的坐标系统，通过遍布世界的卫星观测站观测到的坐标建立。WGS84 坐标系是地心坐标系，坐标系原点位于地球质心，z 轴指向（国际时间局）BIH1984.0 定义的协议地球极（CTP）方向，x 轴指向 BIH1984.0 的零度子午面和 CTP 赤道的交点，y 轴则通过右手规则确定。WGS84 椭球体的长半径 a 为 6m，378m，137m，短半径 b 为 6m，356m，752.3142m。目前我国采用的新的国家 2000 大地坐标系和 WGS84 坐标系基本相同。

通用的椭球体方程为 $\dfrac{x_s^2}{a^2}+\dfrac{y_s^2}{b^2}+\dfrac{z_s^2}{c^2}=1$。由于地球属于旋转椭球体，$a=b$。WGS84 坐

标系中的虚拟地球的方程可以表达为 $\dfrac{x_s^2}{a^2}+\dfrac{y_s^2}{a^2}+\dfrac{z_s^2}{b^2}=1$。其中，下标 s 表示椭球体表面点的坐标 (x_s,y_s,z_s)。

大地测量学还用到一些椭球体参数，如偏心率：$\varepsilon=\arccos\left(\dfrac{a}{b}\right)=2\arctan\left(\sqrt{\dfrac{a-b}{a+b}}\right)$。由于旋转，往往赤道半径总是大于极半径，扁率 f 用来表示椭球体接近球体的程度。定义为 $f=\mathrm{ver}(\varepsilon)=2\sin^2\left(\dfrac{\varepsilon}{2}\right)=1-\cos(\varepsilon)=\dfrac{a-b}{a}$。对于地球椭球体而言，$f$ 接近 1/300。和扁率接近的一个参数是偏心率，表示为 $e^2=f(2-f)=\sin^2(\varepsilon)=\dfrac{a^2-b^2}{a^2}$。

2. 椭球体表面上的大地测量法矢量

设 $m=\left(\dfrac{x_s}{a^2}\quad\dfrac{y_s}{b^2}\quad\dfrac{z_s}{c^2}\right)$，则大地测量法矢量 $\hat{n}_s=\dfrac{m}{\|m\|}$。

3. 椭球体表面上的地心法矢量

设椭球体表面点坐标为 $m=(x_s,y_s,z_s)$，则地心法矢量为 $\hat{n}_s=\dfrac{m}{\|m\|}$。

4. 大地测量坐标和地心空间坐标的转换

设大地测量坐标 (λ,φ,h)，要转成地心空间坐标 (x,y,z)。椭球体表面法矢量为 $\hat{n}_s=\cos\varphi\cos\lambda\hat{i}+\cos\varphi\sin\lambda\hat{j}+\sin\varphi\hat{k}$。椭球体表面点 $r_s=(x_s,y_s,z_s)$ 的非归一化的法矢量为 $n_s=\dfrac{x_s}{a^2}\hat{i}+\dfrac{y_s}{b^2}\hat{j}+\dfrac{z_s}{c^2}\hat{k}$。所以，$\hat{n}_s=\gamma n_s$，$\gamma$ 为标量，即 $\hat{n}_s=\gamma\left(\dfrac{x_s}{a^2}\hat{i}+\dfrac{y_s}{b^2}\hat{j}+\dfrac{z_s}{c^2}\hat{k}\right)$，写成标

量方程，为
$$
\begin{cases}\hat{n}_x=\dfrac{\gamma x_s}{a^2}\\[2mm]\hat{n}_y=\dfrac{\gamma y_s}{b^2}\\[2mm]\hat{n}_z=\dfrac{\gamma z_s}{c^2}\end{cases}\text{，可得}
\begin{cases}x_s=\dfrac{a^2\hat{n}_x}{\gamma}\\[2mm]y_s=\dfrac{b^2\hat{n}_y}{\gamma}\\[2mm]z_s=\dfrac{c^2\hat{n}_z}{\gamma}\end{cases}
\tag{1-1}
$$

代入椭球体方程 $\dfrac{x_s^2}{a^2}+\dfrac{y_s^2}{b^2}+\dfrac{z_s^2}{c^2}=1$，可得 $\dfrac{\left(\dfrac{a^2\hat{n}_x}{\gamma}\right)^2}{a^2}+\dfrac{\left(\dfrac{b^2\hat{n}_y}{\gamma}\right)^2}{b^2}+\dfrac{\left(\dfrac{c^2\hat{n}_z}{\gamma}\right)^2}{c^2}=1$。整理得 $a^2\hat{n}_x^2+b^2\hat{n}_y^2+c^2\hat{n}_z^2=\gamma^2$，则 $\gamma=\sqrt{a^2\hat{n}_x^2+b^2\hat{n}_y^2+c^2\hat{n}_z^2}$。代入到式（1-1）中，可计算出椭球体表面点的空间坐标 $r_s=(x_s,y_s,z_s)$。然后再考虑高程 h，设高程矢量为 $H=h\hat{n}_s$，则最终的地心空间直角坐标为 $r_s+H=(x_s+h\hat{n}_x,y_s+h\hat{n}_y,z_s+h\hat{n}_z)$。

通过大地测量学，也可以直接通过下面的公式计算地心空间直角坐标：

$$
\begin{cases}
x = (N + h)\cos(\phi)\cos(\lambda) \\
y = (N + h)\cos(\phi)\sin(\lambda) \\
z = \left(\cos^2(\varepsilon)N + h\right)\sin(\phi) = \left(\dfrac{b^2}{a^2}N + h\right)\sin(\phi)
\end{cases}
$$

$$
N = \frac{a}{\sqrt{1 - \sin^2\phi\sin^2\varepsilon}} = \frac{a}{\sqrt{1 - \sin^2\phi e^2}} = \frac{a}{\sqrt{1 - \sin^2\phi\dfrac{a^2 - b^2}{a^2}}}
$$

$$
= \frac{a}{\sqrt{\dfrac{a^2 - (a^2 - b^2)\sin^2\phi}{a^2}}} = \frac{a^2}{\sqrt{a^2 - (a^2 - b^2)\sin^2\phi}}
$$

5. 椭球体面上空间直角坐标和大地测量坐标的转换

$$
\lambda = \arctan\frac{\hat{n}_y}{\hat{n}_x} \quad \phi = \arcsin\frac{\hat{n}_z}{\|n_s\|}
$$

6. 任意空间直角坐标投影到椭球体表面的地心位置

设任意空间点 (x, y, z)，地心矢量为 $r = (x, y, z)$，地心椭球体表面点矢量为 $r_s = (x_s, y_s, z_s)$，则 $r_s = \beta r$，β 可以通过矢量 r 和椭球体表面的交点来求得

$$
\beta = \frac{1}{\sqrt{\dfrac{x^2}{a^2} + \dfrac{y^2}{b^2} + \dfrac{z^2}{c^2}}}, \quad \text{所以：}\quad
\begin{aligned}
x_s &= \beta x \\
y_s &= \beta y \\
z_s &= \beta z
\end{aligned}
$$

7. 任意空间直角坐标投影到大地测量椭球体表面的位置

设任意空间点矢量 r，椭球体表面点地心矢量 r_s，椭球高矢量 h，则 $r = r_s + h$。非标准化的椭球表面矢量为 $n_s = \dfrac{x_s}{a^2}\hat{i} + \dfrac{y_s}{b^2}\hat{j} + \dfrac{z_s}{c^2}\hat{k}$。设 α 为标量，则椭球高 h 矢量为 $h = \alpha n_s$。所以，$r = r_s + \alpha n_s$。写成标量方程则为

$$
\begin{aligned}
x &= x_s + \alpha\frac{x_s}{a^2} \\
y &= y_s + \alpha\frac{y_s}{b^2} \\
z &= z_s + \alpha\frac{z_s}{c^2}
\end{aligned}
\quad
\begin{aligned}
x &= x_s\left(1 + \frac{\alpha}{a^2}\right) \\
y &= y_s\left(1 + \frac{\alpha}{b^2}\right) \Rightarrow \\
z &= z_s\left(1 + \frac{\alpha}{c^2}\right)
\end{aligned}
\quad
\begin{aligned}
x_s &= \frac{x}{\left(1 + \dfrac{\alpha}{a^2}\right)} \\
y_s &= \frac{y}{\left(1 + \dfrac{\alpha}{b^2}\right)} \\
z_s &= \frac{z}{\left(1 + \dfrac{\alpha}{c^2}\right)}
\end{aligned}
$$

因为椭球体方程可以写成：$S = \dfrac{x_s^2}{a^2} + \dfrac{y_s^2}{b^2} + \dfrac{z_s^2}{c^2} - 1 = 0$，代入上式

$$S = \frac{x^2}{a^2\left(1+\frac{\alpha}{a^2}\right)^2} + \frac{y^2}{b^2\left(1+\frac{\alpha}{b^2}\right)^2} + \frac{z^2}{c^2\left(1+\frac{\alpha}{c^2}\right)^2} - 1 = 0$$

解此方程可以使用牛顿迭代法（Newton-Raphson method），初值使用椭球体表面地心

投影位置 $\beta = \dfrac{1}{\sqrt{\dfrac{x^2}{a^2}+\dfrac{y^2}{b^2}+\dfrac{z^2}{c^2}}}$ ，$\begin{aligned}x_s &= \beta x\\ y_s &= \beta y\\ z_s &= \beta z\end{aligned}$

该椭球体表面的地心投影点矢量为 $m = \left(\dfrac{x_s}{a^2}\quad \dfrac{y_s}{b^2}\quad \dfrac{z_s}{c^2}\right)$ ，$\hat{n}_s = \dfrac{m}{\|m\|}$ ，$\alpha_0 = (1-\beta)\dfrac{\|r\|}{\|n_s\|}$

S 方程对 α 的微分为 $\dfrac{\partial S}{\partial \alpha} = -2\left[\dfrac{x^2}{a^4\left(1+\dfrac{\alpha}{a^2}\right)^3} + \dfrac{y^2}{b^4\left(1+\dfrac{\alpha}{b^2}\right)^3} + \dfrac{z^2}{c^4\left(1+\dfrac{\alpha}{c^2}\right)^3}\right]$

迭代上述方程，直到 S 接近于 0。否则，$\alpha = \alpha - \dfrac{S}{\dfrac{\partial S}{\partial \alpha}}$

8. 任意空间坐标转成大地测量坐标

首先使用上述方法将任意点矢量 $r = (x, y, z)$ 投影到椭球体表面 $r_s = (x_s, y_s, z_s)$，则椭球高矢量 h 可以求出 $h = r - r_s$。则高于或低于椭球体表面的高度值可以算作 $h = \mathrm{sign}(h \cdot r - 0)\|h\|$。最后，再用 r_s 求出地理坐标即可。

9. 椭球体上的测地线

测地线（geodesic）在数学上可视作直线在弯曲空间中的推广，定义为空间中两点的局域最短路径。测地线的名字来自对于地球尺寸与形状的大地测量学（geodesy），球体表面的测地线通常也称为大圆（great circle）。在测地线上各点的主曲率方向均与该点上曲面法线相合。它在圆球面上为大圆弧，在平面上就是直线。在大地测量中，通常用测地线代替法截线来研究和计算椭球面上各种问题。测地线是在一个曲面上每一点处测地曲率均为零的曲线。

设椭球面上两点 p、q，矢量 $P=p-0$，$Q=q-0$，$M=P\times Q$，P 和 Q 所在的平面法矢量为 $\hat{n} = \dfrac{M}{\|M\|}$。$P$ 和 Q 矢量的夹角 θ 为 $\hat{P} = \dfrac{P}{\|P\|}$ ，$\hat{Q} = \dfrac{Q}{\|Q\|}$ ，$\theta = \arccos\left(\hat{P}\cdot\hat{Q}\right)$。

要在椭球表面形成近似的测地线曲线，假设在 p 和 q 两点间要按照 γ 角度间隔生成 s 个椭球表面采样点，则 $n = \left\lfloor\dfrac{\theta}{\gamma}\right\rfloor - 1$ ，$s = \max(n, 0)$。然后，将矢量 P 以法矢量 $\hat{n}$ 为旋转轴进行 s 次旋转，每次并将旋转后的矢量投影到椭球体的表面，即可形成近似的测地线。

1.5.2　椭球体的导航

数字南海系统需要具有数字地球系统那样在椭球体表面一定的空间高度进行导航的能力，也就是系统用户使用鼠标和键盘交互式地操作三维场景的能力。这一功能可以通过设置三维坐标系统的视觉变换矩阵来实现。

1. 空间照相机

要在三维空间中交互操纵虚拟地球，可以设置一个空间照相机对象，通过该对象来改变视觉变换矩阵。空间照相机通常可以由以下几个参数来定义：①空间照相机位置坐标；②空间照相机的对焦点坐标；③空间照相机正上方的方向，这是一个三维空间的矢量。

定义了上述参数，就可以实现三维系统的视觉变换矩阵。视觉变换矩阵在 OpenGL 里面称为模型和视觉变换 ModelView 矩阵。在 OpenGL 中，模型和视觉变换是在一个矩阵中进行控制的，这个矩阵命名为 GL_MODELVIEW_MATRIX，可以使用 glGetFloatv 函数来获取这个矩阵，而使用 glTranslate*、glRotate*、glScale*等操作均影响到该矩阵变化。该变换矩阵是一个 4×4 的方阵，在内存中的存放方式如下：

$$m[0]\ m[4]\ m[\ 8]\ m[12]$$
$$m[1]\ m[5]\ m[\ 9]\ m[13]$$
$$m[2]\ m[6]\ m[10]\ m[14]$$
$$m[3]\ m[7]\ m[11]\ m[15]$$

可以看出，OpenGL 是以列序来存放这个矩阵的，位于矩阵左上方的 3×3 矩阵（下标示 0，1，2，4，5，6，8，9，10）是旋转矩阵，可以用来控制旋转和尺度变化。而右边的 3×1 矩阵是用来控制平移的。就是 m[12]、m[13]、m[14]这三个值，分别控制 X，Y，Z 方向的平移。所有 16 个值组成一个标准的齐次矩阵。

OpenGL 的 ModelView 矩阵既可以是对虚拟地球的操作（模型变换），包括平移、旋转、缩放，也可以理解为对照相机的一种操作（视觉变换），或者理解为对视点的一种操作。由于视觉变换和模型变换存在着对偶特性，本质上是一致的。一种比较有效的思考方法是，视点始终在（0，0，0）处，glLoadIndentity（）默认会使得相机在（0，0，0）坐标位置处，而在透视投影中，观察者是从原点向 Z 轴的负方向看过去（垂直"穿入"监视器屏幕），要保证模型可见，所以要进行模型视觉变换。

三维变换本质上有四种，即视觉、模型、投影和视口变换。但是在 OpenGL 中，只有三种变换：模型视觉变换、投影变换、视口变换，其将视觉和模型变换进行了合并。另外，值得注意的是，ModelView 的 12、13、14 元素反映的是视觉变换的平移量，如果要理解为模型变换，则需要加上负号考虑，默认配置为模型变换。也就是说，用 gltranslate 的时候，OpenGL 会默认将矩阵加上负号处理，但如果直接操作矩阵，要注意正量为视觉变换，负量为模型变换。

OpenGL 的 glMultMatrixd 矩阵相乘是右乘关系,如按照顺序计算的 glMultMatrixd(A);和 glMultMatrixd（B）;则通过 glGetDoublev（GL_MODELVIEW_MATRIX，C）得到的

矩阵是

$$C=A\cdot B$$

2. OpenGL 的变换的性质

几何数据——顶点位置，和标准向量（normal vectors），在 OpenGL 渲染管道栅格化处理过程之前可通过顶点操作（vertex operation）和基本组合操作改变这些数据（图 1-88）。

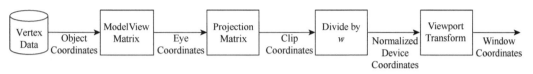

图 1-88　OpenGL 的图形渲染管道

（1）眼坐标

使用 GL_MODELVIEW 矩阵和物体坐标相乘所得。在 OpenGL 中用 GL_MODELVIEW 将三维物体从对象空间（object space）变换到眼空间（eye space）。GL_MODELVIEW 矩阵是模型矩阵（model matrix）和视觉矩阵（view matrix）的组合（$M_{\text{view}} * M_{\text{model}}$）。其中，Model 变换指的是从对象空间转换到世界空间（world space 指 OpenGL 中的三维空间），而 View 变换是将世界空间变换到眼空间。

$$\begin{pmatrix} x_{\text{eye}} \\ y_{\text{eye}} \\ z_{\text{eye}} \\ w_{\text{eye}} \end{pmatrix} = M_{\text{ModelView}} \cdot \begin{pmatrix} x_{\text{obj}} \\ y_{\text{obj}} \\ z_{\text{obj}} \\ w_{\text{obj}} \end{pmatrix} = M_{\text{View}} \cdot M_{\text{Model}} \cdot \begin{pmatrix} x_{\text{obj}} \\ y_{\text{obj}} \\ z_{\text{obj}} \\ w_{\text{obj}} \end{pmatrix}$$

在 OpenGL 中没有单独的照相机矩阵。因此，为了模拟照相机或者视觉 View 变换，其中的场景（3D 物体和光照）必须通过和 View 相反的方向变换。也就是说，OpenGL 总是将照相机定义在（0，0，0）点，并且强制在眼空间坐标系的–Z 轴方向，而且不能改变。

（2）法矢量

从对象坐标（object coordinates）变换到眼坐标（eye coordinates），它是用来计算光照（lighting calculation）的。法矢量的变换和顶点的不同。其中视觉矩阵（view matrix）是 GL_MODELVIEW 逆矩阵的转置矩阵和法矢量相乘所得，即

$$\begin{pmatrix} nx_{\text{eye}} \\ ny_{\text{eye}} \\ nz_{\text{eye}} \\ nw_{\text{eye}} \end{pmatrix} = \left(M_{\text{ModelView}}^{-1} \right)^{\text{T}} \cdot \begin{pmatrix} nx_{\text{obj}} \\ ny_{\text{obj}} \\ nz_{\text{obj}} \\ nw_{\text{obj}} \end{pmatrix}$$

（3）裁剪坐标

眼坐标和 GL_PROJECTION 矩阵相乘，得到裁剪坐标。GL_PROJECTION 矩阵定义了视见体，决定顶点数据如何投影到屏幕上（透视或者平行投影），它被称为裁剪坐标的原因是（x,y,z）变换之后要和 $\pm w$ 比较。

$$\begin{pmatrix} x_{\text{clip}} \\ y_{\text{clip}} \\ z_{\text{clip}} \\ w_{\text{clip}} \end{pmatrix} = M_{\text{projection}} \cdot \begin{pmatrix} x_{\text{eye}} \\ y_{\text{eye}} \\ z_{\text{eye}} \\ w_{\text{eye}} \end{pmatrix}$$

（4）规范化设备坐标

将裁剪坐标除以 w 所得，它被称为透视除法（perspective division）。它更像是窗口坐标，只是还没有转换或者缩放到屏幕像素。其中，它的取值范围在 3 个轴向 $-1 \sim 1$ 标准化了。

$$\begin{pmatrix} x_{\text{ndc}} \\ y_{\text{ndc}} \\ z_{\text{ndc}} \end{pmatrix} = \begin{pmatrix} x_{\text{clip}}/w_{\text{clip}} \\ y_{\text{clip}}/w_{\text{clip}} \\ z_{\text{clip}}/w_{\text{clip}} \end{pmatrix}$$

（5）窗口坐标/屏幕坐标

将规范化设备坐标应用于视口变换即可得到窗口坐标。NDC 将缩放和平移以便适应屏幕的大小。窗口坐标最终传递给 OpenGL 渲染管道进行栅格化处理形成面片（fragment）。glViewPort（）函数用来定义最终图像映射的投影区域。同样，glDepthRange（）用来决定窗口坐标的 z 坐标。窗口坐标由下面两个方法给出的参数计算出来：

glViewPort(x,y,w,h)；

glDepthRange(n,f)；

$$\begin{pmatrix} x_w \\ y_w \\ z_w \end{pmatrix} = \begin{pmatrix} \dfrac{w}{2} x_{\text{ndc}} + \left(x + \dfrac{w}{2} \right) \\ \dfrac{h}{2} y_{\text{ndc}} + \left(y + \dfrac{h}{2} \right) \\ \dfrac{f-n}{2} z_{\text{ndc}} + \dfrac{f+n}{2} \end{pmatrix}$$

视口转换公式很简单，通过规范化设备坐标和窗口坐标的线性关系得到：

$$\begin{cases} -1 \to x \\ 1 \to x+w \end{cases} \quad \begin{cases} -1 \to y \\ 1 \to y+h \end{cases} \quad \begin{cases} -1 \to n \\ 1 \to f \end{cases}$$

（6）Model-View 矩阵

Model-View 矩阵在一个矩阵中包含了视觉 View 变换矩阵和模型 Model 变换矩阵，为了变换视点（照相机），需要将整个场景施以逆变换。gluLookAt（）用来设置视觉变换（图 1-89）。

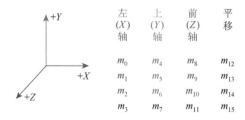

图 1-89　OpenGL 的 Model-View 矩阵元素的作用

最右边的三个矩阵元素（m_{12},m_{13},m_{14}）是用作位移变换的，glTranslatef（）。m15 元素是齐次坐标，该元素是用来做投影变换的。3 个元素集（m_0,m_1,m_2），（m_4,m_5,m_6）和（m_8,m_9,m_{10}）是用作仿射变换，如旋转 glRotate（）和缩放 glScalef（）。这 3 个元素集实际上指的是 3 个正交坐标系：①（m_0,m_1,m_2）：+X 轴，向左的向量，默认为（1,0,0）；②（m_4,m_5,m_6）：+Y轴，向上的向量，默认为（0,1,0）；③（m_8,m_9,m_{10}）：+Z 轴，向前的向量，默认为（0,0,1）。可以不使用 OpenGL 变换函数，直接构造 GL_MODELVIEW 矩阵。该矩阵作用于顶点是采用矩阵右乘矢量的方式：

$$\begin{pmatrix} m_0 & m_4 & m_8 & m_{12} \\ m_1 & m_5 & m_9 & m_{13} \\ m_2 & m_6 & m_{10} & m_{14} \\ m_3 & m_7 & m_{11} & m_{14} \end{pmatrix}\begin{pmatrix} x \\ y \\ z \\ w \end{pmatrix}$$

首先看旋转：

沿 x 轴旋转（pitch）角度 A：这里只讨论左上方的 9 个矩阵元素，则旋转的矩阵为（图 1-90）

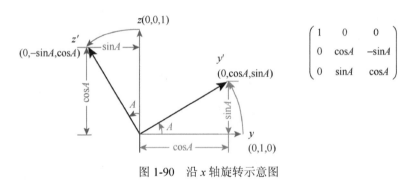

图 1-90　沿 x 轴旋转示意图

沿 y 轴旋转（yaw,heading）角度 B：旋转矩阵为（图 1-91）

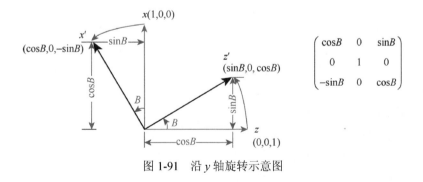

图 1-91　沿 y 轴旋转示意图

沿着 z 轴旋转（roll）角度 C：旋转矩阵为（图 1-92）

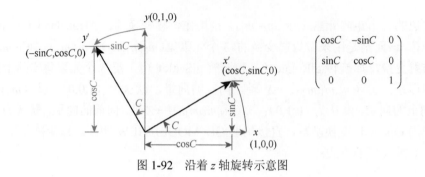

图 1-92　沿着 z 轴旋转示意图

　　把上述矩阵相乘可以将分别沿 x、y、z 三个轴进行旋转的效果叠加起来，由于矩阵乘法不符合交换率，所以有 6 种不同的组合：$RxRyRz$，$RxRzRy$，$RyRxRz$，$RyRzRx$，$RzRxRy$ 和 $RzRyRx$。它们对应的变换矩阵是不同的。

　　OpenGL 在多种变换同时施加到顶点上时以相反的顺序矩阵相乘。例如，假如一个顶点先以 MA 进行变换，然后再以 MB 进行变换。OpenGL 首先在乘以顶点之前运用 $MB \times MA$。故最后的变换出现在矩阵相乘的前面，最先的变换出现在矩阵相乘的最后。

　　（7）视觉变换矩阵的生成

　　可以通过下面的办法来生成视觉变换的左矢量（x 轴）、上矢量（y 轴）和前矢量（z 轴）（图 1-93）。设视点所在位置为 P_1，朝向 P_2 点，则向前的矢量为 $f = p_2 - p_1$。

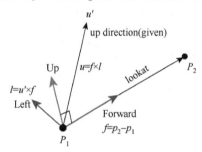

图 1-93　视觉变换的三个方向矢量

　　首先，向前轴的矢量可以通过对 f 进行规范化得到。其次，左矢量可以通过指定一个向上的矢量与向前轴的矢量进行叉积获得。向上的矢量是用来确定横向转动的，该矢量不一定要求与向前轴的矢量垂直。而实际的向上的矢量可以由于是同时垂直于向前的矢量和左矢量，所以可以通过向前的矢量和左矢量的叉积来获得。所有的矢量最终都要规范化，以成为单位矢量。

　　（8）OpenGL 的投影矩阵

　　GL_PROJECTION 矩阵用来定义视见体。该视见体决定了哪些对象或者对象的哪些部分将会被裁剪掉。同样，它也决定着 3D 场景怎样投影到屏幕中。

　　OpenGL 提供 2 个函数用来实现 GL_PROJECTION 变换。glFrustum（）产生投影视角。glOrtho（）产生正交（或者平行）投影。两个函数都需要 6 个参数决定 6 个剪切面：left、right、bottom、top、near 和 far 平面。视见体的 8 个顶点如图 1-94 和图 1-95 所示。

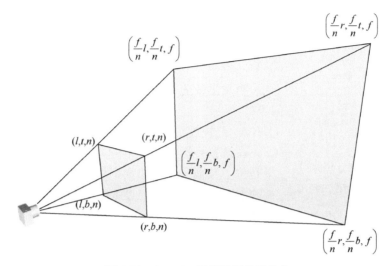

图 1-94　OpenGL 透视投影的视见体

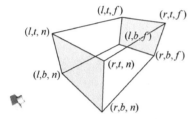

图 1-95　OpenGL 平行投影视见体

远端平面（后面）的顶点能够简单地通过相似三角形的比率计算出来。例如，远端平面的左侧可以如下计算：

$$\frac{\text{far}}{\text{near}} = \frac{\text{left}_{\text{far}}}{\text{left}} \quad \text{left}_{\text{far}} = \frac{\text{far}}{\text{near}} \cdot \text{left}$$

对于正交投影，ratio 为 1，所以远端平面的 left、right、bottom 和 top 值都与近端平面的值相同。

同样，也可以使用 gluPerspective（）和 gluOrtho2D（）函数，但是传递更少的参数。gluPerspective（）只需要 4 个参数：视图的垂直区域（vertical field of view，FOV），width/height 的 ratio，还有近端平面和远端平面的距离。

然而，假如想要一个非对称的视觉空间，则不得不直接使用 glFrustum（）。例如，假如想要渲染一个宽的场景到 2 个相邻的屏幕，可以把视见体分成 2 个不对称的视见体（左和右），然后，渲染每个视见体场景（图 1-96）。

一个计算机屏幕是一个二维的表面，OpenGL 渲染的一个三维的场景必须投影到计算机屏幕上作为一个二维的图像显示。GL_PROJECTION 矩阵就是用来

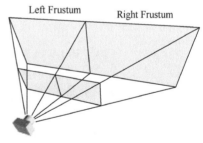

图 1-96　非对称的视见体

实现这一个投影转换的。首先，它将所有的眼坐标的顶点数据转换成裁剪坐标。然后，通过除以裁剪坐标的 w 分量，来把裁剪坐标转换成规范化的设备坐标（NDC）。

因此，应该明白，OpenGL 中的所有的裁剪（视见体裁剪）和规范化设备坐标转换都被集成在了 GL_PROJECTION 矩阵中了。下面来探讨一下如何通过 6 个参数，即 left、right、bottom、top、near 和 far 等边界值来构建投影矩阵。

注意，视见体的裁剪是在裁剪坐标中进行的，处于除以 w_c 分量之前。裁剪坐标 x_c、y_c 和 z_c 通过和 w_c 进行比较来进行检测。如果裁剪坐标小于 $-w_c$，或者大于 w_c，则该顶点将会被舍弃掉，即 $-w_c < x_c, y_c, z_c < w_c$ 才是满足要求的顶点。当发生裁剪的时候，OpenGL 会重构多边形的边（图 1-97）。

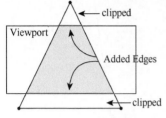

图 1-97 被视见体裁剪的三角形

A．透视投影

在透视投影中（图 1-98），三维空间中的一个点，如果是位于被截去部分的金字塔形视见体中（眼坐标），会被映射到一个规范化的设备坐标的立方体之中。x 坐标的范围从 $[l, r]$ 被映射为 $[-1，1]$，y 坐标的范围从 $[b, t]$ 映射到 $[-1，1]$，z 坐标的范围从 $[n, f]$ 映射到 $[-1，1]$。

值得注意的是，眼坐标是在右手坐标系中定义的，但规范化的设备坐标却是在左手坐标系中定义的。这就是说，OpenGL 的照相机在眼空间中是处在原点，并朝向 $-z$ 轴的方向。但在规范化的设备坐标空间却是朝向 $+z$ 轴的方向看过去。因为 glFrustum（）函数仅仅接受近平面和远平面的正值，所以，在创建 GL_PROJECTION 矩阵的时候，需要对它们进行取反。

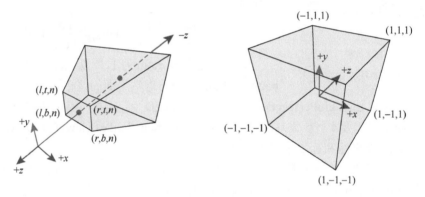

图 1-98 透视投影视见体和规范化的设备坐标（NDC）

在 OpenGL 中，眼空间中的三维点被投影到近平面，也就是投影平面。图 1-99 和图 1-100 显示了一个眼空间中的点（x_e，y_e，z_e）如何投影到近平面上的点（x_p，y_p，z_p）的。

从视见体的顶视图中可以看出，眼空间的 x 坐标 x_e 被映射为 x_p。这可以通过相似三角形的比例来计算：

$$\frac{x_p}{x_e} = \frac{-n}{z_e} \quad x_p = \frac{-n \cdot x_e}{z_e} = \frac{n \cdot x_e}{-z_e}$$

从视见体的侧视图中可以看出，y_p 也可以采用相似的方法来求出。

$$\frac{y_p}{y_e} = \frac{-n}{z_e} \quad y_p = \frac{-n \cdot y_e}{z_e} = \frac{n \cdot y_e}{-z_e}$$

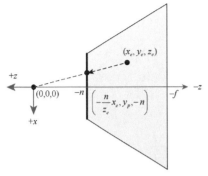

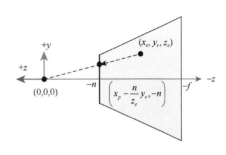

图 1-99　视见体的顶视图　　　　　　　图 1-100　视见体的侧视图

注意到无论是 x_p 还是 y_p 都取决于 z_e，它们都反比于$-z_e$。换句话说，它们都将除以$-z_e$。这就是构建 GL_PROJECTION 矩阵的第一条线索。在眼坐标通过与 GL_PROJECTION 矩阵相乘进行转换之后，裁剪坐标依然还是齐次坐标。所以，要想最终得到规范化的设备坐标，就必须通过与裁剪坐标的 w 分量相除来实现，即

$$\begin{pmatrix} x_{\text{clip}} \\ y_{\text{clip}} \\ z_{\text{clip}} \\ w_{\text{clip}} \end{pmatrix} = M_{\text{projection}} \cdot \begin{pmatrix} x_{\text{eye}} \\ y_{\text{eye}} \\ z_{\text{eye}} \\ w_{\text{eye}} \end{pmatrix}$$

$$\begin{pmatrix} x_{\text{ndc}} \\ y_{\text{ndc}} \\ z_{\text{ndc}} \end{pmatrix} = \begin{pmatrix} x_{\text{clip}} / w_{\text{clip}} \\ y_{\text{clip}} / w_{\text{clip}} \\ z_{\text{clip}} / w_{\text{clip}} \end{pmatrix}$$

因此，可以将裁剪坐标的 w 分量设置为$-z_e$，则 GL_PROJECTION 矩阵的第四行变成为（0,0,−1,0）。

$$\begin{pmatrix} x_c \\ y_c \\ z_c \\ w_c \end{pmatrix} = \begin{pmatrix} \cdot & \cdot & \cdot & \cdot \\ \cdot & \cdot & \cdot & \cdot \\ \cdot & \cdot & \cdot & \cdot \\ 0 & 0 & -1 & 0 \end{pmatrix} \begin{pmatrix} x_e \\ y_e \\ z_e \\ w_e \end{pmatrix}$$

$$\therefore w_c = -z_e$$

接下来，就可以运用线性关系把 x_p 和 y_p 映射到规范化的设备坐标 NDC 的 x_n 和 y_n。即 $[l,r] \Rightarrow [-1,1]$ 和 $[b,t] \Rightarrow [-1,1]$，如图 1-101 和图 1-102 所示。

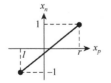
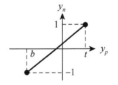

图 1-101　形成规范化的设备坐标的 x_p 向 x_n 映射　　图 1-102　形成规范化的设备坐标的 y_p 向 y_n 映射

从 x_p 映射到 x_n，$x_n = \dfrac{1-(-1)}{r-l} \cdot x_p + \beta$，将 $(r,1)$ 代换 (x_p, x_n)，则

$$1 = \frac{2r}{r-l} + \beta$$

$$\beta = 1 - \frac{2r}{r-l} = \frac{r-l}{r-l} - \frac{2r}{r-l}$$

$$= \frac{r-l-2r}{r-l} = \frac{-r-l}{r-l} = -\frac{r+l}{r-l}$$

$$\therefore x_n = \frac{2x_p}{r-l} - \frac{r+l}{r-l}$$

y_p 到 y_n 的映射，$y_n = \dfrac{1-(-1)}{t-b} \cdot y_p + \beta$，将 $(t,1)$ 代换 (y_p, y_n)，则

$$1 = \frac{2t}{t-b} + \beta$$

$$\beta = 1 - \frac{2t}{t-b} = \frac{t-b}{t-b} - \frac{2t}{t-b}$$

$$= \frac{t-b-2t}{t-b} = \frac{-t-b}{t-b} = -\frac{t+b}{t-b}$$

$$\therefore y_n = \frac{2y_p}{t-b} - \frac{t+b}{t-b}$$

接下来，把 $x_p = \dfrac{n \cdot x_e}{-z_e}$ 和 $y_p = \dfrac{n \cdot y_e}{-z_e}$ 分别代入上面的公式，得到：

$$x_n = \frac{2x_p}{r-l} - \frac{r+l}{r-l} \qquad\qquad y_n = \frac{2y_p}{t-b} - \frac{t+b}{t-b}$$

$$= \frac{2 \cdot \dfrac{n \cdot x_e}{-z_e}}{r-l} - \frac{r+l}{r-l} \qquad\qquad = \frac{2 \cdot \dfrac{n \cdot y_e}{-z_e}}{t-b} - \frac{t+b}{t-b}$$

$$= \frac{2n \cdot x_e}{(r-l)(-z_e)} - \frac{r+l}{r-l} \qquad\qquad = \frac{2n \cdot y_e}{(t-b)(-z_e)} - \frac{t+b}{t-b}$$

$$= \frac{\dfrac{2n}{r-l} \cdot x_e}{-z_e} + \frac{\dfrac{r+l}{r-l} \cdot z_e}{-z_e} \qquad = \frac{\dfrac{2n}{t-b} \cdot y_e}{-z_e} + \frac{\dfrac{t+b}{t-b} \cdot z_e}{-z_e}$$

$$= \left(\underbrace{\frac{2n}{r-l} \cdot x_e + \frac{r+l}{r-l} \cdot z_e}_{x_c} \right) \Big/ -z_e \qquad = \left(\underbrace{\frac{2n}{t-b} \cdot y_e + \frac{t+b}{t-b} \cdot z_e}_{y_c} \right) \Big/ -z_e$$

可以看到，为了实现透视除法的 $(x_c/w_c, y_c/w_c)$，这里使得等式里的每一项都除以 $-z_e$，正如前面使得 w_c 等于 $-z_e$，上述括号里面的项就变成了 x_c 和 y_c。

从这些公式中，可以得到 GL_PROJECTION 矩阵的第一行和第二行：

$$
\begin{pmatrix} x_c \\ y_c \\ z_c \\ w_c \end{pmatrix} = \begin{pmatrix} \dfrac{2n}{r-l} & 0 & \dfrac{r+l}{r-l} & 0 \\ 0 & \dfrac{2n}{t-b} & \dfrac{t+b}{t-b} & 0 \\ \cdot & \cdot & \cdot & \cdot \\ 0 & 0 & -1 & 0 \end{pmatrix} \begin{pmatrix} x_e \\ y_e \\ z_e \\ w_e \end{pmatrix}
$$

现在，就剩下解出 GL_PROJECTION 矩阵的第三行了。获得 z_n 的方法与众不同，因为在眼空间里的 z_e 总是被投影到近平面上的 $-n$。但是，我们还应该获得独特的 z 值以用于裁剪和深度测试。更进一步，还需要使得投影矩阵是可逆的以便进行逆变换。既然我们知道 z 值并不依赖于 x 或 y 值，可以借助 w 分量来确定 z_n 和 z_e 之间的关系。因此，可以按下面的方式设置 GL_PROJECTION 矩阵的第三行。

$$
\begin{pmatrix} x_c \\ y_c \\ z_c \\ w_c \end{pmatrix} = \begin{pmatrix} \dfrac{2n}{r-l} & 0 & \dfrac{r+l}{r-l} & 0 \\ 0 & \dfrac{2n}{t-b} & \dfrac{t+b}{t-b} & 0 \\ 0 & 0 & A & B \\ 0 & 0 & -1 & 0 \end{pmatrix} \begin{pmatrix} x_e \\ y_e \\ z_e \\ w_e \end{pmatrix}
$$

$$
z_n = z_c \Big/ w_c = \frac{Az_e + Bw_e}{-z_e}
$$

在眼空间中，w_e 等于 1。因此，方程变成：$z_n = \dfrac{Az_e + B}{-z_e}$。

为了得到系数 A 和 B，使用（z_e，z_n）关系：（$-n$，-1）和（$-f$，1），并代入上述公式。

$$
\begin{cases} \dfrac{-An + B}{n} = -1 \\ \dfrac{-Af + B}{f} = 1 \end{cases} \rightarrow \begin{cases} -An + B = -n \\ -Af + B = f \end{cases}
$$

为了解出 A 和 B，将第一个方程写成：$B = An - n$，将其代入第二个方程，求出 A：$-Af + An - n = f$，

$$
-(f - n)A = f + n
$$

$$
A = \frac{f + n}{f - n}
$$

把 A 代入第一个方程，就可以求出 B：

$$
\left(\frac{f + n}{f - n} \right) n + B = -n
$$

$$
B = -n - \left(\frac{f + n}{f - n} \right) n = -\left(1 + \frac{f + n}{f - n} \right) n = -\left(\frac{f - n + f + n}{f - n} \right) n = -\frac{2fn}{f - n}
$$

有了 A 和 B，因此 z_e 和 z_n 的关系成为 $z_n = \dfrac{-\dfrac{f+n}{f-n}z_e - \dfrac{2fn}{f-n}}{-z_e}$

最终，就可以得到 OpenGL 的投影矩阵，完整的形式为

$$\begin{pmatrix} \dfrac{2n}{r-l} & 0 & \dfrac{r+l}{r-l} & 0 \\[2ex] 0 & \dfrac{2n}{t-b} & \dfrac{t+b}{t-b} & 0 \\[2ex] 0 & 0 & \dfrac{-(f+n)}{f-n} & \dfrac{-2fn}{f-n} \\[2ex] 0 & 0 & -1 & 0 \end{pmatrix}$$

该矩阵是一个通用的形式，如果视见体是对称的，即 $r=-l$，且 $t=-b$，则简化的形式如下：

$$\begin{cases} r+l=0 \\ r-l=2r(ig.width) \end{cases}, \quad \begin{cases} t+b=0 \\ t-b=2t(ig.height) \end{cases}$$

$$\begin{pmatrix} \dfrac{n}{r} & 0 & 0 & 0 \\[2ex] 0 & \dfrac{n}{t} & 0 & 0 \\[2ex] 0 & 0 & \dfrac{-(f+n)}{f-n} & \dfrac{-2fn}{f-n} \\[2ex] 0 & 0 & -1 & 0 \end{pmatrix}$$

回顾一下 z_e 和 z_n 之间的关系（图 1-103），这是一个有理函数式，且 z_e 和 z_n 之间是非线性的关系。这就意味着在近平面的附近，深度值的精度比较高，而远平面附近，深度值比较低。当 $[-n, -f]$ 的值域变大的时候，将会导致深度的精度问题（深度冲突 z-fighting），即在远平面附近 z_e 值的微小改变并不影响 z_n 的数值。所以，n 和 f 之间的距离应该尽可能地小，以避免由此带来的深度缓冲区的精度问题。

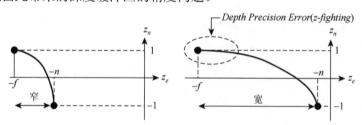

图 1-103　深度缓冲区的精度比较

B. 平行投影

平行投影也叫作正交投影。创建平行投影的 GL_PROJECTION 矩阵比起透视投影要容易得多。所有眼空间中的 x_e、y_e 和 z_e 分量都被线性映射到规范化的设备坐标 NDC（图 1-104）。在此仅仅要做的就是把一个长方体按比例缩放成一个立方体而已，

并将该立方体移动到原点。下面看看如何运用线性关系得到 GL_PROJECTION 矩阵的元素（图 1-105）。

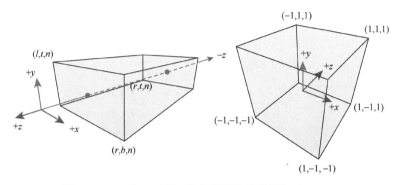

图 1-104 正交（平行）体和规范化设备坐标（NDC）

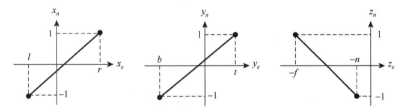

图 1-105 形成规范化的设备坐标的 x_e 到 x_n，y_e 到 y_n，z_e 到 z_n 的映射

$x_n = \dfrac{1-(-1)}{r-l} \cdot x_e + \beta$。将（$r$，1）代换（$x_e$，$x_n$），则

$$1 = \frac{2r}{r-l} + \beta$$

$$\beta = 1 - \frac{2r}{r-l} = \frac{r-l}{r-l} - \frac{2r}{r-l}$$

$$= \frac{r-l-2r}{r-l} = \frac{-r-l}{r-l} = -\frac{r+l}{r-l}$$

$$\therefore x_n = \frac{2x_e}{r-l} - \frac{r+l}{r-l}$$

$y_n = \dfrac{1-(-1)}{t-b} \cdot y_e + \beta$。将（$t$，1）代换（$y_e$，$y_n$），则

$$1 = \frac{2t}{t-b} + \beta$$

$$\beta = 1 - \frac{2t}{t-b} = \frac{t-b}{t-b} - \frac{2t}{t-b}$$

$$= \frac{t-b-2t}{t-b} = \frac{-t-b}{t-b} = -\frac{t+b}{t-b}$$

$$\therefore y_n = \frac{2y_e}{t-b} - \frac{t+b}{t-b}$$

$z_n = \dfrac{1-(-1)}{-f-(-n)} \cdot z_e + \beta$。将 $(-f,\ 1)$ 代换 $(z_e,\ z_n)$，则

$$1 = \frac{2f}{f-n} + \beta$$

$$\beta = 1 - \frac{2f}{f-n} = \frac{f-n}{f-n} - \frac{2f}{f-n}$$

$$= \frac{f-n-2f}{f-n} = \frac{-f-n}{f-n} = -\frac{f+n}{f-n}$$

$$\therefore z_n = \frac{-2z_e}{f-n} - \frac{f+n}{f-n}$$

因为对于平行投影而言，w 分量是没有必要的。所以，GL_PROJECTION 矩阵的第四行仍然保持 $(0,0,0,1)$。就此，可以得到完整的平行投影 GL_PROJECTION 矩阵为

$$\begin{pmatrix} \dfrac{2}{r-l} & 0 & 0 & -\dfrac{r+l}{r-l} \\[2mm] 0 & \dfrac{2}{t-b} & 0 & -\dfrac{t+b}{t-b} \\[2mm] 0 & 0 & \dfrac{-2}{f-n} & -\dfrac{f+n}{f-n} \\[2mm] 0 & 0 & 0 & 1 \end{pmatrix}$$

当视见体是对称的时候，$r=-l$ 和 $t=-b$，平行投影的矩阵可以进一步简化为

$$\begin{cases} r+l=0 \\ r-l=2r(\text{ig.width}) \end{cases}, \quad \begin{cases} t+b=0 \\ t-b=2t(\text{ig.height}) \end{cases} \quad \begin{pmatrix} \dfrac{1}{r} & 0 & 0 & 0 \\[2mm] 0 & \dfrac{1}{t} & 0 & 0 \\[2mm] 0 & 0 & \dfrac{-2}{f-n} & -\dfrac{f+n}{f-n} \\[2mm] 0 & 0 & 0 & 1 \end{pmatrix}$$

（9）gluProject 函数的实现

该函数并不属于 OpenGL 核心库，但在应用中经常被使用。它的功能是直接提供对象的世界坐标到窗口坐标的转换。转换中直接用到了模型视觉转换、投影转换和视口转换。转换的过程如下：设对象的世界坐标的齐次形式矢量为 $v = (x_{\text{obj}} \quad y_{\text{obj}} \quad z_{\text{obj}} \quad 1.0)$，表达为 4 行 1 列的矩阵形式。首先计算：$v' = M_{\text{Projection}} \cdot M_{\text{ModelView}} \cdot v$。这里的 $M_{\text{Projection}}$ 为当前的投影矩阵，$M_{\text{ModelView}}$ 为当前的模型视觉矩阵。这些矩阵都是列优先顺序排列的。最后，窗口坐标通过下面的方式计算得到：

$$\begin{cases} x_{\text{win}} = \text{view}(0) + \text{view}(2) \times [v'(0)+1]/2 \\ y_{\text{win}} = \text{view}(1) + \text{view}(3) \times [v'(1)+1]/2 \\ z_{\text{win}} = [v'(2)+1]/2 \end{cases}$$

（10）gluUnProject 函数的实现

该函数是上述 gluProject 的逆函数，其作用就是将屏幕上的窗口坐标转换成对象的世界坐标。这个转换要通过求模型视觉变换矩阵和投影矩阵的逆矩阵来实现。把逆矩阵乘以规范化的设备坐标。

$$
\begin{cases}
x_{\text{obj}} \\
y_{\text{obj}} \\
z_{\text{obj}} \\
w
\end{cases}
= \text{Inverse}\left(M_{\text{Projection}} \cdot M_{\text{ModelView}}\right)
\begin{pmatrix}
\dfrac{2\left(x_{\text{win}} - \text{view}[0]\right)}{\text{view}[2]} - 1 \\
\dfrac{2\left(y_{\text{win}} - \text{view}[1]\right)}{\text{view}[3]} - 1 \\
2z_{\text{win}} - 1 \\
1
\end{pmatrix}
$$

（11）在虚拟地球上空飞行

数字地球的一个重要功能是实现在虚拟的地球上空飞行，这时，保持到地球表面相同的高度，感觉地球在脚下滚动过一样。要实现在虚拟地球上空保持高度飞行的功能，可以把这一运动看作是地球围绕着过地心的一条旋转轴进行旋转。当照相机在地球表面的上空保持高度飞行时，相当于地球沿着照相机的左轴矢量进行旋转。所以，需要实现绕空间任意轴的旋转变换，如图 1-106 所示。

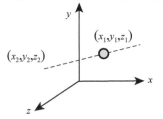

图 1-106　绕空间任意轴的旋转变换

要实现绕空间任意轴的旋转变换，先将旋转轴平移到原点，再进行旋转，使轴线与某一坐标轴重合，再绕坐标轴进行旋转变换，最后将旋转变换后的结果做相反的旋转和平移，使旋转轴回到原来位置。具体变换步骤如下。

1）平移使点 (x_1, y_1, z_1) 位于坐标原点，变换矩阵是（图 1-107）：

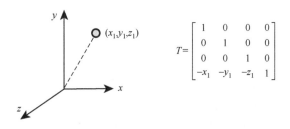

图 1-107　平移使点 (x_1, y_1, z_1) 位于坐标原点

2）绕 x 轴旋转，使直线处在 x-z 平面上，为此，旋转角应等于直线在 y-z 平面上的投影与 z 轴夹角。因此，投影线与 z 轴夹角 θ 的旋转变换矩阵是图 1-108。

3）绕 y 轴旋转，使直线与 z 轴重合。直线与 z 轴夹角 $-\varphi$ 的旋转变换矩阵如图 1-109 所示。

4）进行图形绕直线即绕 z 轴旋转，旋转矩阵是图 1-110。

$$Rx=\begin{bmatrix}1 & 0 & 0 & 0\\ 0 & \cos\theta & \sin\theta & 0\\ 0 & -\sin\theta & \cos\theta & 0\\ 0 & 0 & 0 & 1\end{bmatrix}\quad \cos\theta=\frac{C}{\sqrt{B^2+C^2}}\quad \sin\theta=\frac{B}{\sqrt{B^2+C^2}}$$

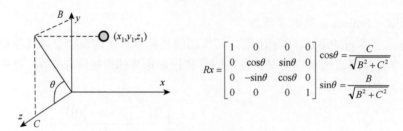

图 1-108 绕 x 轴旋转，使直线处在 x-z 平面上

$$Ry=\begin{bmatrix}\cos\phi & 0 & -\sin\phi & 0\\ 0 & 1 & 0 & 0\\ \sin\phi & 0 & \cos\phi & 0\\ 0 & 0 & 0 & 1\end{bmatrix}\quad \cos\phi=\frac{\sqrt{B^2+C^2}}{\sqrt{A^2+B^2+C^2}}\quad \sin\phi=\frac{-A}{\sqrt{A^2+B^2+C^2}}$$

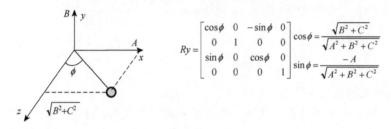

图 1-109 绕 y 轴旋转，使直线与 z 轴重合

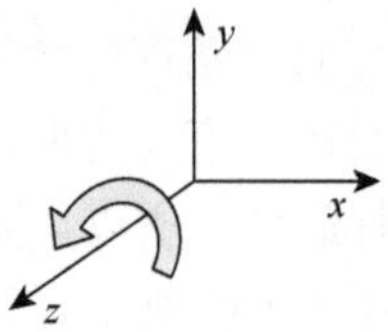

$$Rz=\begin{bmatrix}\cos\psi & \sin\psi & 0 & 0\\ -\sin\psi & \cos\psi & 0 & 0\\ 0 & 0 & 0 & 0\\ 0 & 0 & 0 & 1\end{bmatrix}$$

图 1-110 进行图形绕直线即绕 z 轴旋转

5）使直线回到原来位置，结果即为绕指定轴旋转变换后的结果。轴回到原来位置需要进行 3）～1）的逆变换，其中：

$$Ry^{-1}=\begin{bmatrix}\cos\phi & 0 & \sin\phi & 0\\ 0 & 1 & 0 & 0\\ -\sin\phi & 0 & \cos\phi & 0\\ 0 & 0 & 0 & 1\end{bmatrix}\quad Rx^{-1}=\begin{bmatrix}1 & 0 & 0 & 0\\ 0 & \cos\theta & -\sin\theta & 0\\ 0 & \sin\theta & \cos\theta & 0\\ 0 & 0 & 0 & 1\end{bmatrix}\quad T^{-1}=\begin{bmatrix}1 & 0 & 0 & 0\\ 0 & 1 & 0 & 0\\ 0 & 0 & 1 & 0\\ x_1 & y_1 & z_1 & 1\end{bmatrix}$$

所以，绕空间任意轴旋转的总变换矩阵为：$H=T\cdot Rx\cdot Ry\cdot Rz\cdot Ry^{-1}\cdot Rx^{-1}\cdot T^{-1}$。当在 OpenGL 中实现的时候，记住矩阵是列优先的。所以，每个矩阵都是上述矩阵的转置矩阵，且矩阵乘法的顺序正好和上面描述的顺序颠倒过来。

第 2 章　数字南海实验平台设计*

　　本章为数字南海大型信息系统设计实验室平台。"数字南海"的建设总体目标是以多要素、多尺度、多时态的空间数据形式集成南海的水深、地形、海底地质、地貌结构与地层组成等三维空间信息、资源与矿产分布信息、海洋波浪潮汐海流时空变化信息以及历史、政治等信息，结合三维空间可视化技术将不同的空间信息以虚拟现实的方式通过计算机综合地表现出来，并进行相应的空间分析，获得针对复杂南海问题的技术解决方案。为此需要高性能的计算机实时运算系统与领先的计算机图形显示系统，组建数字南海虚拟现实实验平台，以当前领先的信息技术方案确定有力的硬件支撑，跨越技术屏障，实现为不同层次与学科背景的领导者、研究人员，以及政府决策部门提供直接的分析和判断依据，辅助支持制定南海长期的战略目标，对突发事件进行实时、快速的决策过程。

2.1　虚拟现实技术

2.1.1　虚拟现实概论

　　虚拟现实（virtual reality，VR）一词由美国 VPLResearch 公司的奠基人 Jaron Lanier 于1989 年率先提出，用以统一表述当时纷纷涌现的各种借助计算机技术及最新研制的传感装置所创建的一种崭新的模拟环境。它是一项信息综合集成技术，涉及计算机图形学、人机交互、传感、人工智能等领域。它用计算机生成逼真的三维视、听、嗅等感觉，使人作为参与者通过适当装置，自然地对虚拟世界进行体验和交互，最终使得参与者产生身临其境的感觉，并且能直接参与该环境中事物的变化与相互作用。

　　虚拟现实狭义的理解即为一种人机界面或人机交互方式，在此环境中，用户看到的是全彩色立体影像，听到的是虚拟环境音响，身体可以感受到虚拟环境反馈的作用力，由此产生一种身临其境的感觉。亦即人可以像感受真实世界一样的自然方式来感受计算机生成的虚拟世界。这里的虚拟世界既可以是超越我们所处时空之外的虚构环境，也可以是一种对现实世界的仿真。

　　虚拟现实技术的发展历史可以说是一个信息环境多维化的历史。创建多维信息环境、突破数字及文字的单维表现力的局限，这是人类的共同追求。虚拟现实技术是人们所追求的人机和谐的信息处理环境的继续，只有在计算机及其他科学技术高度发达的今天，这样的信息处理环境才能够被实现。这项技术可以使人与信息处理环境的关系变得比以往更为密切与和谐，它还能使由它构成的计算机软硬件环境变得比以往更为强大与灵巧。有了这样一个自然的、充分的、和真实硬件很好关联的信息处理系统，人们的工作生活都会变得方便多。虚拟现实技术的特点，决定了它可以渗透到我们工作和生活的每个角落，所以

　　* 本章作者：李海宇

虚拟现实技术对人类社会的意义是非常大的。正因为如此，它和其他很多信息技术一样，当信息技术领域的专家还未把它的理论和技术探讨得十分清楚时，就已渗透到科学、技术、工程、医学、文化、娱乐的各个领域，受到各个领域人们的极大关注。

虚拟现实是一门集成了人与信息技术的科学。其核心是由一些交互式计算机生成的三维环境组成。这些环境可以是真实的，也可以是想象中的模型，其目的是通过人工合成的方式来表达信息。有了虚拟现实技术，复杂或抽象系统的概念的形成可以通过将系统的各子部件以某种方式表示成具有确切含义的符号而成为可能。虚拟现实是融合了许多人的因素，并放大了它对个人感觉影响的工程；虚拟现实技术是建立在集成诸多学科，如心理学、控制学、计算机图形学、数据库设计、实时分布系统、电子学、机器人及多媒体技术等之上的系统科学。

与传统计算机相比，虚拟现实系统具有三个重要特征：沉浸性（immersion）、交互性（interaction）和构想性（imagination）。沉浸性指人能够沉浸到计算机系统所创建的环境中，由观察者变为参与者，成为虚拟现实系统的一部分；交互性指人能用多种传感器与多维化信息的环境发生交互，如同在真实的环境中一样，与虚拟环境中的对象发生交互关系；构想性指人能从虚拟环境中得到感性和理性的认识，进而深化概念、产生新意和构想。

首先，VR 系统通过计算机生成一个非常逼真的足以"迷惑"我们人类视觉的虚幻的世界，我们不仅可以看到，而且可以听到、触到及嗅到这个虚拟世界中所发生的一切。这种感觉是如此的真实，以至于我们能全方位地浸没在这个虚幻的世界中。一般来说，VR 系统的输出设备应尽可能面向使用者的感觉器官以保证良好的浸没感，如头盔式显示器（HMD），它将使用者的听觉视觉功能完全置于虚拟的环境之中，并切断了所有的外界信息。使用者在虚拟的环境漫游可以通过跟踪使用者的头及身体的运动来完成，与虚拟物体的接触通过戴在手上的传感装置检测来实现。

其次，VR 系统的交互性与通常 CAD 系统所产生的模型是不一样的，它不是一个静态的模型，而是一个开放的环境，它可以对使用者的输入（如手势、语言命令）信息做出响应。例如，用户可以拿起一个虚拟的电灯并打开其开关，又如推动操纵杆，仿佛可以在里面漫游，虚拟现实环境可以通过控制与监视装置影响或被使用者影响。

最后，VR 系统不仅仅是一个媒体，还是一个高级用户界面，它是为解决工程、医学等方面的问题而由开发者设计出来的应用系统，反映了设计者的思想。例如，当在盖一座现代化的大厦之前，首先要做的事是对这座大厦的结构做细致的构思，为了使之定量化，还需设计许多图纸。正如这些图纸反映的是设计者的构思，虚拟现实同样反映的是设计者的思想，只不过它的功能远比图纸生动、强大得多。所以国外有些学者称 VR 为放大人们心灵的工具，是思想的人工现实（artificial reality）。所以，虚拟现实是人们可以通过视、听、触等信息通道感受到设计者思想的高级应用系统。

近年来，随着科技不断进步，计算机软硬件能力不断飞跃发展，虚拟现实技术已逐渐从实验室的研究项目走向实际应用。在航空航天、交通、建筑、城市规划、医疗、训练等领域发挥着重要的作用，如在航空航天领域，虚拟现实仿真技术发挥了极大的作用，并取得了骄人的成就。以波音 777 客机为例，波音公司在设计该型号飞机时，采用了当时最为先进的虚拟现实技术,整个飞机的设计完全是在虚拟环境中完成的,并在虚拟环境中实现了飞机的设计、制造、装配一气呵成,在实际运行中证明了真实情况与虚拟环境中的情况完全一致。大大缩短了产品上市时间,节约了大量不可预见的成本,提高了产品的竞争力。1993 年,美国约翰逊航天中心启用了一套虚拟现实系统来训练航天员熟悉太空环境,使得修复哈勃望远镜的工作一次就成功。目前,在美国国家航空航天局的各大航天中心都有关于 VR 的研究项目,欧洲太空局也有类似的项目。

2.1.2　投影系统中的三维立体影像技术

1. 立体原理

由于人眼有 4～6cm 的距离,所以实际上我们看物体时两只眼睛中的图像是有差别的。两幅不同的图像输送到大脑后,我们看到的是有景深的图像,这就是计算机和投影系统的立体成像原理。依据这个原理,结合不同的技术水平有不同的立体技术手段。只要符合常规的观察角度,即产生合适的图像偏移,形成立体图像并不困难。

2. 主动式立体技术

从计算机和投影系统角度看,根本问题是图像的显示刷新率问题,即立体带宽指标问题。如果立体带宽足够,任何计算机、显示器和投影机显示立体图像都没有问题。对计算机而言,立体成像的关键是能对应人的左右眼输出两幅图像。由于现在计算机发展水平的限制,两幅图像不能同时输出,必须交替输出,因而实际上左或右图像的刷新率只能达到计算机平时图像刷新率的一半。如果计算机的刷新率为 96Hz,左右眼的立体图像刷新率实际为 48Hz。主动立体技术和与之配套的主动立体眼镜实际上是计算机同步控制的左右眼液晶开关,开和关与屏幕图像显示同步。带来的问题之一就是立体眼镜的频繁开关闪烁带来眼睛的不适,每个用过的人都深有体会。

主动立体显示用一个投影机投射图像,某瞬间投射左眼看到的信号,下个瞬间投射右眼看到的信号。当投射左眼信号的瞬间,从工作站发出一个控制信号去控制主动立体眼镜的左镜片,使它打开,这个时候右眼的镜片关闭;反之,当投射右眼图像的时候,左眼的镜片是关闭的。总之,主动立体的眼镜是被控制的。主动立体显示的投影机,输出光线的利用率一般低于 16%。因为投影机做立体图像显示时,输出的左右图像的实际亮度为标称亮度值的 45%(理想值为 50%),光线通过液晶立体眼镜片后亮度至少要减少 65%,因此,剩余的亮度小于 16%(45%×35%)。如果亮度因素特别重要,用低亮度的投影机做主动立体显示时效果不能令人满意。例如,亮度为 4000 流明的投影机,实际主动立体亮度只有为 640 流明,比普通电影院的亮度(800 流明)还低。如果应用要求环境比较亮,这种指标是不行的(图 2-1)。

主动式立体技术(active stereo)的优点是投影机数量少,缺点是:①眼镜成本较高,每副眼镜需要 700 美元左右;②观看者感觉不舒服,由于采用了液晶片,导致整个立体眼镜沉重;同时左右眼镜片的快速开、关(60Hz/s),时间久了会导致目眩;③光的利用率太低,只有 16%。

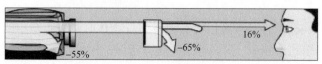

图 2-1　　主动式立体成像图示

3. 被动式立体技术

随着虚拟现实技术的不断发展，到了 20 世纪末出现了解决主动式立体中出现的这些问题的办法，称为被动式立体显示技术（passive stereo）。原理并不复杂，计算机端信号特性没有任何变化，只是先将图像输出到信号分转设备，再连接到两台有立体显示功能的投影机输出到屏幕。由于看被动立体图像时用的是偏振立体眼镜，其外观、感觉与平时的眼镜几乎没有区别，观看图像时不会产生频繁开关的闪烁现象，消除了人们对传统立体的不好感觉。

被动式立体显示一般是用两台投影机投射图像：一台专门投射左眼信号；另一台专门投射右眼信号。眼镜是简单的不需要控制的被动眼镜，左镜片永远只能透过正极化的图像，右镜片永远只能透过反极化的图像。

4. 光谱分割立体显示技术

此技术是一种新型的立体显示技术，有被动和主动之分，利用光谱分割方法将左、右眼影像分离开，可以使用普通银幕，配置专用 Infitec 眼镜，成本不高，因此比较适合于银幕较大的放映厅使用。是一种独特的、舒适的、轻量级的立体解决方案，具有较完美的隔离度，保证了完全沉浸式的三维显示体验，立体效果不受头部的倾斜影响，长时间佩戴眼镜也会很舒适，允许多人协作，可以和主动立体、主动光波立体结合在一起，既可以欣赏单影图形的高明亮度，又可以享受立体图形的高隔离度。

5. 偏振技术

被动立体是通过光的偏振来实现的。光的偏振有内部和外部两种实现方法。

1）内部偏振技术，光经过偏振后的利用率是 70%，经过优化后的被动立体眼镜对光的利用率是 84%，可以计算出投影机输出光线到达眼睛的利用率接近 59%。

2）外部偏振方法（使用外挂偏振片），投影机输出光线的利用率为 45%（同主动立体），被动立体眼镜对光的利用率是 84%，因此到达眼睛的光线利用率为 38%。

其次偏振的方法还有线性偏振和圆周偏振之分（图 2-2）。

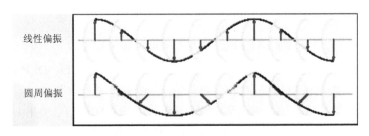

图 2-2　线性偏振与圆周偏振

线性偏振是早期时采用的被动式立体解决方式，其原理是将投影机发出的光分别沿着 X 和 Y 轴偏振，然后和立体眼镜的 X、Y 方向的光栅相吻合，从而实现立体图像。这种方式最大的缺点就是偏振片方向不动，光只能以固定的角度传输，所以观看者头部不能偏移，视角很小，因此现在已被淘汰。

圆周偏振是一种新的偏振方式。其原理是：光线传播时，垂直传播方向的 360° 都有光波震荡传输。光的偏振实际上是利用某一特定方向的光波进行显示的原理。圆周偏振技术的原理是光的偏振方向可旋转变化，左右眼看到的光线的旋转方向相反。基于圆周偏振技术，观察者的头部可以自由活动，因为光线的方向变化不影响显示。

2.1.3　CRT、LCD、DLP 投影技术

目前投影仪产品种类繁多，指示投影仪性能的有 5 个重要指标。

1）分辨率：为了保证图像不失真，用于仿真的投影仪只使用其物理分辨率。为了表现图像细节，真实分辨率至少应为 1280×1024。

2）亮度：在虚拟现实应用中，一般采用大屏幕。如果亮度不够，会降低观众的沉浸感。

3）对比度：在虚拟现实应用中，如果图像对比度太低，会降低场景的真实感，而且对比度低的投影仪做无缝拼接处理比较困难，效果较差。

4）均匀度：普通投影仪的投影图像，一般中间和四周的亮度差别比较大，在单屏系统中，这种差别往往不被观众所注意，但对于多通道系统，亮度的均匀一致是影响无缝拼接的重要因素之一。

5）图像还原度：对于普通投影演示，观众并不在意图像失真（包括色彩失真和几何失真），在多通道虚拟场景中，如果投影仪之间颜色不匹配或物体稍有变形，观众马上就能感觉到，仿真效果会大打折扣。

目前的投影机按其实现技术划分主要有：阴极射线管（cathode ray tube，CRT）、液晶显示（liquid crystal display，LCD）和数字光路处理器（digital light processor，DLP）三大类型。CRT 和 LCD 投影机采用透射式投射方式，DLP 采用反射式投射方式。CRT 和 LCD 投影机技术成熟，应用时间较长，性能稳定。而 DLP 投影机应用时间较短，技术有待于

进一步完善，但是该投影机采用微镜反射投影技术，亮度和对比度明显提高，体积和质量明显减少，具有较强的生命力和市场潜力。

1. CRT 扫描式投影机

CRT 投影机是最早的投影机，也叫三枪投影机，其工作原理与 CRT 显示器没有什么不同，其发光源和成像均为 CRT。CRT 投影机的工作特征与 LCD、DLP 等投影机有本质区别，是由阴极射线电子束扫描击射在成像面上，使成像面上的荧光粉发光形成图像后，再传输到投影面上。因此，CRT 投影机具有 CRT 技术成像的所有优点和缺点，即 CRT 投影机分辨率高、对比度好、色彩饱和度佳、对信号的兼容性强，且技术十分成熟。特别是 CRT 投影机在采用当前技术先进的 CRT 新型荫罩后，亮度也有了较大提高。但 CRT 投影机毕竟是由成像面上荧光粉发光后再投影到屏幕上的，当有效扫描电子数增加到饱和状态时，再增加有效电子数，荧光粉发光量也增加不了多少。因此，与其他类型的投影机相比，在亮度方面，CRT 投影机要低得多，这一直是困扰 CRT 投影机的主要因素。不过，CRT 投影机分辨率高，对比度好，色彩饱和度佳，信号的兼容较强，技术十分成熟，加上 CRT 投影机扫描式的成像特点和在分辨率、亮度、对比度、饱和度、线性、枕形、梯形等方面具有调节功能，CRT 投影机在航空航天、遥控监控行业中起到其他投影机无法替代的作用，所以应用于相对高端的专业领域。

2. LCD 液晶投影机

LCD 液晶投影机是液晶显示技术和投影技术相结合的产物，它利用了液晶的电光效应，通过电路控制液晶单元的透射率及反射率，从而产生不同灰度层次及多达 1670 万种色彩的靓丽图像。LCD 投影机的主要成像器件是液晶板。LCD 投影机的体积取决于液晶板的大小，液晶板越小，投影机的体积也就越小。

根据电光效应，液晶材料可分为活性液晶和非活性液晶两类，其中活性液晶具有较高的透光性和可控制性。液晶板使用的是活性液晶，人们可通过相关控制系统来控制液晶板的亮度和颜色。与液晶显示器相同，LCD 投影机采用的是扭曲向列型液晶。LCD 投影机的光源是专用大功率灯泡，发光能量远远高于利用荧光发光的 CRT 投影机，所以 LCD 投影机的亮度和色彩饱和度都高于 CRT 投影机。LCD 投影机的像元是液晶板上的液晶单元，液晶板一旦选定，分辨率就基本确定了，所以 LCD 投影机调节分辨率的功能要比 CRT 投影机差。

LCD 投影机按内部液晶板的片数可分为单片式和三片式两种，现代液晶投影机大都采用三片式 LCD 板（图 2-3）。三片式 LCD 投影机是用红、绿、蓝三块液晶板分别作为红、绿、蓝三色光的控制层。光源发射出来的白色光经过镜头组后会聚到分色镜组，红色光首先被分离出来，投射到红色液晶板上，液晶板"记录"下的以透明度表示的图像信息被投射生成了图像中的红色光信息。绿色光被投射到绿色液晶板上，形成图像中的绿色光信息，同样蓝色光经蓝色液晶板后生成图像中的蓝色光信息，三种颜色的光在棱镜中会聚，由投影镜头投射到投影幕上形成一幅全彩色图像。三片式 LCD 投影机比单片式 LCD 投影机具有更高的图像质量和更高的亮度。LCD 投影机体积较小、质量较轻，制造工艺较简单，亮度和对比度较高，分辨率适中。

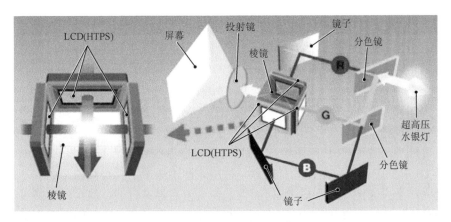

图 2-3　三片式液晶投影仪工作原理

3. DLP 数字投影机

DLP 投影机是一种光学数字化反射式投射设备（图 2-4）。DLP 投影机的关键成像器件数字微透镜装置（digital micromirror device，DMD）是一种通过数字脉冲控制的半导体元件，由德州仪器公司研制开发。该元件具有快速反射式数字开关性能，能够准确控制光源。其基本原理是，光束通过一高速旋转的三色透镜后，再投射在 DMD 部件上，然后通过光学透镜投射在大屏幕上完成图像投影。DLP 投影机实际上是一种基于 DMD 技术的全

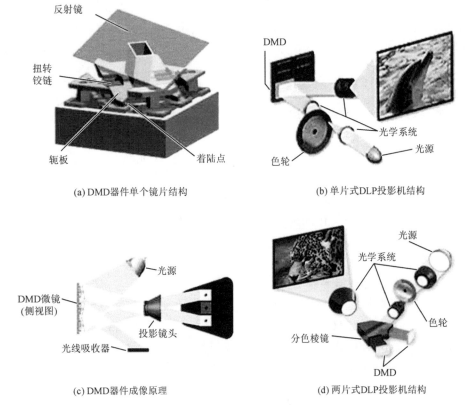

图 2-4　DLP 投影系统工作原理

数字反射式投影设备。一片 DMD 是由许多个微小的正方形反射镜片（简称微镜）按行列紧密排列在一起，贴在一块硅晶片的电子节点上，每一个微镜都对应着生成图像的一个像素。因此，DMD 装置的微镜数目决定了一台 DLP 投影机的物理分辨率，平常我们说投影机的分辨率为 600×800 的 SVGA 模式，所指的就是 DMD 装置上的微镜数目就有600×800=480000 个，是相当复杂和精密的。在 DMD 装置中每个微镜都对应着一个存储器，该存储器可以控制微镜在 ±10° 两个位置上切换转动。目前，DLP 投影机按其中的 DMD 装置的数目分为一片 DLP 投影系统、两片 DLP 投影系统和三片 DLP 投影系统。

由于 DLP 投影机采用微镜滤光技术，使用表面由成千上万个微镜组成的芯片高速切换光像素来产生投影图像。形成 DLP 图像的光束没有经过过滤，能量没有减少，投影图像信息没有损失，加上 DMD 部件具有反射性和密合性的优点，光能的利用率远远高于传统的光学系统。配合先进的光学架构与高品质的光学镜头设计，DLP 投影机可以产生清晰度高、画面均匀、色彩还原性好的图像，亮度比 LCD 图像高，出现条纹和重影的情况也比 LCD 投影机少。DLP 投影技术抛弃了传统意义上的会聚，可以随意变焦，调整十分方便，而且其光学路径相当简单，体积更小。

2.2　数字南海实验室软硬件平台设计

"数字南海"项目的实施有赖于信息技术的强力支撑，由于 IT 产业的高速发展，"数字南海"项目周期较长，因此，在实施过程中也需要不断地进行调整，以适应新技术发生、发展的需要。因此项目实施分两步进行，先建设数字南海工作实验室，再建设数字南海虚拟现实实验室。

2.2.1　数字南海工作实验室建设

该实验室以 GIS 数据编辑处理、遥感图像前期分析处理等常规工作为目的。主要由以下 3 个部分构成。

1）PC 网络服务器。由两台高性能部门级服务器构成千兆网，用于实验室内部信息交换及对外信息发布。

2）PC 图形工作站。由四台高性能 PC 图形工作站组成，用于常规数据处理。

3）图像输入/输出设备。由高精度宽幅彩色扫描仪与宽幅彩色绘图仪组成，专门用于处理大幅面地图及图像产品和成果图输出。

实验室仪器设备性能指标如下。

（1）HP DL580G2 4U 服务器

1）标准 19″机架安装（4U 高）；

2）2 个 Xeon MP 2.2GHz，集成 2MB 三级缓存，可扩至四路处理器；

3）6 个 64 位/100MHz PCI-X 插槽（4 个支持热插拔）；

4）集成双通道 Smart Array 5i 控制器（64MB 带电池保护高速缓存）；

5）2 个 800W 冗余热插拔电源，冗余热拔插风扇；

6）支持 4 个 Wide-Ultra3/4 SCSI 热拔插硬盘，采用双工或单工；

7）集成双端口 NC7170 10/100/1000 千兆以太网卡；

8）2GB PC1600 DDR 高级 ECC 内存，最大可扩充至 32GB，支持惠普热插拔镜像内存；

9）预装 COMBO，1.44MB 软驱；

10）集成远程控制管理端口 iLO，1 个 146GB Universal 热插拔 Ultra 320 10K 硬盘。

（2）HP DL380G4 2U 服务器

1）2U 机架式服务器；

2）2 个 Intel Xeon 3.0GHz，可扩至二路处理器，集成 1MB 二级缓存，处理器支持超线程，以及 EM64T、800MHz 前端总线；

3）集成 iLo 远程管理，集成 Smart Array 6i U320 SCSI 阵列控制器，可选 128MB 电池保护写缓存；

4）集成 NC7782 双口千兆以太网卡；

5）2GB（4B×512MB）双路交错 PC2-3200R DDR2 SDRAM 内存，支持高级 ECC 和在线备援，最大可扩充至 12GB；

6）三个 64 位 PCI-X 插槽，包括两个 100MHz 非热插拔插槽和一个 133MHz；

7）预装 COMBO，1.44MB 软驱；

8）1 个 146GB Universal 热插拔 Ultra 320 10K 硬盘；

9）1 组 FAN HP RED DL380G3/G4 ALL；

10）1 个 DL380G4 冗余电源。

（3）图形工作站 HP XW6200

1）2×3.00GHz/1MB Xeon 800FSB；

2）2GB（4×512M）DDR2-400 ECC reg；

3）146GB U320 SCSI 10K；

4）NVIDIA Quadro FX1300 PCI-E；

5）COMBO，10/100/1000BaseT；

6）1×Serial ports，1×Parallel port；

7）8×USB2.0 ports，2×IEEE1394 ports；

8）1×PCI Express（×16）slots，1xPCI Express slots，4xPCI slots；

9）22-inch Flat CRT Monitor；

10）Windows XP Professional。

（4）宽幅工程绘图仪 HP designjet 5500 42″

1）42″幅宽；

2）128 RAM，40GB HD；

3）HP jetdirect 615n 10/100Base-TX 打印服务器，支持 TCP/IP（包括 LPR 和 IPP）、AppleTalk、DLC/LLC 和 IPX/SPX 协议；

4）符合 IEEE 1284 标准的并行端口；

5）Hp designjet WebAccess；

6）最大分辨率（打开增强 IQ）：1200dpi×600dpi（使用光泽介质）；

7）卷筒进纸和单页进纸，自动切纸器。

（5）宽幅工程扫描仪 HP designjet scanner 4200

1）最大扫描尺寸：42″，彩色：36bit；

2）光学分辨率：424dpi，硬件分辨率：800dpi×800dpi，灰度：256；

3）最多复印数量：99 份；

4）介质处理：单页和纸板原件直接扫描纸路径，出纸匣，全轮驱动（精密卷筒）；

5）线性扫描速度：彩色（200dpi）：1.5in[①]/s；黑白（200 dpi）：3in/s。

（6）激光打印机

1）A3 幅面，分辨率：ProRes 1200（1200dpi×1200dpi）；

2）速度：A4 尺寸：22 ppm；A3 尺寸：11ppm；

3）首页输出时间 13s；

4）打印机内存：标配 16MB；最大 192MB；

5）网络打印模块。

（7）配套设备

1）不间断电源；

2）千兆网络交换机；

3）Windows Server 2003 操作系统。

2.2.2　数字南海虚拟现实实验室建设

　　“数字南海”工作实验室，经过实验运行，所有设备达到了预期的设计目的。在此基础上，进一步的 VR 系统由于更具复杂性，需仔细研究论证，分步实施。拟议中的 VR 系统拟由以下四部分构成。

　　1）系统开发和运行平台，由专业图形服务器和工作站构成，具有超强的图形、图像处理能力以应对“数字南海”中大量的地理信息数据和遥感图像等数据。

　　2）投影显示系统，由弧形大屏幕投影系统构成，具有立体投影功能，从而形成强烈现场沉浸感。

　　3）网络存储系统，由大型磁盘阵列构成，具有高容量与高速度，以应对 VR 系统实时重建场景和计算的需要。

　　4）专业软件平台，拟在 GIS、遥感、数据库及 VR 场景渲染构建 4 个方面进行搭建。

　　VR 设备将与先期投入的 PC 工作站与网络服务器充分整合在一起形成完整的数字南海 VR 系统。该系统在国内南海研究领域具有创新与领先水平。VR 四个组成部分中以第一部分系统开发和运行平台为核心，系统方案以此为基础建设。目前从事 VR 与视景仿真技术多以 UNIX 专用计算机平台组成，主要有美国 SGI、HP、SUN、IBM 等几家公司从事此项研究。由于各系统侧重点与应用领域不同，VR 系统形成多种解决方案，如针对航天、航空、医学、汽车生产等制造业、资源环境领域等不同的系统。根据数字南海特性和需求，以及当前 IT 产业发展水平，系统配置方案在满足现有应用的前提下，还需充分考

————————

① 1in≈2.54cm

虑技术的发展趋势和今后系统的扩展能力，最终方案需结合本项目预算、数据量、感观效果、中长期发展整体的考虑，整个系统应具有以下特点。

1. 较高的性价比

主机系统采用大型计算机系统，运行大规模仿真场景，以保证所有场景开发和运行平台均具有高分辨率的图形显示能力；连接三通道投影系统。同时可以考虑高级 NT 图形工作站负责三维场景模型的建立，以及控制台的指令发送等。这样既能满足系统的性能要求，又完全符合技术发展的趋势，为整个项目既节省了经费，又提高了单台系统的有效工作能力。

2. 多平台协同工作

整个系统能有效地组成多平台的仿真开发环境，包括仿真建模、视景仿真，并且所有仿真软件能够在系统中按规模的不同，有效地利用不同平台来进行工作，实现了多人、多方式的交互操作，数台工作站能够协同工作。

3. 技术领先

在视景显示方面，采用了高亮度弧形屏幕的投影显示方式，给观看者强烈的沉浸感，可以感受到强烈的身临其境的效果。此种显示系统目前在国内，甚至在整个亚太地区也处于技术领先地位。同时选取世界上最优秀的视景仿真系统软件、GIS 软件及数据库系统。

4. 扩展性好

在整个系统具有良好的性能价格比的基础上仍留有较大的系统升级空间，将来只需要直接增加相关计算机模块部件和投影机的数量，就可进一步提高本试验室的仿真功能。

为此可以考虑虚拟现实系统几个部分的具体实现可包括四大部分：第一部分是仿真主机；第二部分是沉浸式立体投影系统；第三部分是虚拟外设人机交互设备；第四部分是仿真软件。产品技术规格可以考虑：

（1）仿真主机（1 台）

A. 中央处理器（CPU）

1）采用 64 位精简指令集（RISC）CPU 芯片；

2）CPU 主振频率≥1GBMHz，Cache 缓存≥16MB；

3）CPU 个数≥8；

4）CPU 个数具有可扩充至 32 个的能力；

5）SPECint_Rate_base2000≥471；

6）SPECfp_Rate_base2000＞≥472。

B. 主存储器

1）主存储器容量≥4.0GB；

2）主存储器容量可扩充至 64.0GB。

C. 图形子系统

1）支持≥3 个图形通道；

2）具有专用的图形流水线处理器，图形流水线数≥2；

3）每条流水线具有的纹理内存容量≥1GB；

4）支持立体输出；

5）每个图形子系统的内部带宽达能到 192GB/s；

6）专用图形处理器彩色位面≥48bit；

7）帧缓冲区≥2.5GB，可扩充至 10GB；

8）每条图形子系统支持的图形通道数可达 8 个；

9）三台彩色显示器，每台显示器 96Hz 刷新率时分辨率≥1280×1024；

10）显示器在设置帧交替立体模式时，显示刷新率必须满足不小于 110Hz。

D. 内置硬盘、光驱

1）I/O 带宽≥1.6GB/s；

2）内置系统硬盘插槽数≥2；

3）内置系统硬盘容量≥2×73.0GB；

4）内置硬盘转速≥10000rpm；

5）光驱：配置 DVD。

E. 软件系统

1）采用 64 位 UNIX 操作系统；

2）OpenGL Performer 多管道场景图形工具包，支持基于图像的渲染、剪辑拼接以及实时渲染；

3）OpenGL Multipipe 为应用程序提供可选的透明支持，从而使应用程序能够充分利用多种图形管道系统。

（2）沉浸式立体投影系统（1 套）

A. 系统品质

整套沉浸式立体投影系统需由投影系统集成商采取一揽子解决方案,投影系统集成商和系统的制造商必须为同一厂商,投影系统所有产品须由投影系统原厂商提供该厂商的设计、生产、集成、安装、调试、维护一条龙服务。

B. 投影主机

1）三片 DMDDLP 投影机；

2）单机光输出量≥6000ANSI 流明；

3）自然分辨率≥1400×1050（SXGA+）；

4）对比度≥1500∶1（全白/全黑）；

5）系统带宽≥205MHz；

6）SXGA+分辨率下主动式立体刷新率≥110Hz；

7）亮度均匀性≥90%；

8）内置集成几何失真校正功能、电子/光学边缘融合功能、亮度恒定一致传感器及链路连接功能；

9）最大功耗≤1700W；

10）工作温度≤35℃；

11）噪声≤60dB。

C. 多通道优化

1）显示通道数≥3；

2）16 位精度的双三次非线性插值 Warp6 算法进行画面几何失真校正；

3）采用光学/电子两种方式进行重叠区域图像的边缘融合；

4）多台投影机之间亮度一致由投影机自身自动控制；

5）动态色温恒定、灰度、对比度一致均由系统自动控制；

6）整个投影显示系统部分带宽≥205MHz；

7）i-Blend 多通道显示控制；

8）真实运动再现（TMR）功能；

9）激光定位阵列，通过 RS232 控制球形、弧形屏幕画面；

10）POLARIS 北极星软件调整球形屏幕和弧形屏幕预变形。

D. 屏幕及机械架构

1）幕的材料为刚性轻聚酯纤维材料；

2）自立式前投；

3）精密的机械联结结构。

（3）虚拟外设人机交互设备

A. 主动式红外立体眼镜（2 副）

1）光阀：液晶；

2）场频：80～160 场/s；

3）传递系数：32%典型；

4）动态范围：1500∶1 典型；

5）电池寿命：>250h 连续工作；

6）电池类型：两节 3V 锂/二氧化锰。

B. 3 轴操纵杆（1 个）

1）更新率与波特率相关，30～100Hz；

2）波特率 2400～115200bps；

3）外部输入 3 个 DB-9 口作为模拟输入，第 4 个 DB-9 口提供 8 个独立输入；

4）RS232 通信口。

C. 跟踪器（1 个）

1）动态跟踪、实时 6 DOF（X, Y and Z cartesian coordinates）位置测量和定位（azimuth, elevation and roll）；

2）transmitter 接受 4 个 receivers 传来的数据。采用高级 DSP 技术，每个 receivers 提供 120Hz 的刷新率，数据传输通过 RS-232 高速接口达到 115.2K 波特；

3）扩展 receiver 数目，最多到 4 个 receivers。

D. 数据手套（1 只）

1）18 个传感器，包括每个手指上两个弯曲传感器、四个外展传感器，再加上测量大拇指交叉、手掌拱弯、手腕翻转和外展；

2）右手使用。

（4）仿真软件系统参见 2.4 节

2.3　构建虚拟现实仿真系统关键硬件设备

2.3.1　图形发生器

图形发生器（image generator，IG）是视景仿真系统的核心，它用来实时生成相应的图像，它决定图形生成的刷新率、图形分辨率、图形复杂程度和图形质量。实时生成逼真的视景图像是一个十分复杂的计算过程，因为一方面它需要正确描述视景中各种实体的几何形态、相互位置和运动关系，另一方面它还必须基于实体的材质、纹理、环境气象和光照，以及实体间的行为交互等进行大量的计算。早期的图形生成基本上都是用专用图形生成计算机完成，因为通用计算机的图形运算和处理速度较慢，不能满足视景仿真的需要，只能采用专用的图形发生器，其中具有代表性的有 CAE 公司的 MAXVUE Plus和 E&S 公司的 ESIG 系列等。随着计算机技术的飞速发展，尤其是图形处理速度的极大提高，使得采用通用计算机作为图形生成器成为可能，其中高端的代表是美国 SGI 公司Onyx3 InfiniteReality4 超级图形工作站，低端的一般选用 NVIDIA 公司的 Quadro 系列高端图形卡，如采用将 Intel 架构的高性能图形工作站提供双处理器及最新的 I/O 技术，以及其他的可扩展性、可管理性和可靠性特性，具有解决实时大型设计和分析问题所需的功能和性能。采用高规格的 Quadro FX 系列图形卡具有 GEN-LOCK 同步相位锁定功能，解决了多通道投影系统同步显示问题。

在虚拟现实或其他视景仿真领域，SGI 公司的产品及其相关技术最具领先和代表性。美国 SGI 公司成立于 1982 年，是一家拥有 4000 多名员工的全球著名的专业图形硬件厂商，其图形工作站与服务器便被广泛应用于科研、教育、娱乐、仿真等各个领域。该公司现在陷入严重的财务危机，但这并不影响其技术领先地位。

从产品角度看，在硬件方面，SGI 公司具有业界领先的高性能图形流水线。SGI Onyx系列图形流水线（IR4/Onyx4）具有 22.5～10GB 图形内存和 1GB 纹理内存，高至 1.27GP/s的像素填充率，流水线内部采用 48bit RGBA 进行像素传输和运算，并可自动进行 4 或 8采样点的全屏反混淆（FSAA），同时支持多种分辨率和像素格式，在不影响绘制效率的情况下保持了极高的图像质量。Onyx4 则具有最高 1GB 显示内存，9.6GP/s 像素填充能力。在软件方面，SGI 创立了业界图形标准 Open GL，并在此基础上开发了一系列用于虚拟现实的优秀软件。Open GL Performer 是 SGI 一个功能强大的虚拟漫游软件包，集成了各种虚拟现实系统必须具备的先进图形技术，包括层次细节模型（LOD）的生成和管理、大尺寸纹理存储和映射技术、视见剪切、三维纹理体绘制、真实感光照模型、场景数据库生成和管理等，为虚拟现实用户提供了极为方便的开发界面，同时最大限度地利用了 SGI 图形流水线的优越性能。基于 SGI 硬件平台开发的 MultiGen Creator 是一个优秀的建模软件，其配置的多种模块可逼真地构建出山川、河流、道路等自然场景；基于 SGI Open GLPerformer 的 Vega 是用于虚拟现实的专业软件，可在任意视点沿任意方向对任意目标进行实时的观察。同时，Vega 带有红外、特效、云雾、大气效果等多种模块，非常适合军方仿真项目使用。目前在虚拟现实领域，SGI 占有约 30%的图形生成器高端市场，其他 NT 图形工作站占有约 70%中低端市场。

2.3.2　多通道柱面投影系统

1. 投影幕

虚拟现实的投影显示系统有平面、柱面、球面及立方（CAVE）等多种形式，在虚拟现实应用环境中，柱面幕较平面幕有更大的视角，使用户产生强烈的沉浸感，应用效果比平面幕好得多。数字南海项目宜采用多通道柱面投影系统设计，使用代表当今高端和前沿的虚拟显示技术。投影系统屏幕为 135°～150°的环形曲面，使得用户完全沉浸到该显示环境中。高度真实的图形显示技术使沉浸体验极为真实。系统能实现无缝拼接运行场景，几何失真校正，光学及电子软边融合，在柱面屏幕上形成一幅完整的图像（图 2-5）。

图 2-5　虚拟现实实验演示厅

柱面幕按幕面材质又可分为软幕与硬幕两种。软幕的基材一般选用帆布等纺织品，材质柔软、可折叠，运输与保存十分方面。但是由于安装时需使用绳子在框架上绷紧，绷紧力度不好掌握；太紧可能会撕裂屏幕，太松屏幕会出现波纹影响投影效果。而且如果室内温差变化过大，由于热胀冷缩的作用会影响软幕的绷紧程度从而影响屏幕的平直度。软幕一般都是平面形式，如果做成柱幕形式有一个重要的缺陷，从侧面看幕面并不是平直的，而呈外凸弧形形状，投影时会影响投影机聚焦，显示效果不好。

硬幕一般采用 PC 工程塑料或环氧树脂制成，本身具有一定的强度，即使做成弧形，其平直度仍然十分好，因此在多通道视景仿真系统中多采用此种方式。在专业屏幕制造商中，美国的 Stewart Filmscreen 公司和 Mechdyne 公司比较领先，不过价格亦十分昂贵，尤其是大尺寸硬幕，国产硬柱幕价格相对便宜许多。

2. 屏幕结构

采用沉浸环境专用柱面屏幕使得观众完全进入虚拟的世界，屏幕视角可以达到150°，观众的视线将完全集中，达到极佳的沉浸效果。精确计算的屏幕半径保证在视场区域内得到最大的光输出，因此观众身临其境，如同在真实的世界中一样得到最强的视觉冲击力。

根据空间的要求及屏幕尺寸大小，所设计的弧形屏幕半径为4m，弧长为10.45m，屏幕的高度为3m，弧夹角为135°～150°（表2-1），如图2-6所示。

表2-1　多通道柱面投影幕参数

屏幕参数	参数要求
屏幕/图像尺寸	10.45m（宽）×3m（高）
显示通道数量	3（宽）×1（高）
投影图像比例	3×4∶3（SXGA+）软边缘融合图像，每个图像尺寸为3.9m×3m，在两个融合区域的每个图像有12.5%的重叠区； 合成图像尺寸=3.48∶1 image ratio
边缘融合技术	软边融合&数字几何校正
屏幕结构	135°～150°环形曲面幕
电动或固定屏幕	固定
Masking	Fixed masking at perimeter of screen
投影距离	1.2∶1定焦镜头，投影距离4.9m
前投/背投	前投
观众人数	建议20人
光输出要求	根据屏幕尺寸，推荐4000 ANSI流明

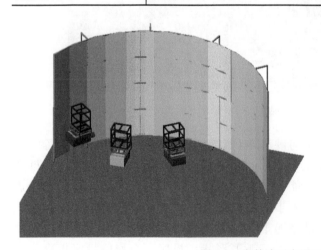
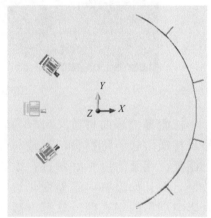

图2-6　立体演示布置示意图

3. 照明布置

照明系统一般分为以下两个部分设置。

1）非投影显示时间：这部分照明设备可以打开以便于清洁或维护设备时需要，但应当在放映时关闭。这些光源可以是荧光灯，屏幕背后的维护用灯或者是控制室的工作用灯。

2）立体放映时间：在立体放映时间应该通过两区域自动调光器控制照明，通过照明系统遥控器（或远程控制系统接口）调节到较暗的照度。照明系统的布局应该包含操作人员的工作照明区，这些照明不会投射到屏幕上。一般原则如下：①区域 1 可以在所有时间内打开，但必须将光线调弱，而且应采用聚光灯，其光线将朝下以降低对屏幕的干扰；②区域 2 应当是暗光，并在投影时关闭，照明灯应至少远离屏幕 2m；③控制室的照明应控制为不照射到屏幕方向，建议控制室的照明采用墙灯，其光线朝上；④在投影时屏幕后方的光源全部关闭；⑤进门使用气动自关式双开门，或使用黑色门帘；⑥所用窗口必须关闭，无室外光进入；⑦室内墙面及天花避免使用明亮的颜色和反光性材料。

4. 投影机

在投影机方面为了满足系统能显示 3 通道无缝画面的要求，一般至少使用 3 台投影机与柱幕组合构成一套系统。在画面尺寸方面考虑投影出最优化的图像质量，亮度和色彩可以在 50 尼特的环境中使用，并投影出大尺寸画面时达到最佳状态。根据实际尺寸并结合最新显示科技，根据本项目的情况可以将每一通道的优化尺寸为 3.9m（高）×3m（宽）。通过精确的数字技术调节保证画面的无缝完整显示，同时使用数字几何校正得到均匀一致的曲面和几何变形。而目前市场上只生产投影机而没有集成功能的公司有如下问题。

1）同一系统的多机三原色匹配问题；

2）多通道亮度输出均匀控制问题；

3）多通道灰度输出均匀控制问题；

4）多通道色温漂移控制问题；

5）黑电平指标提高问题；

6）多通道边缘融合只能靠外置设备处理，如此有以下系统问题：①外接设备是位于计算机和投影机之间的信号调制设备，只能调节投影机输入信号，不能调整投影机本身差异；②采用 8 位精度（2×2 次线性插值）曲面变形矫正，图像细节丢失严重；③外置边缘融合机的带宽最高只有 110MHz，而飞行仿真里面非立体显示时的系统视频输带宽一般达到 191MHz，从而导致瓶颈的产生，直接影响了系统图像质量和效果，产生严重的延迟和信号衰减问题。

7）因为不是从系统角度出发，所以没有专业的系统验收标准，只能靠目测。

2.3.3　BARCO 投影系统

巴可（BARCO）公司 1934 年成立于比利时。经过多年的创业、建设和发展历程，其产品范围已经涉及通信、投影、图像处理、显示系统、自动化以及集成电路等产业，并取得了令人瞩目的成绩。BARCO 投影系统被广泛应用于政府部门、电信部门、电力行业、能源领域和公安等部门。

作为专业仿真的投影系统，最终屏幕上的图像质量不仅受投影仪的影响，也与所有的外围设备、连接图像生成器和投影仪的连接设备有很大关系。为了保证最佳图像质量和稳定性，巴可已经设计和开发自己的外围产品，提供系统的设计、生产、安装、调试、系统验收、售后服务等全方服务。由此可以负责最终屏幕上的图像质量,确保系统质量最优化。

通常建立的虚拟现实仿真系统的空间尺寸为 7.2m(长)×10.8m(宽)×2.7m(高)(具体尺寸以实际场地为准)的三通道投影系统。每通道投影画面尺寸为 3.6m(宽)×2.7m(高),三个通道通过边缘融合技术构成一个柱面屏幕,半径约为 5m。并确保投影效果能达到高亮度、高对比度、色彩鲜艳,以及各通道画面之间色彩均匀一致、无缝拼接。

基于以上需求综合性价比的角度,巴可公司推出"光学软边融合柱面屏幕投影一揽子解决方案"符合虚拟仿真行业标准的新型高亮度、高对比度、真彩再现的 DLP 投影机 BARCO SIM5 Plus VirtualReality Center System。新型专利技术的光学软边解决方案,配备高亮度、高对比度、真彩再现的单片 DMD DLP 投影机 Sim5 Plus,单台投影机的亮度为 5000ANSI Lumens,分辨率达到 SXGA+1400×1050,对比度高达 1000∶1。利用巴可边缘融合技术 Scenergix™显示一个完整的全景图像,极具视觉的震撼力。利用巴可光学软边方案(OSEM),彻底地解决了其他投影系统的夜景显示和无信号显示有底光造成灰度等级差、视觉对比度降低的问题。

技术特色包括如下 16 个方面。

1)商业化定制系统,确保高系统带宽(275MHz)。巴可投影系统由于采用了商业定制化的模式来运作,对每个系统而言,是根据用户的专业应用、场地等实际情况,量身定做系统。所以从设计到生产、安装等,都是基于系统最优化的角度考虑。整个系统全部采用了内置式优化功能调节模块,所以确保了这个系统的高带宽不受影响。巴可的 SIM5 Plus 主机以及其 BicubicWarp 6™的系统带宽均为 275MHz,使用 GUI 界面,操作简单。

2)Bicubic Warp 6™高级几何扭曲调整(非线性图像映射):由多种投影仪或曲面投影系统的设计将要求高度精确的几何校正。Warp6 可以电子化处理复杂和严重的失真、非线性图像映射。同时,Warp6 在信号放大前进行 GAMMA 校正,产生平滑的图像映射,没有锯齿边线。Warp6 是整合于投影仪中,可以方便控制,没有信号退化,确保了图像的细节表现,而且没有任何帧延迟。

以下是普通的双线性几何算法和 Bicubic Warp 6™的算法比较(图 2-7)。

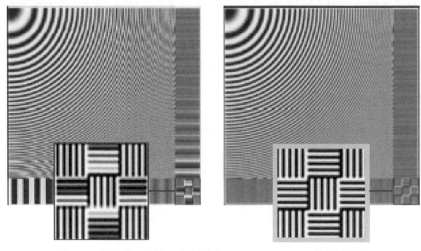

图 2-7　普通的双线性几何算法和 Bicubic Warp 6™的算法比较

3）元件级别的引擎原色挑选（matched primary color engines，MPC）。为了确保同一系统中的多台投影机的色彩一致，BARCO 在进入生产流水线之前，先在元件库内部进行元件级别的引擎原色挑选，通过专业的光谱分析，精度可以达到 99.9%级别。从而确保系统中二向性棱镜物理匹配的误差控制在 3～5nm。

4）电子手段的动态色彩矫正（DynaColor）。元件级别挑选后，组装的投影机还可能达不到100%的一致，巴可还有更精密的电子手段来调整颜色三角形的三个 RGB 空间点。在投影机内部对输出光的色温三角进行动态调整控制，消除了投影机灯的温度引起的变化，起到色温恒定的功能，保证多通道颜色高度一致性。

5）多通道亮度均匀控制系统：内置恒定光线输出（CLO）。采用内置恒定光线输出硬件，CLO 有灵敏的亮度传感器和反馈电路控制，最多可以 12 个投影机互连，系统亮度可连续调节（50%～100%）。用于在多屏幕的交叉通道亮度跟踪，保证最终图像发光度的统一。多通道配置的所有投影仪可以连接起来，由一个投影仪主导决定所有其他投影仪的亮度。相连的不间断灯光输出技术特点是建立测量每一个投影仪内的灯光输出的技巧。在连续的期间内不间断地测量每个投影仪的灯光输出，大约每小时主投影仪即对其他投影仪亮度进行探测更新。一个主投影仪可以控制 11 个其他投影仪。控制灯光的测量和控制技巧包括两个主要要素，传感器和控制灯的能量供应的控制反馈系统。即使其中一台机器更换灯泡，没有其他投影仪的灯需要替代，因为装有新灯的投影仪 CLO 灯光输出可以将亮度降低到与其他旧灯一样的水平。其整个系统亮度仍然会自动调整一致，消除了灯泡损耗及更换对系统亮度的影响。

6）多通道灰度等级一致性问题。实现全屏幕多级（256 级）灰度追踪，多级灰度动态调整，从而解决了多通道灰度等级一致性的问题。

7）对比度调节技术。采用 ECR 技术，针对多通道对比度进行调节，使得画面亮度提高、对比度提高、灰度范围加大。尤其在夜航时，可以让飞行员对夜景的观察更为逼真、细致。

8）光学软边融合（OSEM）。在多通道显示中，为投影出无缝图像，不同投影仪的图像需要重叠另一个。由于 LCD、DLP 投影机自身的显示技术问题，导致投影机的黑电平数值为正数（非零），这样黑色水平线在重叠部分加深，通常会导致较亮的重叠区域，使黑色水平线加倍的地方出现明亮带（亮条现象）。应用 OSEM 可以减少重叠区域不同图像的黑电平，由此产生了无缝融合的图像（图 2-8）。

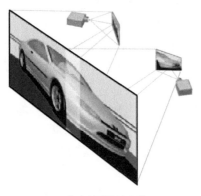 

(a) 一般多通道接边亮带　　　　　　　　　　　　(b) 光学软件边缘匹配

图 2-8　光学软边融合消除亮带

巴可投影仪有专门定制的滤光器，插入投影仪的光学光源路径，结合系统所带的Polaris 软件、激光阵列定位器等工具。这样不仅基于像素级逐个调整了重叠区域的图像内容，而且调整了投影仪的黑色水平线，使得混合区域的图像与其他地方不易分辨出来。由于黑色水平线也被调整了，所以保持了在整个图像的对比率。这种混合技术产生了最好的效果，也被应用于 3 边或 3 边以上的重叠（如球幕）（图 2-9）。

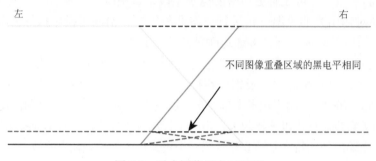

图 2-9　融合图像黑电平调整

9）传输延迟抑制（TDR）：采用了传输延迟抑制专有技术，确保了最小的输入信号和投射信号之间的传播延迟（LCD 正常为＜8ms，DLP＞33ms）。

10）双灯模式：Barco Sim5 Plus 投影机采用了双灯泡冗余方式进行工作，一旦在使用过程中某个投影机灯泡发生故障，此时另一个备用的灯泡自动开始接替工作，而且会采用BARCO 的 CLO 技术进行所有灯泡亮度一致性的自动校正，所有过程无须人工干预。也可以同时使用两个灯泡一起工作，这样亮度会更高。

11）I-Blend 功能：I-Blend 是专利内置软件，与高端 PC 图形卡结合，用于在普通 PC环境下实现具有边缘融合效果的两或三通道立体图像显示。计算机和投影机中间不需要任何信号处理设备，I-Blend 不会造成带宽限制，不牺牲图像质量。过去，有融合功能的多通道大屏幕立体显示系统一直是专业图形工作站的天下，即使很多用户不需要很高的性能也无法选择。有了 I-Blend，部分应用（如非复杂数据应用）完全可以用普通 PC 实现，显著降低 IG 部分的开销。

12）专利激光定位阵列，可以 RS232 控制定位球屏幕和弧形屏幕等。

13）专利球屏幕和弧形屏幕预变形调整软件 POLARIS。

14）真实运动再现（TMR）：针对高速运动的飞行器等的仿真系统，巴可采用了运动假象补偿和图像增强技术减小了运动图像模糊效应，提高了高速运行物理的清晰度，去除了飞机飞行时形成的拖尾现象。

15）多通道优化其他措施。①色阶匹配（CGM）：匹配的光学器件用于多通道显示；②色阶扩展和匹配（GEM）：增加的可寻址色阶和更精确的色彩匹配；③匹配基本色彩引擎（MPC）：保证了图像在屏幕整体上的连续性和良好的统一性；④黑白均匀度修正：确保灰色、白色和黑色的最佳色彩均匀度。

16）刚性聚酯硬幕：硬质前投弧形屏幕是采用特殊的聚酯素材整体切割成形，完全无缝。涂有不反射涂料，提升了高对比度，保证在所有区域具有均质的灯光、对比和色彩。

2.3.4　美国科视投影系统

美国科视数字系统公司（Christie Digital Systems Inc.）总部在美国加利福尼亚州，在高性能、专业化投影显示系统的各个领域，具有强大的技术研发实力，不断地推出革命性的产品，始终保持技术上的领先地位，在世界各国被广泛地使用，并得到了高度的评价。科视数字系统公司在传统的电影放映机和现代的数码投影机两个领域投入了巨大的研发力量，积累了极为丰富的经验，是世界上唯一使用 DLP、LCD、LCOS、CRT 技术的公司。在电影界，科视数字系统公司的无齿轮电影放映机取得了两次奥斯卡技术成就奖；在数字投影领域，科视数字系统公司率先使用先进的 DLP 数字光处理技术，推出了世界上第一台数码电影放映机，以及世界上第一台 12000ANSI 流明的高亮度投影机，因此获得了众多奖项。在 3D 模拟仿真、定位安装，以及数码电影等应用领域，成了高性能和技术领先的象征，并在全球提供了超过 30000 个应用解决方案，在投影显示领域具有重要地位。

科视公司的模拟仿真解决方案产品的特有技术和独特之处包括以下内容。

1）高对比度和低黑电平：高对比度和低黑电平是准确地模拟夜间景观的必要条件。科视的对比度装置采用内置光圈，可以提供超高对比度和低黑电平，以便准确地再现夜间模式的模拟景观。

2）屏幕间实现亮度和色彩的一致：为准确再现信源的整体装置中的一部分，显示中的每个投影机和每个屏幕都必须保持亮度和色彩的一致。

3）数字色彩管理：提供特别设计的光学系统（三原色误差非常小，+/–5nm 的），便于进行多个投影机之间的多信道调节。

4）三原色调节：可以单独地调节实际的 RGB 信道，使各个投影机的色彩保持一致，并使多个屏幕上的图像实现真正的色彩再现。

5）空间灯光图像建构：DLP 灯光引擎可以确保红、绿、蓝 DMDs 之间的高质量集中和记录。

6）定制 GAMMA 调节：可以确保准确、真实的色彩再现，色彩匹配和一致，有多个gamma 曲线和灰度跟踪控制。

7）灯光输出控制：可以提供稳定的亮度跟踪并监控灯光输出，自动调节功率，确保整个图像（搭配多个投影机的一个屏幕或多个屏幕所组成的一个图像）上亮度的稳定和一致。

8）灯泡功能管理：更低的功耗、更少的灯泡变化、更少的停机时间、更容易的设置，降低了拥有成本，提高了投资回报率。

9）内置的变形和边缘融合：对于多信道显示来说，内置的变形和边缘融合有着非常重要的意义。所有四个边缘均自然融合，可以提供一个无缝密合、逼真的完整图像，可以将图像投影在任何地方。图像变形和边缘融合模块具有内置的边缘融合装置，可以提供曲线边缘轮廓、输入/输出 Gamma 校正、三原色调节、反锯齿过滤、锋尖过滤和亮度一致等功能，在任何尺寸的屏幕上显示大于实物的逼真的图像。

10）最短的处理时间：投影机输入和显示之间的传播延迟低于 1 帧，从而可以投影出清晰逼真的图像，毫发毕现，不会遗漏一个细小的动作。输入和投影显示之间的最小延迟对于模拟被培训者和模拟景观之间的实时互动具有非常重要的意义。

2.4　构建虚拟现实仿真系统主要软件平台

2.4.1　三维视景实时仿真软件（Multigen/vega）

视景仿真软件主要包括三维实时建模和三维实时场景管理软件，此领域中 MultiGen 公司和 Paradigm 公司（简称 MPI 公司）的产品占有 90%的市场率，尤其在大型视景仿真应用领域中，是一家较有影响力的公司，较早地涉足了视景仿真产品的研制和开发，提供了功能强大的产品和丰富的系统解决方案，其产品广泛运用于军事仿真和民用仿真领域，在全球占有较大的市场份额。1998 年 9 月两家公司合并为 MultiGen-Paradigm 公司，两家公司的合并是典型的强强结合，在仿真界引起了较大的震动，对其对手产品造成了较大的冲击，合并后的公司充分结合两家公司的产品优势，提供更为完整的应用系统解决方案，使新公司的竞争优势和发展前景大大增强。

MultiGen 软件完全符合 X/Motif 和 ANSI C 的工业标准，其数据格式 OPEN FLGHT 是逻辑化的有层次的景观描述数据库，用来通知图像生成器何时及如何渲染实时三维景观，非常精确可靠。MultiGen 强大的工具核心为 25 种不同的图像生成器提供自己的建模系统和定制的功能。先进的实时功能，如等级细节、多边形删减、逻辑删减、绘制优先级、分离平面等是 OPEN FLIGHT 成为最受欢迎的实时三维图像格式的几个原因。许多重要的 VR 开发环境都与它兼容，使其成为事实上的工业标准。MultiGen 能转换 Alias|Wavefront、AutoCAD DXF、3Dstudio、Photoshop image files、Open Inventor 多种数据格式，并支持 VRML 格式的输出。

Vega 是 Paradigm Simulation 公司最主要的工业软件环境,其完全符合 X/Motif 和 ANSI C 的工业标准，主要用于实时视觉模拟、虚拟现实和普通视觉应用。Vega 将先进的模拟功能和易用工具相结合。对于复杂的应用，能够提供快速、方便的建立、编辑和驱动工具。Vega 能显著地提高工作效率，同时大幅度减少源代码的开发时间。Paradigm 还提供和 Vega 紧密结合的特殊应用模块，这些模块使 Vega 很容易满足特殊模拟要求，如航海、红外线、雷达、高级照明系统、动画人物、大面积地形数据库管理、CAD 数据输入、DIS 等。Vega 还包括完整的 C 语言应用程序接口，为软件开发人员提供最大限度的软件控制和灵活性。Vega 支持 VRML 的输出格式。具体模块及简要功能描述如下。

实时三维建模软件（CreatorPro）

在实时图形仿真开发中,首要的任务就是三维模型建立,三维模型包括场景中的地形、建筑物、街道、树木等静态模型，以及运动的汽车、行人等。

建模软件应用功能强大、使用简单并具备实时应用特性，支持大多数的硬件平台。而 MultiGen-Paradigm 公司的 CreatorPro 是所有实时三维建模软件中的佼佼者，在相关市场的占有率高达 80%以上，是业界的首选产品。它拥有针对实时应用优化的 OpenFlight 数据格式，强大的多边形建模、矢量建模、大面积地形精确生成功能，以及多种专业选项和插件，能高效、最优化地生成实时三维（RT3D）数据库，并与后续的实时仿真软件紧密结合，在视景仿真、模拟训练、城市仿真、交互式游戏及工程应用、科学可视化等实时仿真领域有着世界领先的地位。

OpenFlight 数据格式是 MultiGen 软件的精髓，现已成为实时仿真、虚拟现实业界的标准数据格式。它的逻辑化的层次场景描述数据库会使图像发生器知道在何时，以何种方式实时地并以极高的精度和可靠性渲染三维场景。

另外 MultiGen Creator 还有一个重要的特点就是支持数字地形高程数据（DEM）和数字文化特征数据（DFAD）。利用地理信息系统中的这些现有数据和与之配套的航空或卫星照片，可以快速高效而又方便地构造任何地区的地形和文化特征。这样，在建模的阶段，就已经包含了一定的 GIS 信息了。

MultiGen Creator 主要由基本建模环境 CreatorPro，增强选项 TerrainPro、Road Tools 组成。

A. Multigen CreatorPro 三维实时建模工具

CreatorPro 是一个功能强大、交互的三维建模平台，在它提供的"所见即所得"的建模环境中，可以建立所期望的、优化的三维模型。其模型的 OpenFlight 数据格式非常适合视景仿真的应用，现在已成为行业标准。其主要特点如：

1）多边形和纹理造型；

2）矢量化建模和编辑；

3）智能并精确地创建地表特征。

所有的模型都需要放置在特定的地形表面，CreatorPro 提供了一套完整的工具，能够依据一些标准的数据源，快速、精确地生成大面积地形。

B. TerrainPro 高级地形生成工具

TerrainPro 是一种快速创建大面积地形/地貌数据库的工具，用 Project 统一管理各种资源（地形数据、纹理、文化特征等）。它可以使地形精度接近真实世界，并带有高逼真度三维文化特征及纹理特征（图 2-10）。

C. 批处理操作

一个合成的场景数据库可能是巨大的，需要花费很长的时间去创建它。因此，手工的交互的技术显然无效，批处理将是最佳的选择。它独有的用户定义规则自动控制地形及三维文化特征的生成，从而创建高效的、高保真的数据库，以满足用户的需要。特点如下：

1）用于实时页面的地形片的生成；

2）多重文化特征 LOD 生成的分批控制；

3）多重地形 LOD 生成的分批控制；

4）筛选组的自动生成；

5）大地及整体纹理映射的分批控制；

6）用户定义规则；

7）纹理、颜色、材质的自动映射；

8）感兴趣区域的重新处理；

9）高级地形表面生成工具。

D. 高级地形表面重建

图 2-10　高级地形生成

　　连续的自适应地形（CAT）算法是生成大面积带有纹理地形的最快、最方便的方式。
SGI 的 Performer ASD（active surface definition）及 MultiGen 的 Performer 装载工具都支持
CAT，并将其与你的实时渲染系统集成在一起。CAT 生成静态的多重 LOD，并带有文化
特征的数据库，可适用于任何图像发生器。

　　高级的三角形不规则网络(ITIN)提供了高逼真度和高效率的地形生成工具(图 2-11)。
特点如下：

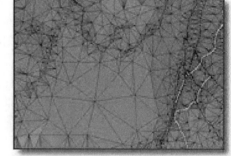

图 2-11　高级地形三角网络

　　1）LOD 转换及渐变地形；

　　2）三角形及四边形筛选系统；

　　3）完全控制的三角形化；

　　4）将任何 OpenFlight 数据库集成在一起；

　　5）多重 LOD 的自动生成；

　　6）确定的多边形数目（包括文化特征模型）；

　　7）与地形表面渐变适应的模型；

　　8）整体纹理映射。

E. 大地纹理映射

对大面积地形而言，手工映射纹理是不实际

的。MultiGen 以前所未有的速度，生成照片般的大地数据库。并将大地的经纬参数赋予
大地纹理，同时自动完成纹理映射（图 2-12）。特点如下：

1）用于图像数据合成的马赛克工具；

2）图像的大地特征编码及自动映射；

3）SGI 裁剪纹理；

4）用于准确图像/地形数据库的映射图像变形；

5）自动生成 MIP 映射。

F. 自动三维文化数据重建

用于生成高逼真度的、准确的三维文化特征，来满足地面仿真的需求，而无需费时地手工建模。MultiGen 自动检测并修改矢量数据交点，来生成高保真的视景数据库。当道路与河流交叉的时候，会自动在场景中修一座桥，而无需生成桥的数据。

图 2-12 大地纹理映射

路径发现算法智能化地自动地从离散的线性数据中采样，因此，MultiGen 能生成高保真的路、铁路及其他特征，精度准确至工程建筑所要求的精度。路径发现算法将路、铁路等与 MultiGen 生成桥及路口连接起来（图 2-13）。

图 2-13 自动三维图层重建

1）路口及桥的自动检测与生成；

2）自动检测源数据误差；

3）沿着山坡流动的河流及平的湖面；

4）路、河流及铁路沿着它们流动方向的平整；

5）通过线性数据对湖、森林及其他平面特征的分割；

6）文化特征的三维简化；

7）多重细节等级 LOD 的自动生成；

8）与文化特征关联的亮点的自动生成；

9）建筑及城区目标的自动生成。

2.4.2 实时场景管理驱动软件（VEGA Prime）

VEGA Prime 是开发实时视觉和听觉仿真、虚拟现实和通用的视频应用的业界领先的软件环境。它把先进的仿真功能和易用的工具结合到一起，创建了一种使用最简单，但最具创造力的体系结构，来创建、编辑和运行高性能的实时应用。VEGA 包括图形环境 LynX，一套可以提供最充分的软件控制和最大程度灵活性的完整的应用编程接口，一系列相关的库和 AudioWorks2 实时多通道音响系统。可选模块进一步增强了在特定应用中的功

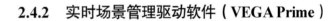

能。VEGA 及其可选模块能运行在视窗 NT 操作系统和 SGI IRIX 操作系统，并支持大量种类的数据库加载器，允许很多种不同的数据库的交互应用，以及单或多进程应用的开发。

LynX 场景设置和预览图形化平台，VEGA 配置了强大的点击式图形化用户接口 LynX。LynX 可以在不需要编写程序代码或重新编译的情况下，通过改变应用的重要参数来对场景进行预览，从而大大提高了工作效率。视景通道、多 CPU 的分配、观察者、系统配置、数据库模型引入、运动体、运动模式、运动路径、特殊效果等，都可以根据具体的应用在 LynX 中加以改变。LynX 支持非编程者在系统交付时，针对最终用户的要求，对系统进行重新配置。

VEGA 包括 AudioWorks2 模块，它能够针对多个对象、多个听点和其物理特性，连续实时地处理声音波形，在开阔地带提供空间感极强的三维声音。它提供了一个基于物理特性，包括距离衰减、多普勒漂移和传输延迟的无回声声音生成模型。它可以结合场景内的对象的变化，自动跟踪其位置的变化、触发、释放和相应的物理特性变化。AudioWorks2 自动对各种声音的优先级排序，重新计算模型的参数，向声音生成硬件发布相应的生成命令，把用户从这些底层的声音处理工作中解放出来。结合 LynX 和 VEGA，它为快速地在任何视景仿真环境增加声音提供了一种简单但很强大的手段。

AudioWorks2 在 IRIX 和 NT 操作系统中，和 VEGA 与 LynX 捆绑在一起，在 IRIX 操作系统中，可以作为一个单独的配置。基于视窗 NT 操作系统的 AudioWorks2，使用微软的 DirectSound，也可以在视觉和听觉环境之间提供无缝的结合。

和其他实时仿真应用开发平台相比较，Vega Prime 在以下方面有优越性：①可大大简化开发的 LynX 图形编程环境及各种工具；②与仿真业界标准文件 OpenFlight 的无缝结合及精确控制；③IRIX 环境下，Vega 是基于 OpenGL Performer 开发的，可充分发挥 SGI 图形硬件的能力；④功能强大、简单易学的 API（在 NT 下，其基本开发环境为 VC，可以很方便地和 C/OpenGL 相结合），而且开发的程序可以在 IRIX/NT 间移植；⑤直接支持 20 多种标准虚拟外设、立体显示、CAVE/IDesk 设置、球幕/柱幕设置，可快速建立 VR 系统；⑥多种增强模块，如可烟雾、爆炸等特殊效果模块。

Vega 还拥有一些特定的功能模块，可以直接根据用户的要求或特定的仿真应用，很容易地加以扩展来满足特殊仿真的需要。这些选项模块在大量的仿真应用领域里，提供了很多增强的功能，提高了开发效率。

1. 特殊效果模块

使用标准的数据库技术，很难甚至是不可能用预定义的动画顺序去模拟某些动态视觉效果的。VEGA 特殊效果模块通过使用各种不同的实时技术，从基于没有纹理的硬件加阴影几何体到借助纹理分页技术的复杂的粒子动画，来产生实时应用中的三维特殊效果。VEGA 特殊效果模块内置了大量的可直接使用的特殊效果，如三维烟、基于告示板的烟火/火焰、喷口闪光、高射炮火、导弹尾迹、旋转的螺旋桨、光点跟踪、爆炸、碎片、旋翼水流、水花等。

用户也可以通过粒子动画编辑器或 API 定义、创建自己的特殊效果。通过定义选定的特殊效果的大小、方位、开始时间和持续时间，用户可以将其附着到运动体或场景里, 实时控制其相关的视觉属性。特殊效果可以配置为在某些用户指定的状态下才可见。例如, 只有在飞机处于毁坏状态下, 烟火才会在机翼下出现。特殊效果也可无限制地重复其动画顺序, 如从燃烧的火堆中永不停止的烟, 或随时停止, 如发射子弹时枪口的闪光。

2. 大规模数据库管理模块

采用大规模数据库管理模块, 使得管理大型复杂的数据库变得非常容易。大规模数据库管理模块使用双精度内核, 定义并动态地重新设定移动数据库的地面坐标系原点, 使观察者处于要显示的数据库附近。这样, 消除了当观察者远离数据库原点时所带来的显示图形的抖动。通过支持用户定义的感兴趣区域, 可以保证极高的效率。大规模数据库管理模块使观察者永远处于数据海洋的中心, 用户可以自己指定感兴趣区域的大小。大规模数据库管理模块结合 VEGA 多进程环境, 可以通过另外的数据库进程异步加载数据。在实时运行时, 内存和存储介质之间的几何和纹理数据管理对用户是透明的。大规模数据库管理模块的 LynX 控制面板可以使用户快速、容易地完成其配置。大规模数据库管理模块保证了系统的高性能、容易使用性和高效的内存分配。

3. 浸入式环境模块

VEGA 浸入式环境模块支持在完全浸入环境中有多个观察者, 并把他们在 LynX 图形界面中结合到一个模块中。在 CAVE 系统或其他多显示环境中, 可以任意设置投影显示面数。每个投影器以 120Hz 的速率运行, 交叉显示对应于左眼和右眼的图形。VEGA 允许用户定义任意多的窗口, 每个窗口可以有任意多的通道。

4. 海洋模块

VEGA 海洋模块为逼真海洋仿真提供了所必须具有的海洋特殊效果, 使得在 NT 和 UNIX 操作系统平台上开发海洋仿真应用, 比以往任何时候都更具有创造性、更加快捷。所有的海洋效果都可以在 LynX 图形界面中设置, 或通过 C 应用编程接口加以控制。

2.4.3　GIS 软件平台

国际上, GIS 软件平台比较知名、影响力较大的是美国 ESRI 公司的产品。从 20 世纪 80 年代起, ESRI 公司转型开发和研究用来创建地理信息系统的核心开发工具。ESRI 公司相继推出了多个版本系列的 GIS 软件, 其产品不断更新扩展, 构成适用各种用户和机型的系列产品, 其中最引人注目的就是当今的 ArcGIS 系列软件。该软件经过 Unix 向 Windows 操作系统的迁移, 以及 ArcView、ARC/INFO、PC ARC/INFO 等几代产品的更迭, 结合最新的计算机图形学、DBMS、网络等技术, 成为 GIS 历史上成功的一个商业软件产品。ArcGIS 是 ESRI 在全面整合了 GIS 与数据库、软件工程、人工智能、网络技术及其他多方面的计算机主流技术之后, 推出的代表其最高技术水平的全系列 GIS 产品。ArcGIS 作为一个全面的, 可伸缩的 GIS 平台, 为用户构建一个完善的 GIS 系统提供完整的解决方案。

　　ArcGIS 系列软件的发展伴随着 IT 业界最新的技术发展而成长起来，1982 年 ESRI 公司发布了它的第一套商业 GIS 软件——ARC/INFO1.0 软件。它可以在计算机上显示诸如点、线、面等地理特征，并通过数据库管理工具将描述这些地理特征的属性数据结合起来。ARC/INFO 被公认为是第一个现代商业 GIS 系统。

　　ESRI 公司于 1992 年推出了 ArcView 软件，它使人们用更少的投资就可以获得一套简单易用的桌面制图工具。在以后的 10 年内，ESRI 公司先后发布了 ArcView1.0、ArcView2.0、ArcView3.X 等多个系列产品，目前世界上仍然许多的科研单位、大学在使用这套轻便的 GIS 桌面系统。为了满足了 B2B 市场的需要，ESRI 推出了 SDE，这样空间数据和表格数据可以同时存储在商业关系型数据库管理系统（RDBMS）中。

　　随着软件科学的不断发展，新的应用系统越来越复杂，尤其是这几年 Intranet/Internet 的飞速发展，使软件应用置身于更加广阔的环境中，从而对应用软件提出了更高的要求，这就使得软件设计更加困难。在这种情况下，面向对象的思想已经难以适应这种分布式软件模型，于是组件化程序设计思想得到了迅速的发展。为了让每台机器在满足不同操作系统下运行，组件程序之间需要一些极为细致的规范，OMG 和 Microsoft 分别提出了 CORBA 和 COM 标准，目前 CORBA 模型主要应用于 UNIX 平台上，而 COM 则成了 Windows 操作系统的标准。

　　1997 年，ESRI 开始用 COM 组件技术将已有的 GIS 产品进行重组，之后更是进行了上百人年的投入，将 ARC/INFO、ArcView 系列产品依照 COM/DCOM 的标准重新组织和编写，将其中的精华部分重新封装和聚集为组件对象，形成了 ArcObjects 组件对象库。并终于在 1999 年年底，以该库为基础发布了 ArcGIS 8，据此 ESRI 产品家族的一个新时代来临。

　　2001 年 ESRI 又推出 ArcGIS 8.1，它是一套基于工业标准的 GIS 软件家族产品，提供了功能强大的，并且简单易用的完整的 GIS 解决方案。ArcGIS 是一个可拓展的 GIS 系统，提供了对地理数据的创建、管理、综合、分析能力，ArcGIS 还为单机和基于全球分布式网络的用户提供地理数据的发布能力。

　　正是由于 ArcGIS 系列产品采用了工业标准的、开放的、统一的对象组件库（ArcObjects）作为其公共的技术基础，从其低端平台产品（如 ArcView 8）到高端产品（如 ArcInfo 8）的过渡和升级可保证数据和应用功能（程序）无须改动和转换而平滑地进行。从而充分地保护用户和开发商的前期投资和工作，保证系统的分步实施不会因为平台的提升和系统规模及功能需求的扩展而陷入进退两难的境地。

　　2004 年，ESRI 推出了新一代 9 版本 ArcGIS 软件，为构建完善的 GIS 系统，提供了一套完整的软件产品。9 版本中包含了两个主要的新产品：在桌面和野外应用中嵌入 GIS 功能的 ArcGIS Engine 和为企业级 GIS 应用服务的中央管理框架 ArcGIS Server。

　　ArcGIS 软件系列作为 ESRI 公司基于 COM/DCOM 结构重新建构的一套完整产品线的代号，从 ArcGIS 8.0 到即将发布的 ArcGIS 9.2，从多个不同的扩展模块的推出，如 ArcGlobe，到 ArcGIS Engine、ArcGIS Server 新产品的落地，ArcGIS 已经基本成熟，这一过程经过几个方面的发展。

首先，从空间数据基础夯实，多年积累下来的 Shape/Coverage 数据格式已经在企业级 GIS 工程项目中变得繁杂和难以管理，在海量、多时态、多数据源的空间信息浪潮面前，ESRI 首先从根基上撬动已有的数据基础，为自己新一代产品的诞生奠定了良好的开端并推出 Geodatabase，突显其在空间数据库的智能型以及面向对象等特征，推荐用户将积累多年的数据集中到一个框架下，并在 ArcSDE 以及诸多商业关系型数据库的帮助下，很好地支持大型关系型数据库。

其次，整合产品制图等传统 GIS 功能，增加如 Maplex 等的扩展模块，使得 ArcGIS 在传统的制图以及产品性能方面得到提升，用户体验得到进一步增强，在图形的渲染、查询效率上都有明显的提升。对 VBA 良好支持以及在与 Tom Sawyer 软件公司的合作下，COM 的诸多特性逐一挥发出来。

最后，ArcGIS8.3 作为一个成熟稳定的产品结构，已经足够可以完成多项桌面的操作，在这一版中，复杂的编辑、拓扑检查，以及数据互操作等多项特性得到增强，整个产品趋于稳定。但在 2004 年推出的 ArcGIS9 平台中，该平台将传统 ARC/INFO 的功能函数大部分以 ArcToolBox 的方式再现，使得原来复杂的命令行变成了简单的用户脚本，并提供了 ModelBuilder 等多类方式，Geoprocessing 的概念被 ArcGIS 提出，许多复杂的分析功能已经不再需要 WorkStation 的支持。使得不同层次、不同行业的用户可以通过 geodatabase view，geovisualization view 和 geoprocessing view 三个不同样式的视图来使用 ArcGIS Desktop 系列软件。

另外，值得注意的是 ArcEngine 和 ArcGIS Server，他们的出现标志着 ArcGIS 产品家族的更加完善。这两个产品有许多的不同点，ArcEngine 定位于工程项目级，为了方便各类涉及空间信息的工程项目的整合，将 ArcObjects 以组件的形式包装给二次开发商和用户。ArcGIS Server 以昂贵的价格出现在众人面前，直接把持了企业级 GIS 的位置，在服务器上运行的它，可以支持海量用户对空间数据的并发操作。在 ArcGIS 9.2 中，ArcGIS Engine 将提供更加精细粒度的控件和接口，方便二次开发人员调用，降低了开发难度和门槛。

ArcGIS Server 之外还有两个产品被 ESRI 定位为服务器端的产品，那就是 ArcIMS 和 ArcSDE。这两个产品在近十年的发展中，终于以高性能的产品质量占据着 WebGIS 和空间数据引擎两类产品重要地位。新的 ArcIMS 将体现 AJAX 的特性，其内核也将选择.NET 语言重新塑造，方便用户的二次开发。ArcSDE 除保持其独有的二进制高性能存储模式之外，还遵照 OGC 的规范将 Simple Geometry 直接与 Oracle 等大型商用数据库实现互操作，成为名副其实的空间数据发动机。

2.5 　 结 　 　 语

数字南海建设项目及其虚拟现实系统建设是一项创造性的工作，建设中的数字南海系统将成为我国南海数据基础信息平台，不仅有利于我国海洋科学领域知识财富和科技资产的不断积累，而且对于维护国家主权和权益，解决资源、能源短缺问题，保护海洋环境，促进我国可持续发展战略实现等方面具有重要作用。

由于我国海洋科学研究对以往获取的海洋资料管理缺乏行之有效的运行机制和管理措施，以至海洋基础信息明显缺乏完整性和系统性。海洋资料更新缓慢，海洋信息产品的可视化、网络化程度低，影响了海洋资料和信息的使用，各种数据不能实现有效的共享使用。建成数字南海系统可以使得南海基础数据达到最大的汇集，实现数据的完整性、准确性、及时性、实用性和权威性，大幅度提高信息更新维护水平；保证南海基础信息交流渠道的畅通，实现资料丰富积累；实现南海信息的可视化开发和网络共享。

数字南海系统建设以多学科综合为显著特色，以海洋及其相关领域的专业优势为依托，充分整合优势资源，最终服务于南海海域外交、科研、管理及社会经济活动。

第 3 章　南海海底地形*

南海，位于 104°～122°E、0°～26°N 之间，是西北太平洋最大的边缘海之一，是一较完整的长轴为 NE—SW 向的菱形深海盆地，长轴约 2700km，短轴约 1500km，面积约为 350 万 km²，平均深度为 1212m，最深处位于西北部大陆坡麓附近的狭窄洼地，深达 5559m，海底地势周围高中间低，自海盆边缘向中心呈阶梯状下降（图 3-1）。

数字南海地形模型是整个数字南海系统建设的基础，是系统数据库建设的框架，在经过一系列 GIS 软件数学基础等技术处理之后，对各比例尺地形数据进行数字化，"数字南海"系统的各专题海洋科学研究成果、数据才能进入该系统，以空间定位、数字化入库，并在数字南海系统软件的二维、三维图形容器中进行直观的表达、显示、计算与分析等操作。

3.1　数字南海地形数据

3.1.1　数据内容

数字南海拟采用"数字地球"技术建成一个多层次、大范围的系统。该系统的建设将对 1∶600 万、1∶200 万、1∶100 万、1∶50 万、1∶25 万、1∶5 万等几种比例尺的海图进行数字化，根据系统中各应用专题所反应层次、表现内容的需要，选择不同比例尺的数字化图作为系统建设的地形底图。其中需要数字化的地图资料：1∶200 万；1∶100 万 24 幅；1∶50 万；1∶25 万 273 幅。

数字南海系统数据库数据形式主要是基础地理信息 4D 产品，分别为 DLG、DRG、DEM、DOM。

DLG 产品是现有地形图基础要素的矢量数据集。可以反映各要素间的空间关系和相关属性信息，能较全面地表现地表信息，是建设数字南海的主要产品形式，用于系统制作三维地形模型、各类专题地图编制、图面量算、空间叠加分析等。

DRG 是以栅格数据格式存放的地图图形数据文件。在内容、几何精度和规格、色彩等方面与地形图基本保持一致。该产品可由模拟地图经扫描、几何纠正及色彩归一化等处理后形成，也可由矢量数据格式的地图图形数据转换而成。可作为数字南海系统中的历史数据资料存储，也是 DLG 产品的主要数据源。

DEM 是定义在 X、Y 域（或经纬度域）离散点（矩形或三角形）上以高程表达地面起伏形态的数据集，是我国基础地理信息数字产品的重要组成部分之一。目前较为常用的是规则的数字高程模型。是数字南海建设虚拟现实系统的必要技术手段。本系统中 DEM 的生成采用海洋地形图扫描矢量化方法。

---

* 本章作者：贾培宏、朱大奎

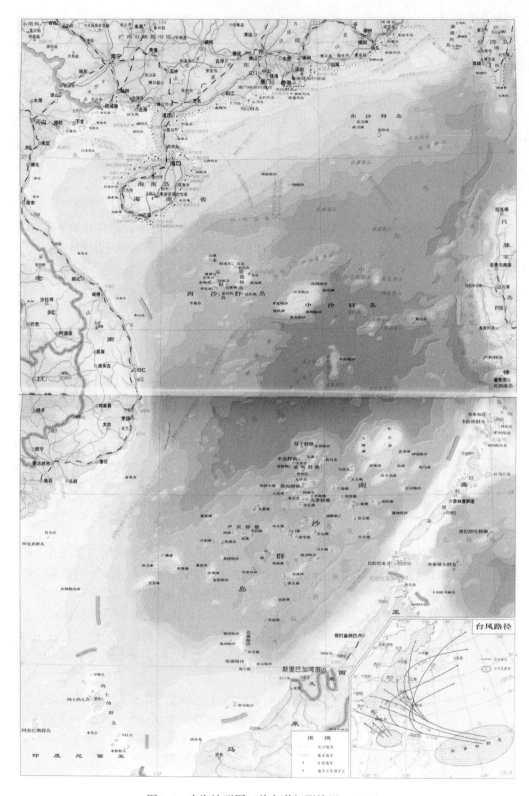

图 3-1　南海地形图（总参谋部测绘局，2011）

　　DOM 是我国基础地理信息数字新产品的重要组成部分之一，是利用数字高程模型对扫描数字化（或直接以数字方式获取的）航空航天影像，经数字身份纠正、数字镶嵌，再根据图幅范围剪切生成的影像数据集。是数字南海系统数据更新的主要数据源，能及时为系统提供现实资料，尤其是南海岛屿的数据更新，也是与 DEM 集成建设数字南海虚拟现实系统的主要表现形式。

　　其中，数字南海系统中用于南海地形处理与建模的相关数据资料如下（表 3-1～表 3-9）。

（1）南海概况

表 3-1　南海地形图处理相关数据资料

图名	比例尺	数量/幅	制作单位	制作年份
南海地形图	1：50 万	87	国家海洋信息中心等	1963～1978 年测绘
南海诸岛位置图	1：650 万	1	内政部方域司	1946 年

（2）南海及临近大洋地势

表 3-2　南海及临近大洋地形图制作相关数据资料

图名	比例尺	数量/幅	制作单位	制作年份
1 号：孟加拉湾	1：400 万	1	中国科学院南海海洋研究所等	1990 年
2 号：南海中北部	1：400 万	1	中国科学院南海海洋研究所等	1990 年
3 号：西太平洋图	1：400 万	1	中国科学院南海海洋研究所等	1990 年
4 号：东北印度洋	1：400 万	1	中国科学院南海海洋研究所等	1990 年
5 号：南海南部	1：400 万	1	中国科学院南海海洋研究所等	1990 年
6 号：西太平洋南部	1：400 万	1	中国科学院南海海洋研究所等	1990 年
7 号：东印度洋	1：400 万	1	中国科学院南海海洋研究所等	1990 年
8 号：东印度洋东部	1：400 万	1	中国科学院南海海洋研究所等	1990 年
9 号：澳大利亚	1：400 万	1	中国科学院南海海洋研究所等	1990 年

（3）越南绘制的地图

表 3-3　越南绘制地图相关数据资料

图名	比例尺	数量/幅	制作单位	制作年份
Cong hoa xa hoi chu nghia viet name	1：250 万	1	越南	无

（4）中国台湾绘制的地图

表 3-4　中国台湾绘制地图相关数据资料

类别	图名	比例尺	数量/幅	制作年份
南海概况	南海图	1：600 万	1	无
	南海形势图	1：200 万	1	无
	南海周边国家分布图	无	1	无

类别	图名	比例尺	数量/幅	制作年份
南海概况	内政部方域司绘南海图	无	1	无
	Map of the region	无	1	无
	Sea floor depths	无	1	无
	South China Sea Bathmetry Map	无	1	无
	South China Sea Islands	无	1	无
	South China Sea Region	无	1	无
	South China Sea Tables and Maps	无	1	无
	南海海域航运线简图（亚太航运线）	无	1	无
地形	1. 南海海域海底地形图	无	1	无
	2. 南海海域海底地形立体投影图之一	无	1	无
	3. 南海海域海底地形立体投影图之二	无	1	无
	4. 南海海域海底地形立体投影图之三	无	1	无
	5. 南海海域海底地形投影图	无	1	无
	6. 南海海域海底地形彩绘图	无	1	1999 年
水深	1. 南海海域水深资料点分布快览	无	1	无
	2. 南海海域船测水深资料点分布图	无	1	无
	3. 南海海域水深等深线图之一	无	1	无
	4. 南海海域水深等深线图之二	无	1	无
	5. 南海海域水深等深线图之三	无	1	无
	6. 南海海域水深等深线图之四	无	1	无
	7. 南海海域水深等深线图之五	无	1	无
	8. 南海海域水深等深线绘制结果展示	无	1	无
东沙概况	1. 东沙遥测卫星影图像	无	1	
东沙水深	1. 东沙海域水深等深线图	无	1	
	2. 东沙海域水深资料点分布图	无	1	
东沙群岛	1. 北卫滩	无	1	
	2. 东沙岛	无	1	
	3. 南卫滩	无	1	
南沙概况	1. 南沙遥测卫星影像图之一	无	1	1994 年
	2. 南沙遥测卫星影像图之二	无	1	1999 年
	3. 内政部方域司编南海图南沙海域	无	1	1946 年
地形	1. 南沙海域海底地形立体投影图	无	1	无
水深	1. 南沙群岛水深等深线图	无	1	无
	2. 南沙群岛彩绘水深图	无	1	无
	3. 南沙海域船测水深资料分布图	无	1	无

类别	图名	比例尺	数量/幅	制作年份
南沙群岛	1. 郑和群礁水深彩绘图	无	1	无
	2. 郑和群礁海底地形立体投影图	无	1	无
	3. 郑和群礁等深线图	无	1	无
	郑和群礁等深线图之二	无	1	无
	郑和群礁东半部遥测多光谱影像图	无	1	无
	郑和群礁水深资料点分布图	无	1	无
	安波沙洲地理位置图（2）	无	1	无
	安达礁地理位置图（2）	无	1	无
	安渡滩地理位置图（2）	无	1	无
	安塘岛地理位置图（2）	无	1	无
	奥南暗沙地理位置图（2）	无	1	无
	奥援暗沙地理位置图（2）	无	1	无
	八仙暗沙地理位置图（1）	无	1	无
	半月暗沙地理位置图（2）	无	1	无
	保卫暗沙地理位置图（2）	无	1	无
	北恒礁地理位置图（2）	无	1	无
	北康暗沙地理位置图（2）	无	1	无
	北子礁地理位置图（2）	无	1	无
	毕生岛地理位置图（2）	无	1	无
	舶兰礁地理位置图（2）	无	1	无
	澄平礁地理位置图（2）	无	1	无
	大现礁地理位置图（2）	无	1	无
	弹丸礁地理位置图（2）	无	1	无
	道明群礁地理位置图（2）	无	1	无
	东礁地理位置图（2）	无	1	无
	东坡礁地理位置图（2）	无	1	无
	都护暗沙地理位置图（2）	无	1	无
	敦谦沙洲地理位置图（2）	无	1	无
	莪兰暗沙地理位置图（2）	无	1	无
	泛爱暗沙地理位置图（2）	无	1	无
	费信岛地理位置图（2）	无	1	无
	福禄寿礁地理位置图（2）	无	1	无
	广雅滩地理位置图（1）	无	1	无
	海安礁地理位置图（1）	无	1	无
	海口暗沙地理位置图（2）	无	1	无
	海马滩地理位置图（2）	无	1	无
	海宁礁地理位置图（2）	无	1	无
	和平暗沙地理位置图（2）	无	1	无

类别	图名	比例尺	数量/幅	制作年份
南沙群岛	恒礁地理位置图（2）	无	1	无
	红石暗沙地理位置图（2）	无	1	无
	鸿庥岛地理位置图（2）	无	1	无
	华阳礁地理位置图（2）	无	1	无
	皇路礁地理位置图（2）	无	1	无
	舰长暗沙地理位置图（2）	无	1	无
	金盾暗沙地理位置图（2）	无	1	无
	金吾暗沙地理位置图（2）	无	1	无
	景宏岛地理位置图（2）	无	1	无
	孔明礁地理位置图（2）	无	1	无
	乐斯暗沙地理位置图（2）	无	1	无
	李准滩地理位置图（2）	无	1	无
	礼乐滩地理位置图（2）	无	1	无
	立威岛地理位置图（2）	无	1	无
	马欢岛地理位置图（2）	无	1	无
	美济礁地理位置图（2）	无	1	无
	盟谊暗沙地理位置图（2）	无	1	无
	南安礁地理位置图（2）	无	1	无
	南海礁地理位置图（2）	无	1	无
	南华礁地理位置图（2）	无	1	无
	南康暗沙地理位置图（2）	无	1	无
	南乐暗沙地理位置图（2）	无	1	无
	南屏礁地理位置图（1）	无	1	无
	南通礁地理位置图（2）	无	1	无
	南威岛地理位置图（1）	无	1	无
	南薇滩地理位置图（2）	无	1	无
	南熏岛地理位置图（2）	无	1	无
	南钥岛地理位置图（2）	无	1	无
	南子礁地理位置图（2）	无	1	无
	蓬勃暗沙地理位置图（2）	无	1	无
	破波礁地理位置图（2）	无	1	无
	人骏滩地理位置图（1）	无	1	无
	仁爱滩地理位置图（2）	无	1	无
	日积礁地理位置图（2）	无	1	无
	双子礁地理位置图（2）	无	1	无
	司令礁地理位置图（2）	无	1	无
	太平岛地理位置图（2）	无	1	无
	万安礁地理位置图（1）	无	1	无

续表

类别	图名	比例尺	数量/幅	制作年份
南沙群岛	西礁地理位置图（2）	无	1	无
	西月岛地理位置图（2）	无	1	无
	息波礁地理位置图（2）	无	1	无
	仙宝暗沙地理位置图（2）	无	1	无
	仙娥暗沙地理位置图（2）	无	1	无
	仙后滩地理位置图（2）	无	1	无
	逍遥暗沙地理位置图（2）	无	1	无
	小现礁地理位置图（2）	无	1	无
	校尉暗沙地理位置图（2）	无	1	无
	信义暗沙地理位置图（2）	无	1	无
	阳明滩地理位置图（2）	无	1	无
	杨信沙洲地理位置图（2）	无	1	无
	尹庆群礁地理位置图（2）	无	1	无
	隐遁暗沙地理位置图（2）	无	1	无
	永登暗沙地理位置图（2）	无	1	无
	永暑礁地理位置图（2）	无	1	无
	榆亚暗沙地理位置图（2）	无	1	无
	玉诺礁地理位置图（2）	无	1	无
	曾母暗沙地理位置图（1）	无	1	无
	郑和群礁地理位置图（2）	无	1	无
	指向礁地理位置图（1）	无	1	无
	中礁地理位置图（2）	无	1	无
	中业岛地理位置图（2）	无	1	无
	中业群礁地理位置图（2）	无	1	无
	忠孝滩地理位置图（2）	无	1	无
	诸碧岛地理位置图（2）	无	1	无
	棕滩地理位置图（2）	无	1	无
其他	Spratly Islands	无	1	无
	全球数位式水深图（gebco digital atlas，GDA）	无	1	无

（5）西沙概况

表 3-5　西沙地形图绘制相关数据资料

图名	比例尺	制作单位	制作时间
西沙群岛永兴岛及石岛	1∶1 万	内政部方域司	1946 年
西沙群岛	1∶35 万	内政部方域司	1946 年
中建岛	1∶50 万	国家海洋局、国家测绘局	1963～1978 年测绘
西沙群岛	1∶50 万	国家海洋局、国家测绘局	1963～1978 年测绘

（6）南沙群岛

表 3-6　南沙群岛地形图绘制相关数据资料

图名	比例尺	制作单位	制作时间
南沙群岛	1∶200 万	内政部方域司	1946 年
太平岛	1∶5000	内政部方域司	1946 年
双子群礁	1∶50 万	国家海洋局、国家测绘局	1963～1978 年测绘
尹庆群礁	1∶50 万	国家海洋局、国家测绘局	1963～1978 年测绘
海马滩	1∶50 万	国家海洋局、国家测绘局	1963～1978 年测绘
皇路礁	1∶50 万	国家海洋局、国家测绘局	1963～1978 年测绘
曾母暗沙	1∶50 万	国家海洋局、国家测绘局	1963～1978 年测绘
南通礁	1∶50 万	国家海洋局、国家测绘局	1963～1978 年测绘

（7）中沙群岛

表 3-7　中沙群岛地形图绘制相关数据资料

图名	比例尺	制作单位	制作时间
中沙群岛	1∶35 万	内政部方域司	1946 年
一统暗沙	1∶50 万	国家海洋局、国家测绘局	1963～1978 年测绘
中沙群岛	1∶50 万	国家海洋局、国家测绘局	1963～1978 年测绘

（8）北部湾

表 3-8　北部湾地形图绘制相关数据资料

图名	比例尺	制作单位	制作时间
北部湾	1∶70 万	中国人民解放军海军司令部航海保证部	根据 1965 年、1978 年测量绘制

（9）其他（周边区域）

表 3-9　南海周边区域地形图绘制相关数据资料

图名	比例尺	制作单位	制作时间
巴拉望岛	1∶50 万	国家海洋局、国家测绘局	1963～1978 年
李山岛	1∶50 万	国家海洋局、国家测绘局	1963～1978 年
秋岛	1∶50 万	国家海洋局、国家测绘局	1963～1978 年
涠洲岛	1∶50 万	国家海洋局、国家测绘局	1963～1978 年
七星岩	1∶50 万	国家海洋局、国家测绘局	1963～1978 年
黄岩岛	1∶50 万	国家海洋局、国家测绘局	1963～1978 年
昆仑岛	1∶50 万	国家海洋局、国家测绘局	1963～1978 年
昏果岛	1∶50 万	国家海洋局、国家测绘局	1963～1978 年

图名	比例尺	制作单位	制作时间
纳土纳大岛	1∶50 万	国家海洋局、国家测绘局	1963～1978 年
北纳土纳群岛	1∶50 万	国家海洋局、国家测绘局	1963～1978 年
南澳岛	1∶50 万	国家海洋局、国家测绘局	1963～1978 年
澎湖列岛	1∶50 万	国家海洋局、国家测绘局	1963～1978 年
竹岛	1∶50 万	国家海洋局、国家测绘局	1963～1978 年

3.1.2　数据处理及建库流程

美国 ESRI 公司的 ArcGIS 软件由于其友好的制图界面、齐全的数据分析功能、良好的数据库接口等优点，目前作为专家型 GIS 软件在国际 GIS 软件应用市场上位居第一。系统建设的 GIS 工作小组原计划采用这一先进的系统来进行本系统建设的数字化工作，但是，由于数字南海这一大型系统所涉及的空间范围很大，建设系统的数据量庞大，对于如此庞大的数据库系统，如果数据库内空间图形数据用平面坐标表达存储，就会由于地球曲率的影响，造成数据库系统内空间图形数据所表达的精度不够，变形过大，因此，"数字南海"系统的数据存储和操作应当标上地理坐标（经度和纬度）格式，这样就可以避免每次在 GIS 图形环境中显示数据时都要进行平面投影坐标到地理坐标的重复性转换。在 ArcGIS 系统中，进行地图数字化工作是以英寸或者毫米为单位生成平面坐标，所有空间数据最终都要以平面坐标形式在显示器上显示，如果采用 ArcGIS 进行"数字南海"系统建设的数字化工作，就需要通过正转换方程将地理坐标转换为平面坐标，在生成平面坐标后，再用逆转换方程将平面坐标进一步转换为"数字南海"系统所需要的地理坐标（经、纬度类型）。但是，ArcGIS 软件对于海洋地形图的横轴墨卡托投影而言，没有这样可做正、反转换的功能。

因此，经过对多种 GIS 软件使用、试验之后，南京大学数字南海系统建设的软件系统开发工作组决定根据"数字南海"系统建设所需的数据状况专门编写一套用于"数字南海"系统建设所需数据采集的数字化软件，ARCGIS 则辅助用于本次系统建设海洋地形图、数字南海三维水下地形模型及各类专题图的数据采集、操作和管理的工作。

数字南海三维水下地形模型及海洋地形图的数据采集主要采用扫描数字化方法，由专用的 A0 幅面滚筒图像扫描仪进行，扫描仪分辨率一般设置为 300～600dpi。地形图经扫描设备转换为栅格影像数据（DRG），采用 GIS 工作组开发的专门的数字化软件将栅格影像数据处理成数字线划地图（DLG）数据格式，并赋予各空间要素各自的属性信息。在"数字南海"系统建设过程中，计划以 1∶200 万或 1∶400 万数字化的海洋地形图作为系统建设的数字底图。其他几种数据采集方式则是将经过编辑处理、地理定位的专题资料、科学研究内容以分层的形式，将各专题数据内容数字化、图形化、信息化后，将图形内容转绘、数字化到底图地形图上，属性内容数字化处理成数据库可以接受的数据格式，最后，将所有这些数字化的数据内容按统一的标准存储入大型数据库 SQLSERVER 2005 内，用于"数字海洋"系统的建设。

数字南海地形数据采集、三维建模及数据库建设的流程如图 3-2 所示。

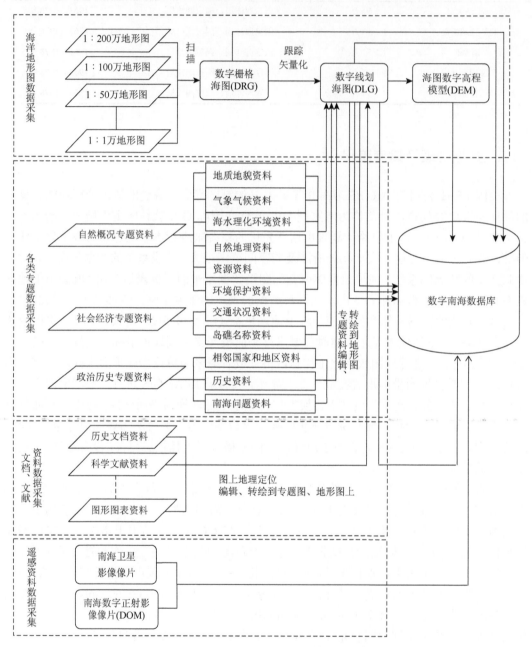

图 3-2　数字南海水下地形数据采集、三维建模及数据库建设流程

3.1.3　数字地形三维模型建立

以 27 张 1：50 万的南海地形数据处理过程为例，首先将海图扫描成数字栅格海图（DRG），导入南京大学开发的南海地形数字化软件 GeoData，加载 Georeferencing 工具条，对图像

文件进行地理配准、拼接等处理，为其赋予空间地理坐标等数学基础信息。接下来开始在数字化软件图形环境中，加载 Editor 工具条，将图像文件中的等深线、等深点数字化为矢量文件，并在属性表中赋水深值，完成所有水下地形的数字化工作。

通过 Export 将数据导入 ArcGIS 9.3 的 ArcMap 中通过等高线要素生成 DEM，DEM 生成前需要先将等高线要素转化为 TIN 文件。在 ArcToolbox 中打开 Create TIN 工具创建 TIN 文件，工具路径为 3D Analyst Tools→Data Management→TIN→Create TIN。最后在 ArcToolbox 中打开 TIN to Raster 工具，将 TIN 文件转化为 DEM，工具路径为 3D Analyst Tools→Conversion→From TIN→TIN to Raster，生成 DEM，生成数字南海的水下三维地形模型。

3.2 南海大陆架

南海大陆架分布于海区的北西南三面，是亚洲大陆向海缓缓延伸的地带。陆架坡度平缓，尚有沉溺的海岸阶地、水下三角洲、珊瑚礁与岩礁等地貌残留。陆架外缘水深一般小于 200m，珠江口以西，陆架外围水深随陆架宽度而增加，一般超过 200m，最深可达 379m。大陆架面积约 190km^2，其宽度是西北部与西南部大，西部宽度相对减小，东部陆架狭窄，是岛缘陆架（表 3-10）。

表 3-10 南海大陆架宽度与坡度（王颖，2013）

区域	地名	宽度/海里	坡度/‰
南海西北部 （珠江口以东陆架水深<200m，以西>200m，最深处达 379m）	台湾南部（高雄）	7.5	14.3
	汕头（南沃岛）	106	0.77
	珠江口	137	0.54
	电白	148	0.53
	海南岛南部	50	2
南海南部 （巽他陆架，水深介于150m以内，南沙群岛的礁滩、暗沙，位于巽他陆架北部，位于水深8m、9m、20~30m内）	沙捞越	300（水深<15m）	
	纳土纳群岛	300	
	昆仑岛	300	0.5~0.5
	卢帕尔河口外	405	0.5~0.5
	巽他陆架	300	0.5~0.5
南海西部 （外缘水深 150~200m）	中南半岛东岸	40~50	3.0~4.0
南海东部岛架 （外缘水深 150~200m）	吕宋岛 民都洛岛 巴拉望岛	150~200	

3.2.1 北部大陆架

南海北部大陆架西起北部湾，东至南海与东海的分界线，是我国华南大陆向南海的自然延伸，陆架区海底地形呈 NE—SW 走向，与海岸线大致平行，地形平坦宽阔，是世界上最宽阔的陆架之一（图3-3）。陆架南北两端坡度较陡，中部相对平坦。中陆架—外陆架中部60～100m所占面积最大。从岸边至水深230m的陆架坡折处，地形坡度为0°03′～0°04′。形成陆架外缘水深差异的原因比较复杂，其中新构造运动的影响和在陆架塑造过程中沉积物来源的多寡是很重要的因素。新生代以来，北东向断裂控制的断块运动是造成本区大陆架构造的基础。测年数据、重复水准测量和地震地质资料表明，近期来断块升降运动的幅度和速率具有西弱东强的特征，如海南岛近3600年来上升速率为0.6mm/a，台湾近9200年来的上升速率为3.51mm/a。因此，东强西弱的差异性断块上升是形成陆架外缘水深值东小西大的原因之一。陆架东部的外缘地带发育有规模大的陡崖地形，是第四纪以来断块活动形成的。陆架的中部和西部则由于外缘构造脊的阻挡，大量的陆源物质堆积在构造脊的内侧，使陆架外缘的水深值增大，显示出堤坝型陆架特征。

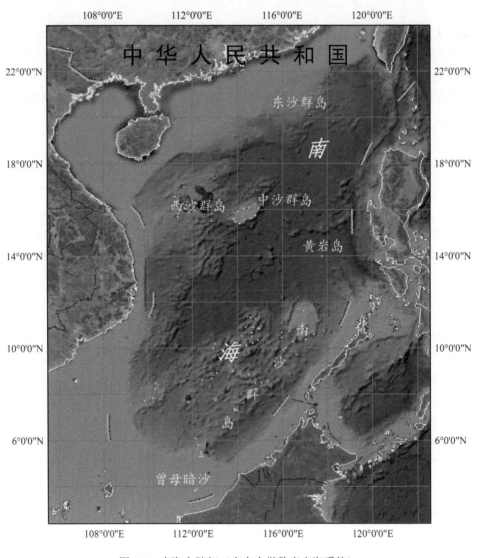

图3-3　南海大陆架（南京大学数字南海系统）

　　不同地段大陆架宽度、坡度和外缘转折处的水深都有很大差别，珠江口以东一般在
200km 以内，最窄处为 149km，在珠江口或珠江口以西，陆架宽度明显增大，大都超过
200km，最宽处为 310km（图 3-4）。本区陆架东窄西宽的原因除了基底构造的控制之外，
陆源物质的长期补给也是其中很重要的因素。长期以来，大量的泥沙物质朝着偏西方向沉
积，陆架西部的范围不断加宽扩大，使其外缘远离海岸达 300km 以上。值得提到的是，
珠江口外大陆架的外缘界线明显地向深海方向呈扇形凸出 45～50km。这种外凸形态的形
成，显然与大量陆源物质由珠江搬运到河口外堆积有密切关系。

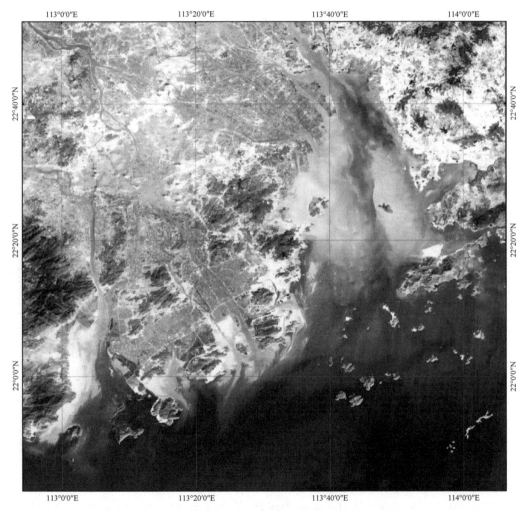

图 3-4　珠江口扇形凸出陆架形态（Landsat TM 遥感影像）

　　在这平坦宽阔的南海北部大陆架海底上，发育有四级水下阶地。它们的水深分别为
15～25m、40～60m、80～100m、110～130m。其中尤以 80～100m 这一级水下阶地分布
范围最广，南北宽 55～80km、东西长 300km，阶地面的坡度很小，平均为 $0.3\times10^{-3}\sim0.4$
$\times10^{-3}$，它是南海北部陆架区最平坦的一级海底地面。水下阶地可视为更新世以来低海面
的遗迹。

3.2.2　南部大陆架

南海南部大陆架是指海盆西南端沙捞越、纳土纳群岛和昆仑群岛所环绕的水深小于150m 的大片宽坦浅海区，陆架宽度一般超过 300km，在卢帕尔河口以外，宽度达 405km，它是世界上有名的巽他陆架的一部分。我国的曾母暗沙、南康暗沙、南安礁和盟谊暗沙等都位于这个陆架的北部。本区陆架以宽阔平坦为主要特色。陆架海底的平均坡度仅 $0.4° \times 10^{-3} \sim 0.5° \times 10^{-3}$，其上分布有水深 $20 \sim 40m$、$50 \sim 70m$ 和 $100 \sim 120m$ 等级水下阶地。

其中水深 $100 \sim 120m$ 的水下阶地南北宽 100km、东西长 600km，新月形向海盆中部弯曲。海底地形表明，在湄公河出口处，有一条海底河谷，向深海延长 300 多千米。在沙捞越西端卢帕尔河出口处，同样有一海底河谷向深海延伸 200 多千米。其海底地貌表现为断断续续分布的长椭圆状洼地和浅短槽沟，它们是由于近期沉积作用的影响，古河谷被阻塞，使其河谷纵剖面形态表现很不连贯，这些海底河谷是古代水系被后期海水淹没的结果。

3.2.3　东部大陆架

南海东部岛架始于台湾岛，由吕宋岛、民都洛岛和巴拉望岛等岛架组成，面积约为4.8 万 km^2，呈南北向及北东—南西向分布。岛架狭窄，吕宋岛架宽仅 $5 \sim 10km$，坡度 $15° \times 10^{-3} \sim 20° \times 10^{-3}$。巴拉望岛架宽 $40 \sim 90km$，坡度 $1.8° \times 10^{-3} \sim 3.0° \times 10^{-3}$。本区岛架外缘水深 $150 \sim 200m$，它以急剧变化的地形坡度向吕宋海槽和巴拉望海槽过渡。岛架外缘受吕宋海槽东缘断裂和南沙海槽南缘断裂控制，呈狭窄的 SN 向带状分布。另外，由于菲律宾群岛的物质来源较少，这就决定了本区岛架窄而陡的形态特征，表现出断阶型的岛架性质，它与南海南部和西北部大陆架形成鲜明的对照。

3.2.4　西部大陆架

南海西部大陆架北起北部湾南端，向南延伸至越南湄公河口三角洲以北，面积约 8.4万 km^2，受越东滨外断裂控制，紧依越南东海岸呈 N—S 向狭长条带状分布，南北两端宽52km，中间宽 20km，坡度一般为 $10' \sim 22'$，陆架外缘水深为 $200 \sim 350m$，它与东部岛架相似，地形整体上比较平坦，地貌类型简单，近岸带小岛屿附近有大量浅滩发育，这些浅滩面积较小，为 $1 \sim 2km^2$，水深通常为 $10 \sim 30m$。北部在岘港东南水深 $50 \sim 100m$ 处有沃勒达浅滩，南部在湄公河东侧 $30 \sim 50m$ 水深处，有诸多水深在 $70 \sim 100m$ 的浅滩，至水深 $100 \sim 300m$ 的远岸海域，地形更为平坦宽阔。

3.3　南海大陆坡

南海大陆坡分布于大陆架外缘，是大陆架向海自然延伸部分，南部和东南部陆坡分布范围很大，面积为 57 万 km^2，其宽度一般在 400km 以上，海底地形崎岖不平，我国的南沙群岛就是本区海底高原面上出露在海面的珊瑚礁岛。本区岛礁众多，水道纵横，水深变化大，不利于船只通行，所以被称为航海上的"危险地带"。面积约 120km^2，占海域面积的 49%，其水深范围 150～4200m，是南海分布最广的地貌单元。由于受到各种不同方向活动断裂的影响，大陆坡呈阶梯状向深海平原节节下降。海底构造复杂，地形起伏很大，并发育有海底高原、海山、海丘、海槽、海沟、海谷，以及陡坡、斜坡等构造地貌类型，将整个大陆坡地形分割得支离破碎。

大陆坡的宽度、地形坡度和水深范围，由于受到构造运动和沉积作用的影响，各处差异较大，南海北部大陆坡面积约 23 万 km^2，宽度为 140～280km，平均坡度 13°×10^{-3}～23°×10^{-3}，陆坡底界水深一般为 3400～3600m。海南岛东南，自水深 300m 的陆架外缘起，直到 2800m 的西沙海槽为止，海底地形比较陡峭，坡度 50°×10^{-3}，构成本区海底的第一个较大的斜坡地带。珠江口以外，水深由 1700m 起到 3600m 的深海平原止，海底地形也显得特别陡峭，坡度 40°×10^{-3}，形成本区的第二个大的斜坡地带。前者显示凹坡，后者表现为凸坡形态。其成因主要是分别受到构造控制和沉积作用的结果。西部大陆坡的面积为 31 万 km^2，海底地形相当复杂。我国的西沙群岛、中沙群岛就是西部陆坡海底高原上露出海面的数十个珊瑚礁岛。陆坡的平均宽度超过 350km，在 17°N 附近，宽度竟达 200km 左右，是本区大陆坡最宽的地带。

（1）北部陆坡

沿 NE—SW 向展布，西宽东窄，全长 900km，宽 143～342km，面积 21.3 万 km^2，陆坡底界水深一般为 3400～3600m。上有东沙海台，此台面上发育珊瑚礁浅滩、暗沙和暗礁组成的东沙群岛。西南部以西沙海槽与西部陆坡为界，西沙海槽可能是南海第一次海底扩张形成的裂谷，环绕西沙群岛西北面分布。海南岛东南，自水深 300m 的陆架外缘起，直到 2800m 的西沙海槽为止，海底地形比较陡峭，坡度为 50°×10^{-3} 构成本区海底的第一个较大的斜坡地带。珠江口以外，水深为 1700～3600m 的深海平原，地形陡峭，坡度为 40°×10^{-3}，形成本区的第二个大的斜坡地带。前者显示凹坡，后者表现为凸坡形态，其成因主要是分别受到构造控制和沉积作用的结果。

（2）西部陆坡

北起西沙海槽西南端，南至广雅滩，跨度 1130km，面积为 31 万 km^2，陆坡的平均宽度超过 350km，在 17°N 附近，宽度竟达 200km 左右，是本区大陆坡最宽的地带。海底地形相当复杂，陆坡北宽南窄，海底地形崎岖，切割强烈，地貌类型齐全。西沙和中沙海台是分布于其上的两个著名海台，在海台的基座上分别发育西沙群岛和中沙大环礁，其间有中沙海槽将两者分开。据钻孔揭示，西沙海台珊瑚岩礁厚度超过 1200m，发育于中新世晚期到第四纪，其下有超过 20m 厚的基岩风化壳，基底为有晚中生代酸性花岗岩侵入的前寒武纪花岗片麻岩，说明西沙海台在古近纪仍然是陆地，以后随着海水入侵珊瑚礁不断增长发育。西部陆坡发育有规模宏大的中沙北海岭、盆西海岭和盆西南海岭，其中，盆西南海岭长 440km，宽 60～140km，由 22 座海山组成。

（3）南部陆坡

南部大陆坡西起巽他大陆架外缘，东至马尼拉南端，NE 向延伸，长约 1000km。其最为显著的地貌特征是南沙海底高原，其上是宽达 400km 的南沙台阶，发育 200 多座岛、洲、礁、滩。切割南沙台阶的槽谷纵横交错，其中规模最大的要数南沙海槽。南沙海槽介于南沙和加里曼丹、巴拉望之间，NE—NNE 向延伸，全长 810km，宽 65km，最大水深 3200m。南沙海槽属于新生代南沙块体和婆罗洲碰撞，古南海关闭后形成的残留海槽。

（4）东部岛坡

从澎湖海槽以南至菲律宾民都洛岛西缘（包括巴拉望岛），纵向上受 SN 向断裂控制，横向上表现为岛坡脊和沟槽交替形态，岛坡上部发育两侧陡倾的海脊，中部发育隆洼相间的海槽，下部出现陡坡和海沟。马尼拉海沟长约 1000km，与中央海盆高差 800～1000km。海沟形态不对称，西坡和缓、东坡陡峻。早中新世末，南海第二次海底扩张停止，随着吕宋岛弧向北移动和逆时针旋转，吕宋岛弧仰冲于南海洋壳之上，造成中央海盆被动俯冲于吕宋岛弧之下，形成马尼拉海沟。

深海盆地四周皆被大陆坡和岛坡环绕，唯东北侧经巴士海峡水深 2600m 的海槽与菲律宾海相通。深海盆地水深 3400～4300m，地形平缓，地貌类型简单，包括深海平原、海山、深海隆起和深海洼地。

3.3.1 海底高原

海底高原是指大陆坡上地形相对平坦，水深较小，分布范围较大的海底面。它的边缘有明显转折，并以较大的坡角向深海或海底槽沟过渡。南海有比较明显的西沙、中沙、东沙和南沙 4 个海底高原，物探和钻探资料证明，海底高原的边缘几乎都由新生代以来活动的海底断裂所控制。高原的基底岩石与邻近大陆架一致。

西沙高原是一个被近东西向的西沙断裂和北东向的中沙西断裂所控制的地块。面积为 9.22 万 km^2，水深变化为 1000～1500m。高原面上发育着数条放射状的沟谷，使地面崎岖不平，同时还发育有千米厚的珊瑚礁地层，形成水深仅数十米的礁盘平台。西沙诸岛就是礁盘上出露海面的珊瑚礁岛。如高出海面 15m 的石岛，其 ^{14}C 测为 1413±450 年，由于珊瑚生长的水深范围一般限于 0～60m，而上述珊瑚礁地层的厚度已超过千米，说明本区地壳自新生代以来，断块升降活动比较强烈。即使在晚更新世以后，地壳升降幅度有 40 多米。

中沙海底高原位于整个海区的中央，面积为 1.13 万 km^2，它与西沙高原之间隔有中沙海槽。高原面比较平坦，水深仅在 200m 左右。中沙群岛就是由高原面上发育的 20 多个暗礁、暗沙和浅滩组成。它们至今尚未露出海面，一般潜伏在海面以下 20m 左右。中沙高原周围亦受海底活动断裂切割，其东南面与深海平原紧邻，地貌界线与北东向大断裂位置一致。海底起伏很大，显示出坡角 20°，以上的规模巨大陡崖地形。高原面北部和西部的海槽也是断裂位置所在，因此中沙海底高原是一个水深较浅的断块隆起区。

东沙海底高原紧靠北部大陆架外缘，似正三角形向深海凸出，面积约 1.2 万 km^2。它是北部大陆坡上台阶面的一部分，其陡峭的边缘与同方向的断裂构造线一致。台面断块发育，台阶状地形明显，水深值一般在 300～400m，东沙群岛就是高原面东南边缘出露海面的部分，它与中沙海底高原相似，是一个水深较小的海底小高原。

南沙海底高原是本区最大的海底高原，总面积约 22.44 万 km²，呈北东—南西向延伸，边缘受北东和北西向两组海底断裂的控制。南沙海底高原平均水深为 1700m，高出深海平原 2500 多米。它的南部和西南部与巽他陆架相接，东南坡以较大的坡度下降到巴拉望海槽，其西坡和北坡地形陡峻，海底地面急剧下降到水深 4200m 的深海平原。高原面上，沟谷纵横，海山、海丘众多，地形崎岖不平。我国的南沙群岛就是由高原上发育的 200 多个珊瑚礁岛、暗沙和浅滩组成。这些群岛、暗沙的排列与北东向的构造线一致。

3.3.2　海山和海丘

南海大陆坡海底，分布着许多海山和海丘，它们是在构造脊或陆坡地垒基础上发育起来的，其中，海山比高在 1000m 以上，有的超过 3000m，海丘比高小于 1000m，一般为 200～500m。

南海北部海山分布在大陆坡中、下部，呈 NE—SW 向分布，分为尖峰—北坡链状海山和笔架山链状海山。尖峰—北坡链状海山位于东沙群岛东南水深 2000～2500m 处的下陆坡，由中性火成岩构成，呈近 EW 向延伸的长条形，长约 52km，宽约 12km，相对高差 900m。尖峰海山最高点距离海面 1494m，位于海山东北部。笔架山海丘位于东沙海台东南水深 2500～3000m 处，由笔架海山和其他向西南方向延伸的海丘组成，笔架海丘最高点位于海平面下 2280m，比高小于 720m。

南海南部陆坡区断层广泛分布、海底火山作用强烈，发育了大面积的海山、海丘。在该区西北和西南两侧各有一个典型的海山海丘分布区。西北部海山海丘群区从广雅海台以北开始，向东北方向延伸至中业群礁和九章群礁附近，全长约 480km，由 48 个形态各异的海山和海丘组成；该区海底地形起伏变化较大，以海山为主体，各山体之间以纵横交错的海底谷和山间小盆地相隔，其高差大部分为 300～1000m。西南部海山海丘分布范围较广，由 23 个海山和高海丘组成。该区海底地形起伏变化较小，并以海丘为主体，高差大部分在 300～700m。

3.3.3　海槽和海沟

1. 西沙海槽

西沙海槽位于我国南海北部陆坡的西北部，西沙群岛以北，海南岛东南面，其西缘与中建海台相接，东端与深海平原相连。该海槽形态似弓形，呈近东西向展布，轴部位于 18°00′～18°20′N，根据延展方向和形态特征可分为 3 段：112°40′E 以东为北东东向，111°40′～112°40′E 呈近东西向，111°40′E 以西转为北东向，长约 420km，其水深自西部 1500m 到东侧 3400m，槽底自西向东缓缓倾斜，平均坡度 0°11′，比周围海底低 400～700m。海槽为陆坡或岛坡上长条状的、比海沟相对宽、浅的舟状洼地，由两侧的槽坡和中间的槽底组成，其形态特征为槽底宽而平，槽坡略陡，槽坡与槽底之间坡折明显，横剖面呈 "U" 形。西沙海槽呈东西向横亘于研究区中部，区内长 158.7km。槽底与两侧海底相对高差为

500～1000m，槽底地形非常平坦，又称槽底平原；槽坡较槽底坡降明显增大，北部槽坡向北与陆坡斜坡相连，南部槽坡向南则与西沙海台相接。西沙海槽从槽坡至槽底平原，从南到北，自东至西形态特征差异明显。

2. 中沙海槽

中沙海槽分布在西沙群岛和中沙群岛之间，它的西南端是盆西海岭，东北端进入深海平原。中沙海槽北东—南西向展布，全长 210km。槽底较平坦，槽底与槽壁之间的坡折线清楚，槽底的宽度为 16～45km，但大部分槽底宽度在 20km 左右，槽底自西南向东北方向倾斜，西南部水深 2600m，东北部水深 3400m，其坡度为 1°40′。该海槽的西北槽壁平均坡度为 1°3′～2°33′，东南槽壁的平均坡度为 1°5′～8°8′。海槽的东南槽壁的平均坡度比西北槽壁的平均坡度大。中沙海槽西侧由于有海山和海丘分布，因而使得海槽壁形态更加复杂。中沙海槽的莫霍面深 16～18km，属于过渡型地壳。基底可能是元古宙变质岩，与西沙群岛和中沙群岛基底岩性相同。中沙海槽的两侧沿着海槽走向发育有断裂带，断裂带长 430～540km。这些断裂带被北西或北东东向断层切割。中沙海槽位于中沙群岛与盆西海岭之间，海槽外形不规则，海槽可分为两段，西南段海槽为北东向，东北段海槽为东西向，中沙海槽全长为 240km。

中沙海槽底，自海槽西南端到海槽的东口，其宽度由窄变宽，最宽处为 33km，其槽底水深，由浅变深，最深处为 4200mm。海槽的东口与中央深海平原相连。槽底上有两座海山，它们的高差为 1348m 和 1466m，海山为北东走向，它们是盆西海岭的组成部分。海槽的西北壁或北壁平均坡度为 2°42′～5°5′，海槽的东南壁或南壁平均坡度为 2°20′～9°28′。

中沙海槽的莫霍面深 12～16km，属于过渡型地壳。槽底部新生代沉积厚度为 1500～3000m。海槽的两壁附近分布着断裂带。

3. 南沙海槽

南沙海槽位于加里曼丹岛与巴拉望岛的西北。南沙海槽为北东向延伸，全长约 810km，它是南海海槽中规模最大的海槽。南沙海槽底较平，海槽底与槽壁之间坡折线明显。海槽底自东南部槽头到东北部槽尾，其宽度逐渐变窄（6～54km），槽底的水深，两端浅中间深。以南乐暗沙为界可将南沙海槽分为西南和东北两段。西南段槽底较宽，在槽底分布着洼地和海山。洼地的长轴一般与海槽的走向一致，洼地水深为 3035～3242m。槽底的碎浪暗沙为一座高达 2718m 的海山。海槽的西北壁是一系列海台的组成部分，所以地形地貌较复杂，海槽壁的坡度相差较大，其坡度为 1°32′～7°36′。海槽东南壁的坡度变化不大，特别是海槽西南段的东南壁各处平均坡度几乎相同。南沙海槽地壳厚度是南海南部大陆坡范围最薄的地区，地壳厚度仅 14～16km，比周围地区薄 2～4km，也比中沙海槽和西沙海槽薄。

4. 吕宋海槽

东部岛坡上发育有北吕宋海槽和西吕宋海槽。北吕宋海槽呈南北走向，长 240km，分

布在台湾岛与吕宋岛之间，根据海槽的方向不同，可将海槽分为南北两段。北段海槽自兰
屿到加拉鄢岛一线以西，海槽两侧是海脊，海槽为南北向走向。南段海槽自管事滩以东起
到加拉鄢岛以西，与北段海槽相连。该段海槽处于海脊和吕宋岛之间，海槽走向为北东—
南西。海槽全长 605km。海槽底较窄，其宽度为 5~27km，海槽底水深 2600~3600m。
北吕宋海槽新生代沉积厚度为 1000~1500m，而海槽中部沉积厚度最大，两侧发育断裂。

西吕宋海槽近南北走向，长约 210km，槽底低于周围海底 400~600m，南宽北窄。
北部槽底水深 2400~2500m，宽 30km；南部水深 2400~2600m。槽底宽阔，槽坡陡峭，
地形复杂。西吕宋海槽底北部较平坦，南部海槽底有洼地和海丘。海槽的东壁高差大，
坡度较陡。海槽的西壁是由一些较矮的海丘组成，海丘的最大高差为 858m，坡度也较
平缓。西吕宋海槽的莫霍面深为 16~22km，属于过渡型地壳。海槽中有 4000~4500m 沉
积层，下部为增生物质，上部为堆积物，沉积的基底可能是俯冲杂岩。海槽两侧发育近
南北向的断裂。

5. 马尼拉海沟

台湾岛南端至吕宋岛的西部，发育一条近南北向的负地形，全长约 1000km。以管事
滩为界分为南北两段，北段沟底较宽而浅，南段沟底窄而深，即为马尼拉海沟。马尼拉海
沟沟底水深 3800~5300m，海沟最深处也是南海最深点，在海沟的西南端其深度为 5377m，
沟底宽 3~8km。

马尼拉海沟分布于西吕宋海槽西侧，南海东部中央海盆与岛坡相接地带，围绕东部岛
坡呈向西突出的弧形展布。海沟基本上以 4000m 等深线圈闭，长约 356km，平均宽度约
38km，其中北段较宽，一般宽约 45~60km，基本为 NS 走向，南段变窄，一般宽 20~40km，
转为 NW—SE 向。海沟底部窄而深，最大水深 5000m 以上，是南海海盆最深的地方。海
沟两壁陡峭，横剖面呈 V 形，东西两坡也不对称，东坡陡峻，西坡和缓，渐变为深海平
原。有一些海山、海丘出现于海沟之中，海沟底部有 NS 向的细窄纵谷。

3.3.4　海底峡谷

海底峡谷是海底长条形窄而深的负地形，主要分布于外大陆架中部和坡折带-大陆坡
上部区域，其横剖面多为上宽下窄的"V"形。海底峡谷的成因通常与河流下切、陆上侵
蚀、浊流侵蚀、构造活动和生物活动相关。南海北部陆缘 2000m 等深线处大致是大陆坡
脚处，陆壳在此向洋壳转化，沿着该区发育了一系列海底峡谷，如东沙群岛以西之珠江口
外海底峡谷，台湾浅滩南海底峡谷以及台湾东南海域以澎湖海底峡谷为代表的密集海底峡
谷群。这些海底峡谷的走向基本为 NW—NWW 向，切割大陆坡脚线入海。

台湾浅滩南海底峡谷始于台湾浅滩上 30m 水深处，其上游垂直陆缘切割陆坡以 NW
向延伸入海，在约 21°20′N 处转为近 EW 向，延至 3500m 水深处与马尼拉海沟汇合，全
长约 315km。该峡谷宽度变化并不显著，但在地貌上呈非常显著的负地形。该峡谷上部最
大切割深度可达 1200m，谷坡坡度达 9°42′；下部切割深度为 300m 左右，谷坡坡度为 1°18′。

珠江口外海底峡谷位于东沙群岛西南，一统暗沙和双峰海山之间，从地理位置上看

属于珠江口盆地白云凹陷。该峡谷的走向开始为 NWW 向，向下则转为 NW 向，自南海北部陆坡一直延伸到深海平原，全长约 300km。该峡谷呈喇叭形，在陆坡段较窄，进入深海平原后峡谷宽度急剧增加。海底峡谷上段切割深度为 440m，谷坡坡度为 0°50′；中段切割深度为 530m，谷坡坡度为 1°04′；下段接近深海平原处，切割深度为 770m，谷坡坡度为 1°10′。

南海西南部海底峡谷，自南海南部大陆架边缘一直延伸到深海平原，全长 450km。上段切割深度为 550m，谷坡坡度为 0°33′；中段切割深度为 1419m，谷坡坡度为 2°27′；下段切割深度为 1409m，谷坡坡度为 2°16′。

3.3.5　海底扇

在珠江海谷出口处的坡麓地带，有一大片微倾的扇形堆积体，即深海扇。深海扇顶端位于 18°33.5′N，116°08.5′E，扇形体的边缘距扇顶约 100km。根据物探资料，该沉积扇的厚度在 2500m 以上，比外围地区的沉积厚度大得多。沉积特征和形态特征表明，这种扇形体属于深海扇。深海扇的形成与浊流有密切关系，本区大陆坡上发育有若干条海谷，它们是浊流沉积物的主要通道。由于深海扇的存在使南海北部陆坡在这一区域存在大陆隆。

3.4　南海中央海盆

3.4.1　南海深海平原

南海深海平原，即海盆底部，面积约为 40 万 km^2，占南海总面积的 12.29%。呈北东—南西向延长的菱形深海盆地，其纵长 1500km，最宽处为 820km。它是由新近纪的 NE 向断裂拉张形成。中央海盆水深 3400（北部）～4200m（南部），有些地方水深超过 4400km。深海平原的平均坡度为 $1.0° \times 10^{-3} \sim 1.3° \times 10^{-3}$，在海盆的中央偏北部分，海底特别平坦，其坡度仅 $0.3° \times 10^{-3} \sim 0.4° \times 10^{-3}$。以 SN 向中南链状海山为界，分为中央海盆和西南海盆。中央海盆是南海海盆的主体，以珍贝—黄岩链状海山为界，分为南海盆和北海盆。具大洋型地壳结构，基底面高低起伏，上覆 2～3km 厚的深海沉积，形成大面积的深海平原，其间有隆起的海山和海丘。

深海平原的东北部边缘，有两个深度大于 200m 的舟状海洼，它们紧依北吕宋海槽呈北北东向延伸，其中位于北部的一个海洼长 190km，宽 20km，底部较平坦；而南部的海洼地形比较复杂，洼低倾向东，横剖面形态不对称。平原东南部和南部边缘还有 2～3 个海洼，其规模较小，但相对深度较大，槽深 400m 左右。其中，分布在 12°N 线方向的两个海洼水深在 4400m 以上，是本区深海平原最低洼的部分。

深海盆地中有由孤立的海底山组成的高度达 3400～3900m 的山群，有 27 座相对高度超过 1000m 的海山及 20 多座 400～1000m 的海丘，多为火山喷发的玄武岩山地，上覆珊瑚礁及沉积层。深海盆地底部平坦，坡度为 0.3‰～0.4‰。盆地东北端与西南端有断裂谷形成的深水谷地，内有沉积物充填，谷地终端有海底扇沉积体，已受到日后隆起成为小山脊。

3.4.2　中央海盆

中央海盆位于南海中部，呈南北向延伸的长方形，南北长约 900km，东西宽 450km，面积大于 40 万 km^2。海盆北界为北部陆坡，南界为礼乐滩，东界为马尼拉海沟，西界为西沙—中沙海台。海盆底部是平坦的深海平原，位于 15°N 的黄岩—珍贝链状海山将南海中央海盆分为南部深海平原和北部深海平原（图 3-5）。物探表明，南海深海平原底部的现代沉积物较薄，基岩甚至裸露，地壳厚度仅 6～8km，地壳结构属于大洋型地壳。

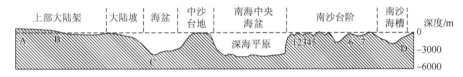

图 3-5　南海 114°20'E 海底地形模型剖面图

北部海盆地形自北部大陆坡坡脚水深 3400～3600m 向南水深逐渐加大，到珍贝海山和黄岩海山坡脚水深达到 4200m 左右，海底自北向南微微倾斜，平均坡度为 0.12%～0.17%。北部深海盆以广阔平坦的深海平原地形为主体，在平原上有五条雄伟的 EW 向的链状海山分布，从南向北依次为珍贝—黄岩链状海山、涨中链状海山、宪南链状海山、宪北链状海山和玳瑁链状海山，以珍贝—黄岩链状海山最为壮观。黄岩链状海山位于盆地中部，大致沿 15°N 呈 NEE—EW 向展布，由黄岩海山、珍贝海山等 6 座大小不等的海山、海丘组成。此链状海山高耸的山体坐落于平坦的深海平原上，形成绚丽多姿的火山地貌景观。

黄岩海山火山岩为中性粗面岩，具有高铝、低钛、富钾钠的特点，属于碱性系列，而岩石的稀土和微量元素含量配分模式和锶-钕-铅同位素特征类似于洋岛玄武岩。黄岩海山粗面岩与珍贝海山玄武岩在微量元素、稀土元素和锶-钕-铅同位素特征上具有相似性，钾-氩法测年表明黄岩海山粗面岩的形成年龄为 7.77±0.49Ma，略晚于珍贝海山玄武岩的形成年龄 9.1±1.29Ma～10.0±1.80Ma，表明它们均为南海扩张期后板内火山活动的产物，可能属于同期但为不同分异演化阶段的产物。

南部海盆地形自南向北微微倾斜，水深由南部的 4000m 向北逐渐加大到 4400m。海底地形广阔平坦，平均坡度为 0.06%～0.2%。南部深海平原仅有 EW 向链状海丘分布，主要有黄岩南链状海丘、中南海山东链状海丘等，数量不及北部深海平原。黄岩南链状海丘位于黄岩海山南侧，由 7 座海丘组成；中南海山东链状海丘由 5 座海丘组成，EW 向展布，全长 240km，峰顶水深 3818～4093m。

3.4.3　西北次海盆

西北海盆位于南海中央深海平原的西北部，其北侧为北部陆缘、西北为西沙海槽、南侧为西沙—中沙群岛,是南海三个次海盆中面积最小的一个海盆。海盆呈 NE 向延伸的三角形,东宽西窄,水深为 3000～3800m,面积约 8000km²。海盆底部平坦,海底自 SW 向 NE 缓倾,平均坡度为 $0.3° \times 10^{-3}$～$0.4° \times 10^{-3}$/0.3‰～0.4‰,西南部海底坡度为 6‰,东北部为 1‰。

海盆中北部分布着一 NE 走向的双峰海山,长 52.5km,NW 向宽 15km。海山西南山峰水深 3026m,周围海底水深 3600m,相对高差 574m;东北山峰水深为 2407m,相对海底高差 1193m。盆地内的沉积厚 1～2km,基岩顶面等深线呈 NNE 向分布。西北次海盆自由空间重力异常总体走向呈 NE 向,在 115°E 以东异常呈近 EW 向展布,局部 NNW—SSE 向。海盆的地磁异常与重力异常走向一致,也呈 NE—NEE 走向,并大致呈条带状分布。

3.4.4　西南次海盆

西南次海盆位于南海中央深海平原的西南部,其西北为盆西南海岭、东南为南沙海台,东部以南北向的中南海山与南海中央海盆为邻,呈一个 NE 开口的三角形盆地(图 3-6)。NE 方向长约 600km,东北部最宽达 342km,面积 11.5 万 km²,水深为 4300～4400m,是南海海盆中最低洼的部分。

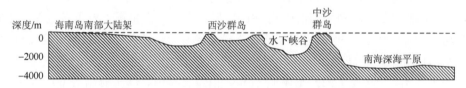

图 3-6　南海 12°N,109°15'E～12°N,120°E 海底地形模型剖面图

海盆底部平坦,其上发育 NE 走向的线状、链状海山,以长龙线状海山及南侧的 3 条线状、链状海山最为壮观。长龙海山长 234km,宽 20km,有 6 个山峰,水深分别为 3625m、3512m、3592m、3705m、3876m 和 3762m,顶底最大高差 888m。NW 链状海山海丘主要分布于西南深海平原的东北部,山体较小,峰顶水深 3046～4183m,相对高差 50～1250m。作为中央海盆与西南海盆分界线的中南链状海山,规模较大,它由数个海山海丘组成,呈南北向分布,峰顶水深 272～3879m,全长 243km。

深海平原内还分散分布着许多中小型的海山和海丘,它们大多呈椭圆形,长轴 NNE 向。自南往北依次有大洲海山、大公石海山、大洋石海山、大担石海山、牵公石海山、香洲海山、彬洲沟丘、青洲海丘和溢洲海丘,它们均为近期多波束发现的新海山。

对于中央海盆的成因,目前多数学者认为是南海海底扩张的产物。东西向排列的磁条带异常指示扩张方向为 S—N 向。对于扩张的时代,大家的观点比较一致,认为中央海盆扩张发生早渐新世到早中新世,距今 32～17Ma。扩张的机制认为印澳板块向欧亚板块推挤,导致地幔流向东蠕动,在蠕动过程中受到太平洋板块的阻挡转向东南方向,使南海海盆打开。因此,南海海底扩张与欧亚板块、印澳板块和西太平洋板块的相互作用密切相关。中中新世,礼乐-巴拉望地块和加里曼丹地块碰撞,海底扩张停止,中央海盆诞生。

对于西北海盆的成因，多数学者认同它的扩张时间要早于中央海盆，认为西北海盆与西南海盆一样，均是在南海第一次海底扩张过程中，即 42～35Ma 期间形成的，后来由于第一次海底扩张夭折，西北海盆的扩张也跟着夭折。西北次海盆扩张时间要稍晚一些，大约在 30Ma 时开始发育，断层的活动期集中在渐新世，并大致以海盆中部的岩浆岩凸起为轴对称分布。25Ma 后扩张轴向南跃迁，西北次海盆的海底扩张运动停止。

对于西南海盆的成因，多数学者认为海底扩张所致。扩张时期为白垩纪末，也有认为是渐新世—中新世时期（Taylor and Hayes 1983；Ru and Pigott，1986；吕文正等，1987。）

3.5　珊瑚环礁群岛

3.5.1　东沙群岛

东沙群岛位于 20°33′～21°35′N，115°43′～117°7′E 之间，"东沙"起源于清代。东沙群岛共有三个环礁，即东沙环礁、南卫滩和北卫滩。东沙环礁为一近圆形环礁，东西长约 24km，南北宽约 20.5km，礁环宽 1.6～3.8km，潟湖宽 13～19km。环礁面积近 375km^2，潟湖面积近 198km^2，礁盘面积约 177km^2（图 3-7）。东沙环礁西侧有一座东沙岛，植被良好，中国人自明代起即开发经营，是南海诸岛开发历史最久远的一个。东沙群岛海产资源丰富，一向为闽粤沿海、台湾和香港渔民的作业场所，近年来因滥捕、滥炸，渔业资源已大为减少，整个珊瑚群的生态遭到严重破坏。

图 3-7　东沙群岛

东沙环礁坐落于南海北部陆坡的东沙台阶上，台阶水深 300～400m。台阶北部与陆架毗连，东南临南海海盆，深达 3000m 以上，为北东向断裂所限。东沙台阶西南被北西向断裂切割。在新生代陆缘解体的过程中，强烈的陆缘断陷活动使东沙台阶逐渐从大陆分离，成为陆坡上的断隆区。中新世海侵后，逐渐成为珊瑚礁发育场所。

数 字 南 海

东沙环礁地貌：东沙环礁为半封闭的相对成熟环礁，向西开口，除西部外，北、东、南三面均连在一起，呈向北东方向凸出的弓形或月牙形。东北和西南方向的礁盘比较发育，可能与这两个方向的季风影响有关。

东沙环礁有两个"门"，东沙岛南北各一个，北部的称北水道，南部的称南水道（图 3-8）。北水道窄而浅，因东沙岛礁盘和环礁西北尖角礁盘相距不远，5m 等深线呈漏斗形，入口处浅窄，最窄处只有 100m，水深 2～3m，最深点 4.65m，水道长 500m，由于水道中点礁发育，航行不能通畅。南水道较为宽深，一般水深 5～8m，最窄处也有 1000m 宽度，为良好的航道和锚地，吃水 4～5m 的小船可驶近东沙岛。

图 3-8　航摄的东沙环礁西部礁盘

3.5.2　西沙群岛

西沙群岛以 112°E 为界，分为西群永乐群岛和东群宣德群岛（图 3-9）。永乐群岛包括北礁、永乐环礁、玉琢礁、华光礁、盘石屿 5 座环礁和中建岛台礁，其中，永乐环礁上发育有金银岛、筐仔沙洲、甘泉岛、珊瑚岛、全富岛、鸭公岛、银屿、银屿仔、咸舍屿、石屿、晋卿岛、琛航岛和广金岛 13 座小岛。另外，盘石屿环礁和中建岛台礁的礁坪上各有 1 座小岛。

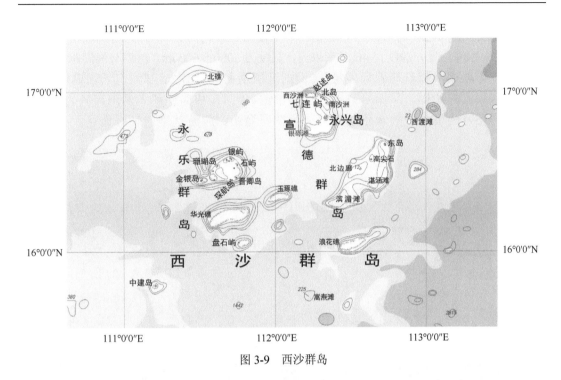

图 3-9　西沙群岛

宣德群岛包括宣德环礁、东岛环礁、浪花礁三座环礁和 1 座暗礁（嵩焘滩），其中宣德环礁有永兴岛、石岛、赵述岛、北岛、中岛、南岛、西沙洲、北沙洲、中沙洲、南沙洲、东新沙洲、西新沙洲 12 个小岛，东岛环礁有东岛和高尖石两个小岛。宣德环礁中的永兴岛是南海诸岛中面积最大的岛屿，是海南省西沙、中沙、南沙群岛的首府。

永乐环礁是发育较完整的环礁中面积最大的一个，岛屿众多（永乐群岛就发育在永乐环礁上），礁湖内有大片浅水区域。在地貌上具有洲、岛、门、礁的地形，是一座发育成熟的典型环礁。礁体呈一环形，长轴方向为 NEE 向。环礁主要由 8 个礁体组成，最大一块位于东北部，在环礁之上发育众多小岛，包绕着椭圆形的潟湖，东北到西南略长，潟湖东西长 19.2km，南北宽 13.4km，环礁有一条向西南方向伸出的尾巴，即金银岛小环礁。环礁外坡坡度为 21°，在海面下 15～25m 处有平台发育，基底为水深 1000 多米的水下隆起台阶。

永乐环礁东北部礁盘宽大而连续，礁体顶部发育宽达 2000m 的礁平台，由石屿至东南晋卿岛整个礁盘呈向东凸出的弧形，长达 16km，占据了整个环礁的 1/3。北面连接银屿、鸭公、银屿仔、全富岛等礁。南面有宽达 1km、长达 3km 的东西向礁体，礁盘上发育广金岛和琛航岛。西北面发育珊瑚岛，礁盘呈 NE 向延伸的条状。西面有一圆形小礁体，礁盘上发育甘泉岛。西南部为羚羊礁，其上发育羚羊岛。整个永乐环礁的西南方向又有一近东—西向延伸的金银岛小环礁，金银岛位于礁盘的西端。

永乐环礁东北面礁盘宽大，西南部礁盘较小。东西方向礁盘的形态差异可能与两个因素有关，其一与地壳运动有关，东北面礁盘宽大可能由地壳缓慢上升所致，西南部礁盘较小则可能与地壳缓慢下降有关。其二东北面礁盘由于受东北风和东北海流的恒定作用，带来丰富的浮游生物，因而珊瑚礁生长快。西南面处于背风、背流面，带来的营养物质不及东北部丰富。

永乐环礁各礁体之间被水道隔开，使得潟湖与海洋沟通，可称其为"门"。永乐环礁以口门众多为特色，有甘泉门、老粗门、全富门、银屿门、石屿门、晋卿门和三脚门（图3-10）。水深门宽，深度在40多米以内，宽度为3000～6000m，深度与潟湖深度相当。门大多分为珊瑚沙和珊瑚碎块盖覆，与潟湖沉积物相似。门内底部没有活珊瑚体繁生，加上涨落潮流的冲刷，从而水道不易填高淤浅。"门"成为渔船入潟湖避风的航道，外围岛屿还可建机场，故永乐环礁可成为发展渔业、旅游基地的良好地点。

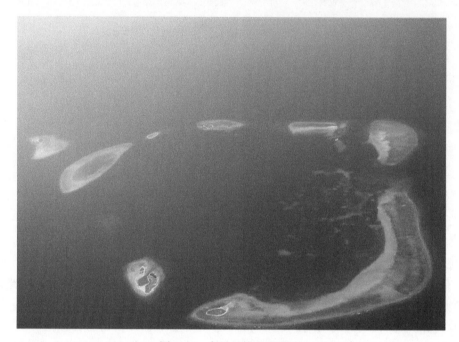

图 3-10　永乐环礁卫星图片

宣德环礁位于西沙台阶东北部，为 NNW—SSE 向椭圆形，长约 28km，宽约 16km，北、东北礁盘发育好。礁盘基底为古老片麻岩构成的准平原化隆起部分，有岩浆岩侵入。宣德环礁有 3 个礁体，即赵述岛—西沙洲礁体、北岛—北沙洲礁体、永兴岛—石岛礁体。环礁上有小岛和沙洲发育，北面有赵述岛和西沙洲，东北面有北岛、中岛、南岛、北沙洲、中沙洲、南沙洲和新沙洲（称"七连屿"或"上七岛"），东面有永兴岛和石岛。

宣德环礁西面没有礁盘发育，南面也未能形成礁盘，只在水下形成一些椭圆形珊瑚浅滩，如银砾滩，水深为 14～20m，故宣德环礁形态不完整，只有半环。由于环礁西环缺失，潟湖与海洋沟通方便，潟湖底部地形向西倾斜，由于水深较大，不少地区在 50m 以上，不利于浅水造礁珊瑚的生长。切开礁环的"门"有两个，一是切开赵述岛和北岛环礁的"赵述门"，一般水深 7m，最深不超过 10m，最浅 4.6m，宽约 1260m。礁盘没有切断，只是涨退潮时成为潟湖和外海的潮汐通道，故为浅水水道，没有珊瑚生长。另一门是位于新洲岛和石岛之间的"红草门"，深度超过 60m，宽达 8000m，由于水深大、涨退潮流急，基本不适宜珊瑚礁生长。

宣德环礁礁盘顶面大致按低潮面发育，内部水深，边缘水浅，形成浅盘形态，生态环境良好，树枝状群体发育。礁缘为沟谷带，水深 2～10m，尤以东北部礁环外缘为发育，槽沟彼此平行，由礁坪伸向外海。为礁块间未愈合的地形，或者礁塘、礁坪于外海沟通的渠道。礁缘内侧为巨大珊瑚砾石块的堆积地点，系由风暴浪将珊瑚礁打碎堆积在礁盘上。

3.5.3　中沙群岛

中沙群岛为水下浅滩之一，四周有明显的断裂槽，北为西沙北海槽，南为中沙南海槽，东以陡坡直下南海中央盆地，西隔西沙东海槽。中沙群岛是裂离陆块的隆起部分，是珊瑚礁的生长基底（图 3-11）。

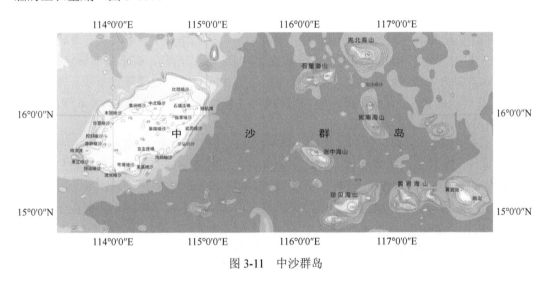

图 3-11　中沙群岛

中沙群岛范围有两个环礁，即中沙群岛所在的中沙环礁和距中沙环礁近 315km 的黄岩岛环礁（黄岩环礁）。两者的区域背景各不相同，中沙环礁为陆壳结构，其基地下沉较浅（500～1000m），形成沉没环礁；处于南海中央海盆区的黄岩环礁位于中央海盆中部东西向海山带中最高的一座海山上，海山基底为大洋玄武岩，由南海东西向扩张轴上涌的火成岩组成。珊瑚礁在海山上的生长使黄岩岛高出海面，生成半封闭环礁。

中沙环礁为我国第二大环礁，属于水下环礁地形，全部礁体都在海面以下，最浅处仍有 9m。中沙环礁潟湖水深达 100m 以上，但大部分为 80m 上下的平缓湖底平台，潟湖向内分为三级水下阶地，分别位于水下 20m、60m 和 80m。中沙环礁潟湖中发育不少点礁，点礁因多期不断发育而长在不同的水深阶地上，并随着全新世海面而不断上长。

中沙环礁外坡呈阶梯状下降，即在礁外坡上存在二级阶地，分别位于 350m、2000～2400m 处。环礁外坡向陆一侧相对平缓，西北坡坡度为 7°07′，西坡坡度为 10°40′～12°10′，西南坡坡度为 29°03′，南坡坡度在 525m 以上为 16°31′，以下增加至 18°04′。

由于中沙海底高原直临深海平原，并且在 3500m 深的海底平原附近有一 55°44′的急坡，这种水下高原急坡区，迫使海流成为上升流，把养料带上礁区，成为鱼类的食料场所，这就是中沙渔场出名的原因。另外，中沙环礁虽为隐伏在水中的暗沙群，但距海面较近，面积广大，因而对海面状况影响甚巨。天气恶劣时，如漫步暗沙、比微暗沙波浪极大，滩岸附近海面为其所扰，海水显得高而乱。暗沙所在的海区，海水为微绿色，而深海则呈碧蓝色，极易分辨。

黄岩环礁为洋壳上发育的环礁，是我国唯一的大洋型环礁，基底是海山，在海盆深处喷发的火山上形成的环礁。

黄岩海山发育于南海海盆一系列东西走向的海山中部，这条东西走向的火山链正好位于15°N附近（14°55′～15°27′N，116°55′～118°05′E），可能是南海海盆形成时的扩张轴。黄岩岛为黄岩海山的最高点，黄岩海山以黄岩岛命名。

黄岩环礁是中沙群岛中唯一露出水面的环礁，环礁地形发育完整，西礁环南北向，南环礁东西向，东北礁为西北向，除东南有狭小口门外，基本相连，礁盘中间有一三角形潟湖。环礁宽度为300～1200m，西侧最宽，南侧最窄，东北侧介于它们之间。环礁外坡均陡，在15°以上，直下4000m深海。礁外坡由于波浪、潮流活跃，有丰富溶解氧和饵料，故20m水深以内为浅海造礁珊瑚及喜礁生物生长区，20m以下，造礁珊瑚甚少，常见岩块堆积物，如珊瑚碎块，并有仙掌藻碎屑、瓣鳃类碎片和有孔虫混杂期间。2000m深度以下，珊瑚碎块消失，以软泥沉积为主。

礁环顶部已发育成礁盘地形，礁盘顶部平缓区域为礁坪，水深0.5m左右，宽600～900m。礁坪上生长繁茂的珊瑚体，以块状珊瑚为主，如滨珊瑚、扁脑珊瑚、角蜂巢珊瑚和盔形珊瑚等。在礁环的东南角有一口门，口门宽约400m，水道中间水深6～8m，边缘3m。口门形成后，由于冲刷强活珊瑚体难以生长，故口门不易填塞淤平，但由于风浪作用，口门内也有水深2.7m的礁头阻塞，但小船可入潟湖避风。黄岩环礁潟湖也呈三角形，分为潟湖斜坡和潟湖底部。潟湖斜坡珊瑚丛生，多为鹿角珊瑚、蔷薇珊瑚等静水生态种属，潟湖底部点礁发育，水深变化大，各种喜礁动植物生长，如锥形喇叭藻、金石蝶螺，黑海参也丰产，吸引渔民年年到此作业。

黄岩环礁礁盘上分布无数的干出礁块，退潮时，这种出露礁块数以千计，最高者称为"南岩"，高出海面约1.8m，出露海面面积约3m^2，礁上已发育岩溶地形，如石芽、石沟等。黄岩也是礁盘上的巨大礁块，出露海面1.5m，出露海面面积4m^2（1983年公布为北岩）。

3.5.4　南沙群岛

南沙群岛是南海诸岛中岛礁最多、散布范围最广的椭圆形珊瑚礁群。位于3°40′～11°55′N，109°33～117°50′E。南沙环礁坐落在南部陆坡海底高原上，四周被断裂限制，西北侧为中央海盆南缘断裂，东南侧为南沙海槽，西南为北康断裂，东北为礼乐滩断裂，高原面顶部与陆坡底部高差达2000～2500m（图3-12）。南沙群岛环礁地貌可分为四区：北部西段雁行环礁及环礁链区、北部东段礼乐滩大环礁区、南部西段东北走向环礁区、南部东段平行东北隆起脊环礁区。

北部雁行环礁及环礁链区以多环礁链地形为特点，环礁受基底构造控制也呈NE向雁行排列，水下隆起脊即成为环礁地貌发育地点，共有6列环礁地貌，即双子环礁、渚

碧—中业环礁、道明—长滩环礁、火艾环礁、郑和环礁和九章环礁。礼乐滩大环礁区以
大陆架浅滩残留面积广为特色，基底走向以北北东为主（图3-12）。根据环礁走向可将
礼乐滩大环礁区分为以下几列：①东北走向环礁列，共有 4 列，分别是：大渊—罗孔—
五方东北向环礁列、安塘环礁列、棕滩—南方浅滩环礁列、海马环礁列；②西北走向环
礁列，共有 3 列，分别是：半路—仙宾—蓬勃环礁列、美济—仁爱—牛车轮—海口—舰
长环礁列、仙娥—信义—半月环礁列。

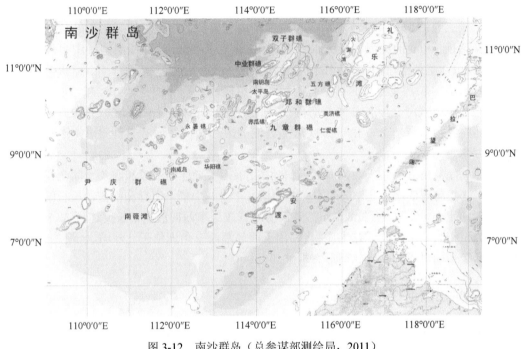

图 3-12　南沙群岛（总参谋部测绘局，2011）

　　南部西段，根据环礁走向可将环礁区分为以下几列：①北东走向环礁列，共有 1 列，
为永暑环礁列；②北东东走向环礁列，共有 1 列，为尹庆群礁—日积礁—人骏滩—万安滩
环礁列；③北北东走向环礁列，共有 1 列，为奥援—南薇环礁列。南部东段，靠近南华水
水道的呈北西—东南向，共有 1 列，为毕生—六门—南华—无乜—司令环礁列；其余平行
南沙海槽，呈北东向，分别为柏礁环礁—安波沙洲、榆亚—安渡—弹丸—皇路—南通环礁
列。除此而外，还包括北康暗沙和南康暗沙。

3.6　南海的海峡

　　我国南海域周边有许多海峡。通航海峡都是我国出入世界大洋的重要海上通道，在军
事上和经济上都有重要的战略意义。南海的海峡对于我国国防安全和经济发展都具有非常
重要的意义。

3.6.1　琼州海峡

琼州海峡，属南海北部陆架海峡，位于雷州半岛与海南岛之间（20°00′～20°20′N，109°55′～110°42′E），地处雷琼拗陷中部，是我国仅次于台湾海峡和渤海海峡的第三大海峡，也是我国陆架上最深的潮流水道。海峡东西长约 80km，南北宽 20～38km，海域面积约 2400km²。

琼州海峡是一近 E—W 向的潮汐水道，根据地貌形态，可将琼州海峡分为三部分，即西部潮成三角洲、中央潮流深槽区和东部潮成三角洲。中央深槽区水深超过 25m，有多个水深超过 100m 的深潭，最大水深可达 160m，以−50m 等深线圈围的中央深槽长度可达 67.5km。在东部口门−15m 发育了东西长约 56km 的潮流三角洲，由指状分布的浅滩和潮流通道构成，浅滩从北向南有占坦沙、鱼棚沙、罗斗沙、西方浅滩、西北浅滩、西南浅滩、北方浅滩、南方浅滩、海南头浅滩，外罗门水道、北水道、中水道和南水道穿插期间将浅滩分隔开来。由于海峡东部波浪的改造，东部潮流三角洲形态不规整，浅滩散乱，水道弯曲。

西部潮流三角洲分布于琼州海峡西口，由三条指状延伸的浅滩和四条滩间沟槽相间排列组成。从北向南依次为北槽、北脊、北中槽、中脊、中槽、南脊和南槽，最长的北槽成 NW—SE 向延伸，长度达到 68.8km；最长的南脊成近东西向展布，长度达到 38.8km。脊槽表层沉积物为黏土质砂或黏土质粉砂。由于西部潮流三角洲位于北部湾，风浪相对较弱，因此地形起伏相对缓和，脊、槽形态规整。

3.6.2　巴拉巴克海峡

巴拉巴克海峡，是加里曼丹岛北部与巴拉巴克岛之间的海峡，分隔开了马来西亚沙巴州和菲律宾巴拉望省，连通了南海和苏禄海，是重要的战略通道。

3.6.3　马六甲海峡

马六甲海峡位于马来半岛与印尼苏门答腊岛之间，呈东南—西北走向，因临近马来半岛上的古代名城马六甲而得名。它西北端通安达曼海，东南端连接南海，是沟通太平洋和印度洋的重要通道和战略走廊，我国与欧洲、非洲、南亚各国的海上贸易都要经过马六甲海峡，它是连接亚、非、欧三大洲的重要交通枢纽。马六甲海峡东起新加坡西侧的皮艾角与小卡里摩岛之间，宽约 10 海里，水深 25m，向西止于苏门答腊岛北端的韦岛与马来半岛西海岸的普吉岛之间，宽约 200 海里（图 3-13）。海峡水深一般为 30～130m，东南部浅而窄，最窄处仅 38km，且岛屿、浅滩众多，是航行的危险区域，整个海峡形态近似为一个向西北敞开的大喇叭；西北部宽而深，有 300 多千米，口门外围有近似弧形（近南北走向向东弯曲的 "C" 形）的安达曼群岛和尼科巴群岛。

马六甲海峡及其东部马来半岛和西部苏门答腊岛都位于巽他陆架上，水深较浅。其南部苏门答腊岛是印尼最大岛屿，南北长约 1790km，东西最宽 435km，面积为 43.4km²。

苏门答腊岛西南侧位于印澳板块和欧亚大陆板块的交接带上,由于板块的俯冲形成了巽他海沟、明打威群岛,以及后方的巴里桑山脉,是全球地震、火山活动最为活跃的地带。2004年 12 月和 2005 年 3 月连续两次 9 级大地震都发生于此。

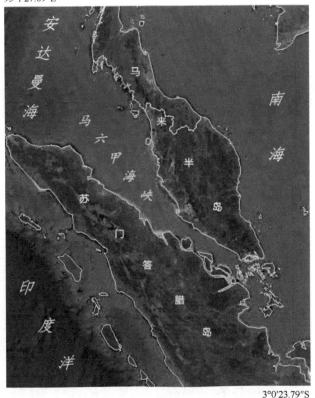

图 3-13　马六甲海峡

马六甲南侧苏门答腊沿海地区沼泽广布,岸线曲折,南北绵延约 1000km,面积约 15万 km^2,有些沼泽深入内陆达 240km,浅滩及渔网广布,是东南亚最大的沼泽地带。所以马六甲主航道是沿着对岸马来半岛一侧,宽度为 2.7~3.6km,航道的最窄处在东岸波德申港附近浅滩处,宽仅为 2km(王颖,2003)。

南海地质构造及海底地貌决定了中国国际运输航线必须经过南海西沙群岛和中沙群岛之间的中沙海槽,向南通过南沙群岛西侧西卫滩与李准滩之间,通过马来半岛一侧马六甲海峡主航道进入印度洋。中国从中东和非洲地区进口的石油,占海外总进口的 75%以上,均要经过马六甲海峡—南海航线;马六甲海峡—南海航线是中欧贸易和中国—美国东部贸易的必然通道;马六甲海峡—南海航线还是中国与东亚港口的生命线。因此,马六甲—南海航线是中国能源、贸易运输的咽喉,对于中国国家战略安全具有重要意义,只有保证这条航线的安全才能保证中国经济持续稳定地增长。

3.6.4 吕宋海峡

吕宋海峡北起台湾岛南端至菲律宾吕宋岛北端，长达 320km，是南海与西北太平洋的主要通道，也是连接西北太平洋与印度洋，通往非洲、欧洲的重要航道。菲律宾的巴坦群岛和巴布延群岛将这片海域分隔成三部分，自北向南分别称为巴士海峡（Bashi Channel）、巴林塘海峡和巴布延海峡（图 3-14），这三个海峡均宽而深，可通航各类大型船只。巴士海峡平均宽 185km，最窄处 95.4km，海峡水深大都在 2000m 以上，最深处 5126m。

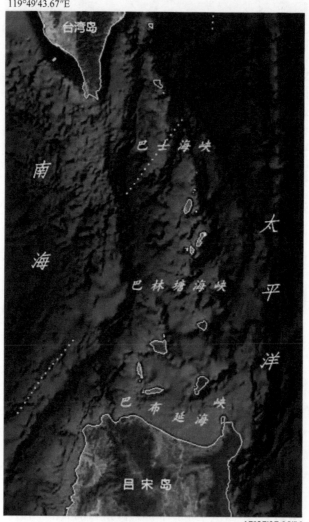

图 3-14 吕宋海峡

围绕岛屿周围有砾砂或砂砾分布，海峡浅处有中砂或细砂分布，海峡中部水深 2000m 以上，沉积物较细，主要为钙质软泥或黏土质粉砂。吕宋海峡位于太平洋西部岛弧—海沟交汇带，海底地形起伏变化甚大，主要为华南大陆坡向东延伸，又有兰屿海脊、台东海槽、花东海脊和马尼拉海沟由东北向西南平行分布。实际上吕宋海峡是吕宋岛弧向西北方向逐渐潜没造成的，海峡的基底为火山物质。向台湾岛潜没的这段岛弧它是不连续的，突出水面的称为岛屿，如巴坦群岛和巴布延群岛，岛屿之间的水道自然就成为海峡。另外，受菲律宾海板块和欧亚大陆板块地质交互作用影响，吕宋海峡是一个地震多发区。

3.6.5　巽他海峡

巽他海峡位于印度尼西亚爪哇岛与苏门答腊岛之间，105°40′E，6°0′S，是沟通爪哇海与印度洋的航道，也是北太平洋国家通往东非、西非或绕道好望角到欧洲航线上的航道之一。中国明代郑和曾率领远洋船队穿过此水道。海峡呈东北—西南向延伸，长约 150km，宽 22～110km，水深 50～80m，最大水深 1080m。海峡中有几个火山岛，最著名的是喀拉喀托岛，海峡地区处于地壳运动活跃地带，多火山活动。火山爆发引起的大海啸在近海浪高达 35m，波及印度洋，甚至西欧。火山的剧烈活动不仅使喷发出的大量火山物降落到海峡和周围地区，而且改变了海底地形。巽他海峡的海水既淡且暖，盐度 31，水温达 21℃以上。

巽他海峡由复杂的垒堑构造组成，由于受断层控制，水下地形较陡。海峡西部包括四个水下隆起（Semangko 地垒、Tabuan、Panaitan 和 Krakatau 海脊）和两个地堑（Semangko 和 Krakatau 地堑）。Tabuan 和 Panaitan 海脊将 Semangko 地堑分割成东西两个次级地堑。Semangko 地堑水深为 800～1500m。相对而言，Krakatau 地堑由于火山活动堆积了大量的火山碎屑物质，地形比较平坦。

3.6.6　民都洛海峡

民都洛海峡位于菲律宾民都洛岛与卡拉棉群岛之间，呈 NW—SE 向延伸，为一深水海峡，是南海通往苏禄海、米沙鄢群岛，以及大洋洲的重要航道。在东北季风弱时或季风转换期间民都洛海峡为常用的方便航道。每年 5～9 月由中国香港驶往欧洲的船只，10 月由欧洲驶来中国、日本的船只常经过此海峡。

整个海峡北部和东部深，西南部浅而且多岛、礁和浅滩。东北部的深水区水深为 500～2500m，中间由阿波马和巴霍群礁将其分为东、西阿波水道。东阿波水道宽约 15 海里，长约 90 海里，除了有一水深 15.9m 的浅滩外，其余无障碍物；西阿波水道宽约 18 海里，长约 90 海里，内有浅滩和暗礁，再往西岛礁更多。海峡东南入口有浅滩，常用深水航道最窄处在安布隆岛西侧，宽度约 5 海里。

海峡有许多河流切割成的陡峭河谷，北部是山坡临海的基岩海岸，南部为低丘陵，东、西沿岸是较曲折的基岩港湾海岸，发育湾头暗礁、海滩和小块沼泽化平原。

吕宋岛西南部的岛屿，介于塔布拉斯和民都洛海峡之间。岛呈椭圆形，长 144km，宽 96km，面积 9826km²，是一个丘陵山地岛屿，主要山脉长 160km，四周为零散的沿海平原。瑙汉湖和全岛最高的阿尔孔山高 2585m，都在岛的东北部。它与吕宋岛之间的水道是香港至太平洋关岛的必经之路。

3.6.7　卡里马塔海峡

卡里马塔海峡位于印度尼西亚加里曼丹与勿里洞岛之间，宽约 150km，水深为 18～37m，海峡中有卡里马塔群岛，南连爪哇海，北接南中国海，是南海通往爪哇海和印度洋的重要通道，也是中南半岛至澳大利亚的常用通道，在军事上和经济上都有重要价值。

第4章 南海地质*

4.1 南海大地构造特征

南海是西太平洋最大的边缘海之一，在大地构造上，位于欧亚板块、印度—澳大利亚板块与太平洋-菲律宾海板块相互作用的构造部位，又是太平洋构造域与特提斯构造域的联结地带。南海的形成演化与其周边板块在中新生代的构造活动密切相关（图 4-1）。新生代期间上述三个板块的联合作用使东南亚大陆边缘地壳发生拉张减薄、裂解、漂移和聚敛、碰撞等一系列构造事件，在南海周边形成四种不同构造性质的大陆边缘：即北部离散边缘、南部碰撞聚敛边缘、西部转换剪切边缘和东部俯冲汇聚边缘（图 4-2）。在上述四条边界内的南海亚板块，是由不同来源的地块镶嵌而成的一个大拼盘，其组成包括有属于华南亚板块的南海北部块体；有从印支-华南亚板块裂离出来的南沙块体；有从洋盆俯冲而形成的岛弧及增生楔，如东婆罗洲-西南巴拉望地块，还有新生代洋底扩张形成的中央海盆、西北次海盆与西南次海盆（姚伯初等，2004）。

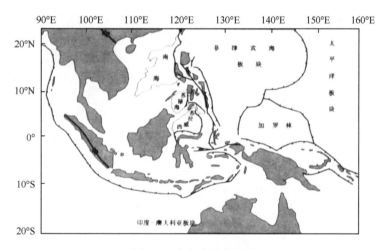

图 4-1 南海大地构造图

4.1.1 南海构造单元划分

根据现今板块的边界类型（离散边界、聚敛边界和转换边界），将南海及邻区板块构造分为（图 4-2）。

一级构造单元：欧亚板块、太平洋板块和印度-澳大利亚板块。

---

* 本章作者：殷勇（构造、地质、矿产），葛晨东（构造），王颖（沉积）

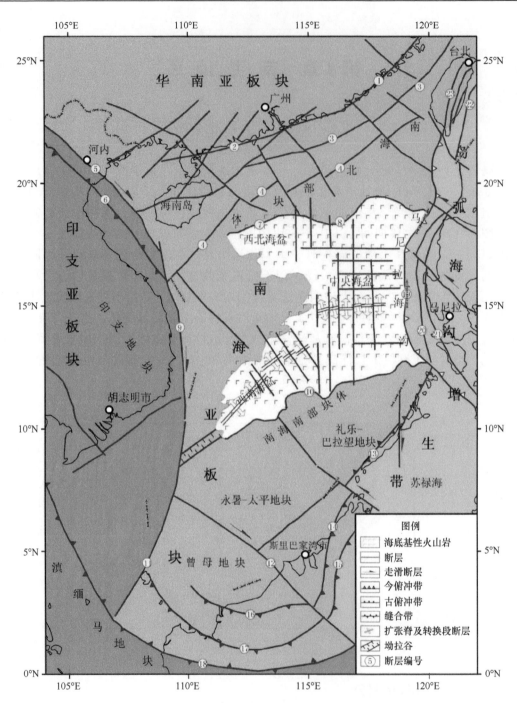

1. 南澳断裂，2. 华南滨海断裂，3. 珠外—台湾海峡断裂，4. 陆坡北缘断裂，5. 红河断裂，6. 马江—黑水河断裂，7. 西沙海槽北缘断裂，8. 中央海盆北缘断裂，9. 越东滨外断裂，10. 中央海盆南缘断裂，11. 万安东断裂，12. 延贾断裂，13. 巴拉望北线，14. 隆阿兰断裂，15. 3 号俯冲线，16. 武吉米辛线，17. 卢帕尔线，18. 东马-古晋缝合带，19. 马尼拉—内格罗斯—哥达巴托海沟俯冲带，20. 吕宋海槽西缘断裂带，21. 吕宋海槽东缘断裂带，22. 台东滨海断裂，23. 阿里山断裂

图 4-2　南海及邻区构造区划图

二级构造单元：华南亚板块、印支亚板块和南海亚板块。

南海亚板块以海盆中的残留扩张中心为界进一步划分为：南海北部块体和南海南部块体。

1. 欧亚板块

中生代末期印支运动结束，形成了统一的欧亚大陆，全球板块构造进入了一个新的历史时期。通过多个古老地块拼贴而成的欧亚板块成为一个相对稳定的大陆。自 100Ma 以来只有小的顺时针转动。该板块新生代以来在其东面和南面开始受到太平洋板块和印度-澳大利亚板块的俯冲、碰撞，产生了一系列复杂的地质构造现象，南海正是在这样的构造应力场下诞生的。

2. 太平洋板块

185Ma 前，在太平洋超级地幔柱作用下，于库拉板块、菲尼克斯板块和法拉龙板块洋中脊的三联点处产生了太平洋板块。自晚白垩世—新生代，太平洋板块相对欧亚板块的俯冲速率和方向发生了多次改变，晚白垩世时太平洋板块沿 NWW 方向相对欧亚板块运动，平均汇聚速率为 130mm/a，白垩纪末—早始新世期间（685～531Ma）太平洋板块的运动方向由原来的 NWW 向变为向北运动，平均汇聚速率骤然降至 78mm/a；中始新世（约43Ma）运动方向又转为 NW，到晚始新世，汇聚速率最小降至 38mm/a；渐新世开始，这一速率开始回升，一直持续到早中新世，稳定在 70～95mm/a；早—中中新世期间略有下降，从晚中新世至现在，平均汇聚速率又增到 100～110mm/a。

太平样板块相对欧亚大陆运动方向和速率的改变，造成东亚大陆边缘区域应力场的变化，而晚白垩世太平洋板块运动方向的改变和运动速率的降低，诱发了欧亚大陆东缘广泛的伸展运动。

3. 印度-澳大利亚板块

中新生代以来，印度洋海底发生了三期明显的扩张。第一期发生在晚侏罗世—晚白垩世早期；第二期发生于晚白垩世—中始新世，造成印度洋向北快速移离南极大陆。印度板块以比澳大利亚板块快得多的速率（120～200mm/a）接近欧亚大陆，古新世（56Ma）时首先在印度-巴基斯坦的西北部与欧亚大陆开始碰撞，50Ma 时汇聚速率降至 45mm/a，至中始新世（约44Ma）时，刚性的印度板块与欧亚板块正面碰撞。随后向欧亚板块楔入，青藏高原开始隆升，印支半岛向东南挤出。

中始新世以来发生的第三期扩张使印度板块与澳大利亚板块结为统一的印度—澳大利亚板块并向北运动。这次事件对南海所在的东南亚地区的演化影响相当深远，最重要的影响是印度—澳大利亚板块沿苏门答腊海沟和爪哇海沟开始与东南亚板块汇聚造成东南亚地区挤压的构造环境。

4. 华南亚板块

这里说的华南亚板块仅涉及其东南部，西南以黑水河—马江断裂带作为与印支亚板块的分界，南以珠外—台湾海峡断裂带与南海亚板块相邻。华南亚板块最老的地层是闽西北地区建宁、光泽一带的新太古代天井坪（岩）组，这是一套原岩以砂泥质岩为主，夹基性、中酸性火山岩的深变质岩系。发生在早古生代末的加里东运动使华南大部分地区褶皱隆起，震旦纪—早古生代地层由于早古生代末的加里东运动形成紧密线性褶皱并伴生浅变质，从而构成了华南地区深变质基底之上的加里东褶皱基底，晚古生代期间发育了碎屑岩和碳酸盐岩。中生代晚期以来，伴随大陆酸性岩浆的侵入和喷发，本区受到强烈改造。

5. 印支亚板块

印支亚板块的发育演化以具克拉通性质的昆嵩隆起为核心，古生代和中生代期间，在昆嵩隆起北侧、西侧和东南侧向外依次形成三条海西和印支期褶皱带，其构造线以 NW 为主。在昆嵩隆起北侧的北越地区，由南至北分布着长山、马江、黑水河和红河构造带，其间出露鸿岭、马江弧、黄连山等前寒武系基底杂岩。由于沿红河断裂带既有印支期，也有海西期花岗岩分布，而代表古洋壳的蛇绿岩出现在黑水河和马江断裂带。因此，有人将马江、黑水河和红河断裂带作为一条构造活动带的组成部分。

6. 南海亚板块

新生代期间，在太平洋-菲律宾海板块和印度-澳大利亚板块的联合作用下，东南亚大陆边缘地壳发生拉张减薄、裂解、漂移和聚敛、碰撞等一系列构造事件。位于东南亚大陆前缘的南海在这种特定的板块运动背景下形成了四种不同构造性质的大陆边缘。

（1）北部离散拉张边缘

表现为地壳显著的拉张减薄，拉张大致以南海北缘的珠外—台湾海峡断裂带为界。新生代期间该断裂带的活动控制了珠江口盆地珠一坳陷，以及台湾海峡内闽江、晋江和九龙江等凹陷的形成。

（2）南部碰撞聚敛边缘

这条由东纳土纳—卢帕尔—武吉米辛俯冲带、沙巴北俯冲带，以及巴拉望俯冲带所构成的南海南缘聚敛带，代表了中生代末—新生代期间古南海南部的多期退覆式俯冲消减，以及婆罗洲北缘的增生扩大，沿该带分布大量蛇绿岩、岩浆岩、深浅变质岩、混杂堆积，以及逆冲推覆构造。该带由西向东具有明显的分段性，可分为西南段、中段和东北段。

（3）西部转换剪切边缘

新生代期间印度-澳大利亚板块对欧亚大陆的俯冲，由于板块边界形态的差异形成了一条规模宏大的南北向构造带。重磁异常资料表明，在这条剪切带内存在一系列 NS 走向的重磁异常；莫霍面等深图也反映出这里存在明显的梯度带，表明其走滑活动性。沿该剪切带分布一系列富含油气的沉积盆地，如中建南盆地、万安盆地，这些盆地的形成与该带的拉张走滑活动密切相关。

（4）东部俯冲汇聚边缘

由马尼拉海沟—内格罗斯—哥达巴托海沟俯冲带以及吕宋海槽俯冲带构成，俯冲带东侧为菲律宾岛弧系和菲律宾海沟。菲律宾岛弧系于晚白垩世开始出现，当时其位置在加里曼丹岛以东，始新世以来，在菲律宾海板块的向北推动下，菲律宾弧也北向运动，并伴有逆时针转动。据研究，中新世时，菲律宾弧的运动速率和逆时针转动幅度最大，这直接导致了中央海盆向东俯冲于吕宋岛弧之下，形成了马尼拉海沟和吕宋海槽。天然地震的震源分布显示有一个向东倾斜的、直接插到吕宋岛下面 200km 深处的贝尼奥夫带。

7. 南海亚板块内部块体

南海洋盆残留扩张中心是一条不同时代形成的扩张边界。中央海盆形成时代为中渐新世—早中新世（32～17Ma），而西南海盆扩张发生在晚始新世—早渐新世（42～35Ma）。这里以南海海盆残留扩张脊为界，将南海亚板块划分为南海北部块体和南海南部块体两个次级单元。

（1）南海北部块体

包括南海北部陆架、陆坡区、东沙、中西沙，以及海盆残留扩张中心以北的洋盆区。南海北部块体由包括陆壳、过渡壳和典型洋壳的多种地壳类型组成，平均地壳厚度由陆及洋从 28km 逐渐减薄为 5～6km，该块体中最老地层为出露在海南岛五指山地区的抱板群，主要由中深变质片麻岩和片岩类构成，同位素年龄为 1800～1420Ma；该块体存在前寒武纪结晶基底，前新生代基底为燕山期岩浆作用所复杂化，已不同程度地发生了变质和混合岩化。

（2）南海南部块体

以南沙为主体的南海南部块体，由北向南由南海洋盆和南沙岛礁区及其周缘的陆架组成。南海南部块体内部发育 NW、NE 和 SN 向三组基底断裂，控制着南海南部地区的构造演化和南沙海域沉积盆地的形成，其中 NW 向的巴拉巴克断裂和廷贾断裂，又将该块体分成了礼乐-北巴拉望地块、永暑-太平地块和曾母地块三个次级单元。

A. 礼乐-北巴拉望地块

由民都洛岛、巴拉望岛北部和礼乐滩构成。重力异常特征表明礼乐滩基底为陆壳性质。根据古生物资料，礼乐滩地层可与华南大陆的地层对比，表明礼乐-北巴拉望地块与华南大陆之间具有亲缘性。

B. 永暑-太平地块

该地块夹持于 NW 向的巴拉巴克断裂和廷贾断裂之间，地理位置上属南沙中部地区，地形上由一系列的礁滩组成，起伏不平，其上发育了北康盆地、南薇西和南薇东盆地。

C. 曾母地块

该地块的基底较为复杂，由不同时代、不同类型的基底结构组成。西部为中生代岩浆岩复杂化的变质岩，部分钻井曾钻遇白垩纪角闪花岗岩等岩石；南部地区则为晚白垩—中始新世的浅变质岩系，是西北婆罗洲拉让群向海区的延伸，在沙捞越滨岸也有多口钻井打到该套岩系；该地块的东北部，是一个较特殊的地区，称之为康西坳陷，是曾母盆地内沉积厚度最大的地区，新生界沉积层的厚度可达 10～15km，最大可超过 16km，其地壳厚度只有 18～20km。如果扣除新生代沉积厚度，则地壳厚度只有数千米，可见该处地壳已经很薄了。

4.1.2　南海断裂构造

南海自中生代以来受到太平洋构造域和特提斯构造域的联合影响,现在位于太平洋板块、印度-澳大利亚板块和欧亚板块的交会部位,断裂构造极为复杂,按照断裂切割的深度划分,既有岩石圈断裂、地壳断裂,又有基底断裂和盖层断裂。按照力学性质可以分为张性断裂、剪性断裂、压性断裂、张剪性断裂和压剪性断裂。按照断裂展布方向,将南海断裂构造分成 NE 向断裂组、NW 向断裂组、近 EW 向断裂组和 SN 向断裂组共四组断裂构造。

1. NE 向断裂组

NE 向断裂是南海地区最主要的断裂,广泛分布于广东、广西和福建等陆区,以及华南大陆边缘,控制了整个中国东南大陆边缘的构造格局。以张性断裂为主,在东南边缘有少部分为压性断裂。NE 向断裂发育较早,是控制南海构造格局和地形轮廓的主要断裂。最具有代表性的 NE 向断裂有陆坡北缘张性岩石圈断裂、南沙海槽南缘压性岩石圈断裂、广雅滩西张性岩石圈断裂等(中国地质调查局和国家海洋局,2004)。这些张性为主的断裂,在喜马拉雅期强烈活动,基本上是燕山期的继承断裂(刘昭蜀和赵焕庭,2002)。

2. NW 向断裂组

相对于 NE 向断裂,NW 向断裂形成的时间较晚,它们一般切割 NE 向断裂,具有剪切性质。南海西北缘,著名的北西向断裂有红河断裂带、马江断裂带。红河断裂是东亚大陆上的一条重要的岩石圈断裂,位于扬子地块、华南地块和印支地块之间,从青藏高原一直延伸到南海,全长 1000 多千米,晚三叠世印支和华南地块缝合于此。

南海南缘区,较大的北西向断裂有延贾断裂、巴拉巴克断裂,其中延贾断裂是西侧北西向构造与东侧北东向构造的分界断裂,而巴拉巴克断裂则是西侧北东向构造与苏禄海东西向构造的分界。

3. 近 EW 向断裂组

EW 断裂主要分布于南海中央海盆和南海北部,这些断裂与晚渐新世—早中新世南海海盆的第二次大规模扩张有关。它们切割了北东向断裂,由一系列平行的正断层组成,主要在古近纪以来活动,构成了新生代构造的主体。如海区的中央海盆北缘断裂是海盆洋壳与北部陆坡过渡壳的分界线,西沙北海槽北缘断裂、南缘断裂则控制了西沙北海槽的发育,中沙海台南北侧,珠二坳陷也有东西向断裂存在。海南岛北部的安定断裂,东西向延伸达190km,可能形成于新近纪早期,一直活动到第四纪,它不仅使海南岛与雷州半岛分开,而且火山活动十分强烈,沿此带分布着大片玄武岩,遗留着不少第四纪火山口。

4. SN 向断裂组

SN 向断裂分布于南海盆地的东西两侧,中央海盆也有分布。南海西缘发育越东、万安东南北向岩石圈断裂，该断裂具有剪切走滑性质；南海东缘发育马尼拉海沟断裂，可能是在先张后压的区域应力环境中发展起来的。这两条大断裂和南海南、北部的 NE 向岩石圈断裂构成了南海总体为 NE 向的菱形轮廓。南海中央海盆的一些 SN 向地壳断裂，是南海晚渐新世—早中新世 SN 向扩张的产物，它们起着转换断层的作用。而南海南缘区的中南—礼乐断裂与乌鲁干断裂则可能是南沙中的小块体裂离华南陆缘时的差异运动引起的剪切断层。

4.1.3　南海主要的断裂带

1. 珠外—台湾海峡断裂带

珠外—台湾海峡断裂带主要是根据磁场特征确定的，东起台湾海峡，沿珠江口盆地北侧边界向西穿过海南岛北部（中国地质调查局和国家海洋局，2004）。该断裂带北西侧为剧烈变化的升高磁异常，南东侧则为宽缓变化的低值磁异常。在磁异常剖面上，该断裂带处出现显著的陡变梯度带。在空间异常图上也显示出一条明显的区域分界线。地震勘探资料进一步揭示了此带对新生界发育的控制。珠一坳陷展布方向与该断裂带一致，均呈 NEE 向，但坳陷内的表层断裂呈 NE 向雁行排列，与之呈斜截关系，反映了该带在新生代期间具有强烈的走滑活动。在台湾海峡，沿该带的走滑活动，由南向北形成了九龙江、晋江和闽江三个中新生代凹陷，据凹陷内的地震剖面反映，玄武质岩浆活动十分强烈，表明该断裂带活动深度达到上地幔。

2. 马江—黑水河断裂带

该断裂带系华南陆块与印支陆块的分界线，沿断裂带出露有基性、超基性岩以及凝灰岩。沿该断裂带发生过两期碰撞：第一期发生在早石炭世；第二期为中三叠世的碰撞事件，即所谓的"印支运动"。因此，这是一条海西—印支期的缝合带。

3. 南海西缘—越东断裂带

位于越南东部海岸陆架与陆坡转折处，由一系列大致呈 SN 向的断裂组成，在地形地貌、重磁异常、地震剖面上均有反映。目前大多认为该断裂带形成于新生代南海扩张期间，作为南海西缘的一条转换调节带，为一条右行走滑剪切带。右行走滑特征在断裂带及其附近的盆地内表现十分显著，据对万安盆地内的沉积和构造展布特征分析发现，右行走滑活动发生在中新世以前，形成了盆地内呈雁行状排列的 NE—NNE 走向的张性断裂及坳陷。中中新世末，南海西缘断裂带有过短暂的左行走滑活动，在万安盆地内形成一系列 NE 向褶皱构造，褶皱强度由东向西减弱。中新世末期南海西缘断裂带又恢复了右行走滑特征。因此，这是一条新生代期间发生多期走滑活动的构造剪切带。南海西缘断裂带经万安盆地后，可能继续向南经过纳土纳隆起、勿里洞坳陷，直到爪哇海沟，形成一条规模宏大的 NS 向构造带。

4. 红河断裂带

红河断裂带北起青藏高原，穿越我国云南省和越南北部，向东南延入南海，陆区全长逾 1000km，是东南亚一条显著的地质、地貌分界线。普遍认为这是一条在新生代发生过左行走滑的大型剪切带（Tapponnier et al.，1982），近期又发生了右行走滑。该断裂带从红河口入海后沿莺歌海盆地向东南延伸到海南岛南部，之后被近 NS 向的南海西缘断裂带所切，在 16°30′N 以南的西沙西南地区又出现 NW 向构造带的形迹。该构造带以东的中西沙地区地形地貌十分复杂，发育有海槽、海台以及海岭等多种地貌类型，而以西的西沙西南地区则表现出地形平坦、地貌类型简单等特点，与其东侧形成鲜明的对比。此外，该构造带东西两侧的空间重力异常及磁力异常也存在明显的差异，以东重磁异常主要为 NE 走向，重力异常表现为一系列变化的正负异常相间排列，磁异常以负值异常为特征，该带以西重磁异常无明显走向，重力异常呈现局部重力高和重力低组成的宽缘异常，磁异常则为平缓升高的低值正磁场。

5. 马尼拉海沟断裂带

该带北起台湾岛南端，呈近 SN 向的弧形沿 4000m 等深线展布，向南至 13°N 左右被北西向断裂所切，全长约 1000km。马尼拉海沟断裂构成海沟的东西两壁，西缓东陡，海沟沉积层东倾，沉积层以下为基底层，厚度为 2km 左右，大洋层厚 4km；海沟附近的地震活动性较弱，无深源地震（中国地质调查局和国家海洋局，2004）。马尼拉海沟断裂在新生代曾经历几次性质的转变，古近纪时为张性断裂，早中新世后转变为向东的俯冲带。

6. 中央海盆北缘断裂

该断裂位于中央海盆北缘，近东西向，东段似可与巴布延海峡断裂相接。该断裂是中央海盆洋壳与北部陆坡过渡型地壳的分界线，其两侧重磁场有较大的差异。沿断裂有一系列岩浆作用引起的局部异常。

7. 延贾断裂

延贾断裂位于曾母盆地东北侧，从北康暗沙与南康暗沙之间穿过，经东南方向直达加里曼丹岛并向岛内延伸，往西北从西卫滩与万安滩之间穿过，直抵万安东断裂，走向 NW，倾向多变，全长约 840km，对南海西南部地区的构造演化有重要影响。

在地形地貌上，该断裂截断了南沙海槽向西南的延伸，断裂以西为地形起伏平缓的曾母陆架，以东则为水深急降达 2500m 的 NE 向海槽。

在延贾断裂西北段的多个地震反射剖面图中，都可见"Y"形断裂系、负花状构造、地层反转，以及断裂东侧发育的一系列雁行排列的 NE 向断层，说明该断裂带具有走滑性质。

8. 万安断裂

该断裂位于万安盆地的东侧，由一系列近 SN 向的断裂组成，并构成万安盆地的东界。其主体位于 7°00′～11°00′N，109°30′～110°00′E 之间，全长约 600km，向北可与 SN 向的南海西缘—越东断裂带连接，并将 NW 向的红河断裂带错断（中国地质调查局和国家海洋局，2004）。在地震剖面上该断裂带主体表现为西倾正断走滑，最大垂直断距达

5260m，水平断距 2000～6000m。断裂带由一系列大致呈 SN 向的断裂组成，以东侧主干断裂为主，构成盆地边界，其右行走滑特征在断裂带及其附近的盆地内表现十分显著，剖面上具有明显的花状构造；在断裂西侧万安盆地内形成一系列雁行排列的 NE—NNE 向次级张性断裂及坳陷。

该断裂带主要有三个走滑活动期：渐新世末—中新世，南海 SN 向扩张作用使得万安东地区的应力性质以右旋拉张为主，在盆地内形成了一系列呈雁行状排列的 NE—NNE 向张性断裂及坳陷；中新世晚期，由于受异他地块北移挤压影响，万安东断裂应力状态转为左旋挤压，使万安盆地产生隆拗并形成局部构造；中新世后，随着印度板块楔形挤入作用的不断加强，万安东断裂带再次转为以右旋作用为主的大型走滑断裂带，这一活动方式延至近代。

9. 南沙海槽东缘断裂带

该断裂带位于南沙海槽东南侧，南起延贾断裂，北抵巴拉巴克断裂，走向 NE，倾向 SE，大体沿海槽方向平行展布，全长约 840km。平面上，该断裂带由若干条逆冲断裂组成，构成了南沙海槽东南侧大型推覆体的前缘。对照重、磁资料，该断裂带处于重力高与重力低界线上，是一条明显的重力异常梯度带。在地震反射剖面上，一系列 SE 倾向的逆冲断层平行展布，上盘往往挠曲，组成逆冲推覆带。

10. 巴拉巴克断裂

位于巴拉巴克岛与邦吉岛之间，呈 NW 向延伸，长约 800km。该断裂带在重磁资料上有明显反映，布格重力异常，水平梯度大，而且两侧磁异常走向明显不同，即东北侧磁异常总体呈 NE 向，西南侧磁异常大致近 EW 向。地震剖面也清楚地反映出该断裂的位置，断面主体倾向 SW，倾角 40°～50°，断层面两侧的反射特征存在明显差异，西南（上盘）地层层序整齐平直，东北侧（下盘）地层掀斜。该断裂切割了 NE 向断裂，具典型的走滑特征。

11. 卢帕尔（缝合）线与武吉米辛（缝合）线

卢帕尔断裂和武吉米辛断裂主体位于曾母盆地以南，古晋带、锡布带北侧，根据区域构造分析，两条断裂实际上是南沙海域南部两次板块碰撞之缝合线，故称为卢帕尔线和武吉米辛线。卢帕尔线俯冲活动发生于晚白垩世—中始新世，形成古晋带变质岩系；武吉米辛线俯冲活动发生于中始新世后，形成锡布带。

4.1.4 南海地质构造演化

南海夹持于欧亚板块、印度-澳大利亚板块和菲律宾海板块之间，新生代构造演化和周边板块之间的相互作用具有密切的关联。太平洋板块相对于欧亚板块俯冲方向、俯冲速度的变化，印度-澳大利亚板块与欧亚板块的碰撞是导致南海新生代发生陆缘解体、海底扩张的动力学基础。南海是西太平洋边缘海中极具个性的沟-弧-盆构造体系，在其演化过程中，强烈的陆缘扩张伴随着强烈的陆缘挤压，海底多轴多期次扩张，洋壳在中央海盆新生，又在其东侧的马尼拉海沟消减（刘昭蜀和赵焕庭，2002）。有关南海边缘海的成因问题吸引了众多地质学家的目光（Taylor and Hayes，1983；金庆焕，1989；刘光鼎，1992；刘昭蜀和赵焕庭，2002；姚伯初等，2004；龚再升和李思田，2003），对南海及其边缘海的成因，由于区域构造复杂性和多变性，目前仍处在激烈的争论和探索阶段。在众多南海成因的演化模式中，Tapponier 的渐进挤出模式需要红河断裂左旋，并做 600km 的长距离位移（Tapponier et al.，1982），然而红河断裂向 SE 方向的延伸止于中建隆起并不支持这种长距离的位移。另外，中央海盆扩张轴和菲律宾—吕宋弧方向的垂直，说明洋盆的扩张和吕宋岛弧并没有成因上的联系，不能简单地归结为弧后扩张，这也正是南海复杂性所在。目前地质学家、地球物理学家用深部地幔动力学模式来解释南海的扩张（图 4-3），认为印度板块和澳大利亚板块向北汇聚、碰撞使软流层侧向挤出，并带动岩石圈块体的运动，导致边缘海的扩张。南海地质构造演化过程描述如下（图 4-4）。

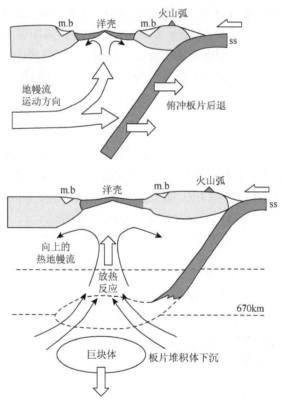

图 4-3　南海形成的两种地幔动力学模式

据龚再升和李思田，2003

　　晚白垩世—早始新世，随着古太平洋板块由 NWW 转为向北运动，以及运动速率的骤然降低，其对东亚大陆的挤压力减缓，区域应力场松弛，形成 NW—SE 向的拉张，东亚陆缘开始解体，南海地区以及台湾海峡发生广泛的断陷裂谷作用，在华南微板块前缘形成由 NE 向断裂控制的雁行式地堑断陷盆地。

年代地层/Ma		事件发生时间	南海构造演化阶段	南海海底扩张	南海地块运动	板块运动事件
第四系	1.64					
上新统	5.2	5Ma	成盆后阶段			吕宋岛弧与台湾碰撞，台湾岛形成
中新统 上	10.4		东沙运动			
中新统 中	16.3	17Ma			礼乐地块和南婆罗洲地块碰撞，海底扩张停止，中央海盆诞生	
中新统 下	23.3			第二次海底扩张，中央海盆形成		
渐新统 上	29.3		成盆阶段			印度板块与欧亚大陆正面碰撞，青藏高原全面隆升。太平洋板块的俯冲方向转为NW，俯冲于东亚大陆之下，开始形成西太平洋沟弧盆系
渐新统 下	35.4	32Ma			礼乐—北巴拉望地块和东沙地块分离	
始新统 上	38.6	35Ma			永暑—太平地块和曾母地块从中西沙地块分离，古南海洋壳向西北婆罗洲俯冲消减	
始新统 中	50.0	42Ma 44Ma	南海运动	第一次海底扩张，西南海盆形成		
始新统 下	56.5		成盆前阶段			
古新统 上						
古新统 下	65.0		神狐运动			古太平洋板块由NWW变为向北运动，对东亚大陆的挤压减缓，应力松弛，地壳裂解
上白垩统						

图4-4 南海地质构造演化大事件

中晚始新世，大约44Ma，新特提斯洋开始关闭，印度板块与欧亚大陆正面碰撞，印支半岛向东南方向挤出。大约43Ma，太平洋板块的俯冲方向由NNW转为NWW，俯冲于东亚大陆之下，西太平洋沟、弧、盆体系开始形成。华南亚板块东南边缘地区出现NE—SW方向的挤压应立场，前期NE向雁行排列的地堑断陷盆地产生向东南方向的扩张活动，使地堑加深扩宽。在这样一种背景条件下，南海进入第一次海底扩张，西南海盆可能还包括西北海盆开始形成。海底扩张使永暑-太平地块和曾母地块从中西沙地块分离，逐渐向南漂移。古南海洋壳向婆罗洲北缘俯冲消减。大约35Ma，由于曾母地块和婆罗洲地块的拼贴，阻止了洋壳向南的继续俯冲，西南海盆扩张停止。32Ma开始，南海进入第二次海底扩张，中央海盆打开，礼乐-北巴拉望地块和东沙地块分离。17Ma（早中新世末）

礼乐-北巴拉望地块和北婆罗洲-西南巴拉望地块碰撞,南海第二次海底扩张停止,随着吕宋岛弧向北移动和逆时针旋转,中央海盆向东俯冲于吕宋岛弧之下,形成马尼拉海沟,将南海洋盆最终圈留,形成具有洋壳结构的成熟边缘海。

中中新世以后,南海洋盆的新洋壳冷却,密度增大,海区以垂直构造运动为主,出现大规模的沉降运动。5Ma,随着菲律宾海板块与吕宋—台湾弧的碰撞,台湾岛最终形成。

4.2　南 海 地 层

海区地层主要根据陆上和海岛地层向海区的延伸情况,地球物理资料(重力勘探、磁力勘探和地震勘探)解译和推断,以及各种钻孔资料的汇总分析。由于南海是在陆缘扩张的基础上经过两次洋底扩张形成的边缘海盆地,基底性质和分区情况异常复杂,既有古老陆壳的残留,又有新生的洋壳,同时中新生代的火山活动非常活跃,形成大面积的火山岩。

4.2.1　南海海域地层

1. 南海北部海域地层

（1）前寒武系

海区地层是华南沿海地层向海的自然延伸,目前在北部沿海发现的最老地层为元古宇(图5-5),主要见于广东、广西陆架、北部湾、西沙群岛、中沙群岛等地(金庆焕,1989),为一套变质程度不同的碎屑岩系和碳酸盐岩,地震波速度为 6.0~6.6km/s,磁场强度为–100nT 左右。海南岛前寒武纪地层由中元古代抱板群混合岩化层和晚元古代石禄群中-浅变质岩组成。此外,在西沙海区,西永一井钻遇前寒武纪地层,系由花岗片麻岩、石英云母片麻岩、片麻状花岗岩组成的中、深变质岩系,Rb-Sr 等时线年龄为 1465Ma,其变质年龄为 627Ma。

（2）下古生界

下古生界分布于海南北部陆架、北部湾,推测其岩性和华南沿海相似,为一套浅变质-深变质的浅海相复理石建造、浅海相类复理石建造和碎屑岩、碳酸盐岩建造。在海区莺歌海盆地莺1井钻遇中寒武统变质砂岩,珠江口盆地西部阳江35-1-1 井、开平1-1-1 井钻遇中寒武统变质砂岩,可与华南陆区同时代地层对比。北部湾涠洲断隆一带的地球物理资料分析亦表明存在下古生界,其地震波速度为 5.7~6.2km/s,磁场强度为–70~100nT。琼东、万山断隆一带所存在的密度变化范围为 2.43~2.97g/cm^3 的地层被认为是早古生代变质基底,很接近围区早古生代变质岩地层的密度 2.46~2.91g/cm^3(刘昭蜀和赵焕庭,2002)。

（3）上古生界

上古生界的分布范围估计比早古生界要广泛,其层速度为 5.5~5.7km/s,磁场强度为–70~110nT。研究区内上古生界的岩相和厚度变化较大,包括有海相碳酸盐岩以及陆相到海陆交互相碎屑岩沉积建造。上古生界在北部湾东北部见有广泛的分布,北部湾盆地涠洲浅1井、涠2、涠4和涠9井中均钻遇了石炭系灰岩,古近系和新近系底部的砾岩也多来自上古生界灰岩。另外,台湾浅滩南盆地、珠一地堑西部和珠三地堑大部分、神狐断隆、东沙断隆西部和南部,以及西沙北海槽均有相似的速度层(刘昭蜀和赵焕庭,2002)。

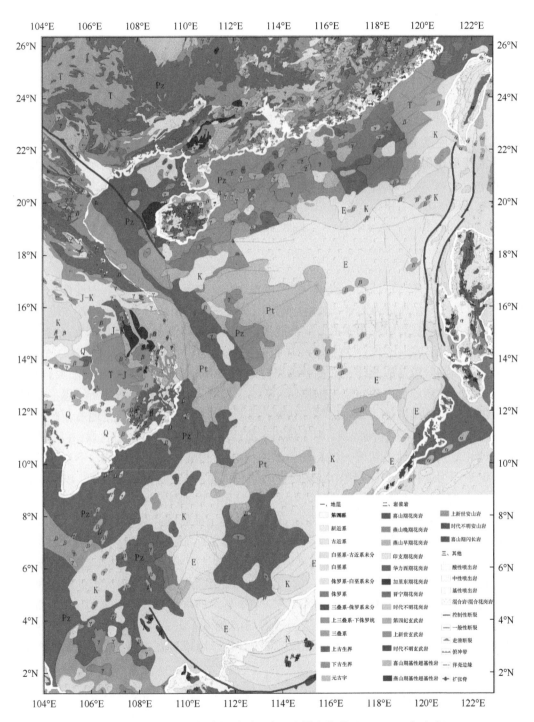

图 4-5　南海地质图（据中国地质调查局和国家海洋局，2004，有改动）

（4）中生界

中生界多分布于大陆架、大陆坡上的小型地堑盆地中，地震波速度一般为 3.5～5.5km/s，珠一地堑东部为 3.5～4.5km/s，东沙断隆区为 3.5～5.5km/s。南海北部、西部三叠系下中统较发育，为浅海相碎屑岩、碳酸岩盐、海陆交互相碎屑岩或山间盆地相含煤建造，层速度为 4.9～5.2km/s。上三叠统不及中下三叠统发育，仅见于闽粤沿海。南海北部侏罗系主要为一套浅海相碎屑岩、红色碎屑岩和中酸性喷出岩等。

下白垩统见于台湾西南和东沙群岛海域，主要为内陆湖泊相碎屑岩建造和火山碎屑岩建造。澎湖通梁 1 井钻遇早白垩世含菊石和软体动物群的浅海相碎屑岩和玢岩类，并见有热液变质作用。在北部湾盆地的福山、前山、乌石和迈陈坳陷中均钻遇了上白垩统，属山前洪积扇。珠江口盆地也有分布，珠一断堑东段的上白垩统至始新统海相沉积厚 2～4km，珠三断堑南部上白垩统至古近系厚达 6km。分布于珠江口盆地南缘的陆坡区和北卫滩断裂以东的上白垩统至始新统，主要为海相沉积盖层，最大厚度可达 3km（刘昭蜀和赵焕庭，2002）。

（5）新生界

新生界主要分布在珠江口、琼东南、莺歌海、北部湾等盆地和西沙、中沙群岛中的盆地群中，以珠江口盆地最为发育，其地层的演化具有相似性，除了西沙、中沙盆地群以早中新世以来的碳酸盐岩沉积为主外，其余地区均以陆源碎屑沉积为主，局部夹灰岩（金庆焕，1989；李思田等，1998）。按照沉积环境的变化，大致可以分为下、中、上 3 个部分。下部为盆地断陷阶段形成的陆相红色砂砾岩建造、火山碎屑岩建造和湖相含油页岩建造，如珠江口盆地古新统为山麓河流相沉积，始新统文昌组、上始新统—下渐新统恩平组属于河流、湖泊、沼泽相沉积（李思田等，1998；陈长民，2000）；北部湾盆地古新统—下始新统长流组属于冲积-辫状河沉积，中上始新统流沙河组为冲积-辫状河-含煤沼泽沉积；莺歌海盆地和琼东南盆地古新统—始新统为洪冲积-湖泊相沉积，上始新统—下渐新统崖城组为河流沼泽相。中部处于盆地由裂陷向坳陷的转化期，以发育海陆交互相、滨岸相沉积为特征，如珠江口盆地上渐新统珠海组为滨岸相沉积；北部湾盆地下渐新统涠洲组、下中新统下洋组为海陆交互相、滨海相沉积；琼东南盆地上渐新统陵水组为海陆交互相沉积。上部随着裂陷盆地进入裂后期的快速沉降，盆地水体迅速加深，发育广海陆棚相沉积，台西南盆地出现半深海-深海相页岩和粉砂岩。珠江口盆地下中新统珠江组、中中新统韩江组为三角洲海湾沉积，上中新统粤海组、上新统万山组为广海-陆棚相沉积；莺歌海盆地和琼东南盆地下中新统三亚组为滨浅海沉积，中中新统梅山组为浅海相沉积，上中新统黄流组为滨浅海相沉积，上新统莺歌海组为浅海-半深海相；北部湾盆地新生代中、晚期以来仍以滨海相为主，仅中中新统角尾组和上新统灯楼角组以浅海相为主，上新统望楼港组为浅海-滨海相沉积。

2. 南海南部海域地层

南部海域包括马来盆地、西纳土纳盆地、曾母盆地、南沙盆地、南沙海槽和巴拉望盆地等，目前对该区新生界了解得较多，但对前新生代地层大部分还属推测，直接揭露得较少（图 4-6）。

盆地 / 地层		礼乐盆地	北巴拉望盆地	西巴拉望盆地	文莱-沙巴盆地	曾母盆地	西纳土纳盆地	马来盆地	泰国湾盆地
新生界	Q	礼乐组（潮间带碳酸盐岩）	卡卡组灰岩	卡卡组灰岩	Q		阿兰组	红树林沼泽与海陆交替相	潮间带—河流相
	N_2				利昂组（海岸平原）				
	N_1^3		马延洛克组（滨浅海）	里克斯组（浅海）	贝莱特组（泛滥平原）	南康组或特隆布组			
	N_1^2		帕加萨组（半深海）	帕瑞瓜组	塞塔普组（浅海、半咸河口）	海宁组（滨海）	巴拉特组	丁加奴群	沼泽相河漫滩相?
	N_1^1			卡蒙加组（半深浅海）		曾母组（河流、港湾）			
	E_3^3	忠孝组（滨海相）	尼多组（滨海）	克罗克组（浅深海）	穆卢组或克罗克组（浅、深海）		加布斯组	纳土纳群	大陆冲积扇砂、砾岩
	E_3^2		前尼多组（滨浅海）			拉让群（浅、深海相浊积岩）	克拉斯页岩	三发组（潮间带）	三发组?
	E_3^1								
	E_2^3		迈提吉德组灰岩						湖泊沉积
	E_2^2	阳明组（半深海相页岩）							
	E_2^1								
	E_1	东坡组（滨海相）		变质浊积岩系		丹脑组蛇绿岩建造			
中生界	K_2	内浅海相						花岗岩	花岗岩
	K_1		火山碎屑岩、灰岩、碎屑岩	浅海相				?	
	J_3	? / 粉砂岩							
	J_2		?						
	J_1		瑞替阶灰岩						变质岩和沉积岩
	T_3								
	T_2	硅质页岩	利米内康组（深海）						
	T_1	?	?						
古生界	P_2		灰岩						变质岩和沉积岩
	P_1	（零星）	燧石、硅质碎屑岩、长石杂砂岩					（零星）	
	C		AnP云母片岩、千枚岩、板岩、石英岩等						
	D								
元古宙		?							

图 4-6 南海南缘海陆地层对比（据刘昭蜀和赵焕庭，2002，有修改）

（1）前中生界

南部海区在南沙群岛和纳土纳群岛可能有元古宙或新元古代地层分布，其岩性和磁场、地震波速度等方面的特征与北部海域相似（金庆焕，1989）。马来半岛的北部陆架和阿南巴斯群岛附近及南沙群岛有上古生界的零星分布，其磁场强度为$-100 \sim -70$nT，层速度为 $5.4 \sim 5.7$km/s（刘昭蜀和赵焕庭，2002）。巴拉望北部最老地层为晚古生代片岩、千枚岩、板岩和石英岩，上覆二叠系中部的角砾化和褶曲的砂岩夹凝灰岩、板岩和灰岩。泰国湾北部和中部有 9 口井钻遇石炭纪—二叠纪和中生代变质岩、沉积岩及白垩纪花岗岩（刘昭蜀和赵焕庭，2002）。

（2）中生界

中生界分布广泛，主要分布在南沙地块的礼乐、南薇、西巴拉望与北巴拉望 4 个盆地中，并有 7 口钻井钻遇中生代地层。德国在礼乐盆地西侧边缘的仙娥礁北部海底采获深海相的灰黑色纹层状硅质页岩，可与卡拉棉群岛出露的中三叠统下部燧石条带和放射虫岩对比。另采获棕色薄层含双壳类与植物化石的粉砂岩，时代为中、晚三叠世至早侏罗世，属滨浅海与三角洲相。植物化石为 *Clathropteris*（格脉蕨属，T_3—J_1）和 *Podozamites*（苏铁杉属，T_3—J_1），这些植物群落主要分布在日本南部、朝鲜、中国北部和中部、越南和泰国及沙捞越以北地区（刘昭蜀和赵焕庭，2002）。礼乐盆地 Sampaguita-1 井钻遇早白垩世的滨海、浅海相沉积，下部为集块岩、砾岩和砂岩组成的巨厚岩段，夹粉砂岩和煤线；上部为夹褐煤层的砂质页岩和粉砂岩。根据地震反射资料，礼乐盆地在新生代地层之下还存在一套变形的层状结构地层，通过和 Sampaguita-1 井对比，可能属于早白垩世地层。

北巴拉望盆地有 2 口井钻遇侏罗系灰岩，其中 Guntao1 井打到晚侏罗世的灰岩，含孢粉、放射虫和几丁虫等化石，属浅海沉积。西巴拉望盆地基底克罗克组的下部属于晚中生代至古新世地层，由燧石、细碧岩和基性、超基性侵入岩及变质岩、沉积岩组成，盆地东北部有上侏罗—下白垩统浅海沉积存在。文莱-沙巴盆地沉积层最下部克罗克（Crocker）组含有晚白垩世的深水沉积，且已强烈褶皱和轻微变质，多为叠瓦状的千枚岩、板岩和硬砂岩，夹厚层凝灰岩。曾母盆地基底的拉让群也被强烈褶皱成叠瓦状构造并变质，该地层在加里曼丹陆地被定为晚白垩世—始新世。

（3）新生界

新生界在南部海区遍布各个盆地，但各盆地存在不少差异。西巴拉望、文莱-沙巴、曾母盆地新生界最老地层是从上白垩统连续发育过来的，均为浅海—深海相沉积。曾母盆地称拉让群，属于浅海-深海相浊积岩，时代从晚白垩世一直延续到晚始新世，其上不整合覆盖晚始新世—早中新世曾母组河流、港湾相沉积。曾母盆地海宁组（N_1^1-N_1^2）和南康组（N_1^3）属于浅海台地相碳酸盐岩，上新统—第四系北康群由浅海-半深海相砂泥岩夹煤层组成，全区稳定分布。西巴拉望盆地晚白垩世到渐新世末期沉积称克罗克组，其上部为褶皱变质的浊积岩系，属半深海相。其上不整合覆盖晚渐新世—中中新世早期卡蒙加组，为一套浅海-半深海相的砂岩、粉砂岩、泥岩夹碎屑灰岩透镜体组成的沉积。中中新统帕瑞瓜组为深海-半深海页岩、泥岩沉积，向上中新统里克斯组为浅海相碳酸盐岩与碎屑岩过渡沉积，最后过渡为卡卡组灰岩（N_2-Q）。文莱-沙巴盆地的穆卢组或克罗克组沉积从晚白垩世开始，一直延续到晚渐新世，这套地层主要为千枚岩、板岩和硬砂岩，已强烈褶皱并轻微变质，属于浅海-深海浊积岩系。其上不整合覆盖早中新世—中中新世早期的塞塔普组浅海、河口沉积，之后为贝莱特组（N_1^3）的泛滥平原砂岩和粉砂岩沉积，以及利昂组海岸平原沉积。文莱-沙巴岸外的上新统—第四系以砂岩、粉砂岩和黏土为主，夹薄层灰岩，属滨海平原和半深海相。

礼乐盆地和北巴拉望盆地自中生代以来，两者基本处于相互联系的同一海区。在礼乐滩，古新统东坡组为浅海陆架灰岩（厚 30m）—三角洲相含砾砂岩和泥岩（厚 280m），中下始新统阳明组为外浅海-半深海相硅质页岩（厚 520m）。上始新统—下渐新统忠孝组为滨海相粗砂岩夹粉砂岩和泥岩（厚 470m，SMP-1 井），与下伏地层角度不整合接触。上渐新统—第四纪礼乐组主要发育潮间带碳酸盐岩（厚 2200m，SMP-1 井）。在北巴拉望盆地，新生代沉积开始于晚始新世，古新统—始新统为滨浅海相碎屑岩或外浅海相灰岩，称迈提吉德组灰岩。上始新统前尼多组为滨浅海相页岩，不整合于老地层之上，渐新世尼多组为浅海台地相灰岩。新近纪发育帕加萨组（中中新统）半深海-深海相钙质黏土岩和粉砂岩，马丁洛克（上中新统）滨浅海相含砾砂岩、粉砂岩及黏土岩，第四纪发育卡卡组浅海生物礁灰岩或深海软泥。

4.2.2　南海陆区地层

1. 南海北部陆区地层

南海北部陆区主要指华南沿海广大地区，以及台湾岛、菲律宾吕宋岛和中南半岛北部陆区。

（1）元古宇

元古宇变质基底在华南沿海主要包括桂北的四堡群、板溪群，福建境内的建瓯群、楼子坝群。四堡群属于区内最老的地层，厚达 9000m。板溪群由一套浅变质的夹碳酸盐岩浅海相碎屑岩和细碧-角斑岩组成，主要分布在九万大山和全州一带，出露厚度为 1065～4683m。建瓯群为一套巨厚的浅海相碎屑岩夹钙、硅质及火山喷发的沉积变质岩，具明显的类复理石结构。楼子坝群为一套变质较单一的浅海相泥砂质夹硅质、钙质沉积建造，沉积韵律发育，厚达 9500m，相当于建瓯群东岩组以上层位（刘昭蜀和赵焕庭，2002）。

（2）下古生界

A. 寒武系

广泛分布于粤北赣南、粤西云开、粤中和桂北等地，闽西、桂西、雷琼及越南北部也有零星出露。沉积类型大体可分为：浅海相类复理石碎屑岩建造、浅海相碎屑岩夹碳酸盐岩含铁磷建造、碳酸盐岩建造、含铁、锰、磷酸盐建造和泥硅质岩建造（刘昭蜀和赵焕庭，2002）。粤西下古生界出露较全，寒武系八村群为浅海相类复理石碎屑岩建造。桂东南钦州地区为小内冲组、黄洞口组粗-细砂岩、页岩组成的复理石沉积。闽西寒武系下-中统为林田组变质复理石砂、板岩、千枚岩夹硅质岩，上统为东坑组厚-巨厚变质砂岩夹黑色千枚岩。三亚地区出露下统孟月岭组和中上统大茅组（中国地质调查局和国家海洋局，2004）。

越南北部马江和范士潘地区见有下寒武统干棠群砂岩和页岩，厚 500m。缺失中寒武统，上寒武统和中奥陶统没有区分，由砂岩、页岩和灰岩组成，厚 1500m。

B. 奥陶系

奥陶系在桂东南、粤、琼和闽西南均有分布，粤西的下古生界出露较全，奥陶系为浅海相含介壳化石的碎屑岩建造（缩尾岭组和三尖群）。粤中奥陶系以笔石页岩相沉积为特征，下-中统新厂组和虎山组下部为浅海相页岩夹石英砂岩、硅质岩，含笔石、腕足类化石，厚 100～200m；上统为虎山组上部黑色含笔石页岩，厚数米至 200m。海南岛五指山奥陶系为南碧沟组变质碎屑岩夹变质基性火山熔岩和火山碎屑岩,厚度大于 3150m(中国地质调查局和国家海洋局,2004)。闽西南的奥陶系和志留系未加区分,为一套千枚状页岩,厚 4273m。

越南北部的奥陶系和寒武系未加区分,主要由碎屑岩和硅质岩组成,含三叶虫和腕足化石。

C. 志留系

主要分布在桂南、桂东南及粤西郁南、罗定、云浮和高要等地。粤西志留系下、中统为笔石页岩建造(连滩群至文头山群),中上统为含介壳化石的碎屑岩建造(岭下群)。在狭长的 NE 向钦州-玉林凹陷内,沉积了厚达 8000m 的笔石页岩。海南岛五指山有志留系出露,下统为陀烈组和空列村组,中统为大干村组和靠亲山组,上统为足赛岭组,主要为一套具复理石韵律的板岩、千枚岩,夹变质粉砂岩和结晶灰岩,含珊瑚、几丁虫和微古植物化石,上与石炭系不整合接触(中国地质调查局和国家海洋局,2004)。

北越长山山脉志留系称大江群,为轻微变质的砂岩、粉砂岩和页岩,产珊瑚化石。中奥陶统龙带河群到志留系大江群,总厚达 8000m(刘昭蜀和赵焕庭,2002)。

(3)上古生界

A. 泥盆系

泥盆系是华南加里东褶皱后的第一个盖层沉积,在陆地广泛分布。主要为滨-浅海相碎屑岩夹碳酸盐岩、台地相碳酸盐岩和深水硅泥质岩,唯钦州地区始终是深海槽盆相细屑岩和硅质岩。下泥盆统主要分布在桂东南以及粤西廉江、粤中、香港等地,下部莲花山组为浅海相细至粗粒砂岩、块状白云岩夹粉砂岩和页岩,上部那高岭组为灰色页岩夹灰白色砂岩和泥质白云岩。钦州地区下统钦州组由细砂岩、粉砂岩夹硅质岩组成,底部有石英砂岩,富含笔石、竹节石、牙形石、放射虫、菊石和腕足类化石,厚 600~800m,与志留系连续沉积(中国地质调查局和国家海洋局,2004)。中泥盆统上部老虎坳组为浅海相砂泥质碎屑岩建造,分布于粤中和粤东一带。钦州地区中泥盆统小董组为深灰色泥岩、硅质泥岩和粉砂岩,厚 300~660m。上泥盆统分布较广,但岩相发生明显分异。双头群浅海-滨海碎屑岩建造分布于粤东和粤中南部,至粤北、粤西南渐变为浅海相碳酸盐岩-砂泥质碎屑岩建造,钦州—玉林一带榴江组则为灰黑色硅质岩、硅质页岩、含锰硅质岩和玉髓岩,厚约 1000m,与石炭系连续沉积。

北越黑水河地区的泥盆系和下石炭统为碎屑岩建造、碳酸盐岩建造和硅质岩建造,总厚达 3000~6000m。北越长山地区,泥盆系歌河群为复理石沉积,下部以碎屑岩为主,与下石炭统为连续沉积,总厚达 5000m。

B. 石炭系

广泛分布于粤、桂、闽西及北越长山山脉等地区,主要为滨-浅海相、浅海相和海陆交互相,包括有碳酸盐岩建造、浅海碳酸盐岩夹含煤碎屑岩建造、滨浅海沼泽相含煤碎屑岩建造、硅质岩建造和硅质岩-碳酸盐岩建造(刘昭蜀和赵焕庭,2002)。桂东南和粤西南在合浦和廉江地区有石炭系分布,下统为岩关阶和大唐阶,上统为壶天群。海南五指山区,石炭系下统发育南好组和青天峡组,为石英砂岩、板岩不等厚互层,底部为砾岩,含腕足类和双壳类化石,厚 350~400m;上统发育石岭组及乐东河组,底部夹条带状灰岩,含腕足类、牙形石和双壳类化石，厚 100~340m，与二叠系整合接触（中国地质调查局和国家海洋局，2004）。

C. 二叠系

陆区分布广泛，范围和石炭系大致相同。下二叠统岩性和石炭系类似，以碳酸盐岩建造为主，次为硅质岩建造，从下到上分为栖霞组和茅口组，钦州—玉林、粤北、粤中、粤东及闽南等地均有分布。在闽西南区为浅海灰岩、页岩和海陆交互相砂页岩建造。上二叠统分为龙潭组（闽南称翠屏山组）和大隆组，分布于钦州—玉林、五指山区、阳春和开平等地，雷州、海口和廉江等地未见分布。上二叠统为一套海陆交互相含煤碎屑岩建造、浅海砂页岩夹泥灰岩，岩性变化大，还发育海底火山喷发岩，含有煤、铁、锰和铝土矿等沉积矿产。

海南岛五指山区，下统发育峨查组和鹅顶组，以及上下二叠统未分的南龙组。峨查组由浅变质的细碎屑岩夹碳酸盐岩组成，鹅顶组为一套巨厚的碳酸盐岩夹少量碎屑岩沉积，南龙组以碎屑岩沉积为主，夹碳酸盐岩及硅质岩类。

在越南西北奠边府带内，二叠纪堆积了巨厚的火山沉积岩和类复理石陆缘沉积（刘昭蜀和赵焕庭，2002）。黑水河地区，中石炭统至上二叠统为海相含䗴灰岩。

（4）中生界

A. 三叠系

无论是海区或陆区发育都较好，陆区分布在闽西南、闽中、粤北、粤中、粤西、桂西、桂西南及中南半岛等地区。此外，桂东、桂中及海南岛等地亦有少量出露。

下三叠统在福建称溪口群，为浅海碎屑岩建造，厚度为 89~1335m；广东称大冶组，为浅海碳酸盐岩夹碎屑岩建造，厚 50~800m。广西区分为碳酸盐岩和碎屑岩两个相区。中三叠统在闽西为浅海-海陆交互相的碎屑岩建造，厚 1100~1308m；粤北西部为浅海-滨海碎屑岩建造，厚度大于 438m；广西区下部为碎屑岩、碳酸盐岩建造，上部均为碎屑岩建造，厚度为 267~9190m。

上三叠统在闽西为主要产煤层位，属海陆交互相山间盆地含煤建造，总厚度为 60~1999m。粤境内上三叠统可分出三种沉积类型：内陆山间湖泊-沼泽相含煤碎屑岩建造（以粤中、粤西小云雾山群为代表）；滨海（或浅海）-沼泽相含煤碎屑岩建造（小坪组）；浅海相含铁磷酸盐岩-碎屑岩建造（以粤东大顶组为代表）。广西的上三叠统分布在十万大山区，为一套厚达 3000~7000m 的陆相红色地层和少量海相层，富含瓣鳃类、叶肢介和植物化石。

海南岛三叠系仅发育下统岭文群，下部砾岩、含砾砂岩，上部泥岩、粉砂岩，含植物化石，为磨拉石建造，厚 350~1000m，不整合于古生界之上。

中南半岛黑水河地区下三叠统至中三叠统卡尼克阶为复理石建造和蛇绿岩建造，厚度大于 6000m。上三叠统诺列克阶（鸿基群）在黑水河一带为含煤岩系，在上寮为滨浅海相碎屑岩夹碳酸盐岩，到马江一带为潟湖相红色建造，它们均不整合于卡尼克阶之上。

B. 侏罗系

侏罗系广泛分布于闽东、桂南十万大山、粤东、粤中，以及中南半岛。下侏罗统和上三叠统一般为连续沉积，发育海相碎屑岩，中上侏罗统为沿断裂构造形成的内陆火山盆地。

　　下侏罗统在我国福建、广东、广西等地为浅海相砂泥质碎屑岩建造,局部地区含劣质煤及煤线,含丰富的浅海菊石、双壳类及少量植物化石。广东境内的下侏罗统称为金鸡群,为滨浅海相砂页岩建造,最厚可达900m。中侏罗统分布在我国福建、粤东、粤中、广西和越南北部等地,为陆相湖泊-火山碎屑岩建造和内陆山间湖泊-火山碎屑岩建造,含丰富的陆相蚬类、蚌类、叶肢介、双壳类和植物化石。表明中侏罗世海水退却,隆起成陆。粤东中侏罗统称为马梓坪群,为中-酸性火山岩建造,并夹粉砂岩和页岩,含双壳类、叶肢介和植物化石,厚350~3550m。上侏罗统的分布范围和中侏罗统相当,为内陆湖泊-中酸性火山岩及火山碎屑岩建造。在粤东和粤中称为高基坪群,为复杂的陆相火山岩建造。

　　桂东南侏罗系下统为汪门组、百姓组紫红色砂、泥岩,底部砾岩,中上部夹煤,含植物、叶肢介和孢粉化石,厚460~2800m;中统那荡组杂色砂、泥岩,局部夹煤线,含双壳类和植物化石,厚1100~2780m;上统,紫力组,杂色、灰绿色砂、泥岩夹煤线,含植物化石,厚160~1100m,与白垩系不整合接触。

　　越南北部的侏罗系大致分为两种沉积相,即下部为粗碎屑含煤建造,总厚度为2100~3600m,上部属红色火山-沉积岩建造,厚1000~2000m。长山山脉区主要出露未分的侏罗系,也属红色火山岩-沉积岩建造。昆嵩地区下、中侏罗统属中印支群中上部地层,夹有海相地层,而上侏罗统则属上印支群的下部,为河流相砂泥岩建造。

　　C. 白垩系

　　陆区主要分布在闽东、广东各地、广西南部、东南部等地,地层分布明显受到断裂控制。

　　早白垩世地层在粤东为官草湖群(或合水组),属于湖泊相碎屑岩-酸性火山岩建造,粤中称为百足山群,粤西称为罗定群,主要为内陆湖泊相红色砂泥质碎屑岩建造。晚白垩世地层在粤北称南雄组,为内陆湖泊相碎屑岩夹火山岩建造。粤西为闸江群,发育含火山碎屑物质及火山熔岩夹层的内陆湖泊相碎屑岩建造。粤中白垩系中下部称三水组,发育河流冲积、浅湖相粗碎屑夹石膏层,上部为大塱山组,发育河流、湖泊相碎屑岩。

　　福建境内的下白垩统为一套紫红色陆相碎屑、火山喷发岩建造,部分夹中酸性凝灰熔岩。上白垩统和古近系未加区分,称赤山群(K_2-E),为陆相干热条件下的山间盆地河床相或山麓相堆积,以巨厚的砂砾岩红色碎屑建造为主。

　　桂东南下白垩统发育新隆组、大坡组和双鱼嘴组,为紫红色块状砾岩、砂泥岩,顶部夹深灰、黄绿色粉砂岩;上统发育西垌组、罗文组,为紫红-棕红色砾岩、砂岩、泥岩夹泥灰岩和石膏,底部为杂色凝灰岩、凝灰角砾岩、凝灰熔岩和石英斑岩,含介形类、双壳类、腹足类和植物化石,厚1300~4280m(中国地质调查局和国家海洋局,2004)。

　　海南岛白垩系下统称鹿母湾群,由内陆山间湖泊碎屑岩建造组成,厚1920~2520m;上统分布广泛,在海南岛定安雷鸣、琼海石壁等盆地中称报万群,由山间盆地粗碎屑岩构成,部分地区夹有安山岩,厚度为2589m。

　　越南北部白垩系为红色陆相沉积,由砾岩、砂岩和泥岩组成。长山地区中生界仅见白垩系的河湖相碎屑岩。

　　(5)新生界

　　华南大陆和中南半岛零星分布在一些内陆小盆地内或沿断裂带出露,大多在中生代盆地的基础上持续沉积新生代红色建造。

广东境内新生界分布在沿海和一些红色盆地中,古新统只见于粤北南雄、粤中三水和粤西茂名等盆地内,为内陆湖泊相红色碎屑岩建造,最大厚度可达900m以上。古新统在南雄盆地分为下古新统上湖组和上古新统农山组,皆为湖泊相细碎屑岩建造。粤中古新统称莘庄组,为湖泊相含膏碳酸盐岩-细碎屑岩建造。在海南岛和雷州半岛称长流组,也为河湖相碎屑岩建造。

始新统局限在三水、东莞和太平场等盆地内,为湖泊相含油、含膏碎屑岩建造,厚439~1773m。在粤中分为早始新统坵心组,中始新统宝月组和晚始新统华涌组。雷州半岛始新统仅见于井下,为湖相碎屑岩建造,称为流沙港组,其上渐新统涠洲组为海陆交互相碎屑岩建造。粤中渐新统分为早渐新统宝安组和晚渐新统珠海组,皆为河流湖泊相碎屑岩建造。

新近系主要分布在粤西和雷琼区,粤东和粤北发育较差。中新统有三种沉积相:茂名盆地黄牛岭组和尚村组为河流-湖泊相碎屑岩建造;海南岛儋州长坡盆地长坡组为河湖沼泽相有机质碎屑建造;雷州半岛为滨海-浅海相碎屑岩建造,自下而上分为下洋组、角尾组和佛罗组,可对比粤中的珠江组和韩江组。上新统分布范围大致和中新统相当,在粤西区为河湖-山麓相碎屑岩建造,分为老虎岭组和高棚岭组;雷琼地区发育望楼港组,为滨、浅海相碎屑岩建造。

第四系在内陆多为砂砾质松散堆积物,沿海有发育较好的海成堆积物。下更新统(Q_1)湛江组主要出露于雷州半岛和海南岛北部,为河流湖泊相碎屑岩建造。粤西为大冶组铁质砂砾岩和泥岩建造。中更新统(Q_2)北海组平行不整合于湛江组之上,多为砾石层和亚砂土。上更新统(Q_3)湖光岩组为一套基性火山岩及火山碎屑岩建造。粤中上更新统分为下部的陆丰组(中-细砂层)和上部的礼乐组(砂砾层、黏土),粤东合称陆丰组。全新统(Q_4)在雷琼、粤中、粤东等沿海区为海相沉积或海陆交互相沉积,包括海滩、海积阶地、沙坝、海湾沉积、现代潟湖、干潟湖和三角洲沉积(王颖,2013)。雷州半岛全新统雷虎组为多孔状橄榄玄武岩,粤中桂洲组为花斑状黏土和砂砾层。内地则为湖泊、沼泽、河流冲积、冲积-洪积、残坡积等类型。

广西的古近系和新近系出露在桂南—桂东南地区,往往受北东和北西向断裂控制,属河流相、湖泊-山麓相或沼泽相沉积。古新统—渐新统称为白石山群,中新统—上新统称为邕宁群。第四系为松散的砂砾层、砂层,属于冲积层、三角洲沉积和洞穴堆积。闽西南古近系称赤石群,新近系称佛昙群,由陆相基性喷出岩及砂页岩组成,与上下地层均为不整合接触,厚达153m。早更新统为天宝组,接着发育中更新统同安组和上更新统龙海组,全新统包括东山组和长乐组。

在越南北部,新近系仅有上新统零星见于红河三角洲、谅山东南和巴江流域等地,属陆源含煤相或滨海相沉积,厚250~300m。

2. 南海南部陆区地层

南部陆区主要指沿南沙地块南部边缘的菲律宾民都洛岛、卡拉棉群岛、巴拉望岛、马来西亚的沙巴与沙捞越和越南中南部、柬埔寨东部、老挝南部三国的交接边缘地区。

（1）前寒武系

中南半岛昆嵩古陆广泛出露元古宇深变质片麻岩和结晶片岩类等组成的中深变质岩系，称昆嵩杂岩，其原岩为复理石建造和基性喷出岩，U-Pb 等时线年龄为 2300Ma。另外，越南南部边和地区钻孔揭示存在一套前寒武纪的变质地层，下部为深变质的角闪石、石榴子石、黑云母副片麻岩，夹角闪岩，有时有钙碱性正片麻岩；上部为中等变质的二云母硅线石片岩，石榴子石片岩和石墨片岩，夹层状石英岩、大理岩及角闪岩。

（2）古生界

越南南部含三叶虫化石的中寒武统是该地区已知最老的沉积盖层，其岩性主要为石英质砂岩和砂质泥板岩，厚 400m。泰国境内寒武纪打鲁陶群（Tarutao Group）主要为红色砂岩夹灰岩，厚约 2000m。马来西亚寒武纪地层仅在西北部的朗卡维岛出露较好，主要为砂质沉积岩，厚约 2000m。柬埔寨境内见有含 Asaphiscus greqarius 化石的中寒武统，为水平层状石英砂岩，可能属于最早的沉积盖层。

在马来西亚的朗卡维岛出露有奥陶系和志留系，为夹有薄层板岩和砂岩的厚层灰岩。从泰国北部向南到马来半岛，广泛出露塔纳西群（Tanaosi Group）浅变质岩系，其下部为志留系—泥盆系北碧组（Kanburi Formation），上部为早石炭世凯尼格罗昌组（Kaeng krachan Formation）砂岩、板岩和石英岩，结晶灰岩夹火山岩二叠系叻武群（Ratburi Group），微角度不整合于凯尼格罗昌组之上。在马来西亚，泥盆系的序列是砾岩、粗砂岩、石英岩、千枚岩和燧石，并与蚀变的蛇绿岩共生。往上的早石炭世沉积层序是泥质板岩、千枚岩、页岩、石英岩、砾岩和一些灰岩透镜体。往东到廖内群岛、林加群岛和邦家岛，所见石炭系—二叠系为酸性火山岩系夹灰岩。

加里曼丹—纳土纳出露最老的地层为泥盆世—早石炭世的老板岩系，出现在古晋-纳土纳一带，为强烈褶皱变质的绿片岩相的云母片岩。不整合其上的石炭系—二叠系特尔巴特组由灰岩、硅质岩和页岩组成，厚 600m。

在菲律宾的巴拉望、民都洛和三宝颜，以基底残块形式存在大面积分布本地区最老的石炭系—二叠系。其中发育在巴拉望和民都洛岛中部冲断层以北的石炭系—二叠系，下部为前二叠纪角闪片岩、片麻岩、细碧岩、绿片岩、千枚岩、板岩、砂岩和大理岩；上部为不整合接触的二叠纪重结晶灰岩，出露在西北巴拉望、巴奎特湾和塔布拉斯岛西南的卡拉巴粤岛之间。二叠纪的原地化石发现于马朗帕亚（Malampaya）海峡群的轻变质岩中，含二叠纪牙形石和纺锤虫属化石。在北巴拉望西侧陆架的卡德劳 1 井（CDL-1）底部也钻遇含晚二叠世蜓科化石的灰岩。

（3）中、新生界

越南南部（所谓的印支断块）下印支群为海陆交互相地层，其上部包含晚三叠世地层；中印支群为一套红色含膏岩沉积，时代为晚三叠世—早侏罗世，与下印支群不整合接触；上印支群为一套陆相砂、泥岩沉积，从中侏罗世开始沉积，其中有一部分延续到白垩纪。新生界除第四系松散沉积物，古近系和新近系在中南半岛不太发育，仅零星分布在一些内陆小盆地。

马来西亚北部的三叠系为一套钙质沉积岩系。泰国北部三叠系南邦群（Lampang Group）为一套 3000m 厚的海相沉积层，下部火山岩组由流纹岩、安山岩、火山集块岩和凝灰岩组成，上部为碎屑岩组。上三叠统诺利克阶—下白垩统呵叻群（Khorat Group）则以巨厚的红层相为特征。至马来西亚中部，二叠系—三叠系爪毛生群为白云岩、硅质灰岩或相变为页岩及粗面凝灰岩、安山岩等，有不同程度的变质，上覆中、上三叠统哲莱组主要为复矿物砂岩、黑色页岩、泥岩和大量中酸性火山岩，并有细碧岩。从廖内群岛到西南加里曼丹，缺失侏罗系—白垩系。

加里曼丹-纳土纳群岛三叠系发育两种同期异相的岩石建造，一为萨洞组（Sadong）典型复理石建造，由砾岩、复矿砂岩、黏土质砂岩、页岩和凝灰岩组成，厚 2300m；另一种为塞里安组（Serian）火山岩系，由基性到酸性和碱性的各种熔岩和凝灰岩组成，与下伏地层不整合接触。在前燕山期地层组成的基底之上不整合覆盖侏罗纪—白垩纪地槽型沉积，即晚侏罗世壳达洞（Kedadon）组的碎屑岩建造、早白垩世保灰岩（Bau Limestone）和晚白垩世配达万组（Pedawan Formation）。在纳土纳岛，强烈褶皱的燧石和侏罗纪—白垩纪变质沉积被晚白垩世花岗岩侵入。在沙巴，从上侏罗统到始新统发育的是蛇绿岩套，为深海镁铁质、超镁铁质岩和硅质岩、细碧岩和碎屑岩。在默纳土斯山，侏罗世—早白垩世帕纽甘组（Paniungan）或阿利诺组（Alino）为复矿砂岩、泥灰岩、灰岩、页岩和结晶灰岩，上白垩统马农古尔组（Manungul）不整合覆盖其上，岩性为碎屑岩、泥灰岩和灰岩，并有大量中、基性火山岩及酸性凝灰岩。

加里曼丹-纳土纳新生界较为发育，在沙巴-默纳土斯，始新世—中新世晚喜马拉雅期冒地槽沉积构成一个完整的沉积旋回：始新统为滨浅海碎屑岩建造，由砂岩、页岩、黏土岩和泥灰岩构成；渐新统为巨厚的半深海黏土岩建造；上部为中新世滨浅海碎屑岩建造。中新世末造山运动时地槽回返，上新统磨拉石建造不整合覆盖其上。

出露在巴拉望群岛北部和卡拉棉群岛的含锰放射虫岩称利米内康组（Liminancong Formation），时代属于早-中三叠世，厚度达千米。晚三叠世沉积瑞替阶灰岩，在卡拉绵群岛的科龙岛上发现其含晚三叠世或早侏罗世有孔虫，与利米内康组可能不整合接触。菲律宾卡拉棉群岛的科龙岛发现侏罗系为碎屑岩组成的复理石沉积夹硅质岩和凝灰岩，厚 6500~10000m。民都洛岛南部，侏罗系大部分为页岩和砂岩，局部含植物碎片和木本有机质。在巴拉望岛东北面的利纳波次岛、依利岛和伊莫利奎岛出露有富含晚侏罗世藻类、有孔虫和腔肠动物化石的灰岩，其厚度在北巴拉望陆架根涛 1 井中大于 997m，属浅海-半深海沉积，其所含放射虫化石可能延续到早白垩世。下白垩统很少见露头，仅在巴拉望岛东北陆架（苏禄海）的杜马兰 1 井（DMR-1）钻遇，为一套厚达 1130m 的砂砾岩，与上覆古近纪和新近纪始新统不整合接触。始新统底部为粗碎屑岩，向上变为长石细砂岩、页岩夹灰岩。下中新统不整合于老地层之上，为长石、石英质碎屑岩、礁灰岩及煤系；上中新统—下上新统为长石质凝灰质沉积，上上新统—更新统为礁灰岩及陆相磨拉石。巴拉望岛南部的情况有所不同，出露有大片白垩纪—古近纪蛇绿岩和伴生的深海硅质沉积，古新统-始新统的深海浊流沉积层帕纳斯组和渐新统-中新统的滨海沉积层潘迪组，沿该岛西缘和南端分布。

4.2.3　南海岩浆活动

岩浆作用是断裂构造活动的标志之一，南海岩浆活动历史久远，从元古宙到新生代都有岩浆活动，反映了南海及其围区岩浆活动的长期性和持续性。晚燕山期和喜山期是南海岩浆活动的重要时期，晚燕山期的岩浆活动出现在陆缘外侧的优地槽区，主要为基性、超基性岩浆的侵入和喷发，而内侧的华南古生代褶皱基底燕山陆缘活化带主要为中、酸性岩浆的侵入和喷发，岩浆活动的前缘明显向东南迁移至现代海区（刘昭蜀和赵焕庭，2002）。

1. 南海北部和西部边缘岩浆活动

（1）前燕山期

研究区最老的岩浆岩为分布在中南半岛昆嵩地区的元古宙花岗岩，另外，在桂北罗城县有四堡期的超基性-酸性岩类和花岗闪长岩小岩珠分布。加里东期岩浆岩广泛分布于广东、海南岛和中南半岛，加里东早、中期由于混合岩化作用，形成了武夷山、云开大山和海南岛的混合岩和混合花岗岩，云开大山混合岩同位素年龄为 522～422Ma。海西期以酸性岩浆岩为主，基性-超基性岩主要沿马江—黑水河断裂分布，代表古特提斯消亡，印支板块与华南板块碰撞拼贴。印支期岩浆岩主要集中分布在中南半岛的长山山脉岩带和昆嵩-大岣岩区以及中南半岛沿海陆架区，由岩基和岩珠状产出的花岗岩和花岗闪长岩组成。

（2）燕山期

东南沿海地区，政和—大埔—海丰断裂以东，在大地构造上属于东南沿海海西褶皱带，该带以十分强烈的燕山期中酸性岩浆活动著称。东南沿海广泛分布晚侏罗世和早白垩世火山岩，岩性为流纹岩、安山岩、英安岩、凝灰熔岩和凝灰岩。燕山期侵入岩主要出露早期的第三期和晚期的第四期。该期侵入岩期次多、规模大，主要呈 NE 向带状分布，演化规律明显，各期次均表现为自 NW 向 SE 渐次变新，岩性呈中酸性（石英闪长岩）-酸性（含黑云母花岗岩）-偏碱性（正长岩）的演化规律（中国地质调查局和国家海洋局，2004）。

除华南陆区外，大量钻井资料以及拖网揭示在海区也有广泛的岩浆活动，从珠江口盆地、琼东南盆地、中西沙地区到万安盆地、湄公盆地、曾母盆地形成一条北东向的岩浆岩带，以钙碱性喷出岩和中酸性侵入岩为主，构成各盆地的基底。

台西-珠外陆架区主要分布燕山晚期花岗岩，钻探揭示，珠一坳陷古近系-新近系之下为一套以花岗岩为主，次为闪长岩和二长岩的酸性及中酸性侵入岩，其同位素年龄为 70.5～130.0±5.0Ma，属于燕山晚期。东沙隆起区对应的是 NE 向的正磁异常高带。推测上述高磁异常带由燕山期的基性-超基性岩引起，可能属于中生代古俯冲带蛇绿岩套。

另外，西沙群岛西永一井完井地质报告测得西沙群岛花岗片麻岩的同位素年龄有两个：一个是用 Rb-Sr 法测定的 6.27 亿年；另一个是 K-Ar 法测定的 0.689 亿年。显然说明西沙断隆元古宙基底在中生代受到岩浆侵入的影响。

（3）喜马拉雅期

喜马拉雅期，岩浆活动强烈而广泛，活动强度由早至晚、由东向西逐渐增强，并由早期的中、酸性岩浆活动变化到晚期的基性-超基性岩浆活动。同时，伴随南海和海沟-岛弧系的形成，在张裂扩张作用下，地幔物质沿断裂上涌，形成大面积的洋壳。

闽粤沿海出现新生代的侵入岩以辉长岩、灰绿岩类为主，呈岩墙状集中在海岸地带。基性岩浆在古近纪-新近纪—第四纪多次喷发，第四纪更强烈，分布面积广，厚度达到百余米，受 EW 向、NW 向断裂控制。东沙隆起东部，在燕山期侵入岩基础上普遍发育喜马拉雅期基性、超基性喷发岩。

在下陆坡和东北海盆区,前新生代古老洋壳基底具有弱磁性,上部层由新生代多期岩浆活动喷溢的玄武岩组成。沿北坡海山断裂喷发堆积的北坡海山,可能属新生代晚期岩浆活动的反映。

南海北部陆坡新生代可以识别出 4 期火山活动。

渐新始末,岩浆活动以岩珠或岩墙方式侵入为主,强度较弱。主要发现于陆坡的下部,其次,在西沙海槽断堑和一统断隆的个别地方也有发现,推测为中酸性岩浆活动。早中新世末,岩浆活动仍以岩珠或岩墙方式侵入为主,但较强烈和广泛,推测以基性岩浆活动为主。中中新世末,岩浆活动最为强烈,活动方式以侵入和喷发为主。第四纪的岩浆活动以基性喷发为主。

2. 南海南部边缘岩浆活动

南海南部海域辽阔,地质构造情况复杂,新生代以来由于板块的碰撞汇聚、拉伸裂离,形成大量性质不同、大小不一的岩浆岩体。南海南部海域自元古宙至新生代均有岩浆活动,按岩体侵入的时间可分为前新生代和新生代两个阶段。

（1）前新生代岩浆活动

分布在中南半岛昆嵩地区的中元古代花岗岩是区内最早的岩浆岩,属于昆嵩陆核的组成部分。在南沙海区的结晶基底中也可能存在该套花岗岩。

印支期的岩浆活动在中南半岛非常普遍,主要为酸性花岗岩类,其次为中酸性火山岩。另外在礼乐滩美济礁一带,拖网采到晚三叠世—早侏罗世的橄榄辉长岩和火山岩。

燕山期岩浆岩是在活动边缘构造环境中产生的,类型多样。基性-超基性岩类主要分布在巴拉望岛、沙巴、古晋和纳土纳地区,与深海硅质岩及沉积变质岩一同组成混杂岩堆积;酸性岩类分布广泛,除在陆区有一系列花岗岩侵入和火山岩喷发外,在海区也有广泛分布。据钻井资料,万安盆地、湄公盆地,以及曾母盆地西部都在基底中钻遇了花岗岩类岩石。该岩浆岩带在岩性上,由北向南从酸性花岗岩变为中酸性的角闪花岗岩和花岗闪长岩。在东北部的礼乐滩,拖网样中也见有花岗岩类岩石。

（2）新生代岩浆活动

南海南部海域新生代岩浆活动是在拉张环境下形成的,以中基性火山岩为主。在巴拉望岛和加里曼丹等岛弧区的挤压构造背景下,有中酸性的花岗岩类岩体侵位。南海南部新生代岩浆活动大致可以分为三期。

1）晚白垩世—中始新世,南海地区发生了一次广泛的伸展运动,在张应力作用下,形成一系列裂谷和裂陷槽,并伴有火山喷发活动。在曾母盆地西侧 Ay-1 井中钻遇火山集块岩,年龄为 54.6 ± 2.7 Ma。另外,在礼乐滩海域,拖网采集到斑状流纹岩、流纹质凝灰岩等,推测该时期岩浆喷发方式为小型的中心式喷溢,以中酸性和中基性火山岩为主。

2）晚始新世—中中新世,随着西南海盆和中央海盆的相继扩张,在洋盆内形成洋壳玄武岩和其他深成岩。受洋盆扩张的影响,在南沙海域的盆地中,沿断裂出现一系列岩浆侵入,在中北部的北康、南薇西盆地中岩浆活动尤为强烈,形成大片沿断裂发育的岩浆岩体,活动强度由北向南逐渐减弱。

3）早中新世末期以后,随着南海洋盆扩张的停止,岩浆活动中心由洋盆转移到周缘地区，在中南半岛中南部有大量上新世—第四纪高原型玄武岩喷发。海区岩浆活动仍较强烈，南沙海域各盆地地震剖面上均可见到刺穿各时代地层直达海底的岩浆岩，形成海山、海丘、浅滩或岛礁，推测岩浆活动以基性-中性岩浆喷发为主，也可能存在中性-酸性岩的侵入。德国"太阳号"船在礼乐滩和卡拉绵群岛之间的海山上拖网发现喷出的玄武岩。其中，在北巴拉望岸外的海山上采集到含橄榄石、斜辉石和斜长石的多孔玄武岩，在礼乐滩以东山上采集到橄榄玄武岩碎块。

3. 南海东部边缘岩浆活动

（1）海西期

海西期岩浆活动主要见于民都洛、巴拉望和三宝颜等地区。海西早期为大规模的细碧岩浆和玄武岩浆喷溢，并有辉长岩等基性、超基性岩侵入，形成菲律宾西南稳定区基底构造层的蛇绿岩套。海西晚期中酸性侵入岩分布在民都洛、三宝颜等地区，主要为石英闪长岩、斜长花岗岩，侵入基底构造层；喷出岩主要为流纹岩、英安岩，分布在北巴拉望、卡腊谋安（Caramoan）半岛地区。中酸性岩浆岩系二叠纪末造山运动的产物。

（2）燕山期

燕山期岩浆岩在菲律宾群岛有大量的分布，并以晚白垩世大规模海底基性火山喷溢和基性、超基性岩浆侵入形成的蛇绿岩套为特征。活动带下部由枕状细碧岩组成，中部为基性岩，顶部发育细碧岩和硅质岩，伴有基性、超基性岩的侵入。侵入体由辉长-辉绿岩岩脉、角闪石-榴辉岩岩墙和橄榄岩岩床组成，分布遍及整个群岛。推测吕宋岛西侧的岛架、岛坡和吕宋海槽的基底应有该期岩浆活动的存在。

（3）喜马拉雅期

1）菲律宾群岛。广泛分布始新世安山岩、英安岩和巨厚的火山碎屑岩。渐新世闪长岩和石英闪长岩呈岩珠侵入。晚渐新世—中渐新世主要为安山岩和玄武岩。中中新世石英闪长岩为菲律宾历史上规模最大的侵入岩。中新世末—上新世，巨厚的英安岩和安山质火山碎屑凝灰岩、层凝灰岩遍布整个活动带。上新世—第四纪以玄武岩的广泛喷发为特征。

2）中央海盆区。位于 11°～20°N，115°～119°E 的海域，为条带状磁异常发育区。中央海盆扩张停止后，发生过多次岩浆喷发活动。在玳瑁海山、珍贝海山和中南海山分别拖到石英拉斑玄武岩、橄榄拉斑玄武岩和碱性玄武岩，同位素年龄分别为 13.95Ma（中中新世），9.7Ma（晚中新世）和 3.5Ma（上新世）。

4.2.4 南海第四纪火山喷发活动

新生代中国东南沿海弧形海岸及浅海地带有一系列基性岩浆的裂隙式喷发，从台湾海峡南部的澎湖列岛至闽东南的厦门、漳浦、海澄及金门岛，粤东南澎列岛、澄海鸡笼山、惠来四石村，珠江三角洲内的三水和南海，粤西雷州半岛，琼北，桂南涠洲岛和斜阳岛等地，形成玄武岩台地和火山锥。最高的火山锥是雷州半岛南部雷州石峁岭，海拔高 259m。雷琼地区火山活动的年龄介于 0.6～3Ma，火山岩的生成年代不晚于中新世晚期，更新世岩浆活动最为强烈，到全新世早期火山活动熄灭。琼北海口琼山区的马鞍岭（222m）、雷虎岭（168.7m）、儋州市峨曼岭（167m），湛江市的湖光岩（89m）至今仍保留完整壮观的火山地貌。华南海岸带新生代火山活动主要集中在雷琼沉降带内，均属基性玄武岩浆的火山喷发。溢流形成大面积的玄武岩被，喷发形成星罗棋布的火山锥。据统计，整个雷琼地区的火山锥约 100 多座，玄武岩分布面积约 11000km^2。更新世阶段，火山活动遍及全区，陆地上出现火山口（锥）56 座。全新世时，火山活动仅见于琼北，有火山口（锥）23 个，以琼山雷虎岭一带最密集。人类历史时期仍有火山活动，光绪九年（1883 年）临高县出现地裂，有火上炎，草木皆成灰烬，土黑如墨。

我国南海诸岛中，现有资料记载的唯一第四纪火山岛是在西沙群岛东岛环礁的高尖石。它位于东岛西南 14km，永兴岛东南 44km 处，出露面积约 800m^2，高 6.6m。岛上出露的全是黑色和黑褐色火山角砾岩，K-Ar 同位素年龄 2.05Ma，喷发时间可能相当于湖光岩期。中沙环礁东北面一个宽 50km、长约 100km 的浅滩，反射地震剖面揭示为一系列水下火山群。沿南沙群岛中部 NW 向的南华水道南侧分布的司令礁、南华礁和利生礁（六门礁）等礁体的基座可能是火山岩。礼乐滩南面 L5 电火花浅层剖面解释出多处火山活动，该测线上的忠孝滩断裂处即为喷溢形成的海底火山。

越南金兰湾南面水深 30～200m 大陆架上的平顺海岛南面海域有现代形成的火山列岛，叫卡特威克列岛。1923 年火山喷发形成两个新的火山岛，位置为：10°10′20″N，109°00′10″E，高 29.5m；10°08′12″N，109°00′30″E，高 0.3m。

菲律宾位于环太平洋火山带的西部，是琉球—台湾—菲律宾火山带的一部分。菲律宾火山带始于吕宋岛经棉兰老岛，止于加里曼丹岛东北部沙巴东南部的森波纳半岛。菲律宾大约有 220 个第四纪活动的熄灭的火山锥，其中 26 个在历史时期是活动的。菲律宾火山活动从新近纪后期延至现代，20 世纪就有好几个火山喷发。菲律宾第四纪火山群由 4 个带组成，分别为吕宋西弧带（西部火山带）、南吕宋—达沃的东弧带（东部火山带）、内格罗斯和潘尼弧带（内格罗斯火山带），以及苏禄群岛—森波纳半岛的东南弧带（苏禄火山带）。近年来，在吕宋西弧带三描礼士山脉中，位于马尼拉西北面 110km 的皮纳图博火山（高 1780m），在沉睡了 600 年后于 1991 年 6 月 9～15 日爆发，死亡 200 多人。

4.2.5 南海地震活动

南海及周缘地区在 1067～1970 年共发生 $M \geqslant 6$ 级地震 176 次，震级最大地震发生于 1604 年 12 月 29 日福建泉州以东海域，震级达到 8 级。泉州地震使福建沿海遭受严重破坏，震感范围可达我国东部的江苏、上海、安徽、湖北、广西等十余省（区、市）。1970～2007 年共发生 $M \geqslant 3$ 级地震 5567 次，其中，$M \geqslant 6$ 级地震 81 次。1990 年 7 月 16 日 GMT 时间 07 时 26 分在菲律宾北部吕宋岛发生 8.0 级地震，震源深度为 25km。1999 年 9 月 21 日台湾集集发生 7.6 级地震，震源深度为 33km，造成岛内 2100 人死亡（康英等，2000）。

数据来源主要为中国地震台网（CSN）地震目录（1970.1.1～2007.10.31）以及中国地震台网历史地震目录（1067～1970 年），范围取 0°～26°N，104°～122°E 之间的区域，面积约 560 万 km^2。

1. 地震空间分布

南海地震主要分布于中国台湾—菲律宾沿线，太平洋板块与亚洲板块的交汇地带

（图 4-7）。中国台湾—菲律宾地震带属于环太平洋地震带的西南段，密集的地震分布显示了太平洋板块与亚洲板块之间现代强烈的构造活动。南海东部地震带内地震发震构造反映菲律宾岛弧向南海亚板块的仰冲，马尼拉海沟及其两侧地震多为逆冲型，但由于海沟的俯冲是被动的，因此不同部位由于应力转换，使得逆冲型转变为走滑型或正断型（朱俊江等，2005）。

巽他群岛等南海南部边缘为亚洲板块与印度洋板块的交汇带，也是一个地震多发带。虽然近期苏门答腊岛等群岛外缘强震频发，但加里曼丹岛内缘古俯冲带地震活动较少，没有发生过 6 级以上的地震。与板块边缘强烈的地震活动相比，华南、中南亚板块以及南海亚板块等板块内部地震活动频率相对较低，板块内部的地震主要为华南沿海以及台湾海峡西南海域。华南沿海 6 级以上地震基本沿海岸线分布，明显受到 NE 向华南沿海断裂带的控制。华南沿海 NE、NEE 向断裂与 NW、NWW 向断裂的交会地方，地震活动频率较高，地震呈丛状分布。华南沿海地震发震构造以走滑型和正断型为主，分别占 49%和 20%。华南亚板块与中南亚板块之间的走滑边界带为板块内部又一地震活动比较密集的地带，地震发震性质以走滑断裂为主，走滑性质地震占 50%以上。南海西部中南半岛走滑边界地带地震相对平静，1900 年以来没有发生过 6 级以上地震。

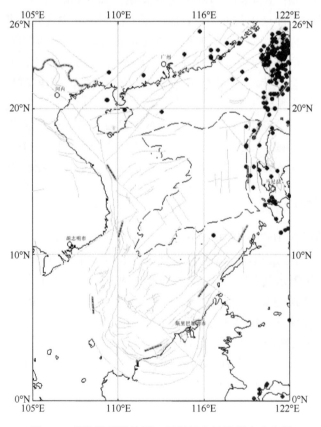

图 4-7　南海及周缘地区 6 级及以上地震震中分布图

2. 地震深度分布

南海及周缘板块内部和板块俯冲边界地带，地震的深度分布反映出较大差异。南海东部俯冲带集中了南海所有的深源地震，其中台湾岛弧俯冲带内地震最大震源深度达到150km，菲律宾岛弧俯冲带内地震震源分布更深，最深处达228km。俯冲带内地震群的深度分布反映了俯冲带的倾向（图4-8）。台湾岛弧内地震深度分布指示了菲律宾海板块向亚洲板块的仰冲，俯冲带向太平洋倾斜；菲律宾岛弧内地震深度分布显示了岛弧增生带NNW向朝南海亚板块的仰冲，俯冲带向岛弧倾斜。板块内部的地震多为浅源地震，地震平均深度为12～15km。板块内部地震具有优势分布层位：华南亚板块内部70.3%的地震分布在5～15km内；南海北部大陆架、大陆坡区的地震优势层为4～22km，但22km以下仍有相当比例的地震发生；深海海盆区地震个数很少，但深度分布较其他区域深，部分地震深度超过30km。南海及周围板块内部地震震源的垂向分布与岩石圈流变结构有明显的对应关系：地震"优势层"的厚度受控于地壳脆性层底界埋深深度，由陆向海地壳脆性层底界加深，造成了地壳内地震"优势层"底界埋深加深。地壳上层的流变结构可能对南海北部及周缘陆区地震的发生有重要影响，在上地壳脆性内存在软弱夹层的地带地震密集，而缺乏软弱层（低速层）的海域地带地震个数分布较少。

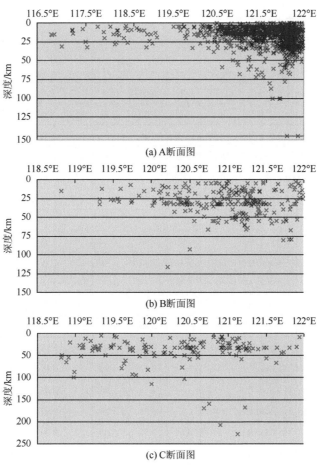

图 4-8　不同断面地震深度分布图

4.3　南海海底沉积

根据国土资源部和国家海洋局对南海沉积物的调查成果并结合其他有关资料（中国地质调查局和国家海洋局，2004），总结南海沉积物的粒度分布特征和沉积物类型及分布特征。

4.3.1　沉积物粒度特征及分布

南海海底表层沉积粒度统计显示，4.0～10.0φ（极细砂-粗黏土）是南海沉积物的主要粒级，占 77.88%，核心粒级是 7.0～9.0φ（细粉砂-粗黏土），占 42.02%，大于 10φ 的细粒级占 12.34%，–2～3φ（细砾-细砂）占 9.74%（表 4-1）。

表 4-1　南海表层沉积物粒度参数

海区	范围	纬度	经度	水深/m	Mz/φ	中值/φ	Ski	Kg	分选系数	砾/%	砂/%	粉砂/%	黏土/%
南海总平均	最小	3.9435°N	107.0119°E	4	0.14	0.02	–1.70	0.48	0.16	0.00	0.00	0.00	0.00
	最大	26.5000°N	124.6667°E	4772	9.30	9.64	2.24	4.88	4.52	43.40	99.80	82.70	76.20
	平均	14.2575°N	113.4006°E	1798	6.86	6.64	0.06	1.10	2.03	0.43	19.84	42.21	37.31
东部	最小	11.9933°N	116.7450°E	330	3.18	3.12	–0.20	0.73	1.54		0.16	30.93	4.26
	最大	22.0117°N	121.2333°E	4772	7.78	7.71	0.33	1.17	2.93		64.04	73.85	43.55
	平均	17.2406°N	118.5666°E	3330	6.71	6.68	0.04	0.97	1.99		10.64	60.67	28.69
西部	最小	7.2329°N	108.5111°E	90	0.14	0.65	–0.37	0.68	0.35	0.00	0.10	2.80	0.00
	最大	17.9323°N	112.9729°E	4284	9.30	9.38	0.78	3.95	4.52	37.60	96.20	78.30	76.20
	平均	11.8918°N	110.6583°E	1833	7.70	7.69	0.00	1.09	2.17	0.29	10.11	38.36	51.26
南部	最小	3.9435°N	108.5101°E	62	1.67	1.89	–0.55	0.49	0.36	0.10	0.00	1.00	0.00
	最大	6.9790°N	115.0158°E	2882	9.06	9.64	0.96	4.88	3.85	5.00	97.40	82.70	74.20
	平均	5.8325°N	111.3355°E	821	6.32	6.18	0.10	1.36	1.90	1.24	28.41	39.04	32.32
北部	最小	8.5000°N	108.0033°E	25	1.97	1.94	–0.14	0.65	0.93		4.22	4.24	1.70
	最大	23.0000°N	118.6667°E	148	7.44	7.45	0.56	2.36	2.75		94.06	66.59	37.62
	平均	18.4078°N	112.9082°E	69	5.54	5.49	0.08	1.05	2.14		31.05	48.42	20.54
中部	最小	11.8733°N	110.0083°E	82	2.41	1.75	–0.32	0.66	1.60		0.11	11.32	6.18
	最大	21.0067°N	118.0519°E	4420	8.79	8.80	0.64	2.70	3.65		78.72	64.97	70.62
	平均	16.1805°N	114.6184°E	2848	7.71	7.68	0.04	1.04	2.27		8.64	42.25	49.12
北部湾	最小	17.0333°N	117.0119°E	9		0.02	–1.70		0.16	0.00	0.30	1.07	0.00
	最大	21.4917°N	109.6667°E	90		8.53	2.24		3.62	17.23	97.37	62.24	59.66
	平均	19.8003°N	108.4091°E	44		5.36	0.18		2.07	1.33	36.57	32.50	29.60
台湾海峡	最小	23.0650°N	118.6333°E	4	0.65	0.80	–1.00		0.20	0.00	5.70	0.00	0.00
	最大	26.5000°N	124.6667°E	200	5.70	6.30	0.83		3.45	43.40	99.80	62.86	31.43
	平均	25.0439°N	121.2394°E	67	3.14	2.91	0.14		1.15	2.90	72.51	16.34	8.16

续表

海区	范围	纬度	经度	水深/m	Mz/φ	中值/φ	Ski	Kg	分选系数	砾/%	砂/%	粉砂/%	黏土/%
陆架区	最小	3.9435°N	107.0119°E	4	0.14	0.02	−1.70	0.49	0.16	0.00	0.30	0.00	0.00
	最大	26.5000°N	124.6667°E	200	9.06	9.64	2.24	4.88	3.85	43.40	99.80	82.70	66.70
	平均	16.1477°N	112.1647°E	79	4.08	4.40	0.17	1.59	1.87	1.52	51.76	27.44	19.26
陆坡区	最小	5.2597°N	109.0540°E	201	2.64	1.84	−0.37	0.59	1.28	0.00	0.00	6.30	4.26
	最大	22.0117°N	121.2333°E	3000	9.30	9.38	0.96	3.95	4.52	3.10	73.70	79.00	75.80
	平均	12.4952°N	112.3544°E	1640	7.62	7.62	0.01	1.06	2.10	0.02	7.69	45.90	46.40
深海区	最小	9.7218°N	110.7149°E	3003	5.20	4.80	−0.23	0.73	1.37	0.00	0.10	23.40	11.24
	最大	21.0000°N	120.4050°E	4772	9.10	9.22	0.53	1.22	3.33	0.70	32.26	73.85	76.20
	平均	15.2440°N	116.4626°E	3872	7.39	7.36	0.03	0.96	2.07	0.00	6.80	52.26	40.93

资料来源：中国地质调查局和国家海洋局（2004）

根据粒度特征，南海沉积物主要有三种分布类型：一是北部（包括北部湾）和南部海域以粗颗粒为主，具有双峰态分布特征，主要见于陆架区；二是东部和中部海域以细颗粒为主，基本呈正态分布，主要见于深海区；三是具有多种物源的双峰或多峰态粒度分布沉积区，常见于陆坡区或深海区（图 4-9）。南海沉积物砂级、粉砂级、黏土级含量分布见图 4-10～图 4-12。

陆架区沉积物粒度组成：根据水深 4～200m 陆架区 251 个站位沉积物粒度统计，砾石含量 0.00%～43.40%，平均 1.52%；砂 0.30%～99.80%，平均 51.76%；粉砂 0.00%～82.70%，平均 27.44%；黏土 0.00%～66.70%，平均 19.26%，沉积物以砂质沉积物为主。粒度频率分布呈双峰态，主峰 3～4φ，次峰小于 10φ。晚更新世期低海面时陆架区为滨海沉积，颗粒较粗，大多数被现代的粉砂和黏土沉积所叠加，以致粒度分布呈双峰态或多峰态。

陆坡区沉积物粒度组成：根据水深 200～3000m 的陆坡区 403 个站位沉积物粒度统计，沉积物中砾石消失，含砂 0.00%～76.70%，平均 7.69%；粉砂 6.30%～79.00%，平均 45.90%；黏土 4.25%～75.80%，平均 46.40%，沉积物以粉砂质黏土为主。粒度频率分布基本为单峰态，主峰 7～9φ，次峰不明显。陆坡区以陆源沉积作用和碳酸盐沉积作用为主。

深海区沉积物粒度组成：根据水深 3003～4772m 深海区 239 个站位沉积物粒度统计，砂含量 0.00%～32.26%，平均 6.80%；粉砂 23.40%～73.85%，平均 52.26%；黏土 11.24%～76.20%，平均 40.93%，沉积物以粉砂和黏土为主。粒度频率分布为单峰态，主峰 8φ 的含量比陆坡沉积物低 1%。在火山灰和铁锰微粒富集区具有多峰粒度分布。一般地说，深海区沉积物颗粒要比陆坡区的小，但是，粒度分析统计结果却相反，其原因可能是深海区沉积物受火山沉积作用（火山灰平均粒径达 23.08μm）和自生铁锰沉积作用（铁锰微粒直径 63～125μm）影响较大。

火山灰沉积物粒度组成：据对南海东部海域 15°N 以南 16 个站位表层（0～5cm）灰白色火山灰沉积物的采样和粒度分析，表明火山灰沉积物粒度较粗，平均粒径 Mz 为 4.46～

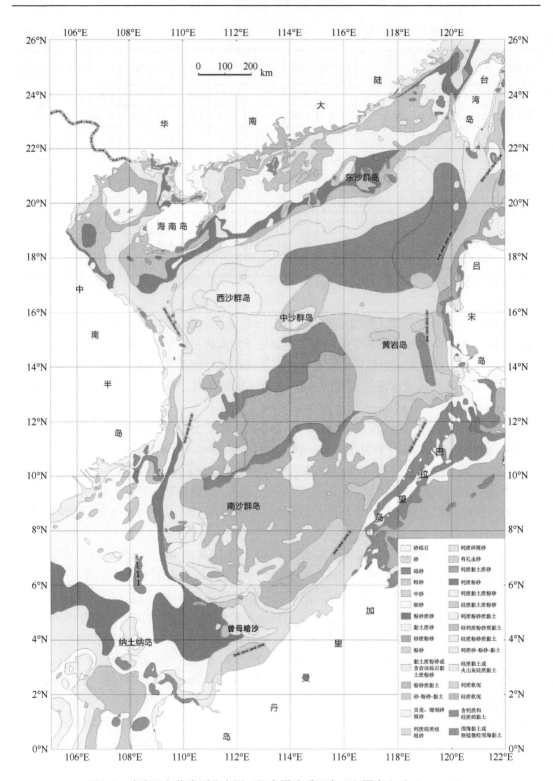

图 4-9　南海沉积物类型分布图（据中国地质调查局和国家海洋局，2004）

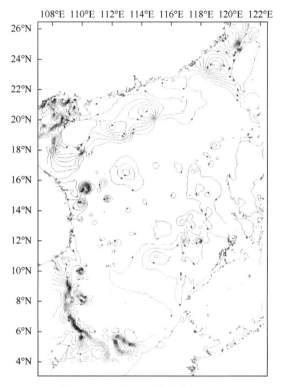

图 4-10　南海沉积物砂含量分布

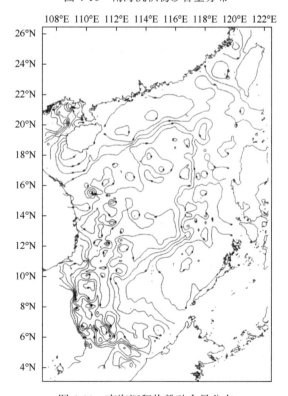

图 4-11　南海沉积物粉砂含量分布

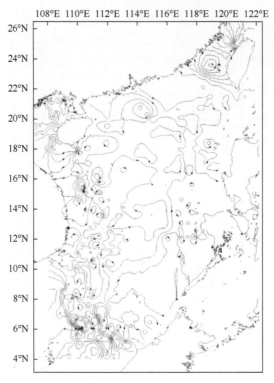

图 4-12 南海沉积物黏土含量分布

6.40φ，平均 5.69φ。中值粒径 Md 为 11.95～55.65μm，平均 23.08μm。砂含量为 13.31%～45.58%，平均 24.40%；粉砂为 48.59%～66.05%，平均 58.59%；黏土为 5.83%～23.58%，平均 17.01%。

4.3.2 沉积物分类和分布特征

1. 沉积物分类

浅海-半深海沉积：主要分布在水深小于 3000m 的海域，沉积物以陆源碎屑为主，钙质碎屑或硅质碎屑为辅，沉积物类型为砂砾石、砾砂、粗砂、中砂、细砂、粉砂质砂、黏土质砂，粉砂、砂质粉砂、黏土质粉砂，粉砂质黏土、砂-粉砂-黏土。

深海沉积：主要分布在水深大于 3000m 海域，沉积物以黏土（软泥）和粉砂为主，生物碎屑、火山灰和铁锰微粒为辅，沉积物类型分为硅质黏土、深海黏土、钙质软泥、硅质软泥、含钙质和硅质的黏土。形容词为铁锰微粒、火山灰。南海表层沉积物中常见有一些特殊沉积，如火山物质、铁锰微粒和浊流沉积，其数量虽然不多，分布也较局限，但它们的形成却是特殊地质作用的产物。

2. 分布特征

南海表层沉积物的分布特征分为陆架区、陆坡区和深海区三部分分述。

（1）陆架区沉积物类型及其分布

南海大陆架表层沉积物由现代沉积和残留沉积组成，其沉积物类型有砂砾石、砾砂、粗砂、中砂、细砂、粉砂质砂、黏土质砂、粉砂、黏土质粉砂、粉砂质黏土、砂-粉砂-黏土、钙质生物砂、钙质生物砾质极粗砂、贝壳珊瑚生物碎屑砂 15 种。海湾中沉积物较细，在海峡、开阔的陆架外缘沉积物较粗。常见矿物是磁铁矿、钛铁矿、金红石、锐钛矿、锆石、帘石、电气石、海绿石、绿泥石等，轻矿物以石英、长石为主。

　　南海陆架表层底质，在我国沿海呈现为与海岸平行的 NE—SW 向带状分布。在两广沿海的韩江口与珠江口外，受河流冲积物补给，水深 30m 等深线以内的近岸带，粒度自岸向海由粗到细。在沿岸 20～30m 以内的等深线内分布着粉砂质黏土，主要为河流带来的细粒沉积。在现代河流泥沙扩散带以外，在河口附近相当于 50m 水深以外的地区，分布着砂质沉积。砂质沉积（包括粉砂）在南海大陆架上，分布较广，在汕头沿海大致从 30m 等深线向外即为砂质沉积带。珠江口外在 50m 等深线处交错分布着细砂与粉砂，砂的成分主要是石英、长石，含较多的自生海绿石（占重矿总量的 20%～25% 以上）和较多的 $CaCO_3$，细砂中含有钛、磁铁矿等重矿物，矿物成分向外海减少，而贝壳与有孔虫成分却逐渐递增。砂带的外界大致与大陆架外缘水深相当，但颗粒组成变细。珠江口外水深 50m 以外的海底均见有磨圆度较好的砂砾物质，表明它们是在高能环境中长期沉积的产物。粤东 80m 水深的海底，见有潮滩相生物贝壳和海滩岩。种种特征表明，砂带是更新世末期低海面或全新世初海面开始上升时的古海滨沉积。

　　琼州海峡内，由于狭窄流急，涨潮流流速最大可达 5～6 节，冲刷力强，海峡内局部水深达 100m，海底很难停留细颗粒泥沙，于河口堆积了大片砂质浅滩，浅滩泥沙受往复流作用，被带到河口东西两侧堆积。因此，琼州海峡内为碎石、砂砾与中、粗砂等粗粒堆积带，也有局部地区出露了基岩。琼州海峡东西两侧，形成与渤海海峡相似的潮流三角洲。潮流三角洲堆积物主要是砂，通道内为砾砂。

　　北部湾沉积以粉砂为主。在北部，沿岸表层沉积是细砂，向海依次递变为粉砂和淤泥，再向海又逐渐变粗，大约在水深 5m 处，即出现粗砂沉积。成分主要是石英砂、夹贝壳碎屑，砂粒表面已染黄，沉积物略具臭味，表明沉积物很少受到现代水流的扰动。粗砂或砾砂围绕着北部湾沿岸陆地成带状分布，其外界水深为 10～25m，是古海滨沉积。粗砂带以外海底沉积是粉砂，在一些沉溺的谷地中有粉砂黏土沉积。北部湾西部与西南部皆为粉砂底质。北部湾中的各个岩石岛屿，如海南岛西侧的肥猪龙岛和白龙尾岛周围，底质是砂与细砂。海南岛东部近岸一带有珊瑚礁分布，其上往往被砂砾所覆盖，并生长有海藻和其他管状生物。北部湾东南侧水深较大，分布着粉砂质黏土，并表现为 NE—SW 向的带状分布。

　　自暹罗湾至南海西南大陆架，沿岸底质为砂，陆架轴心部分为黏土质软泥，其他绝大部分底质为粉砂，但在大陆架外侧，即朝向南海深水区方向，沉积了粗砂，亦是更新世末及全新世初海侵时早期海面较低的古海滨沉积。

　　南海东部岛缘陆架为侵蚀-堆积型，底质分布不甚规则，或为基岩裸露，或沉积着自陆地侵蚀下来的碎屑物质，成分主要是砂。

　　总之，南海大陆架表层沉积物以丰富的陆源物质为主，沉积速率高，物质粗，生物碎屑多，$CaCO_3$ 含量高，大陆架内侧沉积受现代河流泥沙影响较大，而外部的砂质沉积属陆源的残留堆积物，由于冰后期以来，长期停积于海底，沉积物已经染色，并产生了海绿石、黄铁矿与碳酸盐矿物等物质。

（2）陆坡区沉积物类型及其分布

南海陆坡坡度较陡，地形崎岖，水深变化大（200～3000m）。沉积物类型复杂，为陆架向深海区过渡类型，按照以上分类方法，其类型包括黏土质粉砂和含岩块砾石黏土质粉砂、粉砂质黏土、钙质碎屑砂、有孔虫砂、贝壳珊瑚碎屑砂、钙质黏土质砂、钙质粉砂、钙质黏土质粉砂、硅质黏土质粉砂、钙质粉砂质黏土、含硅含钙粉砂质黏土、硅质粉砂质黏土、钙质砂-粉砂-黏土13种。

大陆坡沉积主要有两种底质（王颖，2013），一种为有孔虫-粉砂-黏土，分布在南海陆坡水深1000m浅区域，少数在靠近珊瑚岛处有些粗化。这种底质类型位于陆架外缘至陆坡上部，环东沙群岛、西沙群岛外侧呈条带状展布。一般粒度大于0.063mm的底质样品，生物碎屑含量约在50%以上，多者大于80%。以有孔虫为主，贝、螺壳次之。粉砂含量1.2%～38.7%，通常为30%左右；黏土含量0～62%，通常为30%左右。另一种底质为含有孔虫-放射虫的粉砂质黏土，位于陆坡下部，环绕深海盆分布，水深1000～3700m。陆坡区也见有粗颗粒的黏土质砂、细砂和砂砾等沉积物，呈条带状分布，并与岸线垂直。它们的形成与大陆坡的海槽、海沟和海谷的发育密切相关。

在陆坡上还分布有许多珊瑚礁岛，其组成物质一般为海滩岩、风成砂岩、珊瑚贝壳砂层等。另外，在环礁潟湖中，随水深加大，粒度变细，中心部位往往沉积了钙质粉砂和灰泥，并且沉积物往往是生物成因。

（3）深海区沉积物类型及其分布

深海区位于南海中部，水深3000m以上。在北部广阔平坦的深海平原，沉积着深海黏土及含铁锰质微粒深海黏土和硅质黏土，深海区中部分布着高出周围海底数千米的海山，沉积物为含火山灰硅质黏土，西南部是较平坦的、深度最大的深海平原，沉积物为硅质软泥。西部深海盆周边则是一套陆坡向深海盆过渡的硅钙质软泥，东部深海盆边缘及东部下陆坡外缘为一套钙质软泥。

其中深海黏土类为主要沉积物。沉积物结构均匀，常见有大小不一的沸（浮）石，生物痕迹不发育。粒度组分中黏土级略占优势，一般含量超过60%，也有认为超过70%（刘昭蜀和赵焕庭，2002）。沉积物中碳酸盐含量平均值为5.63%，陆坡坡麓处较高，可达10%或略多，深海平原区一般小于5%。沉积物中细组分物质以黏土矿物为主，伊利石占优势，平均约占小于2μm颗粒的60%，高岭石为10%，绿泥石为11%。粗组分物质包括：生物成因颗粒，主要是放射虫（含量5%～10%）、硅藻（含量3%～10%）和少量钙质胶结壳的底栖有孔虫遗壳（含量<1%），以及一些海绵骨针和硅鞭毛藻；岩源成因颗粒，有海洋生物矿物（如铁锰质微粒）、火山碎屑矿物、陆源碎屑矿物等等。另外，深海平原中的一些海山和海丘周围，由于火山活动或底流的磨蚀作用，沉积物颗粒较粗。

南海海底表层沉积的分布是自岸向外颗粒由粗逐渐变细，整个南海的底质以砂为主。通过有关的研究成果和结论，可得到以下一些共识（马彩华等，2004）：

1）南海地区的底质分布在海岸带和内陆架部分比较复杂，世界上所能见到的各种海岸地貌类型和沉积物应有尽有，在平行和垂直海岸方向上变化也较快，其分布主要受物源影响。

2）从外陆架至深海盆地，其底质分布主要受水深变化和珊瑚礁分布的影响，物源影响在陆架外部和陆坡顶部也较大，在那里仍以陆源碎屑沉积为主，主要是含粉砂和含生物屑的砂；在陆坡区主要是含钙的粉砂质黏土与黏土质粉砂，其中 $CaCO_3$ 的含量占 10%～50%，而在珊瑚礁台地 $CaCO_3$ 含量可高达 90% 以上；在水深 3500m 以下的深海盆地，分布着 $CaCO_3$ 含量在 10% 以下的深海褐色黏土。

总之，南海海底沉积物大致沿岸呈北东—南西向带状分布，由岸向海大致有粗—细—粗—细的变化趋势，在外陆架由于更新世冰期低海面或冰期以后海面微微上升时形成的古海滨，使外陆架沉积物变粗，出现异常情况。

4.4 南海矿产资源

4.4.1 南海砂矿资源

南海周缘的含矿母岩为滨海砂矿形成提供了丰富的物质来源，漠阳江、鉴江、韩江、珠江、红河、湄公河等水系则是砂矿运移输入的重要途径，在不同控矿因素作用下，有用矿物汇聚富集成为具有经济价值的矿产资源，特点是规模大，分布广。据统计，滨海、浅海蕴藏的具有经济和战略意义的固体矿产资源，已被勘探和开发的矿种达 20 多种，主要有锆石、独居石、磷钇矿、铌钽铁矿、钛铁矿、铬铁矿、金红石、锐钛矿、锡石、砂金等（中国地质调查局和国家海洋局，2004）。

1. 滨海砂矿

南海滨海砂矿主要集中在广东、广西、海南三省（自治区），已探明大中、小型砂矿100 多处，其中大型矿 10 多处。主要矿种有锆石、独居石、磷钇矿、铌钽铁矿、钛铁矿、铬铁矿、金红石、锐钛矿、锡石、砂金等。广东省的砂矿种类最为丰富，但大中型矿床较少；海南省集中了主要大中型矿床；广西壮族自治区不论是砂矿种类还是大中型矿床都比较少。有关砂矿资源划分标准见表 4-2 所示。

滨海砂矿大多数为复合矿床，成因类型主要以海积型为主，冲积、风积型次之，其中海积型成因的矿体规模大，主要形成于沙堤、沙嘴，其次为沙地、沙滩、海积阶地；冲积、风积型成因矿床的矿体规模小，主要形成于河口堆积平原、冲积阶地、风积沙丘，少量形成于河床、河漫滩（谭启新等，1988；姚伯初等，1998）。

南海砂矿在长期演变过程中形成带状分布。根据矿床类型和产出区域，南海北部砂矿资源可划分成 6 个成矿带；①粤东锆石-钛铁矿砂矿带；②粤中锡石-铌钽铁矿砂矿带；③粤西独居石-磷钇矿砂矿带；④雷琼钛铁矿-锆石砂矿带；⑤琼东南钛铁矿-锆石砂矿带；⑥桂西钛铁矿-锆石-石英砂矿带。

表 4-2　南海砂矿资源规模划分标准

矿物	边界品位	工业品位	大型/t	中型/t	小型/t	矿点/t
独居石	$100\sim200g/m^3$	$300\sim500g/m^3$	>10000	$1000\sim10000$	$200\sim1000$	<200
锆石	$1\sim1.5\ kg/m^3$	$5\sim6kg/m^3$	>20M	$5\sim20M$	$1\sim5M$	<1M
磷钇矿	$30g/m^3$	$50\sim70g/m^3$	>5000	$500\sim5000$	$100\sim500$	<100
钛铁矿	$>10kg/m^3$	$>15kg/m^3$	>100M	$100\sim20M$	$5\sim20M$	<4M
金红石	$>1kg/m^3$	$>1.5kg/m^3$	>10M	$10\sim2M$	$0.5\sim2M$	<0.4M
锡石	$100\sim150g/m^3$	$200\sim300g/m^3$	Sn>4M	$0.5\sim4M$	$0.1\sim0.5M$	<20
金	$3g/t$	$5g/t$	>8	$2\sim8$	$0.5\sim2$	<100
钽矿物	$10g/m^3$	$20\sim30g/m^3$	>500	$100\sim500$	$20\sim100$	<20M
铌矿物	—	$30\sim50g/m^3$	>2000	$2000\sim500$	$100\sim500$	
石英砂	—		>1000M	$1000\sim100M$	$20\sim100M$	

资料来源：中国地质调查局和国家海洋局（2004）

成矿带表现为东西分块、南北分带的特点。由陆至海，每个成矿带的变化趋势基本表现为：砂矿类型由密度大的钛铁矿、砂金、锡石变化为密度小的铌钽铁矿等稀有元素矿床；成因类型由河成型到混合型、海成型、残留型；从北往南，砂矿矿床越来越丰富，规模越来越大。

2. 浅海砂矿

南海浅海海域具有远景的矿种主要有锆石、钛铁矿、金红石、锐钛矿、独居石、磷钇矿和石榴子石等（中国地质调查局和国家海洋局，2004）。

钛铁矿、金红石、锆石、独居石等矿物在构造运动、水动力变化及埋藏环境变迁等多种因素作用下，富集成具有潜在经济价值的矿物异常区。南海浅海砂矿已发现和圈定异常区 50 个，其中 I 级砂矿异常区 17 个、II 级砂矿异常区 33 个（表 4-3）。

表 4-3　南海浅海主要有用矿物的品位特征及分布　　　　　（单位：g/m^3）

矿物	分布站位数	品位最大值	高品位站位数	高品位点分布
钛铁矿	256	43990	16	主要集中在海南岛南部陆坡区、曾母暗沙浅滩，在其他海域零星分布
锆石	154	23982.5	38	主要集中在海南岛南部浅水海域、曾母暗沙浅滩，在其他海域零星分布
金红石	64	1158	3	加里曼丹岛及吕宋岛西部海域
独居石	32	239.56	10	零星分布于南海南部及东部

（1）南海北部异常区

南海北部海域已发现和圈定了 10 个 I 级砂矿异常区和 20 个 II 级砂矿异常区。I 级异常区面积为 $4210km^2$，矿种主要为独居石、金红石、锆石等，集中在粤西、雷西、桂东、琼东南浅海区，水深一般在 20m 以浅，为古滨海砂矿；Ⅱ级异常区面积约为 5000km²，矿种主要为钛铁矿、金红石、锆石等，不同水深海区均有分布，矿床类型为浅滩或水下岸坡堆积砂矿。

（2）南海东、南、西部异常区

南海西部海域异常区：主要分布在海南岛西南部浅水海域，以及 12°N，112°E 附近海域。有用矿物主要有钛铁矿、锆石。海南岛西南部浅水海域为钛铁矿、锆石复合砂矿异常区，基本呈 NE—SW 向分布。发现Ⅰ级异常区 2 个，Ⅱ级异常区 3 个；钛铁矿高品位点 8 个，锆石高品位点 13 个（表 5-3）。

南海南部海域异常区：主要分布在万安滩西南与南康暗沙和曾母暗沙海域，共有 8 个异常区，呈 SN 向或 NW—SE 向分布。基本与等深线平行，有用矿物为钛铁矿、锆石、金红石及独居石。发现锆石高品位点 16 个，钛铁矿高品位点 1 个，独居石高品位点 2 个（表 4-3）。

南海东部海域异常区：分布有 7 个砂矿异常区，基本平行于等深线分布，主要为钛铁矿、锆石、独居石，次为金红石。

4.4.2　南海铁锰结核与结壳矿产

南海半深海、深海固体矿产资源，主要是指赋存在大陆坡和深海盆表层沉积物中的铁锰结核（也称多金属结核）和铁锰结壳。此外，还有广泛分布的微结核（直径小于 1mm）。

迄今为止，在南海已发现的铁锰结核有 10 处、结壳 12 处，它们只分布于 12°N 以北，113°E 以东的陆坡区和深海盆区（图 4-16）。结核主要产于陆坡中部及深海盆周缘，水深大于 1000～2000m，少数可达 3400m；结壳则产于中央海盆和其围缘的海山、海台上，前者水深较大，可达 3000～3500m，后者较小，一般为 1000～2400m。西沙群岛、中沙台地和礼乐滩附近均曾发现比较大的结核，直径为 4～5cm，主要为水成类型结核。结壳厚 1～3cm，少数可达 5～7cm，如尖峰海山、中沙台地所见。南海结核或结壳的 Cu、Ni、Co 总量虽然比较低，但却富含稀土元素，具有较大的资源远景。

组成铁锰结核、结壳的矿物主要为铁锰氧化物和氢氧化物或含水氧化物。组成结核、结壳矿物的结晶程度都很低，多为不定形的胶状或偏胶状、偶尔见到微晶片状结构，具微层状、同心纹层状、球粒状、叠层状及花蕾状等构造。

南海沉积物中的铁锰结核和结壳由多种矿物组成。铁锰结核主要由钙锰矿和钠水锰矿组成。此外，还有软锰矿、针铁矿、纤铁矿和磁铁矿等。组成结壳的锰矿物主要为钙锰矿和水羟锰矿，其次还有钠水锰矿。此外，还有黏土矿物、长石、辉石、橄榄石等碎屑矿物。结核、结壳中除以锰矿物为主体外，还有六方纤铁矿、羟铁矿、磁赤铁矿等铁矿物；微斜长石、钠长石、阳起石等硅酸盐矿物；蒙脱石、绿泥石等黏土矿物。它们的结晶程度良好。

南海结壳矿物组成与南海结核相近，但与只含水羟锰矿的太平洋结壳相比，存在较大差别。通常认为 $\delta\text{-}MnO_2$ 是一种在强氧化环境下沉积的水成氧化物，是组成结壳的代表性矿物，而南海结壳除含水羟锰矿外，还含钙锰矿，故在矿物组成上更像是结核。

南海结核、结壳以 Mn、Fe 为主要成分，并含有一定量的 Cu、Co、Ni、Ti 等元素。

在大洋条件下结壳相对富 Co，故又称为富钴锰结壳。南海结核的元素组成：Mn 为 13.76%～20.52%，Fe 为 14.13%～18.94%；Cu 为 0.1%～0.58%，Ni 为 0.28%～0.44%；Co 为 0.09%～0.23%。

南海结核、结壳的稀土元素总量平均值为 1611.25×10^{-6}，比中太平洋 CP 区结核 1409.6×10^{-6}、东太平洋 CC 区结核 1026.5×10^{-6} 都高。

经球粒陨石标准化后，南海结核、结壳和太平洋结核、结壳都具有相似的稀土分布模式。无论是南海或太平洋，沉积物的稀土分布模式除 Ce 外，也都与结核、结壳基本相似，即三价稀土在沉积物和结核中具有相同的分布模式，这说明它们的稀土元素具有同一来源。南海结核、结壳的稀土含量是南海沉积物的 11 倍，这说明稀土元素主要富集在结核、结壳中。

Ce 在南海结核、结壳中的富集率很高，几乎占稀土元素总量的 50%，其中，宪北海山、尖峰海山、双峰海山（KD17）和西沙台地的结核均比太平洋结壳、结核具有更高的异常值，说明南海海底的介质环境氧化程度更高，更有利于 Fe、Co 沉淀富集，这也是南海结壳、结核铁高、钴也相对更高（相对于太平洋结核）的原因。

第5章 南海的气象与水文[*]

南海地处东亚热带季风区，为海洋性季风气候，海气交换强烈。南海自然地理环境的特殊性决定了其气象和水文等特征变化的复杂性。

本章文字除特别说明外，所据资料为洋面气象观测资料 50 年（1930～1979）、陆地（岛屿与沿岸）测站观测资料 31 年（1950～1980）（中国气象局国家气象中心，1995）。

5.1 风

南海海面风的季节变化和地理分布取决于盛行气流、环流系统的活动以及地理环境，而南海的地理位置决定了影响南海天气系统的复杂性。来自西太平洋的副热带高压（东面），孟加拉湾的赤道西风带（西面），澳大利亚高压的越赤道气流（南面）和亚洲大陆的寒潮（北面）都可以影响南海。即，西风带系统、副热带天气系统和热带天气系统都可以在南海出现，甚至同时出现。

南海海面风的主要特征是：南海海面平均风速的变化呈现出明显的季节变化特征。10 月至翌年 3 月属冬季风时期（冬半年），4、5 和 9 月属季节转换时期，6～8 月呈明显的夏季风特征（夏半年）。冬半年盛行东北季风，夏半年盛行西南季风，冬季风强于夏季风。

据统计，南海北部 9 月开始盛行东北风，北—东北风频率为 50% 左右，这时南海中南部仍是西南风占优势，南—西南风频率在 70% 以上。10 月东北风覆盖南海北部和中部，北—东北风频率为 70%～80%。11 月东北风控制整个南海。冬季风控制南海的时间随纬度降低而缩短，北部海区长（约 8 个月），南部海区短（只有 6 个月）。西南风 2 月就可在南海南部出现，泰国湾南—西南风频率可达 30%；4 月达 50% 以上，南海其他海区仍是东北风控制。5 月西南风控制南海中南部。6 月整个南海盛行西南风，南—西南风频率达 60%～70%。南海西南风平均盛行时间是南部长（6 个月），北部短（3 个月）。

表 5-1 列出了南海部分台站的多年月平均海面风速（梁必骐，1991）。可见，冬季风时期风力最强：10 月开始，南海冬季风迅速增大，北部海面 12 月最大，南部海面 2 月最大；台湾海峡和巴士海峡海面由于狭管效应，出现最大平均风速，冬季达 10m/s 以上；而由于地形阻挡，菲律宾西部海面和海南岛西南部、越南北部沿岸海面风速最小。夏季风比冬季风弱，南海中北部月平均海面风在 6m/s 以下，南部较大，超过 6m/s，盛夏季节南沙群岛西部海面月平均风速达 7～8m/s，比冬季风强。春秋过渡季节，风向多变，风速较小（表 5-2）。

---

* 本章作者：王栋

表 5-1　南海逐月平均风速　　　　　　　　　　（单位：m/s）

站名	1月	2月	3月	4月	5月	6月	7月	8月	9月	10月	11月	12月	全年
马公	9.7	9.2	7.7	6.1	6.4	4.9	4.9	4.2	6.9	8.8	9.7	9.5	7.2
香港	7.5	8.3	8.5	7.7	6.8	6.5	6.6	6.9	6.6	7.7	7.4	7.2	7.2
上川	6.7	6.8	6.3	4.9	4.5	4.8	4.4	4.1	4.2	7.4	6.7	7.0	6.5
东沙	8.8	8.0	6.3	6.1	3.9	4.0	4.6	4.2	6.4	8.6	9.7	9.8	6.5
西沙	6.8	4.9	4.5	4.1	4.4	6.1	6.8	6.3	4.5	6.6	6.7	6.6	6.3
南沙	6.1	6.6	4.9	3.9	3.5	6.0	6.4	6.5	6.0	3.7	4.6	6.4	6.0
三亚	2.7	2.6	2.4	2.2	2.0	1.8	1.9	1.8	1.8	2.5	2.6	2.5	2.2
荣市	2.1	2.0	2.0	2.1	2.5	2.4	3.0	2.7	1.9	1.9	2.0	2.1	2.2

表 5-2　南海典型站多年平均逐月最大风速及风向（以永暑礁为例）

月份	最大风速/（m/s）	风向
1	18.0	NNE
2	20.0	NNE
3	18.0	NNE
4	17.0	NNE
5	18.0	NNE
6	26.0	NNE
7	24.0	NNE
8	22.0	NNE
9	19.0	NNE
10	22.7	NNE
11	32.3	NNE
12	23.0	NNE

　　冬季风时期，南海受东北季风影响，风速呈北部大、南部小的分布趋势；并且12月之前属冬季风加强时期，12月之后属减弱时期。从风速分布可以看出：9月南海已开始出现受冬季风影响的迹象，其东北部的风速值达 8m/s，而此时南海大部分海区的平均风速均为 6m/s，仍为夏季风的特征。10月起大部分海区受东北季风的影响，自北向南南海风速均有所增大；到12月风速达最大，东北季风影响整个南海海域，并使得南、北海域的风速大小相接近，此时在南沙群岛西部出现一个高风速区，一直持续到翌年 2 月。1~3月风速逐月有所减小，且风速分布又呈明显的北部大、南部小的趋势。从风速大小和风速分布趋势的变化可以看出：10月至翌年3月南海风速呈现出明显的东北季风特征。

　　4月南海北部的风速减小明显，而南沙群岛西部的风速又有增大的趋势，这说明了南海东北季风是从南海北部而不是从南部先撤退的。5月整个南海海域风速达到最小，风速分布均匀，没有明显的风速梯度，也许这与南海海域冬季风向夏季风转换期的风场受大尺度的信风控制有关。6~8月的风速分布呈现出较多的封闭等值线区域，反映出这一时期的天气系统不像冬季以东北季风为主控制南海，而是受多种天气系统的影响，如三种类型的西南季风以及不时出现的热带气旋的影响。6～8 月属夏季风时期,这一时期基本上以 10°N 纬线附近的风速为最大。

南海强风(风力≥6 级)主要是由冷空气活动和季风、台风等天气系统造成的。综合表 5-3 可见,南海强风主要出现在冬季,春季最少;北部海区多,南部海区少;偏北强风多于偏南强风。在南海东北部强风频率最大,年平均强风日数为 160 天以上,尤其是 11～次年 1 月强风频率达 60%以上,其中 12 月偏北强风频率达 80%。其他海区也是冬季风时期海面强风频率高,偏北强风最多,持续时间最长,一次强风过程最长持续 46 天。偏南强风主要出现在中南部海域的盛夏季节,最大频率也不超过 50%,持续日期也较短,最长是 18 天。过渡季节强风最少,尤其是 5 月强风频率不足 15%,中南部海区在 5%以下。4 月除北部海区外,其强风频率也不足 5%。

表 5-3　南海偏北(N)、偏南(S)强风平均日数

海区		1 月	2 月	3 月	4 月	5 月	6 月	7 月	8 月	9 月	10 月	11 月	12 月	年平均
西北部海区	N	17.7	13.1	8.6	3.7	1.0	0.3	0	0.1	3.2	11.4	20.3	20.8	99.8
	S	0	0.2	0.4	1.0	1.8	3.5	4.1	3.0	1.0	0	0.2	0.1	16.2
东北部海区	N	24.4	19.9	16.3	10.3	3.4	0.8	0.7	0.9	6.1	19.1	22.8	26.2	143.1
	S	0.1	0.1	0.5	0.1	0.1	4.2	3.9	3.7	1.2	0.2	0	0	16.1
中部海区	N	22.4	16.2	10.3	3.5	0.7	0	0.3	0.1	1.3	10.1	18.8	22.6	106.1
	S	0	0	0.6	1.0	3.2	9.8	12.0	12.5	6.1	0.8	0.1	0.1	44.7
南部海区	N	22.6	16.0	9.1	2.0	1.2	0.4	0.4	0.5	0.8	3.9	16.9	20.6	93.3
	S	0	0.1	0	0.3	3.4	9.5	14.2	16.8	9.3	1.8	0.1	0	53.6

南海南部海区(12°N 以南的南海海域)常有强风(风力≥6 级)和大风(风力≥8 级)天气过程出现,对舰船航行和连续性作业及岛礁工程等威胁严重。

造成强风和大风天气过程的天气系统,除台风和强热带风暴的直接影响过程之外,持续时间最长的是强季风天气过程;最短的是云团和云涌量对流性大风及龙卷风;风力最稳定的是由处在特定海区的强热带气旋与途经区的强季风气流相互作用造成的大风天气过程。

盛夏至初秋,中心处于吕宋岛以东附近洋面并向偏西或偏北移动,或沿菲律宾东岸北上的热带气旋,常与本区盛行的西南季风相互作用,直接引导偏南向气流越过赤道进入本区,加强了本区西南季风风力,北上的气流又与热带气旋大风环流连为一体,相互加强。在这种天气过程中,本区近海面风力常达 9 级,有时阵风 10～11 级,日平均风速≥8 级的持续时间多数都≤4 天,日平均风速≥6 级的天气过程影响本区最长达 4～5 天。近年来,永暑礁测得这种天气过程的最大风速 32.3m/s 和瞬时风速 38.0m/s,普林塞萨港 28.6m/s,哥打基纳巴卢 27.0m/s,昆仑岛 26.0m/s,南部各岸站最大风速值均≤17.0m/s。

中心位于澳大利亚西北部海区的强热带气旋在移动过程中,常引导偏北气流主要从卡里马塔海峡越过赤道并与强热带气旋环流连为一体相互加强,同时又增强了本区东北季风风力。据热带地面天气图资料,太平岛和永暑礁以西海面至纳士纳岛附近海面的风速曾达到 20～24m/s,日平均风速≥6 级的天气过程持续时间通常达 2～6 天。在北半球每年的冬

季，本区受这种天气过程影响可达 3 次以上。

强风和大风天气过程对航海、航空、岛屿工程、岛屿的补给和作业船舶避风等影响严重。因此，重视南海南部海区强风和大风等灾害性天气过程的预报很有必要。

5.2 降 水

南海受东北季风潮、西南季风潮、热带气旋（包括台风、强热带风暴、热带风暴和热带低压等）、热带辐合带、副热带高压和低压槽等天气系统的影响。大部分属热带季风气候，北端属南亚热带季风气候，南端属赤道热带气候。影响南海降水的因素包括季风、位置、太阳直射、热带气旋、热带辐合带、西太平洋副热带高压、低压槽与地形等（李克让等，2013）。

南海的降水类型可分为 4 级：

A—特多雨区，年均降水量 3000mm 以上，如巴士海峡的巴士戈平均 3142mm，最大可达 3876mm，最小为 2302.5mm。在特多雨区中，少数达 4000mm 以上的站点，以 A′表示，如泰国湾的克农崖平均为 4267.6mm，最大达 6006.6mm，最小为 3241.8mm。

B—多雨区，年均降水量 2000～3000mm，如泰国湾的那拉特越，平均为 2644.0mm，最大达 4016.1mm，最小为 1756.9mm。

C—中雨区，年均降水量 1200～2000mm，如越南海防，平均 1778mm，最大 2587.0mm，最小 1257.1mm。

D—少雨区，年均降水量少于 1200mm，如海南岛莺歌海平均 1092.0mm，最多 1612.3mm，最少 599.8mm。

A′、A、B、C、D 各类型雨区的分布在沿岸交错相间：赤道热带只有 A′、A、B 区，南亚热带只有 B、C 区，在热带则各类型雨区都有，少雨区 D 分布在南海西部：海南岛西岸东方至莺歌海一带，越南嘎那角附近以及泰国湾底巴蜀附近。

降水的季节分配，各地也有差异。以 P 代表春，S 代表夏，A 代表秋，W 代表冬，用简化方式表示。如南亚热带降水，多呈夏雨 > 春雨 > 秋雨 > 冬雨，写成 Spaw。再如越南中部海岸呈秋雨 > 冬雨 > 夏雨 > 春雨，写成 Awsp，其余类推。有的在右下角标"2"以表示双峰，如 $Aspw_2$（图 5-1）。

根据各地降水的多寡和季节的分配，南海降水可分两大类型：

（1）赤道雨型——终年多雨，几乎各月都超过 100mm，季节差异不大，没有干湿季之分；分布于赤道热带。

（2）季雨型——年中有明显的干季和湿季，主要受夏季风影响；分布在南海热带和南亚热带。季雨型又可分为夏春季雨型、夏秋季雨型、秋夏季雨型、秋冬季雨型等。

5.2.1 南海北部的降水

南海北岸位于热带北部（海南岛、雷州半岛和越南北部海岸）和南亚热带（广东、广西海岸），近岸有 4 个多雨区和一个少雨区，相间着几个中雨区。

多雨区背山面海，迎东南季风，多地形雨、台风雨。它们是：粤东莲花山前的海丰

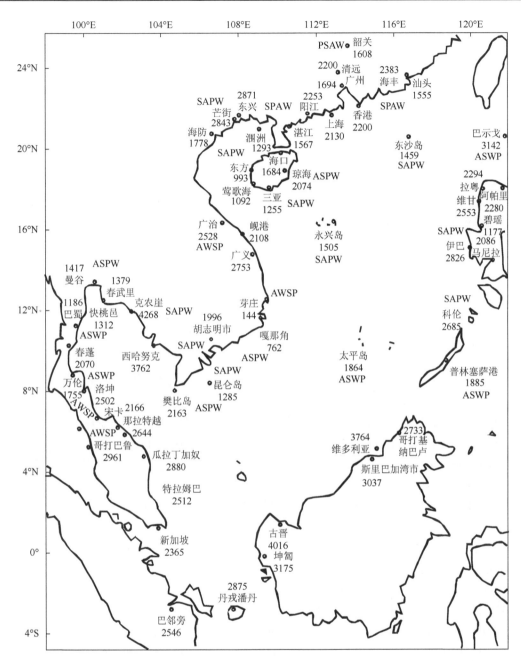

图 5-1　南海及其沿岸降水量示意图（中国科学院南海海洋研究所，1985）

P（春雨）S（夏雨）A（秋雨）W（冬雨）雨量按多少从左到右排列，数字为年降水量，单位为 mm

（2382mm）、陆丰（1997mm）一带；粤西云雾山前的阳江（2252.8mm）、阳春（2400mm）一带；海南岛五指山前的琼海（2073mm）、万宁（2141.4mm）一带；广西十万大山前的龙门（2234.8mm）、东兴（2870.4mm）和越南芒街（2843mm）一带。

　　中雨区散布在潮汕平原、珠江三角洲、电白至钦州一带、雷州半岛、海南岛南、北岸，以及越南红河三角洲，年降水量大多为 1300～1800mm。

少雨区分布在海南岛西岸的东方（993.3mm）、莺歌海（1091.9mm）一带。

降水年际变化大，雨日一般为120～160天，琼海为167天，东方只有87.4天。

南海北岸的降水季节分配，与远离海岸的粤北中亚热带有所不同。春季南岭锋面活跃，常降锋面雨，春雨绵绵，多于夏雨；中亚热带呈春夏季雨型。往南，春季锋面活动逐渐减弱，锋面雨稍减。由于季风和热带气旋的影响，夏秋雨逐渐增多，在南亚热带，夏雨＞春雨，呈夏春季雨型，秋旱不及中亚热带。十万大山前，夏、秋雨大于春雨，呈夏秋季雨型，在热带北部则出现春旱。海南岛东岸呈秋夏季雨型，西岸和北部湾呈夏秋季雨型。北部湾受"老挝风"影响，春旱显著。

雨季一般在5～10月，琼东多雨为4～11月，琼西少雨为6～10月。太阳每年直射两次，但在南海北岸两次间隔不长，气温仍呈单峰型，而降水多呈双峰型，双峰一般在6月和8月，琼东在5月和9月。雨峰形成前汛期（龙舟水）和后汛期。

7月降水略少，但平均仍超过100mm，有人称它为"小旱季"，此时雨日稍少，晴日较多。这与太平洋副热带高压伸入南海，干扰季风和热带气旋的活动有关。如高压控制时间太长，则8月可能无热带气旋，少雨而出现夏旱。

5.2.2　南海西部的降水

南海西岸为中南半岛，包括越南、柬埔寨和泰国海岸。沿岸有3个多雨区（其中1个为多雨-特多雨区），2个少雨区，其余岸段都是中雨区。

越南海岸略呈S形，海岸线出北部湾后，初向东南延伸，略与东北季风垂直，降水增多，形成长山山前多雨区，在丽水（2528mm）、广治（2568mm）、顺化（2947mm）、岘港（2108.2mm）、广义（2253mm）一带。降水受台风和东北季风影响，雨季在秋冬（8、9～1月），西南季风越长山而下，春夏少雨（2～7月为旱季）。降水呈双峰型，最高峰在10月或11月，达550～740mm，次高峰在旱季的5月，仅75～100mm，两者相差5～10倍。降水的季节分配，与南海北部沿海大不一样，呈秋冬季雨型。

湄公河三角洲东临南海，西南濒泰国湾，湿润的西南季风从泰国湾口吹来，在金瓯半岛南面的粤比岛形成多雨点（2163mm）。湄公河三角洲缺乏地形雨，为中雨区（何仙1927.4mm，胡志明市1956.8mm），属Aspw型，雨季较珠江三角洲长，达7～8个月（4、5～11月），双峰在5月和10月。个别地方呈单峰型，高峰在7月。

泰国湾两岸均有多雨区。而泰国湾底比较闭塞，少雨至中雨。年雨量梭桃邑1312.2mm，春武里1379.2mm，曼谷1417.3mm，巴蜀1186.2mm。年雨日82.4（曼谷）～120（巴蜀）天。多呈Aspw型，5～10月为雨季，巴蜀（Aspw）只有5、10～11月是雨季。唯梭桃邑呈$Aspw_2$型。

马来半岛东岸面湾背山，背西南季风，北段仍呈$Aspw_2$型，巴蜀少雨，春蓬多雨（2070mm），万伦中雨（1755mm）。两地降水有呈三峰迹象，最高在11月（350～360mm），次为5、7月。

5.2.3　南海东部的降水

南海东岸是菲律宾群岛，降水主要受热带气旋和西南季风影响，巴士海峡又受到太平洋的东北信风影响。东岸南段巴拉望岛为中雨区，中段卡拉棉群岛和吕宋岛为多雨区，碧瑶和巴士海峡为特多雨区。

　　巴拉望岛降水呈 Aspw 型，卡拉棉群岛至吕宋岛西岸属多雨区，其间有特多雨点，均呈 Aspw 型。年平均降水量马尼拉 2068.6mm，伊巴 2826.5mm，维甘 2552.5mm，拉奥 2294.1mm。雨季一般为 5～10 月（马尼拉为 5～11 月，科伦为 5～12 月），呈单峰型，高峰在 8 月，降水一般为 400～700mm，冬雨特少。

　　巴士海峡终年受太平洋东北信风影响，同时又受热带气旋和南海夏季西南季风影响，降水特多。巴士戈年降水为 3142mm，雨季 11 个月，仅 4 月雨量为 97.8mm；双峰不明显，最高为 8 月（402.3mm），次高为 10 月（366.8mm），但其间 9 月还有降雨 364.5mm。巴士海峡降水呈 Aswp 型，与海南岛东岸类似。

5.2.4　南海中部的降水

　　南海海面广阔，降水资料比较缺乏，采用 K.Wyrtki 的降水资料，以及东沙、西沙（永兴岛）、南沙（太平岛）和特拉姆巴等站的资料，加以分析（表 5-4）。

表 5-4　南海海面及中部岛屿的降水　　　　　（单位：mm）

	1 月	2 月	3 月	4 月	5 月	6 月	7 月	8 月	9 月	10 月	11 月	12 月	全年
南海北部	22	17	32	68	154	220	250	244	220	145	104	49	1570
东沙岛	36.7	39.3	13.8	36.6	180.4	206.9	221.6	256.0	246.2	146.6	42.7	34.5	1459.3
永兴岛	36.2	14.4	17.4	26.5	69.8	172.6	242.3	246.7	237.9	257.9	141.0	46.6	1506.3
太平岛	52.6	33.2	31.8	24.4	88.8	234.9	203.1	248.7	289.7	227.4	250.9	156.3	1841.8
特拉姆巴	300.0	140.0	137.9	136.9	152.9	153.9	120.9	137.9	163.1	293.9	412.0	363.0	2512.1
南海南部	251	141	158	153	160	145	124	121	164	233	270	295	2215

　　南海海面及中部岛屿降水具有如下的特征：①南海中部降水量和雨日有北少南多之势。雨日东沙 109 天，永兴岛 132.5 天，太平岛 162 天；往南至赤道热带的古晋达 253 天。②南海中部多珊瑚岛礁，地势低平，基本没有地形雨，降水多由季风和热带气旋所致。永兴岛台风雨常占年雨量 60% 以上，一日最大雨量 612.2mm，由台风雨所成。③雨季北短南长。东沙为 5～10 月，永兴岛为 6～11 月，太平岛为 6～12 月，到了赤道热带北缘的特拉姆巴全年都是雨季，没有干湿季之分。④降水的四季分配：东沙岛为 16∶46∶30∶8，永兴岛为 8∶44∶42∶6（夏雨和秋雨相差无几），均呈 Sapw 型；太平岛为 8∶37∶42∶13，呈 Aswp 型；往南，特拉姆巴为 17∶16∶35∶32。四季降水比例自北向南逐渐趋向平衡，呈现向赤道雨型的过渡。⑤自北往南，雨季从单峰转为双峰（或三峰），越往南，双峰间隔时间越长。东沙单峰为 8 月的 256.0mm，永兴岛为 8 月 246.7mm 和 10 月 257.9mm，太平岛于 6、9、11 月呈三峰。特拉姆巴双峰在 6、11 月，间隔时间长。⑥降水年际变化北大南小。永兴岛最大年 2458.6mm（1973），最小年 1173.8mm（1980），比值为 2.1。特拉姆巴最大年 2930.0mm，最小年 2069.7mm，比值为 1.4，年际变化较小（表 5-4）。

5.3　热带气旋（含台风）

南海是世界上热带气旋活动比较频繁的海区之一。据统计，1949～1998 年的 50 年间，登陆我国的热带气旋共有 461 个，年平均 9.22 个，其中登陆地点在我国南海沿岸的热带气旋有 303 个，占 66.73%。统计还表明，在此期间，越过台湾岛，或经过巴士海峡，或越过菲律宾群岛，或在南海生成并影响南海海域的热带气旋计有 770 个，年平均达 16.4 个（表 5-5）。

表 5-5　进入并影响南海和在南海生成并产生影响的热带气旋统计　　（单位：个）

项目	越过台湾岛	经过巴士海峡	越过菲律宾	在南海生成	总数
1949～1998 年	77	84	303	306	770
年平均	1.54	1.68	6.06	6.12	15.4

影响南海的热带气旋发源地多在西太平洋的 7°～15°N，128°～155°E 区间和南海的 12°～18°N，112°～129°E 区间，其移动路径多变，多数趋于西北向移动，最后登陆华南沿海居多。热带气旋天气往往造成我国南海和华南沿海地区人民生命、财产的严重损失。

由于南海是我国的近海，是船舶驶向南亚、欧洲等地区的重要航区；又是西北太平洋台风的三个主要源地之一，台风活动频繁。因此，对于热带气旋中的台风作以重点强调。

5.3.1　热带气旋

1948～1987 年，影响南海的热带气旋共出现 426 个，其中热带风暴 76 个（占 18%），强热带风暴 137 个（占 32%），台风 213 个（占 50%）。这些热带气旋在时间序列上的分布，具有明显的年际波动和季节性变化。

影响南海的热带气旋逐年出现个数的年际变化十分明显，年最多达 18 个，年最少只有 5 个。从年频数变化趋势看，1948～1959 年和 1976～1987 年两个时段间，其频数距平值为负；1960～1975 年为正距平，相似于一个准 30 年周期的正弦波。

对 1948～1987 年影响南海的热带气旋，作同月和同旬的出现个数合计。结果表明，近 40 年间的 2 月，从未出现过影响南海的热带气旋。从季节尺度看，春、冬两季气旋出现个数仅占总个数的 6%～7%；夏、秋两季（5～11 月）为其活动季节，出现个数占总个数的 93%～94%，其中 9 月出现个数最多（83 个）。

统计结果还表明，影响南海的热带气旋频繁，从 4 月下旬开始逐渐增大，到 8 月下旬达到最大值（37 个），此后逐渐减少，到翌年 2 月减少为零。在这种年周期波动背景上，夏、秋两季的频数具有明显的旬际波动，这可能与南海高压东西振荡有关。

影响南海的热带气旋形成源地分布较广，3°～25°N 区间的西太平洋和南海区都有分布，但相对集中在西太平洋的 7°～15°N、140°～145°E 区间和吕宋岛的西部南海区。

在 426 个影响南海的热带气旋中，有 285 个来自西太平洋，占总数的 67%（其中 48

个进入南海后才发展到热带风暴以上强度）；只有 141 个源于南海区，占总数的 33%。

影响南海的热带气旋活动路径，按其移动趋向可以归并为如下四种基本类型：①北向型；②西北向型；③偏西向型；④东北向型。

影响南海的热带气旋活动范围几乎遍及整个南海，但绝大多数出现在 15°N 以北海区。南海出现的热带气旋有 3 个高频数中心：①西沙群岛北部海区；②海南岛东部海区；③东沙群岛南部海区。

在 426 个影响南海的热带气旋中，有 199 个登陆华南沿海，占总数的 47%，其中 32% 登陆地点在海南岛地区。最早登陆时间是 5 月 3 日（1971 年，国内编号 7102）。最晚登陆时间是 12 月 2 日（1974 年，国内编号 7427）。

取影响南海的热带气旋和西太平洋热带气旋的 6 级大风半径与风速极值及气压极值等参数列于表 5-6。影响南海的热带气旋影响范围和强度均比西太平洋热带气旋要小得多，也弱得多。

表 5-6　热带气旋参数比较

气旋	6 级大风区半径/km	中心风速极值≥50（m/s）比例/%	40 年最大风速极值/（m/s）	中心气压极值＜960hPa 比例/%	40 年最低气压极值/hPa
影响南海的热带气旋	300～600	9	70	12	910
西太平洋热带气旋	500～1000	45	110	27	870

关于影响南海的热带气旋比西太平洋热带气旋范围小和强度弱的原因，可综合为：

1）来自西太平洋的热带气旋，经菲律宾群岛进入南海的过程中，由于地物的影响使能量有所消耗，强度不可避免地减弱；进入南海后，由于南海海域较小，特别是多出现在 15°N 以北的近大陆海区，难以获得足够的能量使之再度强烈发展。

2）南海高空盛行一致的偏东气流，很少有反气旋活动，因而不利于南海和西太平洋的热带低压强烈发展。

3）夏季，南海北部高空经常存在热带东风急流，而低空盛行西南季风，风速垂直切变大；西北太平洋纬向风垂直切变较小，这种流场差异也是造成南海的热带气旋强度较弱的原因之一。

在南海出现的热带低压也能够发展成影响南海的热带气旋。

来自西太平洋的热带低压进入南海后，其主要发展区在 13°～20°N、114°～120°E 范围内。通常 7～9 月在 15°N 以北；5～6 月和 10～2 月在 15°N 以南。

源于南海的热带低压发展区，一般在 11°～20°N、112°～117°E 范围内，但随季节变化有明显的南北位移：每年 6 月以前，发展区多在 13°～17°N；7～9 月上旬多在 17°～19°N；9 月中旬到 10 月底多在 18°N 以南；11～12 月发展区南移到 12°N 以南海区。

南海北部（20°N 以北）出现热带低压较少。近 40 年间北部湾北部共出现 6 个发展为热带风暴的热带低压，其中 5 个来自西太平洋，只有 1 个源于北部湾北部。

5.3.2　台风

　　南海台风是由南海热带低压或从太平洋移入南海的热带低压发展而成的。南海台风一般从4月开始，至12月结束，其中6~10月活动最多。4~12月出现的南海热带低压平均有73%能发展成台风，以台风的次数看，仍以8、9月为最多，这是因为盛夏南海低压发展最多的缘故。

　　据1949~1988年的台风资料统计（表5-7），在南海海区共出现400个台风，年平均10个，其中来自西太平洋的台风207个，占总数的52%，在南海生成的台风（简称南海台风）193个，占48%。40年中共出现强台风203个，其中73%来自西太平洋，只有27%是在南海生成的。可见，南海地区活动的台风大多数来源于西太平洋，尤其是强台风绝大多数都是从西太平洋移入的。

　　南海区台风每年平均发生4.9个，其中强台风占28%，一般台风占72%。最多年份发生13个（1973年），最少年份只有1个（1951年）。除1月和3月外，其他各月都有南海区台风发生。6~11月是南海区台风活动的盛期，尤其是8月和9月是南海区台风的高峰期，这两个月发生的台风约占全年总数的38%。强台风主要发生在夏季（7~8月），占全年总数的一半以上，冬半年很少有强台风形成。表6-7给出了南海区台风各月的发生情况。南海区台风的生命史也比西太平洋台风更短。西太平洋台风的生命期为1周左右，在南海平均维持3~4天。南海区台风一般都是登陆后逐步消亡，也有少量在海上消失。它们大多数在我国华南沿海以及越南沿海登陆。

表 5-7　南海区台风逐月发生数统计表（1949~1988 年）

项目		1月	2月	3月	4月	5月	6月	7月	8月	9月	10月	11月	12月	合计
台风	发生次数	0	1	0	1	5	19	16	28	26	19	18	5	138
	平均次数	0	0.03	0	0.03	0.13	0.48	0.40	0.70	0.65	0.48	0.45	0.13	3.5
	占比/%	0	1	0	1	3	14	12	20	10	14	13	3	100
强台风	发生次数	0	0	0	1	6	6	8	9	11	8	4	2	55
	平均次数	0	0	0	0.03	0.15	0.15	0.20	0.23	0.28	0.20	0.10	0.05	1.4
	占比/%	0	0	0	2	11	11	15	16	20	15	7	3	100
合计	发生次数	0	1	0	2	11	25	24	37	37	27	22	7	193
	平均次数	0	0.03	0	0.05	0.25	0.63	0.60	0.93	0.93	0.68	0.55	0.18	4.8
	占比/%	0	1	0	1	6	13	12	19	19	14	11	4	100

　　南海台风一般水平范围较小，垂直伸展高度低、强度弱。一般认为这是因为其生成后很快就登陆，没有得到充分发展的缘故。南海台风的垂直伸展高度6~8km，最大可达10km左右，最大风速50m/s。中心气压值一般为980~990hPa，最低为960hPa。很少观测到

950hPa 以下的气压值。在南海台风中，强台风次数占台风总次数的 32%。

南海台风从生成至消亡一般为 3～8 天，最长的可达 20 天，最短的仅 1～2 天。一般来说，台风移向的右前方云区最大，云层最厚，云顶高度最高，雨量最大；而左后方则云区较狭窄，云层较薄，雨量较小。台风眼大小不一，一般都有云，但云层薄，云壁结构松散，很少甚至没有降水。

造成南海台风具有上述特点的原因主要是南海台风一般移动海区较短，无法充分地得到暖湿海面提供的能量。

南海台风的强度较弱，范围较小，其路径受高空流场的影响比较大。夏季，当西太平洋副热带高压势力较强，高空形势比较稳定时，南海台风多是西行或倒抛物线形；当高空环流较弱，或有双台风影响时，它常在海上打转。过渡季节和冬季，遇强冷空气南下，南海北部东北气流增强时，可使南海台风南移。据统计，南海台风进入 18°N 以北、115°E 以西后，一般向西北向移动，很少北移或转向。

5.4　气　　温

1. 南海的气温分布和变化

南海地处低纬，又位于亚洲东南部季风地带，气候上具有常夏无冬，盛行季风，台风活动频繁，干湿季分明等特点。大部分海区属热带气候，仅北部沿海属于亚热带气候。

南海是热带性海洋，气候上最显著特点之一是终年气温很高。

冬季，南海南北部之间的近海面气温相差达 10℃ 以上。在南海中、北部，等温线的走向大致与广东省大陆的海岸线平行，即呈东北—西南走向。

夏季，南海南北部之间已没有明显的气温梯度。因此，南海的气温年较差自北向南递减；由北部近岸海面的 10℃ 以上减至南部海面仅 2～3℃。后者已几乎没有什么季节变化。

图 5-2 分别为南海 1 月、5 月平均气温示意图（中国气象局国家气象中心，1995）。

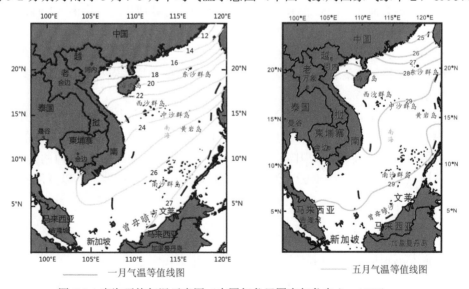

—— 一月气温等值线图　　　　　　　—— 五月气温等值线图

图 5-2　南海平均气温示意图（中国气象局国家气象中心，1995）

一年中最冷月份的出现时间除了北部近海为 2 月外,其余各海区均为 1 月。一年中最热月份的出现时间则南北各个海区先后不一:南部海区在 4、5 月,北部海区在 8、9 月,自南向北推迟 3~4 个月。

南海气温之所以会有这样的特点,与太阳辐射、海水性质、季风活动、海流变化、地形地貌等影响因素密切相关。

太阳辐射热是海面最主要的热量来源。南海位于北回归线以南,平均纬度较低,太阳辐射强烈,日照时间长,有利于海面散热。海面所吸收的太阳辐射能大部分消耗于海水蒸发,部分用于热感交换、海水增温等。海面吸收辐射热的多少及时空变化特点,直接影响了海面水温从而影响气温的年变程。

由于海水比热要比空气大 4~5 倍,容积热量比要比大气大 3100 多倍,因而海水比空气具有大得多的热惯性;加上海水具有流动性,各部分之间的热交换过程除了辐射和热传导外,还可以对流、混合等形式进行,于是造成了海面热状况的变化具有比较缓和的特点。海温的日较差小,夏季升温和冬季降温都比较缓和。因而,受海温变化直接影响的气温的年变程也就比较缓和了。

就南海大部分海区来说,年中各月的平均气温要比表层海水温度低 0.5℃ 左右,海温与气温的年变程基本一致。

冬季南海的气温自南向北递降,除了受太阳辐射的影响外,还与寒潮冷空气的影响有密切关系。冬春季节,在季节冷却的背景上,随着寒潮冷空气的入侵,风速猛增,气温骤降,空气湿度降低,海水的蒸发、热辐射和热传导相应加强,促使海温与气温下降。寒潮冷空气入侵的势力越强,温度的降低就越快,越显著。由于寒潮冷空气的势力是自北向南减弱,也影响到气温的年较差自北向南递减。

海流的性质及变化对海面气温的变化也具有显著影响。其中以台湾海峡至巴士海峡一带海域关系最为密切。冬季,浙闽及粤东近海有一支冷沿岸流,它是由长江和闽浙江河入海径流与海水混合而成。在东北季风的吹拂下沿台湾海峡西岸进入南海。1 月份汕头外海的表层水温仅 14~15℃,气温为 12~13℃;同期从巴士海峡进来的黑潮暖水表层水温高达 23~25℃。海温的差异直接影响到了气温的差异。到了夏季,全南海盛吹西南季风,台湾海峡西岸的冷沿岸流消失,台湾海峡至巴士海峡的表层水温梯度仅 2~3℃,气温梯度自然趋于不明显。

一年最热月份的出现时间各个海区先后不一。这除与太阳辐射强度有关外,也与天气系统的影响分不开。南海中北部广大海区 4、5 月在西太平洋副热带高压的控制下,海上降水很少,天气晴朗,太阳辐射强烈,因而出现了高温。6~9 月为西南季风盛期,副热带高压已北上,天空多低云,海面常有台风活动,雨日较多,所以气温反而比前期低些。

2. 西沙群岛的温度分布和变化

西沙群岛受到的太阳辐射量多,终年高温,年平均气温 26~27℃。

表 5-8 给出了西沙群岛各月的平均气温。西沙群岛各月份的平均气温都较高,平均气温在 22℃ 以上。但是,西沙群岛最热月的平均气温又不太高,这主要是海洋的调节作用

影响。西沙群岛的最热月一般出现在 5～6 月，宣德群岛的平均气温为 28.9℃，永乐群岛为 29.1℃。

表 5-8　西沙群岛各月平均气温　　　　　　（单位：℃）

	1月	2月	3月	4月	5月	6月	7月	8月	9月	10月	11月	12月	全年
永兴岛	22.9	23.5	26.2	27.3	28.9	28.9	28.7	28.6	27.9	26.9	26.6	24	26.5
珊瑚岛	23.3	23.9	26.8	27.7	29.1	29	29	28.7	28.2	27.1	26.6	23.9	26.8

西沙群岛的海洋性气候较为明显。受海洋影响，极端最高气温不高，极端最低气温不低。

3. 南沙、中沙群岛的温度分布和变化

中沙、南沙群岛地处低纬，在亚洲东南部季风盛行地带，属季风热带气候和赤道气候，终年炎热，四季皆夏。其气候特点是终年高温高湿，年平均气温和年平均海温都在 27℃以上，温度年变化很小，仅为 2～3℃。中沙群岛峰值出现在 14 时，谷值出现在 0 时。春秋两季的日变化比较有规律，平均日较差在 1℃以上；冬、夏两季的日变化不明显，平均日较差小于 1℃。

南沙群岛海域的平均气温和平均海温都在 28℃以上，为南海之最。该海域全年保持高温，温差很小，平均日、月和年变化及冬夏半年之间都相差极小，日、夜间基本保持平衡，四季不分明，长年为夏。表层海水温度也保持全年高温，最热月和最冷月的平均温差也很小，是"常夏之海"。

5.5　波　　浪

5.5.1　南海海浪的时空分布

1. 四季变化

在冬季，海洋处于低压，风从大陆吹向海洋。我国盛吹西北风，到南海受地球旋转的影响，风向又向右偏转而成为东北风。15°N 以北海区从 10 月开始，16°N 以南海区从 11 月开始，一直到次年 4 月几乎都是吹东北风。强冷空气南下时，整个南海海面可被 10 级以上大风所控制，出现 9m 以上的海浪（苏纪兰，2005；孙湘平，2006）。

夏季的情况正相反。图 5-3 示意了南海夏季风浪的分布。大陆是低压区，风从南印度洋和澳大利亚大陆的副热带高压向亚洲大陆吹刮，在南海形成西南季风。在 15°N 以北，6～8 月期间，以南向和西南向浪为主；15°N 以南 6～9 月 4 个月中以西南向浪为主。夏季季风通常没有冬季季风强烈，多是 4～5 级风，形成 1 米多高的浪。大浪主要来自台风。

春季，5 月是偏北向浪转偏南向浪的过渡季节。

秋季，9 月（15°N 以北）和 10 月（15°N 以南）则是偏南向浪转偏北向浪的过渡季节。

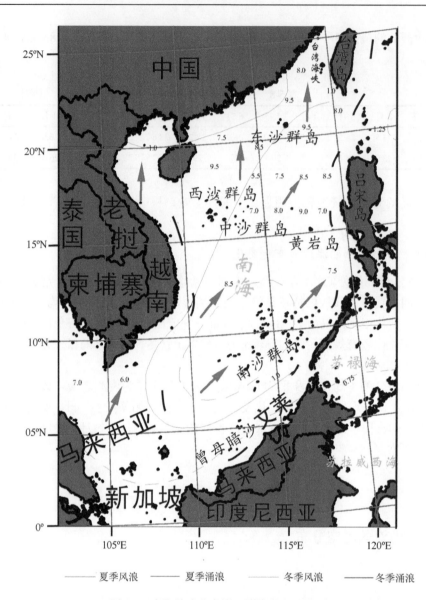

图 5-3　南海波浪分布图（陈史坚，1985）

夏季风浪，图中数字为波高，单位为 m

　　综上所述，就平均风浪浪向来看，南海风浪的分布可归纳为三种类型：冬季型、夏季型和春季型。秋季的风浪浪向分布形势与冬季相似。南海冬季型的浪向分布特点是：浪向几乎转为 NE 向，构成一个顺时针的旋转趋势。夏季型正好相反，南海多为 SW 向浪，东海、台湾以东洋面转为 SE 向和 S 向浪。春季型的浪向比较零乱、复杂，南海南部、中部多为 S 向浪，南海北部多 SE 向浪。

　　从平均涌浪浪向看，也可以分为冬季型、夏季型和春季型，秋季的涌浪浪向分布形势与冬季型基本相似。

2. 波高和周期的地理分布

中国近海四季代表月的风浪波高及周期的地理分布，就季节而言，冬、秋季风浪大，其次是夏季，春季风浪最小。从海区来讲，台湾海峡、南海东北部、吕宋海峡风浪大；其次是东海、南海中部；北部湾、渤海和南海南部风浪较小。

中国近海涌浪波高的显著特点是：冬季和秋季，涌浪波高大，涌浪高值区的范围也大；其次是夏季，春季涌浪波高最小，高值区的范围也最小。涌浪海区主要出现在台湾以东洋面、东海、吕宋海峡、南海北部和中部。涌浪周期分布很有规律，大体上是由南往北，涌浪周期逐渐递减。南海最大，其次东海，黄海为第三，渤海最小。

3. 平均波高和最大波高的季节变化

南海月平均波高变化在 0.6～2.7m 之间。北部湾冬季月平均波高最大，为 1.6m；春季月平均波高最小，为 0.6m。南海北部和吕宋海峡冬季月平均波高最大，为 2.6m；春季月平均波高最小，为 1.2m。南海中部冬季月平均波高最大，为 2.7m；春季月平均波高最小，为 1.1m。南海南部冬季月平均波高最大，为 2.6m；春季月平均波高最小，为 1.0m。

南海历年月最大波高为 2.0～9.5m。其中：北部湾为 6.0m，南海北部为 9.5m，南海中部为 9.0m，吕宋海峡也为 9.0m。

4. 月平均周期和最大周期的变化

南海月平均周期为 4.1～7.4s。其中：北部湾为 4.1～6.0s，南海北部为 6.7～6.8s，南海中部为 6.5～7.4s，南海南部为 6.4～7.4s，吕宋海峡为 6.9～7.2s。

南海最大周期出现于 10.0～20.0s。其中：北部湾为 18.0s，南海北部为 20.0s，南海中部和南海南部皆为 19.0s，吕宋海峡为 20.0s。

5.5.2　海南岛及周边海域波浪要素分布

关于波浪的统计，分析了海南岛 7 个定位站资料，分别为玉苞角、白沙门、铜鼓岭（东北部）、八所（西部）、莺歌海（西南部）、榆林、亚龙湾（南部）。资料期限最短为 1 年，最长为 22 年。

1. 波向

玉苞角、白沙门两地，波浪主要出现在偏北向，NW—N—ENE 方位出现频率最高：玉苞角为 87%，白沙门为 73%，其中玉苞角出现最多 EN 向浪频率为 29%，白沙门出现最多 NEN 向浪频率为 39%。

岛东北部的铜鼓岭，南部亚龙湾、榆林和西南部莺歌海都以偏南向浪为主。铜鼓岭为 SE—S—SW 向范围，波浪出现频率为 69%，其中 SE 向为 34%；亚龙湾为 S—SW 向的波浪出现频率为 57%，其中 S 向出现频率为 31%；榆林为 SE—S—WSW 向范围的波浪频率为 83%，WS 向为 25%；莺歌海各向浪频分布近似榆林港，SE—S—SW 向范围，出现频率为 61%，东南浪和南浪最多，出现频率相应是 15% 和 18.2%。

岛西部八所，ENE—ESE—SE 向范围的波浪最少，各向出现频率均不足 0.5%，波浪主要集中在偏西南和偏北向：S—SW—WSW 向范围出现频率为 44%；NW—N—NE 向范围出现频率为 50%，前者以 SSW 浪高最多，频率达 18.8%。后者以 NNW 和 NNE 浪最多，频率分别为 11.9%和 14.3%。

2. 波高

月平均波高较大值与盛行季风及所设站的地理位置密切相关。岛北部的玉苞角、白沙门和东北部的铜鼓岭站月平均值都是秋、冬季东北季风盛行的季节（9 月至翌年 2 月）为大，而岛南部亚龙湾、榆林和西南部的莺歌海，以及西部的东方等 4 站，则表现为西南季风盛行的夏季（6～8 月）平均波高大。月平均波高的较小值，玉苞角、白沙门 2 站都出现在春季（3～5 月），均为 0.4～0.5m，铜鼓岭则出现在 4～8 月，为 0.7～0.9m；榆林、莺歌海出现在冬季（12 月至翌年 2 月），前者 0.2～0.3m，后者 0.7m 左右；亚龙湾出现在秋、冬两季（9 月至翌年 2 月），为 0.2～0.3m；东方则是秋季和冬初（9～12 月），为 0.6～0.7m。

最大波高均出现在台风影响较多的夏、秋期（7～10 月），除亚龙湾出现在 7 月（3.66m），东方出现在 10 月（6.4m）外，其余各站均在 9 月出现。玉苞角为 7.7m，白沙门为 2.4m，铜鼓岭为 3.0m，榆林为 4.6m，莺歌海为 9.0m。而冬、春季的 12 月至翌年 4 月期间，各站出现的月最大波高偏小。在此期间各站月最大波向的最大值：玉苞角为 3.0m，白沙门为 1.8m，铜鼓岭为 2.6m，亚龙湾为 1.5m，榆林为 1.8m，莺歌海为 2.5m，东方为 2.3m，且前 3 站（岛北半部）出现在 12 月，后 4 站则出现在 1～4 月，由于最大波高受南下冷空气的影响，在岛北部出现早要比南部明显。资料时间序列较长的东方、莺歌海和玉苞角三站，各月最大波高的多年均值，基本上是下半年各月大于上半年各月。上半年：东方为 1.82～2.0m，莺歌海为 1.6～1.9m，玉苞角为 1.3～1.8m，下半年东方为 1.9～2.5m，莺歌海为 1.5～2.9m，玉苞角为 2.1～2.8m。显然波高的上述分布和台风活动、冷空气南下有直接关系。

岛北部的玉苞角、白沙门站偏南向（SE—SSW）的平均波高较小，为 0.2～0.4m；而玉苞角的偏西南向（SSW—WSW）和偏东向（NE—E）均较大，为 0.6～0.7m，白沙门则是偏东北向（NNE—ENE）较大，为 0.6～1.0m。岛南部的亚龙湾、榆林以偏西向浪较大（WSW—WNW），前者为 0.7～0.8m，后者为 0.5～0.9m；其余各向均较小。岛东部的铜鼓岭，W—N 各向小（0.5～0.7m），东北向最大（1.1m），其余各向为 0.8～1.0m。岛西南部莺歌海各向差异较小，为 0.5～0.9m，SSE—SSW 方向为 0.9～1.0m。西部的东方，偏东、偏西各向浪较小，为 0.3～0.7m；偏南向差异较小，为 0.5～0.9m。

岛北部的玉苞角、白沙门各向平均波高的分布相似。偏南向（SE—SW）最大波高较小，玉苞角为 0.7～1.5m，白沙门为 0.4～1.0m；偏北向（N—NE）大，玉苞角为 6.4～7.7m，白沙门为 1.7～2.4m。南部的榆林、亚龙湾则与此相反，偏西南向（SSW—WSW）出现的大。前者为 2.8～4.6m，后者为 2.2～3.6m；偏东向出现的小，均是 0.5～0.9m。东北部的铜鼓岭，最大波高是偏东南向（ESE—SSE）大，为 2.6～2.9m；偏西北向小，为 0.5～1.5m。岛西部的东方，大致是偏西范围（SW—W—NW）出现的最大波高较大，为 4.0～6.0m；偏东范围较小，特别是 E—SE 向，仅为 0.5～1.4m。岛西南部的莺歌海，其各向最大波高的分布无显著差异。

上述各站最大波高的方位分布特点显然同测点的地理位置、岸线走向有密切关系。

3. 波级分布

7 个站点波级资料统计表明：除铜鼓岭以 3 级浪（0.8～1.0m）为主，出现频率占 50% 外，其余各站均以 0～2 级浪（0.5～0.7m）为主，出现频率：亚龙湾为 93%，榆林为 84%，玉苞角为 71%，莺歌海为 62%，东方为 55%。

大于 3.5m 的波浪，铜鼓岭未曾观测到，其余站均有出现，频率均不足 0.5%。中级浪（0.8～1.9m）以铜鼓岭为大，出现频率为 66%，出现频率其次的是东方、莺歌海，分别为 45% 和 37%；岛南部的亚龙湾最少，为 7%；北部的玉苞角和南部的榆林分别是 28% 和 26%。

4. 周期

除亚龙湾的平均周期明显偏大外，其余各站平均周期相近。

岛北部两点的偏南向（S—SW）周期较短（玉苞角为 0.9～1.7s，白沙门为 3.1～3.2s），而偏北向周期长，其中玉苞角（N—ENE）为 2.9～3.3s，白沙门（NNW—N）为 3.8～3.9s。

东北部的铜鼓岭，偏西北向（W—NNW）周期短，为 3.3～3.5s；而偏南向（SE—S）周期长，为 4.0～4.6s。

西南部的莺歌海和西部的东方两站，平均周期的方位分布大体相同，多年均值都是偏西南向（S—WSW）周期长，前者为 4.2～4.3s，后者为 3.3～3.4s；偏东向（ENE—ESE）短，前者为 2.8～3.2s，后者为 2.0～2.7s。

南部两点的平均周期方位分布上看不出明显的规律性，榆林为 2.5～3.9s，各向差值小；亚龙湾为 4.5～8.1s，各向差值稍大。

铜鼓岭近岸海区，偏南向（特别是东南浪）出现频率大，玉苞角、白沙门两站，主要出现偏北（N—NE）浪。上述 3 站，出现频率小的各向浪，其波高大，周期长，为涌浪作用。

岛西部的东方，偏东各向浪少，且波高小、周期短；偏西南、偏北向浪多，且周期长、波高大，尤以偏西南浪最为明显。显然波浪的这种分布特点主要是受强劲的西南季风和稳定的东北季风影响的结果。

南部的榆林、亚龙湾，偏西北和偏东各向波浪出现极少，主要出现在 S—SW 范围。

综上所述，海南岛东、西两侧近岸的波浪主要受一年一度的季风影响。东方（八所），明显地集中于偏西南、偏北两个主浪向。东北部的铜鼓岭波浪除受风的影响外，还受地形、岸线及外海涌浪的影响，多偏东南向浪。本岛南部海区波浪主要受西南风影响，北部海区主要受东北风影响。

5.5.3　西沙群岛及周边海域波浪要素分布

西沙群岛及其周围地区平均波高最大出现在 NNE 方向。秋、冬平均波高最大：10 月平均波高 1.5m，11 月为 1.8m，12 月为 1.6m，1 月为 1.6m，2 月为 1.3m，而 4～9 月平均波高在 1.1～1.3m 变化，没有超过 1.3m。秋、冬平均波高最大，与这两个季节平均风速有关。西沙波型以风浪为主。

根据西沙附近海洋站观测结果，西沙海域波浪普遍较大，最大波高达 9.0m，在 16 个方位中，有 12 个方位上观测到 7m 以上的大浪，最大浪出现在 SSW 与 WSW 方向。与平均波高相比较可知，平均波高最大值出现在秋冬季，而最大波高出现在夏季，与台风活动有关，如 9.0m 波高出现在 6～7 月，8.0m 波高出现在 8 月。

平均周期与频率指标是按照 16 个方位统计的，从多年统计结果可见：各个方向平均周期是在 3.9～6.0s，以 N、NNE 方向平均周期为最大，其值皆为 6.0s；以 SE 方向平均周期为最小，其值为 3.9s。总的来看，北向象限周期大，W—N—E 这半周内平均值为 4.7s，而 E—S—W 南半周内平均值为 4.2s。由此可见，盛行的东北风是这个海区波浪生成的主要因子。

各向频率表征该向来浪的多寡。NE 向频率最大，为 18.7%；ENE 向次之，为 13.6%；再次之为 SSE 向，频率为 12.9%，频率最小为 WSW—NNW 这个范围内，其频率之和为 7.6%，平均在每个方向只有 1.5%。

H1/10＜1.5m，其频率超过 5% 的方向依次有 NE（7.8%）、ENE（7.0%）、SSW（6.9%）、S（6.8%）；1.5≤H1/10＜3.0m，其频率超过 5% 的依次有 NE（9.8%）、ENE（6.9%）、SSW（6.2%）；H1/10＞6.0m，只出现在 SSW 方向，频率为 0.1。由以上可见，H1/10＜3.0m 的波高，主要是集中在 NE、ENE、SSW 方向上。

5.5.4　南沙群岛海域波浪要素分布

南沙群岛海域的波浪受制于季风风场的变化。一般 6～9 月为西南季风期，这时海区盛行 S—WS 向浪，波型多为以风浪为主的混合浪，风浪主要为 S—WS 向，频率占 40%～50%，涌浪主要为 WS 向，频率为 30%～40%，海上平均波高为 1.0～1.9m，平均周期为 3～7s，大浪所占频率为 25%～30%。

在 11 月至翌年 3 月，海区为东北季风所控制，海浪自 10 月由海区的东北部向偏南—西南方向扩展。11～3 月，全海区盛行东北向浪，频率为 40% 以上，海上平均波高为 1.1～1.6m，平均周期为 3～8s。波高以 11 月和 12 月最大，平均为 1.8～2.0m；以 4 月最小，平均为 0.7～1.1m；10 月至翌年 2 月，大浪所占频率达 40%～70%。

5 月为季风转换期，由东北季风逐步向西南季风过渡，5 月中、下旬开始有西南风出现，5 月中旬以前仍以东北风为主，此时波浪前期多为东北向，5 月中旬开始逐步出现南到西南向浪；波型多为混合浪，波高较小，平均波高为 0.2～1.2m，平均周期为 2.9～7.8s，而平均波高小于 0.7m 的波浪占 90% 以上。但其时偶尔会有台风出现。例如，1990 年 5 月的 9003 号强台风曾经在南沙北部海区，引起狂风巨浪。

5.5.5　南海中部海域波浪要素分布

南海中部海域的波浪状况同样取决于风场的变化。

冬季，海区在强劲的东北季风作用下，产生以东北向为主的较大波浪，海况一般在 4 级以上，海上平均波高 1.1～2.9m，可达 86% 左右；波浪平均周期为 6.4～11.5s，其中 6～

8s 的约占 57%，8s 以上的约为 33%。大风期间曾观测到 7.3m 的最大波高。

夏季西南季风期，海区盛行西南向波浪，频率在 60%以上。海况一般为 3～4 级。波型以混合浪为主，风浪和涌浪所占频率相当。波浪的大小比冬季低，海上平均波高为 0.5～2.2m，以中浪为主，其频率约为 55%，大浪频率为 24%。波浪平均周期为 4.5～11.4s，其中 6～8s 的约占 53%，8s 以上的约为 7%。本海区夏季所出现的大浪主要是由西南大风引起的。曾观测到的最大波高为 6.1m。

春季为季风转换期，由东北季风逐渐转为西南季风，相应地，波浪方向随之发生改变。在以东北向风为主导的前半期，波浪方向以东北到东向为主，后半期，波浪方向则随西南季风的到来逐渐变为以南到西南向为主。海况一般为 2～3 级。波型为以涌浪为主的混合浪。波浪的大小大大低于冬季，而且明显低于夏季。海上平均波高为 0.3～1.7m，波浪以轻浪为主，频率约占 60%，大浪频率仅占 7%左右。波浪平均周期为 3.5～8.3s，小于 6s 的约占 61%。

秋季为夏季西南季风向冬季东北季风的过渡期，并受到东北风与西南风的辐合带、台风，以及低压活动的影响，因此，风向多变，各向风的频率相当接近，而且风的分布随地理位置的不同而差异较大，但一般风速较小。在这种复杂多变的风场作用下，波浪方向随之多变，海况一般为 2～3 级，波型多为以涌浪为主的混合浪。波浪的大小略低于夏季。海上平均波高一般在 0.8m 以下，平均周期为 3.4～8.0s，6s 以下的约占 90%。1983 年 9 月的 8311 号台风期间曾观测到最大波高为 4.9m 的波浪，其时风速为 19.5m/s，阵风达 24.0m/s，风向为西南—西。

5.6 潮汐、风暴潮、潮流与余流

5.6.1 潮汐

潮汐主要是由于月、日对地球的引潮力场和地、月、日的相对运动引起的，周期接近 12 小时（半日潮）或者 24 小时（全日潮）。在铅直方向表现为潮位的升降，在水平方向表现为潮流的涨落。

在南海，月球和太阳的引潮力直接引起的海水潮汐波动是不大的，而大洋潮波所引起的协振动却占有较大的比重。也就是说，南海的潮汐现象主要受传入本海区的大洋潮波的支配。太平洋的潮波自巴士海峡传入南海后分成两支，主要的一支是向西南推进，并由它形成了南海的潮波系统。而另一较小的分支则转折北上传入台湾海峡。

南海海区的潮差一般不大，其大部分海域的平均潮差都在 1m 以下。只是在浅水的陆架区和海湾内的潮差才明显增大（苏纪兰，2005；孙湘平，2006）。

1. 南海潮汐类型

潮汐性质一般分为四种类型：半日潮——在一个太阴日（相当于 24.8 小时）中出现两次高潮和两次低潮；全日潮——在一个太阴日中出现一次高潮和一次低潮；不规则半日潮——接近于半日潮，但日不等现象明显；不规则全日潮——接近于全日潮，但一月内全日潮情况少于 15 天。后两种潮又统称为混合潮。

南海几乎不存在规则的半日潮,只出现不规则的半日潮、规则的全日潮和不规则的全日潮三种类型。台湾西南、珠江口以西至琼州海峡东口为不规则的半日潮。北部湾(除湾口以外)以及南海中央大片海域、泰国湾底、卡里玛塔海峡全为规则的全日潮。马来半岛东南海域也属不规则半日潮。

南海的潮汐性质呈错综复杂的分布状况。在南海的大部分海域中,日分潮的振幅明显大于半日分潮的振幅,所以南海中的潮汐以日潮或不规则的日潮为主。例如,北部湾、泰国湾、吕宋岛西岸、加里曼丹西北岸、巽他陆架区等均为日潮性质,只是在巴士海峡、台湾海峡、广东沿岸和马来半岛南端等地区才出现不规则的半日潮性质。在其他海区的潮汐性质均为不规则日潮。

2. 南海潮波系统

由巴士海峡和巴林塘海峡传入的潮波,主要向西南方向传播,沿途有部分进入北部湾、泰国湾和南海西南海域,少量进入南海北部陆架。

北部湾是世界上相当典型的全日潮区。这是因为该海湾固有的振动频率接近全日分潮的缘故。

南海中部海域水深较大,全日引潮力影响甚微,而半日分潮则影响很明显。这是因为南海纬度相对较低。全日潮引力影响甚微,而半日分潮则影响很明显。

泰国湾和南海西南海域,潮波系统复杂。特别是巽他陆架地区潮波分布存在较大不确定性,有待进一步探讨。

南海潮波能量传播比较复杂。因为它北与台湾海峡,东与巴士海峡、巴林塘海峡和民都洛海峡,南和马六甲海峡沟通。能量通过这些海峡传输,依次进入各个海湾,并在整个南海将输入的潮能消耗掉。

3. 海南省及其周边海岛的潮汐

海南省周边岸段潮汐主要是太平洋潮波经巴士海峡和巴林塘海峡进入南海后形成的。海南岛北部与广东省雷州半岛隔海相望,中间为琼州海峡,西部为北部湾,东部和南部是浩瀚的南海。海南潮汐类型多样,在环岛分布上有一定规律。海南岛周围岛屿的潮汐类型与本岛周围海区近似,根据潮型系数,可得如下结论:

从琼州海峡东端、海口琼山区的铺前湾东营向东、环岛到文昌市铜鼓嘴海区为不正规半日潮区,从铜鼓嘴向南环琼海、万宁、陵水、三亚、乐东诸县(市)的海岸到东方的感恩角,以及从东营向西至后海海岸(包括海口市和秀英港)均为不正规日潮区;从感恩角向北环岛经昌江;儋州、临高至澄迈县后海为正规日潮区。

潮差是水位的高低变化,通常有平均潮差、最大潮差等。潮差的大小直接反映了潮汐的强弱程度。海南岛沿岸潮差的基本特点是:东部和南部潮差比较小;西部较大;西北部最大。

多年平均潮差逐月变化环岛各段不同:北部和东部(海口、秀英、清澜、港北)逐月均值最大与最小之差值在 0.20m 以内;西北部(洋浦、新盈)差值最大,达 0.70m;南部、西部差值为 0.20～0.40m。

冬季（12 月、1 月）和夏季（6、7 月）平均潮差一般都比较大，春季（3、4 月）比较小。多年平均最大潮差逐月变化与多年平均潮差变化规律大体相同，其逐月均值的最大与最小之差略大于平均潮差之差值。西北部（洋浦、新盈）差值达 0.90m；南部和西部（亚龙湾、榆林、莺歌海、八所）差值在 0.50～0.60m；北部和东部（海口、秀英、清澜）差值为 0.20～0.50m。在一个月中，属于不正规半日潮型的地段，一般以朔望大潮期潮差较大，上、下弦小；而属不正规全日潮和正规全日期地段，则一般在月球赤纬达最大后，潮差较大，而在月球赤纬为零度附近，潮差较小。

潮汐的平均涨落潮历时不相等。从洋浦向东环岛到西部的莺歌海之间，涨潮历时长于落潮历时，而在这个范围内，从海口向东环岛到陵水新村及西南部和莺歌海附近，平均涨潮历时比落潮历时长 0.5～2 小时；从海口向西到洋浦以及陵水新村向南至莺歌海以东岸段，涨潮历时比落潮历时长 2～4 小时。从八所向北环岛到海头港，涨潮历时短于落潮历时，八所附近差别最大，涨潮历时比落潮历时短 2.5 小时左右。潮波运动受不同类型的海底地形影响和海水本身的惯性，因而高潮时刻与月中天时刻是不一致的。

最高潮位和最低潮位是两个重要的潮汐特征值。海南岛岸段曾观测过潮位的站点虽不少，但观测时间长短不一，也不同步，有的使用的基面基于假定基面性质，未经联测，因此可用海南统一基准面——榆林基面表示的潮位资料更少。现用分布在全岛周围的海口、清澜、港北、榆林、八所和马村等 6 站（用榆林基面表示的潮位观测资料），结合查测近 50 年间历史潮位资料，作为分析基础，从有限的实测资料反映出：北部琼州海峡沿岸，特别在海口市附近实测的最大潮位最高（海口 2.48m），其次是西部（八所 1.62m），再次是南部（榆林 1.48m），比较低的是东部（清澜 1.18m 和港北 1.23m）。

最低潮位从现有资料看：西部沿岸较低，东部和南部沿岸的最低潮位相对稍高，这也与东部和南部沿海潮汐为不正规全日潮、潮差较小有关。

4. 西沙群岛的潮汐特征和分布

根据西沙群岛海洋站 1989～1991 三年的潮位资料进行统计分析，可得表 5-9。

表 5-9 西沙群岛潮汐统计特征 （单位：cm）

	1 月	2 月	3 月	4 月	5 月	6 月	7 月	8 月	9 月	10 月	11 月	12 月	全年
月最高高潮	214	200	194	202	209	221	232	227	198	198	204	205	209
月最低低潮	41	49.7	54.7	47	36.7	32.7	46	59	59.7	42.7	36.3	29.3	44.4
月平均潮差	99.7	83	77.7	83.7	92.7	106.7	101	81.5	77.3	79	92	107	92
月最大潮差	175	148	132.3	152	170	182.9	178.3	158	130.7	148	168	176	160

5. 南沙、中沙群岛的潮汐特征和分布

在南沙群岛海域，东南部海区，包括南沙群岛大部分及周围的巴拉望岛、沙巴、文莱沿岸等均属于不正规全日潮；南沙海域的西北半部为正规日潮区；西南部大约在 5°N 以南、曾母暗沙以西的小部分海区为不正规半日潮；加里曼丹岛的西北沿岸也间或出现不规则半日潮。南海中部的吕宋岛西海岸中部海域为全日潮型，海南岛的东南岸和南岸附近海域为不正规日潮。

标志潮汐强弱程度的潮差在南海不同海区的分析也像潮型一样变化多端，但从总的情况看，整个海区潮差较小，在广阔的深水区中，最大可能潮差不到 1.0m。在南沙群岛海域，随着向岸距离的减小，潮差有逐渐增大趋势。南海中部海区，在海南岛西南与越南海岸中间，即北部湾湾口，有一个日分潮无潮点，并以大潮点为中心形成一个旋转潮波系统。南海中部吕宋岛西岸和越南中部海岸，潮差为 2.0m 左右。

5.6.2 风暴潮

风暴潮指由于强烈的大气扰动（如压强和气压骤变）引起的海面异常升高的现象。它具有数小时至数天的周期，叠加在正常潮位之上。风暴潮灾害是我国沿海地区危害最大的海洋灾害。倘若风暴潮与天文高潮相遇，加之狂风恶浪，常会使滨海区域潮水暴涨，冲毁江海堤防，侵入内陆，酿成巨灾。如 1922 年 8 月 2 日的一次台风风暴潮袭击了广东汕头地区，竟然有 7 万人丧生，这是 20 世纪我国死亡人数最多的一次海洋性灾害。

风暴潮若按照诱发的天气系统特征来划分，可以分为温带风暴潮和台风风暴潮两大类。风暴潮一年四季都有发生。南海近岸的广东、海南两省沿海是我国台风风暴潮灾害的多发和严重区，历史上重大台风风暴潮灾造成的生命财产损失令人触目惊心。

诱发海南省海岛产生风暴潮的天气系统主要是台风。海南省是受台风影响频繁的地区之一，每年 5～11 月为台风季节，尤以 8～10 月为最多。根据资料统计，平均每年登陆海南岛的台风为 2.5 次，平均每年袭击或影响海南岛的台风暴潮达 7.7 次，最多的一年曾达 12 次（1971 年），对海南经济造成较大损失。当台风增水与该海域天文高潮重合，就可能产生大海潮，造成风暴灾害。根据潮位资料统计，登陆海南岛达 10 级以上台风一般可产生 50～200cm 增水，1949 年以后出现最大风暴增水为 252cm。据调查，海南岛的沿岸海域，大部分出现过 260cm 以上的高潮位，最大潮位达到 338cm。

根据海南岛四周沿海风暴潮出现次数、强度，其分布大体为：北部风暴潮出现次数最多，其次是东部和南部，西部最少。其中，北部、东部、内部均出现过 300cm 以上的高潮位。

海南岛的风暴潮系由热带气旋引起的，热带气旋的风场和气压场以及它们引起的长波效应，使海面发生异常升降，由于海南岛四周地势较低，极易遭风暴侵袭。直接袭击海南的热带气旋多从东部或南部登陆，根据风向和海岸线的走向，风暴潮产生影响为本岛北部和东部增水最大，增水次数也最多。其次为南部和西部，西北部受风暴潮的影响最小。

西沙群岛为位于南海中西部的开阔海域中的岛群，且面积都很小，故此，风暴潮的影响不大。据 1989～1991 年资料统计，最高潮位为 232.3cm（7 月），月平均潮差 92cm，平均潮位约为 12cm，故估计最大增水不超过 50cm，风暴潮增水影响不大。然而，台风期间产生的风暴巨浪对群岛，特别是一些沙洲影响甚大，如在调查期间发现：七连屿的几块沙洲在几次台风巨浪后消失，而在附近另一位置却生长出新的沙洲，故此，风暴巨浪的搬运能力是不可忽视的。

南海岛礁区域风暴潮测验记录较少，今后需加强观测研究。

5.6.3　潮流与余流

海水在受月球、太阳的引力产生潮汐现象的同时，还产生周期性的水平运动——潮流。潮流是潮波运动中水质点的运动，所以也分半日潮流、全日潮流和混合潮流几种形式。

在南海，广东沿岸为不规则半日潮流，而南海中部、西南海区、泰国湾口以东海域，全属不规则全日潮流。北部湾南部为规则全日潮流，北部为不规则全日潮流。泰国湾湾顶为不规则半日潮流，其余大部分水域均为规则全日潮流。马来半岛东面以及马来亚和加里曼丹岛之间水域，属不规则半日潮流。

余流，是由于海水密度在水平方向分布不均匀，以及风应力、降水、气压变化、大陆径流等原因引起的海水水平方向的一种非周期性流动（管秉贤，2002）。

1. 海南岛附近海域的潮流与余流

海南岛周围岛屿附近海域潮流主要受巴士海峡和巴林塘海峡传入的太平洋潮波影响，加上岛屿及岛群地形的作用，使潮流状况复杂。整个海区包括不正规半日潮流、不正规全日潮流和正规全日潮流三种潮流性质，且兼有往复流和旋转流等各种运动形式，涨落潮历时不等现象明显。

实测最大涨、落潮流流速是指一日或多日观测资料中涨潮时段或落潮时段内出现的最大流速，可以根据实测资料得出如下结论：①涨落潮方向：潮波传播方向是涨落方向主要控制因子；②最大涨、落流速：这些海区的普遍现象是涨潮流速大于落潮流速（占总数的75%），其余 25%中，涨落潮速度度仅相差 1~2m/s。

本岛周围海区涨落潮流历时不相等，涨落潮流历时为反映径流、地形对潮流作用的一个重要标志。本岸段由于沿岸地形复杂，使各处潮时变化也不相同。琼州海峡至清澜港及三亚港至莺歌海沿岸区域，涨潮流历时大于落潮流历时。其余沿岸为落潮流历时大于涨潮流历时。

海南岛沿岸余流分布主要受现场地形、南海环流及河口径流等因素制约，可得如下结论：①余流方向和涨潮方向基本一致；②余流值一般不大；③风生上升流在东部沿岸显著。

2. 西沙群岛海域的潮流与余流

根据潮型判别系数，西沙群岛数个潮流站中，日潮和半日潮都有，涨落方向以 NW—SE方向为主，即潮波从东南向西北方向传播，这是南海潮波传播的总特点。但潮波在靠近岛屿后，由于受到岛屿岸线方向的影响，方向又要有相应的变化。比如在 515、523 站，最大涨落潮方向转为 NW—SW 方向，这是由于岛屿岸线和等深线走向是 NE—SW 的（表 5-10）。

表 5-10　余流方向及量值

站号	507	511	515	523	535	537	551
表层	24/34	45/326	16/355 31/50	13/347	22/23 26/27	6/338	16/53
底层	13/332	29/285	14/326	11/324	15/324 22/322	6/165	8/167

该区域表层余流方向都在 NW—NE 这个范围内，速度为 6～45cm/s，反映表层潮流速度向北方向的，是风引起的表层漂流运动。底层余流方向在 165°～332°，主要还是向西北向居多。

3. 南沙、中沙海域的潮流和海流

在南沙海域的东南部，从曾母暗沙向西北方向的万安滩以南海区，潮流性质由不正规半日潮流逐步过渡为不正规全日潮流，而该海区的潮汐性质呈现为不正规全日潮型。

在南沙群岛海域，全日分潮流 K1 和半日分潮流 M2 的椭圆长轴方向也基本呈西南—东北走向。但在岛礁附近海区会有明显差异，此外海水的深浅也有一定影响。在开阔水域中，K1 和 M2 分潮流的最大潮流流速均不超过 0.4m/s。但在岛礁附近，K1 分潮流会异常地增大。

此外，在位于南沙群岛中部的安波沙洲，涨落潮流的流向为东北—西南向。最大流速为 1.4m/s 左右。其西北面的南威岛，涨落潮流的流向为西南—东北向，表现为与安波沙洲附近的涨落潮流具有相反的方向。

5.7　南 海 环 流

季风是南海环流的主要驱动因素之一。夏季为西南季风期，通常始于 5 月中旬，终于 9 月上旬；其余时段属东北季风期。受季风影响，海洋环流结构呈明显的季节变化。

黑潮这支洋流对南海的影响很大，它通过巴士海峡进入南海。一方面通过动量交换（黑潮水进入南海），将动能传递给南海水，引起相应流动；另一方面，通过热盐交换（黑潮水与南海水不断混合），改变南海的密度场，从而影响南海环流。它自吕宋岛东侧向台湾岛东侧的运行过程中，其主轴伸入巴士海峡内侧，形成一个大弯曲。在东北季风时期，一部分黑潮水进入南海东北部，并沿南海西部沿岸继续南下，给南海带来了大量的高温高盐水。

迄今为止，有关南海总环流的分析研究还不多见。

1956 年，Dale 根据船舶漂移资料，曾绘制了两幅冬、夏季节的南海表层环流图，较清楚地揭示了南海环流的季节差异：无论在冬季，还是夏季，在南海西侧沿中南半岛海岸的近海海域，都有一支强流出现，但冬、夏季流向相反，冬季自北部流向爪哇海，夏季则反之。相比而言，南海东部海域的环流结构则显得弱而零乱。受该强流支配，冬季南海上层环流呈现为气旋状，夏季则呈反气旋状。

季节变化和西向强化，显然是南海环流的两个主要特征。

南海基本环流体系。根据历史水文观测资料，并结合 1998 年夏季和冬季两个航次获得的 ADCP 实测海流资料，绘制了两幅冬、夏季节的南海基本环流体系分布图（图 5-4）（郭炳火等，2004），以此结果来阐述南海的基本流系及其季节差异。

从整体上讲，南海中、上层环流主要受季风影响，冬季表层流场为气旋型环流，夏季南海南部为反气旋环流，北部则为气旋式环流。春秋两季处于季风转换期，这两个季节的海洋环流主要受前季遗留下来的海水质量场控制，但随着季风更替，流场迅速发生变化。南海北部环流主要受季风和黑潮入侵驱动，南部则主要受季风驱动。南海环流体系主要有沿岸流、南海暖流、黑潮入侵流套、东沙海流和吕宋海流，以及南沙海域各种中、小尺度涡旋组成。

1）沿岸流指主体部分位于陆架之上、沿着海岸方向运动的浅海海流。风力作用是沿岸流盛衰的主要驱动因子，具有明显的季节变化和浅海海流特征。

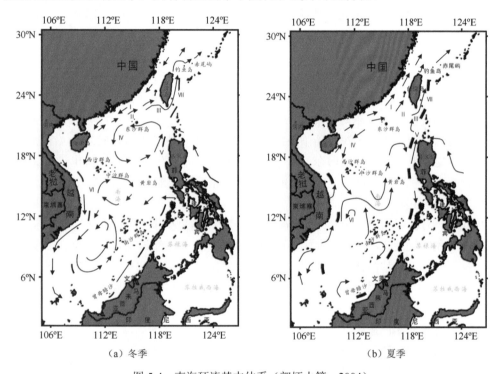

图 5-4 南海环流基本体系（郭炳火等，2004）

Ⅰ沿岸流（广东）；Ⅱ南海暖流；Ⅲ黑潮入侵流套；Ⅳ东沙海流；Ⅴ吕宋海流；Ⅵ南海季风急流；Ⅶ黑潮

冬季指 11 月至次年 2 月这一时段。整个南海西部构成一个大尺度、强盛的气旋式西边界流。这支边界流沿广东沿海西行，顺海南岛沿岸南下，贯穿南海整个西边缘。在加里曼丹岛附近折向东北方流动。冬季沿岸流有如下分布特征：西岸流速不断加强——从海南岛以东海域开始，南向的沿岸流流速不断增强；西岸流幅不断扩大；西岸流量不断增加——沿岸流不仅南向流速增加，而且南向流量也增加；东岸逆风流动——在南海东部海域，即吕宋岛西侧，沿岸流明显呈北向流，即逆风流动。

夏季指 5～9 月这一时段。在西南季风的作用下，整个南海为一个海盆尺度的反气旋环流所控制。夏季南海沿岸流有如下分布特征：流幅南窄北宽——在马来半岛东部，沿岸流流幅只有 90km；全程流量变化不大——夏季沿岸流流量沿程变化甚微；东岸沿岸流速弱、流向紊乱——除在加里曼丹岛西北部海域东北向沿岸流较强外，沿巴拉望岛向北到吕宋岛沿岸海域，沿岸流速不断减弱且流向紊乱。

值得指出的是，不论冬、夏季，在南海北部、西部近岸部分都有很强沿岸流发展，冬季呈气旋状运动，夏季为反气旋式运动。这支海流应是南海环流最主要的分量，其动力特征，与海洋动力学中定义漂流的含义不同，而是具有相当大的地转成分。

2）南海暖流是指冬季沿着广东近海大陆坡（100~1000m）、从东沙群岛流向东北的一支海流。因与东北季风方向相反，故有"冬季逆风流"之称。又因该海流携带之水体温度高于左右环境水温，所以又称"南海暖流"（管秉贤，2002）。

南海暖流的主流轴西从东沙群岛西北方 115°E 起，东到台湾浅滩东面 120°E 为止，北从大陆架边缘 22°N（约 100m 等深线）起，南界到 22°N 附近，即大约 1500m 的陆坡边缘处为止。南海暖流的流向为东偏北，水平尺度可达 5 个经度，主流宽度约 100km，平均最大流速为 0.10~0.15m/s。

3）黑潮入侵吕宋海峡的西侧，在南海东北部形成一个环绕形的流路，故被称为流套。

当黑潮水自菲律宾以东海区北上流经吕宋海峡东侧时，其中，一部分水体，从巴林塘海峡向西进入南海，到了东沙群岛附近，受岛屿和陆架浅地形所阻转向东北，至台湾浅滩南面，再次受浅地形所阻转而向东，沿着台湾岛南端，从巴士海峡北部流出南海。其水平最大位置在 19°~22°N，117°~121°E 范围内，占据南海东北部海域约一半面积。南海东北部水文特征与它有密切关系。

4）准季节性风场、黑潮向南海的净输运、黑潮向南海的涡度平流输送皆增强了南海北部的海盆尺度气旋式环流，其强化的西南向西边界流靠近东沙群岛，称为"东沙海流"（苏纪兰，2005）。东沙海流东起黑潮反气旋流套的西南缘，即 19°N，118°E 附近，沿大陆坡经东沙群岛西南向流动，西止海南岛以东海域 17°30′N，113°E 附近。东西绵延约 500km，深度可影响到 1200m 左右。

冬季受到东北季风影响，在上混合层中，来自吕宋海峡的高盐水，沿着 18°N 以北海域向西南方向运动；50~200m 层，从吕宋海峡南部分出一股水向西入侵，到 117°E 处又以反气旋形式折回流套；中层水以下，黑潮流套从东沙群岛附近分出一部分水体直接进入西陆坡流，东沙海流不甚显著。总的看来，冬季黑潮入侵范围大，18°N 以北都在黑潮水控制下。

夏季东沙群岛的海流势力逐渐增强，100m 层以下，从位于 19°N，118°E 的黑潮流套处，分离出一股水沿北陆坡向西南流动，并在海南岛以东汇入到西陆坡流中。黑潮水大量进入南海中北部，既是夏季南海季风水平环流一种补偿，又是夏季维持南海中部上升流的重要因素。

5）吕宋海流是指紧贴吕宋岛西侧大陆坡、主轴沿 119°E（海域深度 1000~3000m）、自南向北方向流动的一支海流。该海流南邻菲律宾的民都洛岛，北至吕宋的博哈多尔角。南北历程 500km、宽约 150km，主流轴全层平均最大流速约 0.2m/s。吕宋海流既是南海气旋式环流的东翼，又是南海深层环流的重要组成部分。吕宋海流是终年存在的一支海流，即使过渡季节也是如此。春、夏、秋三季，吕宋海流一部分水量从巴布延海峡流出南海，只是冬季受东北季风影响，北太平洋水从巴布延海峡进入南海，阻碍了吕宋海流的东流。

6）南沙海域各种中、小尺度涡旋。南沙海域一般指 12°N 以南海区，这里水深浅于2000m，有一半水域是浅于 100m 的陆架区。南沙群岛星罗棋布，风力又相对较弱，除去近岸陆架区呈现季风环流外，广阔的外海域很难构成较强的、独立的环流系统，大多以各种中、小尺度涡存在。

中国科学院南海海洋研究所根据在该海域获得的温、盐度资料所做的地转分析表明，南沙海域环流主要由季风所驱动，有明显的季节变化。在东北季风期间，南沙海域主要受一气旋环流（即"南沙气旋"）所控制，在其东侧有较强的逆风东北向流发育（该逆风流在加里曼丹岛外海南沙海槽有反气旋运动趋势）。与此相反，在西南季风期，南沙海区主要受一反气旋环流所控制，因南海中部有一气旋型结构，在南沙反气旋的北侧有强的东向离岸流发育。

对南沙海域环流的总体认识是：在冬季，存在一个海域尺度的气旋环流，200m 层以下气旋式环流基本消失。在总环流背景下出现形形色色中小尺度旋涡。冬季最明显的有：南沙气旋涡、南沙北部反气旋涡和南沙东部反气旋涡等。而夏季，约在 12°N 以南海域，存在一个范围广大的反气旋式环流，200m 层，反气旋式环流尺度大大缩小。夏季中尺度涡有：西陆架区反气旋涡、金兰湾以东反气旋涡和文莱以西气旋涡等。

5.8　海　水　温　度

5.8.1　海水温度的分布与变化

1. 冬季

南海水温的地理分布与我国其他内海的最大不同是：冬季南海表层水温较高，通常在20~28℃，具有热带海洋的高温性质（孙湘平，2006；郭炳火等，2004）。

表层水温的分布总趋势是：大致以 17°N 为界，该线以北，水温低而水平温差大；该线以南，水温高而温差小。东西向同一纬度比较，东高、西低。

100m 层温分布与表层的有显著不同：①在吕宋岛西北，出现一个水温低于 17℃的闭合冷水区，冷中心水温比周围的低 3~4℃。冷水范围约 3~4°纬距，这就是由东北季风所导致的吕宋西北的上升流区，有人称"吕宋冷涡"。该冷水区在 50m 层、150m 层、200m 层和 300m 层温度图上均清晰可见。②巴拉望岛西侧的暖水块依然存在，但范围比表层有所缩小。③在万安滩—广雅滩一带，出现一片低温区，低温中心低于 19℃。

南海深层水温分布比较均匀，没有明显的地区差异。

至于水温的垂直分布，在浅水区，水温随深度增加而递减比较激烈，并视季节而异。在深水区，其上层水温变化较大，深层变化甚小，其总的趋势可分为上均匀层、跃层、渐变层和下均匀层几个部分。

2. 春季

春季期间，随着太阳辐射的增强，海面水温迅速回升，其中北部海区升高8℃多，南部海区升高1～2℃。5月南海北部沿岸浅水区增温较快，加之由北南下的沿岸冷水势力大减，沿岸水温上升至23℃左右，比冬季增温7℃，外海水温增温3℃，达27～28℃。整个海区水温为26～28℃，水温分布较均匀。

除局部海域外，等温线分布趋势大体与冬季的接近，只是温度值比冬季明显升高。此时，南海北部10m层的水温升至25～27℃，中部达28～29℃，南部为29℃。春季150m层的水温分布与冬季的比较，则有以下几点异同之处：①吕宋岛西北海域的冷水块，这时依然存在，只是范围和强度比冬季的有所缩小和减弱，可见，该冷水块存在于冬、春两季。②吕宋岛西南马尼拉附近海域，新出现一个暖水块，这是冬季所没有的。③巴拉望以西海域，冬季出现的暖水块，此时已转变成冷水块了。④南沙群岛附近的暖水块，春季依然存在，似乎范围和强度有所缩小和减弱。

3. 夏季

夏季南海表层水温分布较为均匀，温度比较高。北部为27～29℃，中、南部为29～30℃，等温线较零乱，无规律可循。巴士海峡以西和13°～15°N的两个横向水域，表层水温略低，在28～29℃。

在沿岸和局部海域，上升流十分活跃，从而形成若干低温区。夏季温度分布有以下特点：
1）高温区出现在南海东部，靠近巴士海峡、吕宋岛和巴拉望岛附近海域；
2）低温区在南海西部，特别是越南东部近海区域。它是由上升流引起的。

夏季水温升至全年最高，南海10m层的水温达28～29℃。图5-5为夏季南海10m层

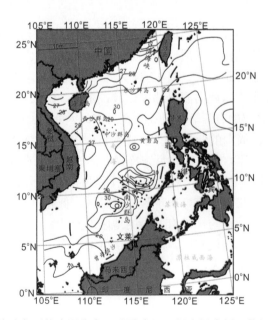

图5-5　南海多年平均水温分布（以夏季10m层水温为例，苏纪兰，2005）

水温分布（多年平均）。最大特点是：温度的南、北地区差值小，仅 1℃之差，水温分布均匀。

4. 秋季

秋季南海表层水温明显下降，北部近岸海域降温 5～6℃，南海中部降温 2～3℃，南部降温 1～2℃。等温线分布又较均匀，基本上呈现随纬度降低而水温递增的趋势。

与夏季相反，随着太阳辐射的减弱以及东海沿岸海水的入侵，南海北部的表层水温急剧下降；而南海中部及南部的表层水温则略微降低，仍然维持 28～29℃的温度。这是因为刚刚建立起来的东北季风漂流势力尚弱，还没有将北部海区的冷水输送下来。

秋季温度分布有以下特点：

1）等温线呈南北走向，低温区位于西部的越南近岸海域，高温区则出现在巴士海峡、吕宋岛、巴拉望岛和加里曼丹岛附近海域。

2）1000m 层以下，有一高温区在巴拉望岛以西海域。

随着气温的下降，海水对流混合也增强，从而使 10m 层的水温也迅速下降。尤其是南海北部，降温最明显，水温仅为 24～26℃。中部为 27～28℃，南部为 28～29℃。南海 10m 层水温分布趋势又接近春季的格局，只是温度值比春季的略低而已。从四季 10m 层水温平面分布看，南海近表层水温分布可归纳为：冬季型、夏季型和过渡（春、秋季）型三种类型。

在 150m 层，水温分布的特点：吕宋海峡西口的高温水舌西伸至 118°E 附近。南海中部基本为一大片闭合的低温区，低温中心出现在越南的慕德至藩切一带的近海，其范围比夏季同层次的冷水块扩大了。由此也可看出，越南归仁、芽庄冷水块，存在于夏季和秋季。南海的东南部、吕宋岛西南近海、巴拉望岛、加里曼丹岛以西海域，仍有几个孤立暖水块。

5. 温度的年变化和日变化

中国近海水温日变化十分复杂，南海的水温日变化最小。以层次来讲，表层水温日变化最大（1.25℃），其次是中层（如 10m 层为 1.18℃），底层最小（0.65℃）。从季节来讲，水温日变化以第二、第三季度为最大，其次为第一季度，第四季度日变化最小。

南海的平流作用较强，水温的年变化与渤海、黄海、东海有显著差异。就南海北部和南部而言也不一样（马应良，1990；苏纪兰，2005）。南海北部，表层水温年变化仍以年周期为主。最低值出现在 2 月，最高水温不出现在夏季，而是发生在冬季。南海中部海域，最高水温发生在 6 月，约为 29℃；最低水温出现在 1～2 月，其值为 23～27℃。南海南部海域，水温年变化具有半年周期的特点，一年中出现双峰单谷（表 5-11）。

表 5-11　东海外海及南海北部水温日变幅的平均值（℃）[*]

层次	季节	东海外海	南海北部近岸	南海北部外海
表层	冬	0.6	0.7	0.4
	春	1.3	0.7	0.8
	夏	0.9	1.2	0.9
	秋	0.5	1.0	0.7

续表

层次	季节	东海外海	南海北部近岸	南海北部外海
中层	冬	0.4	0.8	0.7
	春	1.4	0.7	1.7
	夏	0.2	3.2	3.4
	秋	0.2	1.7	2.0
底层	冬	0.4	0.5	0.7
	春	0.6	0.3	0.8
	夏	0.2	0.8	0.6
	秋	0.2	0.6	0.2

*冬、春、夏、秋四季划分分别为：12 月至翌年 2 月，3～5 月，6～8 月，9～11 月（苏纪兰，2005）

5.8.2　南海的温度跃层

温度梯度大于 0.05℃/m 的水层定义为温度跃层。温度梯度大于 0.08℃/m 的水层为强温跃层。较浅层的 0.05℃/m 等值线定义为温跃层上界，较深层的 0.05℃/m 等值线定义为温跃层下界。温跃层上下界之间的深度差为温跃层厚度（王东晓等，2002）。

南海深水区水温分布趋势比较稳定，但可分为上均匀层、跃层、渐变层和下均匀层四部分。由于海面冷却引起的垂直对流，以及风、浪和海流涡动混合，上均匀层和跃层厚度及强度随海区和季节而异。冬季，上均匀层厚度为 50～80m，春季、夏季为 30～40m，并且具有北部大，南部小的分布特征。

温度跃层一般出现在深度为 30～100m，平均强度为 0.1～0.2℃/m。温跃层以下至1000m，水温仍以一定速率递减，但是由于受垂直环流影响，等温线有明显起伏；1000～1500m 层，温度变化相当缓慢。1500m 深度以下，温度随深度基本不变。

南海跃层分布具有低纬度深海大洋的性质，由于西部受大陆径流的影响，季节变化明显。南海的跃层基本可以归纳为三种：浅跃层（上界深度小于 50m）、深跃层（上界深度大于 50m）和逆跃层。

南海中部和南部海域终年不存在温度、盐度和密度逆跃层。

南海温度逆跃层主要出现在北部近海，即粤东、粤西近海和北部湾。北部近海的温度逆跃层，主要出现在 12 月、1～4 月，强度一般为–0.31～–0.05℃/m，上界深度较浅，厚度较薄。图 5-6 示意了南海春季、夏季温度跃层强度分布（郭炳火等，2004）。

盐度逆跃层区主要分布在近海区域（即在海南岛西侧至广西近海、海南岛东侧近海、广东河口区，以及红河口海域等），且分布范围较小，而且还比较分散。

由此可见，南海深跃层和逆跃层的分布区域十分有限，且似无季节变化规律可循。

5.8.3　南沙、中沙群岛温度分布特征

由于地理位置、气温和海流等因素影响，南沙海域的表层水温平均比南海中部和北部海域高得多。

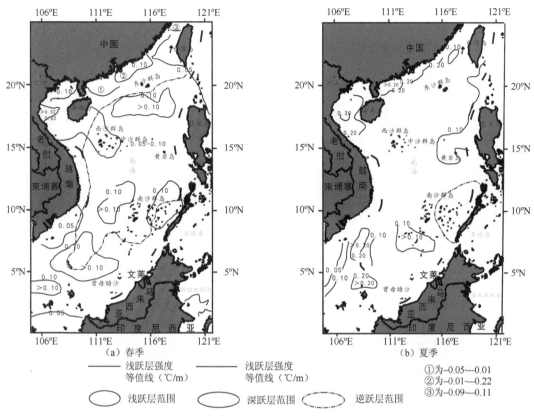

图 5-6　南海温度跃层强度分布（郭炳火等，2004）

1. 表层分布

南沙群岛海域的表层水温季节性变幅很小，可以说终年高温。每年有 7 个月（4～10 月）平均水温等于或大于 27.8℃，5 月平均水温最高，为 29℃以上。1 月份，南沙大部分海域水温为 26～27.0℃，4 月下旬至 5 月上旬，除安渡滩以南有极小的范围低于 29.0℃以外，南沙海域表层水温均在 29.0℃以上，西部和北部水温较高，为 30.0℃左右。5 月下旬至 6 月上旬，水温相对偏高，西部低于东部，西南部水温显著偏高。大部分海区水温在 30.0℃以上，西南部有一高达 31℃以上的高温水舌向东北方向伸展。只是海区的西北部和东南部水温低于 30.0℃。

中沙群岛海域表层水温一般比南沙海域低。春季，太阳辐射逐渐增强，季风逐渐由冬季东北季风转换为夏季西南季风，表层水温明显回升，温度自北向南逐渐递增，大致 19°～13°N，水温为 27.0～30.0℃。中沙东南面与南沙之间的海域水温最高，达 30.85℃。中沙北部海区有两个低温水舌分别从西北和东北部向南楔入。夏季，中沙群岛海域水温分布与春季不同，呈现为东西两侧低、中部高、且北侧高于南侧的分布形式。其北部的高温区水温高达 29.5℃，高温水舌向南伸至北纬 15℃附近，其他海域均为 29.0℃左右。秋季，水温分布与夏季相似，呈中部高南北两侧低。中沙海域高温区为 30.5℃，其周围大部分海域均为 30.0℃左右。冬季，由于太阳辐射减弱，东北季风盛行，中沙海区表层水温明显下降为 26.0℃，在北纬 13℃附近，可达 27.0℃。

2. 表层以下各层深的分布

表层以下不同深度的水层中，水温分布状况与表层截然不同。

南沙海域春季调查结果表明，温跃层中温度场的变化很大，在 75m 层，温度分布趋势与表层西南高于东北的分布状况相反，呈现为东北高西南低的分布特征；而东部温度高于西部的特征，则较表层更为明显，东西温度差值超过 5℃。实测表明温跃层的核心大多位于 50m 层，暖中心在 50m 层的温度大于 28℃，而到 100m 层以深，水温便蜕变为温度小于 19℃的冷中心。温跃层中的这种分布状况会随季节的变化而变化。在温跃层以下各水层，特别是 300m 以下的水层，水平温差已很小，水层的温度几乎呈均匀状态。上述的冷暖中心在 250m 层上已趋消失。

春季，南海中部海域 150m 温度分布与表层截然不同，该层水温为 16.3～20.8℃。分布趋势呈现为中部高南北两侧低。西沙周围中沙北部、东部及西南部均为高温区，中沙和南沙之间为低温区，最低温度为 16.3℃。75～300m 层各温度的分布趋势与 150m 层基本相同。夏季，150m 层的水温自西向东逐渐递增。中沙附近水域的温度为 18℃左右。秋季，150m 层，海区西部温度明显比东部偏低，中沙海域为一温度高于 18℃的高温区。冬季，150m 层，温度呈中部低，南北高，而北部又高于南部的趋势，中沙群岛海域的水温约≤16℃。70～150m 层，温度分布状况基本与 150m 层一致。

3. 垂直分布

在南沙海域，水温上均匀层的厚度，春季约为 30m，其他季节约为 50m，最深可达 80m。在南部陆架区，水温几乎终年呈垂直均匀分布状态。温跃层所处的深度范围一般为 3～200m，其厚度随地域和季节的变化而变化。温跃层中温度的变化，随水深急剧下降。春季期间的实测结果表明，温跃层中水温可以从上界的 30℃降至下界的 14℃左右。温跃层以下为渐变层，自温跃层下界起，温度随水深的增加缓慢降低，跃层下界至 1000m 层，温度大约从 14℃逐渐降为 4.4℃左右。1000m 以下为下均匀层。1000～2000m 层，温度约为 2.5℃。2500m 层以下，水温随深度的增加又稍有回升，比上均匀层增厚，平均为 57m，最深达 100m。

温跃层的厚度也有明显的季节变化，春夏两季较厚，平均为 130 多米，秋季次之，为 120 多米，跃层中温度随水深突降，从上界的 30℃左右降于下界的 15℃左右。跃层之下温度垂直分布随季节的变化甚微，从跃层下界 1000m 深左右，大约深度每增加 65m，水温则下降 1℃。1000m 以深，温度变化非常缓慢，大约在 2500～3000m 水层，水温出现最低值。此深度以下，温度随深度的增加又稍有回升。1983 年 9 月 15 日曾在 17°59.8'N、114°0.2'E 的 2542m 层实测到 2.29℃的低温。观测表明，海区北部的最低温度比南部低，其出现深度较南部深。

5.8.4　西沙群岛附近海域的水温分布

1. 表层温度

西沙群岛位于热带海域，水温普遍较高，各岛周围水域温度彼此无太大差别，但如仔细比较,仍然可以看出一些区别。

1)中建岛周围水深较深,20～30m 等深线距岸只有 20m,100m 等深线距岸最远 100m,最近只有 30m,因此,它更能代表较深海域的特点。

2)东岛海区与中建岛相比,调查区域浅水海域较大,大部分深度都小于 50m,表层海水温度超过 30℃,要高于中建岛 0.5～1.1℃。

3)永乐群岛由一系列岛屿环抱而成,中间是一片浅水域,水深 40m,岛群外围是深水域,水深很快超过 100m,这里因地形作用,上下层混合强烈,表层温度在 29.82～30.15℃之间(除 534 站),变差 0.3℃,底层温度高于其他岛屿周围同一水深处温度。

4)宣德群岛与永乐群岛类似,也是浅水混合强烈,表层温度在 29.7～30.5℃,温度变差 0.8℃。

综观起来,在太阳辐射、地形、上下层混合作用的影响下,所有海域表层温度基本在 29.4～30.5℃之间,可见其变幅很小。由于调查区域广,调查点相对少,等值线很难绘制。

2. 底层水温

根据 1974～1985 年南海北部陆架邻近水域历年断面调查报告资料中,西沙群岛 4 月底层水温为 7℃(水深 800m),表层为 27～28℃,由此可见,随深度变化,温度变化是显著的。由于群岛周围深度变化很大,底层温度差别也大,如中建岛底层温度普遍比表层低 10℃左右;东岛海域表底温差值为 0.19～4.79℃(60m 处)。

3. 垂直分布

由于观测深度都小于 100m,且每一站底层的上一层是 15m,然后直接到底层,因此,很难描绘出垂直结构,根据各站综合分析:30m 以上无跃层出现,温度只比表层降低 1℃左右;到 40m 水深,温度比表层降低 4℃;到 90m 水深,温度降低到 17～18℃,比表层低 10℃左右。因此,可以得出:30m 以上是混合层,以下是温度变化急剧的阶段。参照历史资料,17～18℃等值线在远离岛屿区水深约 150m 附近,由此可见,在西沙群岛附近,底层水存在上升的趋势。

4. 温度周日变化

影响温度周日变化的主要因子有太阳辐射和内波,根据 1991 年 6 月实施的观测,其温度周日变化有如下规律:

1)由于受太阳辐射的影响(14～18h),表层温度略有升高。

2)底层温度周日变化要比表层复杂。表底层变化趋势基本一致,底层水温表现出复杂的波动规律:有的表现为一峰一谷,有的二峰一谷,有的四峰四谷。

5. 水温年变化

根据西沙海洋站统计资料,5～9 月水温最高,月平均温度都在 29℃以上。1～4 月水温逐渐上升,1 月最低为 24℃,10～12 月水温逐渐下降至 24.5℃。

5.9　盐度和密度

5.9.1　盐度

南海的盐度高于渤海、黄海、东海,年平均值约 34.0。南海西边界为亚洲大陆,入海河流众多,尤其是南海北部沿岸,表层盐度较低,等盐线密集。除局部海域外,同纬度相比,南海西侧表层盐度略低于东侧表层盐度。

南海海盆盐度按其垂直结构可分为 4 个层次:表层相对为低盐(表层水),次表层高盐(次表层水),中层相对为低盐(中层水),深层为高盐(深层水)。表层水厚为 50～100m,盐度为 33.50～34.50。次表层水位于表层水之下,介于 100～300m,盐度在 34.60 以上,最大值出现在 120m 附近。中层水介于 300～900m,盐度不高于 34.50,最小值出现在 500m左右。深层水位于 1000～2500m,盐度为 34.50～34.60。

由于南海的盐度分布与吕宋海峡以东的黑潮水有关,故在记述南海盐度分布与变化之前,首先介绍一下南海水与黑潮水的盐度特征。这对了解南海水本身盐度分布、变化,以及黑潮水入侵南海等颇有帮助。

南海表层盐度分布的总趋势:吕宋海峡附近有一高盐水舌西伸至海南岛以东海域,构成一条宽阔的高盐带(区)。高盐带以北为广东沿岸水,特点是低盐,等盐线密集,水平梯度大,季节变化显著。高盐带以南,盐度随纬度递减而下降,但递减率很小,等盐线分布稀疏均匀。越南湄公河口,泰国湾湾口北侧,加里曼丹岛古晋至斯里巴加湾市一带,为南海南部的 3 个低盐区。

1. 盐度的日变化和年变化

与水温一样,盐度也存在着日变化、年变化和年际差异。中国近海的盐度日变化具有以下特征:从季节来讲,夏季最大(达 3.5),春季次之,秋、冬季最小。从层次来讲,表层日变化大,下层日变化小。从离岸远近来讲,沿岸日变化大,尤其在河口及海湾,日变化显著,规律性较强;日变化由岸向外海逐渐减小,外海日变化小(<0.2),规律性差。从引起盐度日变化的原因来看,沿岸海域主要是由潮汐所致,盐度日变化具有与潮汐相同的周期,涨潮时增盐,落潮时降盐,极值出现在潮流流速最弱的时刻。外海中层的盐度日变化,主要是由内波造成的,有时日较差可达 2.0。

由于盐度的变化受江河入海径流、降水、蒸发、海流等因子的影响,因此南海的盐度年变化比较复杂,取 3 个代表站,分别表示南海北部、中部和南部盐度的年变化情况(苏纪兰,2005)。

盐度垂直分布随不同海域和季节而异。南海北部近岸海域,夏季分层现象明显;冬季则几乎垂直均匀。外海深水区,盐度垂直分布则与西太平洋水的垂直分布相似:也可分为上均匀层、跃层、渐变层和下均匀层 4 个部分。上均匀盐层厚度通常为 30～40m,冬季可达 50m 以深;上均匀层之下盐度随深度增加而增大,在 100～150m 出现盐度极大值(34.50～34.90);该层以下,盐度随深度增加而递减,于 400～600m 盐度出现极小值(34.40～34.45)。再往下至 1500m 左右,盐度又缓慢增加;2000m 以下呈均匀状态。

南海北部表层盐度年变幅为 1.0～11.0。珠江口为 11.0 左右，粤西沿岸为 7.0，北部湾为 2.0（河口处可达 16.0），南海中部为 1.0 以下，南海南部为 1.0～2.5，湄公河口在 2.0 以上。

陆架区盐跃层厚度为 10m，强度为 0.06～0.35/m；中部深水区盐跃层平均厚度为 30m，强度为 0.02～0.03/m。

2. 盐度跃层

盐度梯度大于 0.01psu 的水层定义为盐度跃层，盐度梯度大于 0.012psu 的水层为强盐度跃层。

南海的盐度跃层区主要分布于近海区域（即在海南岛西侧至广西近海，海南岛东侧近海，广东河口区及红河口海域等）且分布范围较小，而且还分布比较散。盐度跃层强度比较弱，一般为 0.01～–0.10/m（图 5-7）。

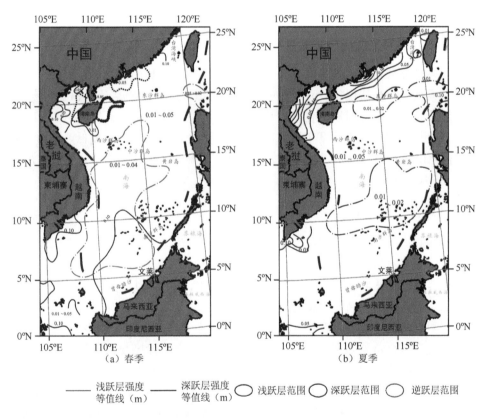

图 5-7 南海盐度跃层强度分布（郭炳火等，2004）

春季 3 月，南海北部河口区盐跃层开始增强，受径流增加影响，外海深水区盐度跃层的范围也开始扩展，除南沙群岛、昆仑岛及阿南巴斯群岛周围外，南海深水区的盐度跃层一般都比较弱；到了 4、5 月，除昆仑岛周围海域外，整个深海区都存在盐度跃层，但强度依然较弱。

　　夏季 6~8 月，大陆径流急增，以河口为中心的盐跃层得到充分发展；8 月，盐跃层达到一年中最盛期。此时期外海深水区盐跃层范围与 5 月的大体相同；上界深度和厚度分别为 0~30m 和 10~30m。

　　秋季 9 月，随着河流径流量减少，盐跃层在近岸海域随之减弱，到了 10 月，近海盐跃层强度急剧减弱，跃层范围也明显缩小。外海深水区的跃层强度也有所减弱，南沙群岛东部和巴拉望岛周围海域已不存在盐跃层。图 5-7 示意了南海春季和夏季盐度跃层强度分布（郭炳火等，2004）。

　　冬季 11 月至翌年 2 月，是一年中径流最小的季节，这期间近海盐跃层虽然在几个河口区仍然存在，但其强度已明显减弱，11~12 月，外海深水区盐跃层范围向海区中央收缩，在越南南部近海与深水区北部出现了无跃层区。深水区盐跃层强度一般为 0.01~0.06/m。1~2 月，近海河口区盐跃层范围进一步收缩。1 月，外海深水区盐跃层的范围为全年中最小。南海南部、南沙群岛以东海域，盐跃层已不复存在。2 月，外海深水区盐跃层范围略有变化，且在古晋近岸海域出现强度大于 0.10/m 的盐跃层中心区。

3. 海南省及其附近海域的盐度分布

　　盐度主要受降水和径流的影响，另外也受水团、海流、日照的影响，如外海水流向岸可产生近海大范围的高盐现象。小尺度的环流，也可造成温盐的异常分布和小尺度锋现象。潮流还会导致温盐的多种周期变化（如周日、半日等）。

　　海南省及其附近海域的盐度年变化，一般而言，降雨多的季节盐度低，降雨少的季节盐度高。极值出现月份与降水、径流有关，盐度的最高值主要出现在春、冬季，最低值出现在秋季 9~10 月份。

4. 西沙群岛盐度分布

　　由于西沙群岛远离大陆，没有径流影响，故近岸盐度表现为大面积、大范围均匀的特征。如东岛周围基本为 33.83 等盐线所控制，西部 503 站、504 站略高，也只高出 0.01。东岛、永乐群岛、宣德群岛及中建岛 4 个岛对比看出，东岛表层盐最低，其次为中建岛，最高值为永乐群岛北部水域，盐度超过 34。

　　出于观测资料的"底层"在同一个岛屿周围深度变化不一，东岛海区底层盐度是诸多岛群中最低的，到 60m 深度处，盐度才到 34.06。45m 以浅盐度与表层相差不大；宣德群岛次之，到 55m，盐度增加到 34.17，30m 以浅，与表层相差不大，中建岛底层盐度比东岛和宣德群岛大得多，65m 处盐度为 34.59，80m 处增加到 34.64。永乐群岛底层变化：在银岛、石屿北和东北岸边、45m 以浅，表、底层盐化度都基本一致；7 个岛屿所围成的"内部"海区，水浅于 50m，由于观测底层水深为 20m，所以表层盐度基本一致。较为特殊的是金银岛，羚羊礁和甘泉岛附近表层盐度低，但是，底层盐度却是这个区域最高：40m 层，盐度为 34.10，60m 层，盐度为 34.39，60m 以下，盐度越过 34.50。

　　以上资料可以再一次证实永乐群岛北—东北岸边有上升流发生，也使盐度均匀层变厚。

　　基于与温度相同的理由：观测深度小于 100m，观测层次不足，因此，很难看出垂直的结构，只能根据多站综合分析，给出一种定性概念。由多站不同层次资料可知，30m 以浅无显著变化，永乐群岛东北岸外，甚至 40m 以浅盐度都比较均匀。到了 55m，盐度比表层增加 0.55（518 站），到 70m 层盐度比表层增加 0.70（平均），到 80m 层比表层增加 0.78（508 站），由此可见，盐度变化最大处约位于 50m 层。

盐度日变化很小，只是在 511 站，底层日变幅达 0.5，这一站底层观测到 90m 层，内波的影响比其他站明显得多。

由于西沙远离大陆，无径流影响，且日照时间长，因此，盐度普遍较高，在 33.4 之上，其中，2 月最高，盐度在 34.0；9、10 月盐度最低，盐度为 33.4。之所以出现这样的情况，与这个海域降水有关：2 月是降水最少的月份，因此，盐度高，9～10 月降水多，盐度稍低。

5. 南沙、中沙群岛盐度分布

南海的盐度分布受季风所引起的水交换和降水、蒸发，以及海水垂直运动等各种因素的影响，所以盐度分布状况随地理位置、水深和季节而变化。

南海表层盐度分布有明显的区域性差异。近岸区常为低盐的沿岸水所控制，所以盐度较低，季节性变化较大，变幅为 2～3；外海深海区盐度分布受季风环流影响，盐度较高，水平梯度较小，季节性变化较小。冬季，来自太平洋的高盐水舌，从巴士海峡顺着季风漂流的路径一直伸向海区西南部。南海中部和南部的低盐水舌则向北和东北方向扩展。夏季，南海南部的低盐水舌，沿西南季风漂流的路径向东北扩展。而在加里曼丹北岸则有一高盐水舌向西南移动。即，在冬、夏季节里，南海均有高盐水舌和低盐水舌同时并存。

5.9.2 密度

海水密度[①]不同于温度、盐度，它不能用直接测定的方法获得，而是根据温度和盐度计算求出，因此，密度是属于第二性的、派生的要素，是温度、盐度、压力（深度）的函数。

影响中国近海密度状况的因子比较复杂，并随海区和季节的不同而异。在沿岸及江河冲淡水影响的海域和水层，密度的分布与变化主要取决于盐度的状况；在外海或大洋，盐度变化较小，密度状况主要取决于温度。密度的时间变化，主要视温度、盐度的变化值大小而定。温度和盐度的垂直分布类型，也就相应地决定了密度的垂直分布类型。由于温度、盐度在表层变化最大，因而密度的变化也以表层最显著。

南海表层密度比渤海、黄海、东海要低，是中国近海表层密度最低的一个海区。密度分布的总趋势是，由北往南逐渐递减。南海北部粤西沿岸表层密度的年变化为双峰双谷型：最高值出现在 1～2 月，最低出现在 6 月；次高值出现在 7～8 月，次低值出现在 9～10 月。出现这种现象的原因，主要是粤西沿岸江河入海径流而造成的。北部湾和南海北部某些海域，表层密度的年变化呈单峰单谷型，最低值出现在 7 月，最高值出现在 1～2 月。由此可见，密度的季节变化比较复杂，随地点和影响温度、盐度的因子不同而异（苏纪

---

① 文中密度为条件密度（将密度（单位为 g/cm³）减 1 ，再乘以 1000）

兰，2005）。

在温度、盐度出现跃层的附近，也相应地出现密度跃层。密度跃层是依附于温、盐跃层而伴生的，由于密度的垂直分布主要取决于温度而不是盐度，所以也具有温度分布特征。其变化趋势与温度相反，并且具有强度弱、深度浅、厚度大的特征。（王东晓等，2002）。

1. 冬季

南海北部表层密度为 21.0～24.0，其分布形势与同季表层盐度分布趋势相近；南海中部和南部的表层密度分别为 22.0 和 21.0～22.0。南海中部和南部的表层密度分布与温度分布趋势相似。在南海北部的陆架区，存在一条 23.5 的高密带，它是由台湾海峡向西南延伸至海南岛东岸附近。在北部湾，西岸密度（21.0～22.0）低于东岸密度（23.5），且等密度线走向并不与岸线平行。

南海中部和南部的表层密度分布有 3 点需记述：

1）巴拉望岛西侧存在一个密度为 21.5 的低密区，其位置大体与同季的巴拉望暖水区相当，与冬季这里出现的暖水相对应。

2）加里曼丹岛的斯里巴加湾市附近，也存在一个密度为 22.0 的相对高密区，也与同季那里出现的低温区相对应。

3）加里曼丹岛的马都—巴罗一带存在一个低密区，同样与那里存在一低盐区相对应。在 100m 层上，明显的有两点：①吕宋西北的冷水区，此时呈现为一个闭合的高密区，其中心密度在 26.0 以上。②万安滩—广雅滩一带存在的低温区，在密度图上为一高密区。表明温度和密度分布是对应的。南海深层的密度变化甚微，如 500m 层，密度为 26.70～26.85，1000m 层密度为 27.34～27.40。

因此，以下各季南海深层的密度分布就不再叙述了。

2. 春季

春季南海北部表层密度分布形势与冬季的不同点有：

1）密度普遍下降。粤西沿岸和北部湾北部沿岸降密最多，降密 2.0～6.0，其他海域降密 1.0～2.0。

2）冬季陆架区存在的狭窄高密水舌，此时向西南伸展势力减弱，已退缩到珠江口附近。

3）珠江口以西的粤西沿岸，等密线密集，而粤东沿岸，密度分布均匀，两者形成鲜明的对比。

4）北部湾等密度线分布与岸线平行。南海中部、南部的密度在 20.5～21.0，而加里曼丹岛西侧沿岸的高、低密度区依然存在，只是密度值下降了 0.5～1.0。在 100m 层，密度分布均匀，在 24.0～26.0。

3. 夏季

南海表层密度的分布有以下几个特点。

1）密度降至全年最低，除南海北部沿岸及北部湾外，密度一般在 20.5～21.0。

2）低密区出现在粤西沿岸和北部湾沿岸，最低密度在 18.0 以下。珠江口附近有一低密水舌向东南伸展，以 7 月密度值最低，伸展范围也最大。此低密水舌的强弱具有明显的年际变化，其年际变幅达 8.0～10.0。北部湾的情况是，等密线分布与岸线平行，最低密度出现在西北岸，南部湾口有一高密水舌北伸。

3）在芽庄和湄公河口附近，各自出现一个高密区和低密区，前者是由芽庄冷水引起的，后者是因湄公河大量淡水流入，由盐度降低所致。

4）加里曼丹岛西岸的高密区和低密区依然存在，但位置互换了一下，原来的低密区成为高密区，而原来的高密区变成低密区了。

8 月南海 100m 层的密度分布与 5 月大不相同，突出表现在南海的中部和南部，即芽庄和南薇滩附近，分别存在一个高密区和低密区，中心密度分别为 26.0 和 21.5，比周围密度高 1.5 和低 2.0～3.0。

4. 秋季

除南海中部外，秋季南海表层密度分布形势与同季的表层盐度分布有些相似。珠江口外的低密水舌已消失，代之而来却在珠江口东出现一个较弱的高密带。南海北部陆架区表层密度已上升至 20.0～22.5。在南海南部，出现 3 个低密区：湄公河口、巴拉望岛四周，以及斯里巴加湾市附近，与秋季的盐度分布一一对应。在 100m 层上，最明显的是在南海中部，盘踞着一个尺度较大的高密区，其位置大体与同季 100m 层的低温区相当，表明这个高密区是由低温所致。

第6章 南海的岛礁*

6.1 南海诸岛概况

南海岛礁范围北起 21°06′N 的北卫滩，南至 3°58′N 的曾母暗沙。西从 109°36′E 的万安滩起，东至 117°50′E 的海马滩。分为四大岛群：东沙群岛、西沙群岛、中沙群岛和南沙群岛。每一群岛均由出露于海面的岛和沙洲，位于海面下的暗礁、暗沙、暗滩、石（岩）等组成（图 6-1）。

据 1983 年中国地名委员会公布的《我国南海诸岛部分标准地名》，目前南海诸岛共定名岛屿 36 座，沙洲 13 座，暗礁 115 座，暗沙 58 座，暗滩 29 座，石（岩）7 座，总计共258 座（表 6-1）。

南海诸岛珊瑚礁绝大部分分布在阶梯状的大陆坡上（如东沙群岛在东沙台阶上，中沙群岛的主体和西沙群岛在西沙-中沙台阶上，南沙群岛的主体在南沙台阶上），也有小部分分布在南部大陆架上（如南沙群岛南部的南屏礁和暗沙群，即北康暗沙、南康暗沙和曾母暗沙等），个别分布在植根于深海盆的海山上（如黄岩岛）。南海诸岛低潮可以出露的礁体有环礁 53 座，台礁 10 座，隐没于水下的各类沉溺珊瑚礁数十座，尚未完全查明。

南海海底是受晚古近纪—新近纪 NE 向大规模断裂与晚更新世—全新世的 SN 向的断裂所控制形成的拉张盆地，是长轴为北东—南西方向的菱形盆地。海盆基底岩层为大洋型玄武岩、橄榄岩与安山岩，是中国海中唯一具有洋壳型地层的深海盆地。海底地貌复杂，海底隆起与洼陷相间，海槽与海沟发育，岛屿及珊瑚礁滩广布。海底地势自西北向东南减低，自海盆边缘向中央部分呈阶梯状下降。菱形盆地的四周边缘分布着大陆架；大陆架外侧分布着阶梯状大陆坡，即西沙—中沙群岛大陆坡与南沙群岛大陆坡。大陆坡终止处，是南海海盆的中央部分——深度超过 4000m 的深海平原（表 6-2）。

表 6-1 南海诸岛岛、礁、滩等地名数目统计表 　　　　　　　（单位：座）

群岛名称	岛屿	沙洲	暗礁	暗沙	暗滩	石（岩）	合计
东沙群岛	1	—	1	—	2	—	4
西沙群岛	23	7	5	—	6	—	41
中沙群岛	1	—	2	26	2	2	33
南沙群岛	11	6	107	32	19	5	180
南海诸岛	36	13	115	58	29	7	258

* 本章据 2005 年李书恒与郭伟所撰写的原稿，2013 年唐盟与王敏京作部分补充，2014 年及 2017 年 3 月由王颖补写定稿

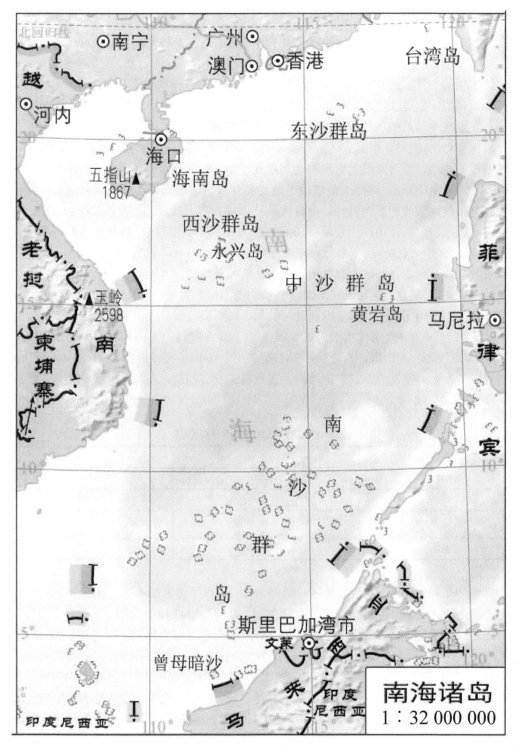

图 6-1　南海诸岛岛礁全图

1）南海大陆架。分布于海区的北、西、南三面，是亚洲大陆向海缓缓延伸的地带。陆架坡度平缓，尚有沉溺的海岸阶地、水下三角洲、珊瑚礁与岩礁等地貌残留。陆架外缘水深一般小于 200m，珠江口以西，陆架外围水深随陆架宽度而增加，一般超过 200m，最深可达 379m。大陆架面积约 190km²，其宽度是西北部与西南部大，西部宽度相对减小，东部陆架狭窄，是岛缘陆架。南部大陆架为巽他陆架的一部分，南沙群岛的南屏礁、南康暗沙、立地暗沙、八仙暗沙和曾母暗沙等，都位于该陆架上。

2）南海大陆坡。分布于大陆架外缘，是大陆架向海的延伸部分，面积约 120km²，占海域面积的 49%，是南海最大面积的地貌单元，也是南海疆域纷争的焦点（王颖，1996）。水深介于 150～4200m。南海大陆坡由于遭受海盆张裂影响程度不同而具有地貌差异，具有因海盆张裂而造成的断阶特点。南海大陆坡上发育有五级断陷台阶：300～400m，如东沙群岛附近东沙台阶及中沙上台阶；1000～1500m，分布在珠江口外和西沙群岛海区，如西沙台阶；1500～2000m，主要分布在南部陆坡，如南沙台阶；2200～2400m，发育于西部陆坡及中沙下台阶；2500～2800m，分布在陆坡外缘的深水台阶。

3）南海中央部分。呈北东—南西向延长的菱形深海盆地，其纵长 1500km，最宽处为 820km，总面积 40 万 km²。它是由新近纪的 NE 向断裂拉张形成。平原地势自西北向东南倾斜。北部为 3400m 而南部水深为 4200m 左右。深海盆地中有由孤立的海底山组成的高度达 3400～3900m 的山群，有 27 座相对高度超过 1000m 的海山及 20 多座 400～1000m 的海丘，多为火山喷发的玄武岩山地，上覆珊瑚礁及沉积层。深海盆地底部平坦，坡度为 0.3‰～0.4‰。

表 6-2　南海各类地貌面积与水深

地貌单元	面积/万 km²	深度/m
大陆架	190	<200
大陆坡	120	150～4200
海盆	40	3400～4200
总计	350	

继明朝郑和下南洋，在南海地区对所经之处，进行了详细的水深、海况、渔情与地理、风物考察之后，清朝时曾进行了部分海域制图。嗣后，1842 年美国的"文森兹"号，1872 年英国的"挑战者"号和 1908 年美国的"信天翁"号对南海作探索性考察。20 世纪 20 年代开始，日本、苏联、法国和英国等曾以编制海图和水路为主要目的对南海诸岛进行调查。1928 年 5 月广东省政府组织西沙实地调查。20 世纪 50 年代末至 60 年代初我国进行了大规模的全国海洋普查，对南海进行了海洋气象、水文、化学、地质地貌、生物等多学科全方位调查，总结了系统成果。之后，中国台湾的"阳明"号和"九连"号也在南海做过调查。20 世纪 70 年代以来，我国又在南海进行综合性的或专业性的调查，有中国科学院南海海洋研究所，国家海洋局南海分局及第二、第三海洋研究所，中国科学院海洋研究所，水产科学院南海水产研究所，地矿部广州海洋地质调查局，以及石油矿产部门等。20

世纪 80 年代以后的调查研究还注重海域环境受污染之影响。我国调查范围从海岸、近岸海岛至南海中的西沙、中沙及南沙群岛，最南至 4°N 的曾母暗沙。先进设备与调查船，系统的科学成果为南海开发、管理与疆域保护等奠定坚实的科学依据。

6.2　南海主要岛礁特征

6.2.1　东沙群岛的岛礁

东沙群岛是南海诸岛中位置最北、范围最小、基座最浅的一组群岛，它位于南海东北部，20°33′～21°35′N，115°43′～117°7′E 的范围内。北距汕头只有 140 海里，西北距珠江口 170 海里。是南海诸岛中最靠近大陆的群岛。东沙群岛是在大陆坡上形成的珊瑚岛礁，这里大陆坡呈三角形水下斜坡，突出于大陆架前。大陆坡上有一组相互交会的东北—西南向和西北—东南向的断裂，东沙正位于断裂交会地。沿断裂产生的火山，成为东沙群岛发育的基础。东沙群岛由二滩一礁一岛组成。二滩是指南卫滩和北卫滩，一礁是指东沙环礁，一岛指东沙岛。此外，在东沙群岛附近海区尚有暗沙和暗礁。

1. 东沙礁

位置介于 20°36.5′～20°47′N，116°41′～116°53′E 范围内。东西长约 24km，南北宽约 20.5km，环礁面积近 420km^2。东沙环礁是岛、洲、礁、门一应俱全的典型圆形环礁（图 6-2）。礁盘内潟湖宽度为 13～19km，水深为 7.3～18m，面积近 198km^2，西侧有两个缺口，形成南北水道，两水道间为东沙岛。礁盘上也有小沙洲和沙岛形成，是岛、洲、礁、门都具备的典型环礁形态。东侧礁体呈弧形，礁宽 1～2 海里，长 35 海里，礁体已长到海

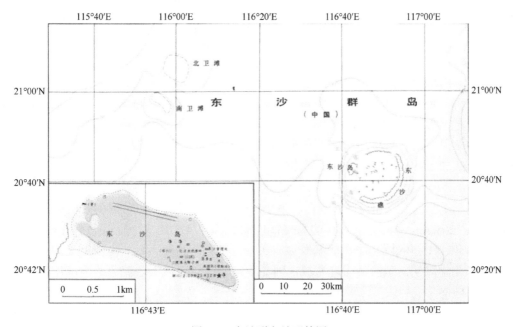

图 6-2　东沙群岛地形简图

面附近，东北部礁盘出露海面。环礁西侧为两"门"（即南北水道）夹一岛礁，礁体外缘急倾入海底，而向潟湖一侧则较缓。南水道宽而深，一般水深 5～8m，水道最狭窄处也有 1000m，水道上珊瑚礁头较少，有利航行。北水道浅窄多弯，最窄处只有 100m，水道上有不少珊瑚礁头生长，不利于航行。

东沙礁北距汕头港约 260km，南距西沙群岛约 450km，东南距菲律宾马尼拉约 780km，东北距高雄港约为 440km，西北距香港 315km，西南距海南岛榆林港 670km。

2. 东沙岛

20°42′20″N，116°43′19″E。东沙岛是中国东沙群岛中唯一的岛屿。古称南澳气，又名大东沙。1935 年正式公布定名为东沙岛，今沿用。东沙岛北距汕头市 140 海里，距台湾本岛很近，紧邻澎湖列岛。它恰好处于台湾本岛南端、香港及大陆珠江口三角中心地位，是台湾海峡航道的咽喉要地，也是出入台湾海峡、巴士海峡航运的战略要冲，战略地位十分重要。

东沙岛属热带季风海洋性气候，但由于在南海中位置偏北、受东北季风影响较大，一年中有一个较冷和少雨的冬季和一个热而多雨的夏季。东沙岛为自西北向东南延伸的碟形沙岛，为珊瑚礁及其碎屑物所构成。长约 2.8km，宽 0.8km，面积为 1.8km^2（包括 1965 年填平的潟湖面积），原是南海诸岛中面积第二的岛屿，仅次于西沙永兴岛。它平均高出海面约 6m，东北面沙稍高，达 12m，西南面沙堤，约 8m。整个岛屿呈四周高中间低形态。四周为台风巨浪堆积的珊瑚等生物碎屑沙，呈沙堤环绕中部低地。中部低地积水成潟湖，湖深 1～1.5m，湖口向西开口。从该岛东南端向东南延伸的沙嘴，当西南季风期，成为良好的登陆点。自该岛的西北方经北部到东北方，离岸 22～49 海里的海流相当强烈；但在该岛以北约 23 海里处有湍流。1965 年 7 月扩建东沙岛时，潟湖被填平，北面沙堤上修建了机场，使岛屿面积扩大。机场跑道长 1500m，宽 30m。东沙岛目前由中国台湾驻守。

东沙岛位于东沙环礁西边，为东沙群岛中唯一出露海面的陆礁岛屿。海岸线长度近 8km，岛的形状像支钳子，钳子开口处为 0.5km^2 的小潟湖，位置在岛的西部区域，约占全岛三分之一面积。湖水不深，湖底为淤泥及有机碎屑所覆盖。水多平静，没有太大的风浪。东沙岛与南、北卫滩相距约 80km，整个东沙群岛海域面积达 5000km^2，面积辽阔，海底鱼类、珊瑚、水母等资源丰富。

东沙岛地处热带北部，具热带季风海洋性气候。年平均气温为 25.3℃，12 月最低平均气温为 22.2℃；最高温为 6 月，平均气温为 29.5℃。

东沙岛沙体大，雨量多达 1459.3mm，湿度也达 83%以上。冬季受东北季风影响雨量不多，夏季受西南季风和台风影响形成雨季：6～8 月每月雨量都在 200～500mm，5～10 月雨量达 1258.7mm，占全年雨量的 86%；11 月～次年 4 月雨少，月雨量不足 40mm；雨量 5 月急升、11 月急降与季风的暴发性有关。海雾频率也比西沙、南沙群岛要高，雾多发生于东北季风期。东沙岛附近海域，因冬季常有雾浓、风大、流急的险况出现，被外轮称为"险岛"。

东沙岛平均风速达 6.5m/s，年中风向以东北东为多，频率达 28%。10 月～次年 4 月中盛行东北风，强大而稳定，风速在 10 月～次年 2 月平均达 8～9.8m/s。6～8 月多西南风，风速平均只有 4.0～4.6m/s。4 月为季风转换期，则以偏东风为主。东沙近台湾海峡，冬季的东北风在海峡管束作用下风力强大，东沙岛冬日风速也特大，有"风窟"之称。

东沙岛海水温度较高，常在 20℃以上，年平常水温为 22.6℃。冬季海水盐度达 34‰～34.5‰；夏季降为 33.5‰～34.0‰，夏季表层水由西南流向东北出巴士海峡，而次表层水却仍由巴士海峡流入，形成显著的温跃层，即垂直水温变化较大，但表面水温仍到 28～29℃。由此可见这里冬夏都少受到低温低盐的大陆沿岸流影响。但海洋自然条件仍适宜珊瑚繁生，故形成环礁。

东沙岛缺乏土壤，表层覆盖着贝壳及珊瑚风化的产物白沙，故称为"灰沙岛"，由于清末以前海鸟栖息众多，地表形成鸟粪层。据清代记录，全岛均有鸟粪层分布，厚 1～2m 不等，估计鸟粪储量有 60 万 t，面积为 1090 亩。在 1907 年日本人雇工私采两年。1909 年我国赎回又投资开采有一年多时间，到 1911 年，岛上主要鸟粪层已被掘去，故停止开采。但沙质土层中仍有黄色鸟粪层保存，只是层次薄，含量低，开采价值不大。鸟粪层基部有胶结坚硬的鸟粪石，鸟粪石在细沙层沉淀，厚达 20～25cm，并固结成棕色硬块。

岛上几乎都是低矮的小灌木及藤蔓性的热带性植物，目前岛上主要植物有草海桐、海岸桐、海滨大戟、银毛树、无根藤、刍蕾草等。

东沙岛植被密集，成为海鸟聚生场所，鸟类大多分布在沿海沙洲及潟湖沿岸，包含海鸥、咸水沙锥、黄白鹤、相思鸟、小燕鸥、翻石鹬、欧嘴燕鸥、黄头鹭等，目前约有 50 多种，大多属于候鸟及海鸟。

沙岛周围海域超过 300km^2 的珊瑚环礁群繁衍着各种热带鱼类、藻类、贝类及石珊瑚、软珊瑚等，拥有极丰富的珊瑚礁群，穿梭其间的热带鱼种类很多，同时海星、贝壳、龙虾、螃蟹等一些海中生物种类也常常见到。

3. 南卫滩

北纬 20°55′，东经 116°58′，1947 年正式公布为南卫滩。发育在珠江口大陆架前缘的大陆坡上（水深 200～500m）。礁体呈椭圆形，是沉水环礁，没有岛礁露出，水深 58m。环礁长约 10km，呈东北—西南走向的一串浅滩，最浅一处为 11m。南卫滩地处热带北部，属热带季风气候。

4. 北卫滩

21°4′N，116°2′E，1947 年正式公布为北卫滩。发育在珠江口大陆架前缘的大陆坡上（水深 200～500m）。礁体呈椭圆形，属沉没环礁，位于水深 64m 处，最浅处为 60m。与南卫滩相距约 2 海里，中隔以 334m 深的海谷。北卫滩 200m 等深线呈椭圆形，长 21km。北卫滩地处热带北部，为热带海洋季风气候。我国将北卫滩划归广东省陆丰市碣石镇人民政府管辖。中国台湾将北卫滩划归高雄市旗津区中兴里管辖。

5. 北水道

20°45′N，116°43′E。1983 年公布北水道为标准名称。东沙岛与东沙礁的西北尖角之间的水道，是进入东沙礁湖的两条水道（另一道为南水道）之一，宽约 2 海里多。

6. 南水道

20°39′N，116°42′E。1983 年公布南水道为标准名称。东沙岛与东沙礁的西南尖角之间的水道，为进入东沙礁湖的两条水道之一。南水道比北水道宽且深，障碍少，利于通航。

6.2.2　中沙群岛的岛礁

中沙群岛北起宪法暗沙（16°20′N，116°44′E），南至中南暗沙（13°57′N，115°24′E），东起黄岩岛（15°08′N，117°45′E），西至中沙环礁的排洪滩（15°38′N，113°43′E）。1935 年公布名称为南沙群岛，包括两个环礁，即中沙环礁和黄岩环礁。此外，孤立的宪法暗沙和中南暗沙也划归此区域内。

中沙群岛处于水深在 2000m 以内的水下台阶上，四周有明显的断裂槽。中沙环礁为典型的水下大陆坡环礁，礁体都在海面以下。黄岩岛位于中央深海盆区的东侧。深海盆区的中部有宪法暗沙及中南暗沙，此外还有不少海山耸立海底。中央深海盆北面的北部大陆坡上，有一统、神狐等暗沙。中沙环礁耸立在中央深海盆西面的陆地台阶上，东临水深 4000m 的中央深海盆，西临水深 2500m 的中沙海槽。黄岩岛环礁位于中央海盆中的东西向海山带上，该处是耸立海底最高的一座海山，基底由大洋玄武岩组成。

1. 黄岩岛

黄岩岛位于 15°06′～15°14′N, 117°42′～117°52′E。1935 年称为斯卡巴洛礁，源于 1748 年英舰 Scarborough 号在此触礁沉没。1947 年国民政府公布为民主礁，1983 年我国政府定名为黄岩礁（副名：民主礁）并对外公布（图 6-3，图 6-4）。黄岩岛是唯一出露于中沙群岛的基岩岛、礁，包括相距约 10 海里的南、北二岩。

黄岩环礁是在 3500m 深处的海底火山上部形成的环礁，系我国唯一的大洋型环礁，环礁外形呈三角形，周长 55km，腰长 15km，面积达 150km²（包括潟湖面积）（黄金森，1980）。西礁环南北向，南礁环东西向，互成直角。东北礁环为斜边作西北向，略呈等腰三角形状（图 6-5）。礁环一般宽约 1km，中间有一三角形潟湖。潟湖底部由于点礁发育，故水深变化大，由 1～20m，点礁个体多，面积又大，利于各种喜礁动植物生长。黄岩环礁礁环地形发育完整，除东南有一个狭小口门间隔外，礁体基本相连。口门宽约 400m，水道中间为 6～8m，边缘 3m，小船可入潟湖避风。

2. 中沙环礁

范围在 15°24′～16°15′N，113°40′～114°57′E。中沙环礁纵长 140km，宽 95km，发育在南海西坡大陆坡的最东部的中沙海台上。环礁内除黄岩岛的北岩，南岩出露海面外，其余均为暗沙，暗沙处水深在 10～20m，潟湖内水深可达 50～100m。环礁外缘的水深突降，东南坡直下至 3000m 深海盆。西侧为西沙与中沙海槽，深达 2000～3000m。

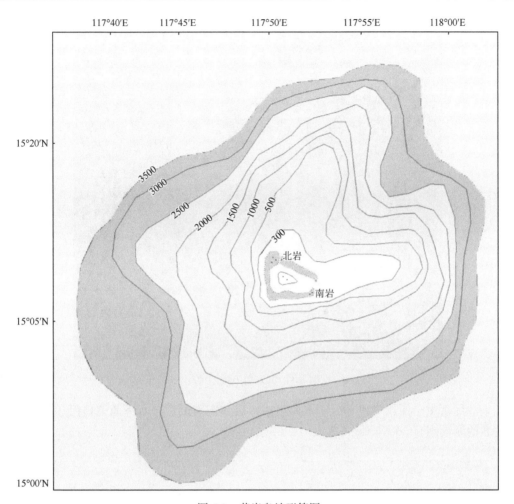

图 6-3　黄岩岛地形简图

图 6-4　中国在黄岩岛放置的地标

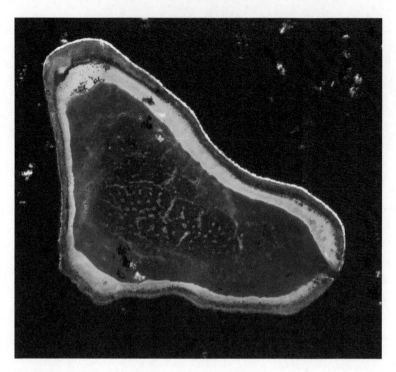

图 6-5　黄岩岛卫星图片

　　中沙环礁由一圈珊瑚礁体包绕潟湖组成，礁体东南侧有一水下通道口门（图 6-6）。已定名的珊瑚礁有 26 座（表 6-3）。

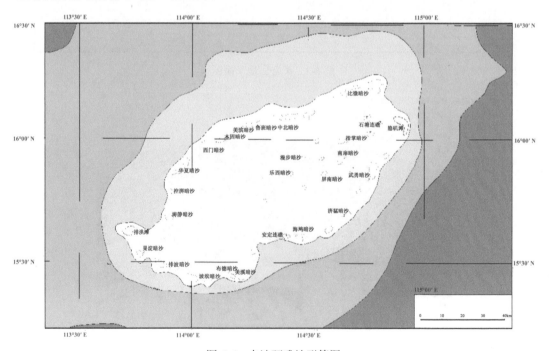

图 6-6　中沙环礁地形简图

表 6-3　中沙环礁暗沙概况

地名	地理位置	英文名称	长度/km	宽度/km	最小水深/m
环礁潟湖外的暗沙					
西门暗沙	114°03′E，15°58′N	Ximen Ansha	2.5	2.5	16
本固暗沙	114°06′E，16°00′N	Bengu Ansha	6.5（东西）	2.5	12.8
美滨暗沙	114°13′E，16°03′N	Meibin Ansha	8.5（东西）	2.5	14.6
鲁班暗沙	114°18′E，16°04′N	Luban Ansha	2.5	2.4	13
中北暗沙（三块）	114°25′E，16°06′N	Zhongbei Ansha	17.6（东西）	3	16.0
比微暗沙	114°44′E，16°13′N	Biwei Ansha	24（西北）	3.8	11.7
隐矶滩	114°56′E，16°03′N	Yinji Tan	11.5（西北）	2.6	18
武勇暗沙	114°47′E，15°52′N	Wuyong Ansha	7.5（南北）	3.8	18
济猛暗沙	114°41′E，15°42′N	Jimeng Ansha	4.2（西北）	2.0	16.4
海鸠暗沙	114°28′E，15°36′N	Haijiu Ansha	5.0（东西）	2.5	18
安定连礁	114°24′E，15°37′N	Anding Lianjiao	2.6（东西）	1.5	18
美溪暗沙	114°12′E，15°27′N	Meixi Ansha	2.8（东西）	2.0	16
布德暗沙	114°10′E，15°27′N	Bude Ansha	3（西北）	2.0	16.5
波洑暗沙	114°00′E，15°27′N	Bofu Ansha	6.5（东西）	2.0	14.5
排波暗沙	113°51′E，15°29′N	Paifu Ansha	6.5（西北）	4.0	14.5
果淀暗沙	113°46′E，15°32′N	Guodian Ansha	3.0（西北）	2.2	18
排洪滩	113°43′E，15°38′N	Paihong Tan	5.0（东西）	3.8	16
涛静暗沙	113°54′E，15°41′N	Taojing Ansha	3.2（南北）	3.0	13
控湃暗沙	113°54′E，15°48′N	Kongbai Ansha	2.5（西北）	1.5	12.0
华夏暗沙	113°58′E，15°54′N	Huaxia Ansha	9.9（东西）	2.3	12.8
环礁潟湖内的暗沙					
石塘连礁	114°46′E，16°02′N	Shitang Lianjiao	2.3（南北）	1.6	14.5
指掌暗沙	114°39′E，16°00′N	Zhizhang Ansha	3.2（东西）	2.3	16.4
南扉暗沙	114°38′E，15°55′N	Nanfei Ansha	2.6（东北）	1.9	14.6
漫步暗沙	114°29′E，15°55′N	Manbu Ansha	3.0（东西）	2.5	9.0
乐西暗沙	114°25′E，15°52′N	Lexi Ansha	2.3（东西）	1.9	16.4
屏南暗沙	114°34′E，15°52′N	Pingnan Ansha	3.2（东北）	2.0	14.6

　　中沙群岛的主权向属中国。1984 年将中沙群岛岛礁及其海域划归海南行政区管辖；1988 年海南省成立，中沙群岛划归海南省。

3. 北岩

15°14′N，117°44′E。位于黄岩环礁北部，出露海面达 1.5m，面积 4m²，亦称黄岩。
1983 年公布为北岩。

行政上划归海南省三沙市管辖。

4. 南岩

15°08′N，117°48′E。隔着潟湖与黄岩相对。1935 年名为南石，1983 年改为南岩。周
长为 8m，出露海面面积约为 3m²，高出水面 1.8m，礁上已发育有岩溶地形。

行政上划归海南省三沙市管辖。

5. 宪法暗沙

16°20′N，116°44′E。1935 年曾名为特鲁路滩，1947 年公布为宪法暗沙，今沿用。暗
沙长约 20km，宽 11km，水深 18m。

6. 中南暗沙

13°57′N，115°24′E。1983 年公布中南暗沙为标准名称。水深 272m，位于中沙环礁与
礼乐滩间（图 6-7）。

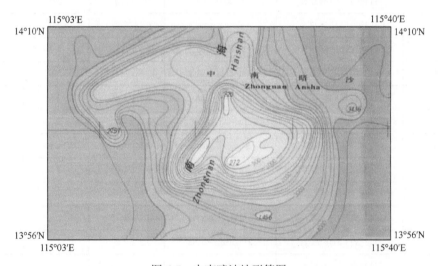

图 6-7　中南暗沙地形简图

7. 神狐暗沙

19°33′N，113°02′E。位于中国南海中沙群岛西北部，19 世纪曾用名"汕·厄士蒲勒特
线"。位于北部大陆架与大陆坡转折水深 12.8m 处，长约 3.7km。

8. 一统暗沙

113°53′N，19°12′E。十九世纪曾用名为"懿冷线"，1983 年公布一统暗沙。暗沙范

围近圆形，水深 10.2m，基底附近海底水深 600m。

6.2.3 西沙群岛的岛礁

西沙群岛分布在 15°47′～17°08′N，111°10′～112°55′E。长约 250km，宽约 150km。海底地形为南海北部大陆坡的西沙台阶，是一个水深 1500～2000m 的海底高原。以永兴岛为中心，主要集中为两群：东面的叫宣德群岛，主要由七个岛组成，所以又叫"东七岛"；西面的叫永乐群岛，主要由八个较大的岛组成，所以又叫"西八岛"。所以渔民称为"东七西八的西沙群岛"。西沙群岛在我国南海诸岛中拥有岛屿的面积最大（永兴岛面积 1.8km²），石岛海拔最高为 15.9m，且有唯一胶结成岩的岩石岛（石岛为更新世沙丘-海滩岩）和唯一非生物成因岛屿（高尖石），且陆地面积最大，为 7.86km²。

西沙群岛所在的南海西部大陆坡东延至中央深海盆西缘。水深 1000m 左右。呈北东—南西走向。西沙台阶东侧与中央深海盆之间，有在东北走向构造线控制下形成的水深约 2600m 的中沙海槽。西沙台阶北侧与北部陆坡之间，有在东西走向构造控制下形成的水深 1500m 的西沙海槽。

1. 宣德群岛

地理位置在 15°43′～17°00′N，112°10′～112°54′E，为西沙群岛东面的一组群岛，1937 年公布名称为莺非土莱特列岛，1947 年与 1983 年正式公布为宣德群岛至今。位于西沙海台东北部，在同一广大的弧形礁盘上，为一残缺环礁，礁环向西开敞。环礁是西北到东南椭圆形，长约 28km，宽约 16km。基底为准平原化的隆起部分，由古老片麻岩构成，并有岩浆岩侵入。由于东北季风恒定和作用长久，北、东北礁盘礁环发育，并有成串沙岛和沙洲掩覆，自古被称为"七连岛"。经海水往返掩覆与暴露，使日晒、蒸发，七连岛、洲上都发育有海滩岩，故能牢固地披覆在广大礁盘上，成为一大块和礁盘粘固的沙帽。环礁内潟湖底部地形是向西倾斜的，由于水深较大，不少地区在 50m 以下，不利于浅水造礁珊瑚的生长（图 6-8）。

宣德环礁礁体（有礁盘的）有 3 个：即赵述岛——西沙洲礁体；北岛——北沙洲礁体；永兴岛——石岛礁体。宣德环礁的北翼的西沙洲到赵述岛，同在一个大礁盘之上。东北翼的北岛到新沙洲共有 3 个小岛和 3 个沙洲位于同一大礁盘上。两礁盘之间有一缺口，称"赵述门"。

赵述岛礁盘东西长 10.18km，南北宽 3.158km（1971 年），为赵述岛和西沙洲发育的基础。礁盘上沉积物以生物质中粗沙为主，主要为贝壳和珊瑚砂。

北岛礁盘是一礁环地形，即呈弯曲礁体地形，长约 7.54km，宽约 1.25km。礁盘东北迎东北季风，受侵蚀破坏形成礁盘上碎屑堆积物的主要来源。

永兴岛礁盘为一近梨形礁体，东北—西南向长 3649m，西北—东南向宽 2633m。沉积物都以珊瑚、贝壳中粗沙为主。只在永兴礁盘上有更新世隆起的石岛，是由沙丘岩所成，已石化，和松散钙质沙沉积不同。礁盘顶面大致沿低潮面发育，表示为近期海平面产物。

切开礁环的"门"有两个：一是切开七连岛礁环的"赵述门"，深处不到 10m，浅处

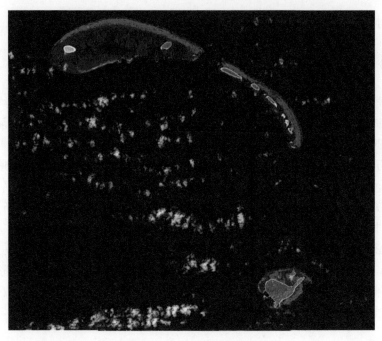

图 6-8　宣德群岛卫星图像

约 4.6m，一般 7m 水深，宽约 1260m，只能通过两艘约 300t 的船。礁盘基底没被切开，只形成涨落潮时，潟湖和外海的潮流通道，不利于珊瑚礁生长，成为浅水水道；另一门是"红草门"，宽达 8000m，为新沙洲与石岛间水道，深在 60m 以上，最深达 118m。门外水深超过 120m（曾昭璇，1997），该处水深和潟湖相差大，涨退潮流在通道底层是急速的，不利于珊瑚礁的繁衍。

2. 永兴岛

16°50′2″N，112°20′30″E。1935 年曾定名为茂林岛，又名"林岛"，因岛上林木神秘得名。1947 年、1983 年公布为永兴岛，至今沿用。"永兴"得名于 1946 年 11 月 29 日接收西沙群岛的军舰的名字。该岛东西长约 2km，南北宽 1.4km，海拔最高 8.3m，平均高 5m，面积为 1.8km²，为西沙群岛最大一岛。岛上地势平坦，岛西南有长约 870m，宽约 100m 的大沙堤。四周也为沙堤所包围，中间较低，是次成潟湖干涸后形成的洼地。永兴岛地形上一大特点为岛屿面积占礁盘面积大，多达 1/3，表示岛屿沙源充足，并曾经长期风、浪堆积作用。沙岛尚未胶结，珊瑚礁盘年龄为 1750±90aB.P.。岛中部为干涸潟湖。植物种类繁多，野生的有 148 种，占西沙群岛野生植物总数的 89%。沙岛上有鸟粪层，1947 年，估计鸟粪松散层 60000t，块状层 40000t，后多经开挖。

永兴岛属热带海洋季风气候，其特点是：冬季盛行偏北季风，夏季盛行偏南季风；年太阳辐射量大；终年高温，多年平均气温达 26.3℃，极端高温 34.9℃，极端低温 15.3℃；日照时间长，年均降水量为 1382mm。潮汐作用属不正规全日潮，平均潮差 0.9m。表层海水平均温度为 26.8℃，海水透明度一般达 20～30m。海浪以风浪为主，平均波高 1.5m，最大为 11.0m。

永兴岛地处西沙群岛的中央，西南方礁盘较窄，风浪亦小，是兴建码头的良好地点；岛四周又有良好的锚地，便于船只停泊。因此，永兴岛一向为中国渔民活动的基地，也是海南省西沙、中沙、南沙群岛的行政中心。岛上建有气象台、海洋站、水产站等，建有现代化的机场，可起降波音 737 机，码头可停靠 5000 吨位的船只（图 6-9）。2005 年 5 月，太阳能电灯在永兴岛落户。

2012 年 6 月 21 日，民政部发布了《关于国务院批准设立地级三沙市的公告》，批准撤销海南省西沙群岛、南沙群岛、中沙群岛办事处，设立地级三沙市，永兴岛为三沙市政府所在地（图 6-10）。

图 6-9　永兴岛航拍图

图 6-10　海军收复西沙群岛纪念碑
2013 年 5 月 29 日，中国科学院院士咨询组考察西沙永兴岛

3. 石岛

16°51′15″N，112°20′48″E。1935 年公布此名称，因全是岩石所成，故称"石岛"，沿用至今。石岛南北向长轴约 400m，东西向短轴约 260m，面积约 0.08km²，最高处海拔为 15.9m，是西沙群岛乃至南海诸岛中最高的岛屿，由上升珊瑚礁所构成。据考证，石岛上升约在 20000 年前开始，平均每年上升率为 5mm（曾昭璇，1997）。四周海蚀地貌显著，东岸多海蚀洞，并有一些深入岛体的沟槽，北岸亦有海蚀洞两个。岛上立有中国主权碑。

4. 七连屿

16°55′～17°00′N，112°12′～112°21′E。群体名称。原指南沙洲、中沙洲、北沙洲、南岛、中岛和北岛、东新沙洲、西新沙洲、赵述岛、西沙洲等多个岛礁和沙洲。渔民称为七连岛。1983 年命名时把位于同一礁盘的，在 1972 年由台风形成的东新沙洲和西新沙洲归属为七连屿，并定为标准名称。1987 年经国务院批准，赵述岛和西沙洲也归属七连屿（图 6-11）。

图 6-11　七连屿航拍图像

5. 北岛

16°58′24″N，112°18′18″E。1935 年公布为北岛，今沿用。北岛土名"长岛"，为七连屿主要大岛。渔民称为"长峙"。领海基线点石碑位于该岛东北角。该岛位置偏于礁盘南侧，反映沙岛向南迁移特点。长约 1500m，宽约 350m，海拔 8.2m，面积 0.4km²，由粗粒珊瑚沙、贝壳沙组成，属中粗沙。东北部海岸有少量海滩岩分布。由于以长条状礁盘为基础并被补给沙之来源，使沙岛也呈长条状延伸，并受水流作用在东南端发育一条沙嘴，尾长约 60m，宽度只有 10～20m，向南弯曲。岛的中部地面为干潟湖所成，四周有 3～4m

高沙堤围绕。中部低地珊瑚灰岩出露，见礁盘结构，珊瑚灰岩 ^{14}C 年龄为 4340±250aB.P.。礁盘北部珊瑚灰岩成分为珊瑚占 60%，有孔虫 28.9%，石灰藻 6.7%，贝壳沙 4.4%。岛上乔木、灌木林发达。有鸟粪层。岛东北面礁盘受强劲东北风影响，海水中含氧量多，珊瑚生长好，比西南面礁盘高，低潮时出露海面，形成水产丰富地区，它是七连屿中最大的一个岛屿。有临时建筑与石砌小庙。

6. 中岛

16°56′55″N，112°19′30″E。1935 年公布为中岛，今沿用。位于南岛和北岛之间，中岛又名石岛，因海滩上海滩岩发育而得名。因排位置于北岛之南，又称"二岛"或"岛二"。岛呈椭圆形，南北向长 600m，宽约 260m，海拔 6m，面积 0.13km^2，由珊瑚、贝壳中粗沙堆成，灌丛草坡发育。中低四周高，中部低地为干涸次成潟湖。面积占全岛一半（曾昭璇，1997）。岛北岸因礁盘生长好，海岸线平直；岛南岸珊瑚礁礁头众多，礁头间成为小港湾地形，使南缘海岸线弯曲。岛周有沙堤，最宽达 60m，高约 4m，地势平坦，有薄层鸟粪。

7. 南岛

16°56′32″N，112°19′45″E。1935 年公布为南岛，至今沿用。土名"岛三"或"三岛"。南岛亦呈长条形状，长约 780m，宽 180m。海拔 6.3m，面积 0.288km^2，局部有海滩岩发育，礁盘表层细砾灰岩年龄为 1670±242aB.P.（东北部）。岛上已有灌丛草坡发育。四周由沙堤包绕，高达 4～5m。岛上有薄层鸟粪。

8. 赵述岛

16°58′40″N，112°16′30″E。1935 年公布为树岛，1947 年公布为赵述岛，至今沿用，是纪念明太祖遣使至赵述三佛齐而命名。椭圆形连一条 170m 的沙嘴，四周沙堤包围，并有显明沙滩发育。岛高 5m，面积约 0.177km^2。东北向长约 700m，宽 390m，是七连屿中第三大岛，岛呈东北到西南方向延长，中部低地明显。鸟粪层发育。渔船常来此避风，故又名"船暗岛"。岛西建有 20 米高灯塔导航，岛上 60 户人口 200 人（2012 年）。东北岸段有海滩岩，主要成分为珊瑚沙。岛上有成片硬盘磷质石灰上，多生长草海桐为主的树木。2013 年 5 月 30 日，由厦门集美企业捐赠一套日产淡水 40t 的海水淡化设备投入运行，基本解决岛上居民生活用水。

9. 西沙洲

16°58′40″N，112°12′43″E。1935 年公布名称为西滩，1947 年公布标准名称为西沙洲，至今沿用。西沙洲在清末已有记述，中国渔民称为"船暗尾"。长 807m，南北宽 494m，面积达 0.25km^2。高程 2.0m，亦为台风潮仍可淹没的沙洲。由珊瑚沙、贝壳沙组成，颗粒粗，属中粗沙。

10. 北沙洲

16°56′10″N，112°20′00″E。1947 年公布名称为北沙洲，至今沿用。中国渔民称之为

"红草三"。西北到东南长 300m，东北到西南宽 200m。北宽南窄，地势地平。中间形成几条沙脊，西南坡缓，东北坡稍急。略呈新月形，但常变形。海拔 3.1m，面积 0.026km²，大潮亦可淹没。钙质生物沙堆成，台风潮已不能淹没，已有草被生长。在北岸段及南岸段中部有海滩岩发育。

11. 中沙洲

16°56′02″N，112°20′32″E。1947 年公布名称为中沙洲，至今沿用。渔民称"红草二"。东南到西北长约 500m，宽 188m，最高处 2.6m，面积为 0.04km²。高潮时淹没。北岸段有厚 2m 多海滩岩发育。

12. 南沙洲

16°55′48″N，112°20′46″E。1935 年公布为南滩，1947 年公布为南沙洲，至今沿用。渔民称"红草一"。沙洲呈三角形，四周略高，中部略低，南端有 100m 沙嘴伸出，向西呈弯钩状。西北到东南宽 350m，东北到西南长 500m，面积 0.06km²，最高处 4.1m。高潮时可淹没。沙粒属中沙。有灌丛草被发育，海滩岩在东北岸和东南岸有分布。

13. 东新沙洲

16°55′08″N，112°20′49″E。长 210m，宽约 40m，面积 2900m²，海拔 2.1m，呈长条状新月形沙堤状。上无植被，由松散钙质生物沙砾组成，故地形经常变化。沙砾不固定在礁盘上，基本地形是一条新月形的沙堤。为 1972 年第 20 号台风中新形成的且与西新沙洲相对应。

14. 西新沙洲

16°55′15″N，112°20′32″E。长约 65m，面积 2700m²，海拔只有 1.9m，沙脊可达 3m，亦呈弯形沙堤状，地形易变，故未长植物。1975 年版海图（1 : 35000）已注西新沙洲。1983 年公布新西沙洲为标准名称。

15. 银砾滩

16°45′～16°48′N，112°12′～112°15′E。1935 年公布名称为伊尔迪斯滩。1947 年公布此名，至今沿用。呈西北到东南延长的珊瑚礁体，西北到东南长 6491m，东北到西南宽 3649m。水深在 20m 以内，最浅处为 10m。

16. 永乐群岛

15°46′～17°07′N，111°11′～112°03′E。中国西沙群岛西部岛群，又称西侧群岛，位于永兴岛西南约 40 海里处。永乐群岛主要由甘泉岛、珊瑚岛、银屿、晋卿岛、琛航岛、广金岛、金银岛、中建岛、华光礁、磐石屿、北礁等岛、礁、滩组成。前六者均在同一个巨大的弧形礁盘上，名为永乐环礁。永乐环礁上有大小岛屿 13 个。在永乐环礁之外还有两个岛屿：中建岛是永乐群岛中陆地面积最大的岛屿，独立于西沙最西段；磐石屿环礁上的岛屿即磐石屿。永乐群岛发育在典型的环礁上。1935 年公布名称为库勒生特列岛（指永乐环礁部分），1947 年公布为永乐群岛，至今沿用，永乐是明成祖朱棣的年号，是为纪念明朝永乐（1403～1423 年）至宣德年间郑和七下西洋之壮举。土名"石塘"，长 38km，宽 22km。水深 40m 以内。礁体基本上是一圈环状。包围的潟湖呈椭圆形，东西长 19.2km，南北宽 13.4km。环礁外面，水深突增，礁坡坡度达 21°，在水下 15～25m 和 45～65m 处有水下台阶存在。它的基座是一个沉水千米的海台（即水下台地），和宣德环礁同在一海台之上（图 6-12）。永乐群岛各岛四周都有沙堤包绕，中间低平，有淡水井，有的甘甜可饮。永乐群岛有麻风桐、羊角树、椰子树等。

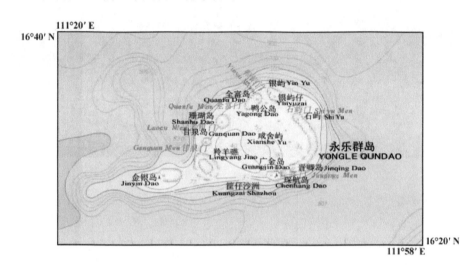

图 6-12　永乐群岛地形简图

永乐环礁附近海域资源丰富，地处航海要冲，自古以来就是我国渔民捕鱼、避风的地点，也是将来发展旅游和渔业基地等的良好地点。

永乐环礁是具有岛、洲、门、礁的典型的环礁（图 6-13）。

17. 广金岛

16°27′7.2″N，111°42′3.6″E。1947 年公布，至今沿用。因纪念清末到此巡航的"广金舰"得名，渔民称为"小三脚"（图 6-14），1947 年中国政府审定南海诸岛名称时，琛航与广金被称为道乾群岛。与琛航岛在同一礁盘上，据 1974 年资料，本岛东西长 350m，南北宽处 250m，东西沙嘴长 300m。面积为 0.06km²，高 4.8m。岛上亦呈边高中凹，最高点在南侧沙堤上。礁盘上亦有堤滩包绕，部分堤滩已经被蚀。沙堤基础为海滩岩所固定。滩上沙子以珊瑚贝壳为主。

18. 琛航岛

16°27′N，111°43′E。1909 年李准巡海时以其随行军舰"琛航号"命名琛航岛，1935 年公布名称为坛坚岛，1947 年公布仍为琛航岛，至今沿用。渔民称"大三脚"（即三角形之意）。岛周礁盘东西长 2.5km，南北宽 1.25km，四周沙堤包绕的岛屿，长约 1050m，宽达 400m，高约 4m。面积约 0.28km²。高约 4m。中部平坦，因堤滩的生成而使次生潟

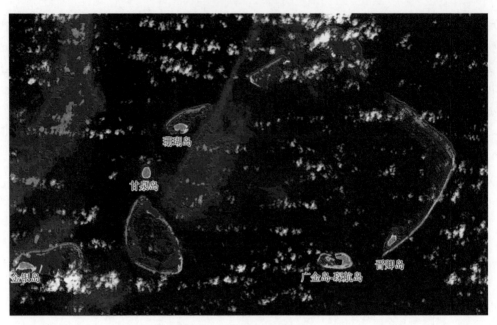

图 6-13　永乐群岛卫星图片

图 6-14　位于同一礁盘上的广金岛—琛航岛航拍照片

湖发育。礁湖内珊瑚生长不良。四周盐生草本植物茂盛。全岛灌木丛生，无常住居民。岛东南草海桐丛中有水井一口，水量丰富。岛南有 1919 年琼海渔民挖井时留在井边的"王国彬造"字样。岛上有庙、屋及瞭望台遗迹。岛上立有主权碑。

19. 晋卿岛

16°27'47″N，111°44'17″E。1935 年公布为都兰莽岛，1947 年公布名称为晋卿岛，至今沿用，是为纪念明成祖时三佛齐宣慰使施晋卿而名。渔民称"四江岛""四江门"。1907年水师提督李准巡海时以其随行军舰"伏波号"定为伏波岛。位于西沙群岛东北面弧形礁盘上，晋卿岛礁平台与石屿礁平台为同一礁体，呈 SW—NE 分布。晋卿为沙岛，主体长椭圆形，东北向长 800m，最宽 350m。面积约 0.2km²，高约 5m。礁盘东侧宽 400m，西侧宽300m。向东北伸出沙洲，长约 80m（1974 年）。岛缘沙堤最高。沙子成分以珊瑚为主。海滩岩分布位置较高。已抬升至高出海面 3.6m 处。岛上丛生着羊角树，土质为鸟粪土。

20. 珊瑚岛

居 16°32'14″N，111°36'25″E。位于永乐环礁西北侧，近主航道。1935 年公布名称为逼陶尔岛，1947 年公布为珊瑚岛，至今沿用。李准 1907 年来此见珊瑚多而命名。渔民称老粗峙，因树木粗大得名。呈椭圆形，东西较长为 880m，南北宽 440m，面积约 0.31km²。高出海面 9.1m。为沙堤围绕，礁盘向东北伸展约 2.3km，宽 1.3km。中部低平。沙堤基部有海滩岩发育。海滩以珊瑚沙为主（邹仁林等，1979）。沙岛四周有次成潟湖 3 个，水深最大 40cm。岛上主要有厚层普通磷质石灰土和硬盘磷质石灰土，鸟粪资源丰富，且质量好。我国渔民曾在岛的西南角建有珊瑚石庙。岛周围有珊瑚礁环绕，向东北部延伸长达1.75 海里[①]。

21. 甘泉岛

16°30'N，111°35'E。1935 年公布名称为罗伯特岛，1947 年公布为甘泉岛，至今沿用。李准 1907 年来此掘出井泉可饮得名。呈卵圆形，故土名"圆峙""圆岛"。南北长 720m，东西宽 530m。面积约 0.32km²。高约 6.3m。沙堤带宽 60～70m，沙堤因海滩岩发育而受保护。沙堤成分以珊瑚为主。岛之西北有我国渔民建造的珊瑚石庙，1974 年 3 月在岛的西北部发现唐宋时期的居住遗址[①]。

22. 金银岛

16°26'53″N，111°30'25″E。位于永乐环礁西端，距甘泉岛 7 海里。1935 年公布名称为钱财岛，1947 年公布名称为金银岛，至今沿用。渔民称"尾峙""尾岛"，因位于永乐环礁末端。岛呈琵琶形，东西长约 1275m，南北最宽 560m。面积约 0.38km²。高 6.2m，最高处为 8.2m。礁盘以东北面广大，长 3540m，西南狭小，最宽为 1570m。四周为沙堤，距海边 50m，成分在沙滩以珊瑚质粗中沙为主。堤内岛中部为低凹的干涸潟湖。岛上有磷灰石、鸟粪层及草海桐林。环岛海滩岩是本岛特色。

23. 羚羊礁

16°28'N，111°35'E，距金银岛 3.5 海里。1935 年公布名称为羚羊礁，至今沿用。渔民

[①] 南海信息网：http://www.nnahaixinxi.org.cn

称"筐仔""筐仔峙"。近三角形水滴状小环礁，亦称礁镯。环礁东北到西南 3.6km，西北向长 6km。面积约 15km²。礁环宽 200～1200m。封闭型小环礁，潟湖没有出口，最深 9m。东南端礁盘有一新月形沙洲，湾口向西南。低潮时礁体也可出水。

24. 筐仔沙洲

16°27′N，111°36′E。我国渔民称为筐仔峙。1983 年公布筐仔沙洲为标准名称。位于羚羊礁东南角的一个小沙洲，海拔高 2m。面积 0.01km²。是羚羊礁盘上形似新月，堆满白色珊瑚礁碎屑的小沙洲，植被稀疏。

25. 全富岛

16°35′N，111°40′E，渔民名"曲手""全富""全富峙"。英文名未见。全富岛因岛区物产丰富得名。东西长 360m，南北长 240m，面积 0.02km²。海拔 1.4m。全岛由细沙组成，四周围以沙堤，北面高，南面不显。沙堤带不宽，未见林木。岛较低矮，大潮时出露不高（约 1m）。无居民，1974 年水下考古时，在礁盘上发现一批嘉庆-道光年间瓷器。

26. 石屿

16°32′42″N，111°44′53″E。由珊瑚砂堤围绕的干涸潟湖组成，渔民"金沙""金沙岛"。在晋卿岛北，且同在一个大礁盘上。海拔 1.3m，面积约 1210m²。由海滩岩背斜所成，有碎砾堤地形。地势周高中低，为干涸潟湖淤塞而成。

27. 咸舍屿

16°32′49″N，111°43′50″E，渔民名"咸舍""咸且岛"，英文名未见。咸舍即"什么也没有"之意，是贫岛之意。礁盘西北向长 900m，东北向长 270m。在墩礁上堆上珊瑚碎块所成，无广大礁盘成立，岛上只有 45m 的椭圆短径，礁块在岛上堆成砾堤，海拔高度 3m。约有两条。水产丰富。因海平面上升及海浪侵蚀，该屿已没入海下。

28. 鸭公岛

16°33′58″N，111°41′13″E。鸭公岛因岛形似鸭公得名，我国渔民称"鸭公屿"。礁盘西北向长 500m，东北向长 210m。面积 0.006km²。高 3.6m。它大部分是由礁石组成，碎珊瑚很多，且为碎砾堤形态。无草木生长，有季节性海鸟栖居其上。岛上有简易房屋，设有"中国西沙鸭公岛警务区"的警务牌。

29. 银屿

16°35′10″N，111°41′40″E，是位于鸭公岛东北 1 海里的小沙洲。旧名森屏滩。在石屿北岸礁盘上，该礁盘有一 20m 深坑，水呈蓝黑色，水温较低，渔民称为"龙坑"。因在清代末期有古沉船在此留有银而得名。面积 0.01km²，海拔 2.2m。以珊瑚沙为主。有少量杂草生长。

30. 银屿仔

16°34′44″N，111°42′29″E。位于银屿东南约 600m 处，海拔 2m 的小沙洲。沙子成分以珊瑚沙为主，次为贝壳沙。与银屿在同一礁盘（森屏滩）上，我国渔民称"银峙仔"，1983 年公布银屿仔为标准名称。

31. 东岛

16°40′12″N，112°43′48″E。位于西沙群岛东部的宣德群岛东岛环礁中。1935 年公布名称为林康岛，1947 年公布为"和五岛"，用以纪念在菲律宾抗击西班牙的华人首领潘和五定名。渔民称为猫兴或巴兴，"包你兴旺"之意。东岛是西沙群岛第二大岛，面积 1.736km²。也是我国第一个自然保护区的珊瑚岛。东南长 2.45km，西北宽 1.05km。所在礁盘西北向长 3.05km，东北向长 1.56km。海拔 6.7m，平均高度 4~5m，最高点 8.5m。沙岛北面礁盘上有两个小沙洲。潟湖长达 1000m，宽 500m。沙层较广，潟湖水盐度 7.33‰。东岛保存大量鸟粪，洼地粪层厚 1~2.5m 以上，总量约 20 万 t。岛上森林茂密，林木高大。常年有人居住和生产，有井数口。岛上立有中国主权碑。岛上有中国最南端的自然保护区。栖息着 40 多种鸟类，素有"鸟岛"之称，其中白鲣鸟为国家二类保护动物。东岛树丛茂密。

32. 高尖石

16°34′37″N，112°38′31″E。位于宣德群岛东岛环礁中，在东岛西南约 7 海里。1935 年公布，至今沿用。由于岛屿面积小而高，四周陡，远望如船，故渔民称为"双帆石""石船""双帆"。高尖石是火山锥体的顶点，是西沙群岛唯一的露出水面第四纪喷发的火山岛，呈三级塔形(图 6-15)。岩石构成是玄武岩质火山角砾岩。高尖石长约 42m，宽约 26.8m，岛平面呈三角形，陆地面积约 1000m²。海拔 7.3m。熔岩层走向西南至东北，倾角 10°~15°，成为浪蚀平台的造崖层。岩体由两组相交垂直节理交切着，主节理走向西北到东南，被北北东向节理切割。四周受蚀成海崖，又无沙滩，不宜泊船。海底多珊瑚礁。

图 6-15　高尖石图

33. 北边廊

16°32′N，112°33′E。旧称"海王滩"。1983 年公布标准名称"北边廊"。位于宣德群岛中在高尖石西南方，由两组连礁组成，其间相距约 4.8km，为水下礁体。北面礁外坡为陡坡，南侧为潟湖第三级平台，故坡度和缓。最浅处水深为 11m。而在西北方向的礁坡水深达 182m。

34. 滨湄滩

16°17′～16°24′N，112°20′～112°33′E，位于宣德群岛中在东岛环礁西南边缘，北距北边廊约 10 海里，为一暗礁滩。1935 年公布为蒲利孟滩，1947 年公布名称为滨湄滩，至今沿用。渔民称为"三筐大廊"。"三筐"即浪花礁，由于渔民作业到三筐时亦来此作业，故称为"三筐大廊"。滨湄滩以东北与西南两侧礁墩发育好，呈 NE—SW 向延伸达 14.5 海里，20m 以浅区域面积约 100m²，浅滩西南部水深 12.8m。滨湄滩最浅水深为 11.4m。滩面沉积为珊瑚沙。

35. 湛涵滩

16°15′N，112°37′E。位于宣德群岛中，在高尖石西南方的水下礁。1935 年公布为则衡志儿滩，1947 年公布名称为湛涵滩，至今沿用。渔民命名为"八仙桌""八辛郎"，简称"仙桌"。因礁体近方形而顶平得名。湛涵滩由三块珊瑚质浅滩组成，成品字形，水深小于 30m；东南礁滩水浅至 12.8m，北面礁滩最浅处 14.6m。西南一片水深为 27m，礁滩之南水深达 1400m。

36. 西渡滩

16°49′N，112°54′E。是宣德群岛中位于东岛东北方约 12.5 海里处之暗滩。1935 年公布为带渡滩，1947 年公布名称为西渡滩，至今沿用。自 1000m 海底台阶升起。最浅水深23m，该处已为西沙群岛最东端。

37. 北礁

17°05′～17°08′N，111°26′～112°34′E。1935 年公布名称为北礁，至今沿用。是西沙群岛最北之暗礁，归永乐群岛，位于西沙台阶上，为一大陆坡式环礁。渔民称为"干豆"，清初地图写成"矸罩"。西沙台阶在这里约为 1100m 深，略低于宣德和永乐环礁基座（900m）。北礁由东北到西南最长处为 11.8km，西北到东南最宽处 4.5km；潟湖东北向长 8.4km，西北向最宽处为 3.3km。潟湖水浅，点礁发育，口门地形只在西南风浪大的西南方产生，水道不深，只容 10t 以下小船进出。1980 年建导航灯塔，于西南"门"口东侧，为高 9m 单闪白光灯桩，照耀范围为 10 海里①。因水浅和点礁发育，有利珊瑚生物群落生长，故水产丰富，如黑狗参即多产于此。因居航路之中，浪急暗礁多，故为船只航行险区。该区曾打捞出大量铜钱（公元 5 世纪南朝时至明清），铜器皿及沉船遗留之干蚕豆（"干豆"）。

---

① 南海诸岛网：http://www.unanhai.com

38. 华光礁

16°09′～16°17′N，111°34′～111°49′E。位于永乐群岛，磐石屿北方 7 海里，永乐环礁南面约 10 海里处。1935 年公布名称为觅出礁，1947 年公布名称为华光礁，至今沿用。旧称"觅出礁"。渔民称为"大筐""大塘""大圈"，因礁环发育完美，如一圈得名。华光是采吉祥之意。西沙水下台阶上发育的，属于大陆坡环礁类型，它是西沙大环礁之一。环礁呈长椭圆形，呈东西向发展。东西全长 27km，南北宽 8.3km。涨潮时全部淹没于水中，退潮时礁盘出露海面 0.8～1.0m，礁环地形完整，只有 3 个窄狭小门由潟湖往外通（图 6-16）。潟湖面积大，中部仍留洼地，最深点约为 30m。因少受人类干扰，本环礁是造礁珊瑚生态群落发育最好地点之一。由于珊瑚群落发育，故海产丰富，为我国渔民作业主要海区。退潮时，整个礁盘可以出露海面。南北均有礁门，南面礁门能进出 500 吨级船只，北面礁门（渔民称大圈北边门）可进出几十吨级船只[①]。1996 年，我国渔民在潜水捕鱼时发现一南宋古沉船，发掘出万件古瓷器。

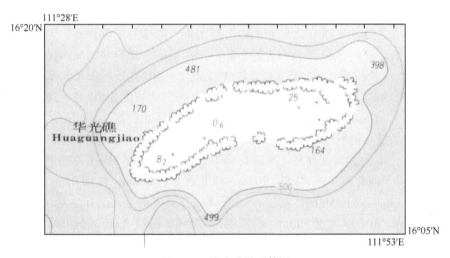

图 6-16　华光礁地形简图

39. 玉琢礁

16°19′～16°22′N，111°57′～112°06′E。位于华光礁东北方 9 海里，永乐群岛东南面 10 海里，为隐没水下的封闭型环礁。1935 年公布为符勒多儿礁，1947 年定名为玉琢礁。1983 年我国政府公布仍沿用。它是西沙水下第二大环礁，渔民称为二筐、二塘、二圈。呈长条状肾形环礁。但环礁略呈弓形，向北弯曲。环礁东西长 14.7km，南北最宽处为 3.7km，约 43km^2。玉琢礁盘退潮大部已能出水，形成一圈环礁。并且礁盘上已有不少高出水面的高点，形似琢玉：南侧礁盘高出水面 0.7m 高点；北面礁盘也有高出水面 0.4～0.6m 高点；在西南尖端也有高出水面 0.6m 高点。现在建有灯塔于其上。有水下沙洲发育。潟湖最深为 15.6～15.8m。呈东狭西宽形态。潟湖中心部分盆地已为 5m 水深小礁枝分间成槽，宽

[①] 南海信息网：http://www.nnahaixinxi.org.cn

不到 320m，但长达 2400m。5m 阶地面发育，其上还有点礁形成，点礁呈塔状可高出海面 0.5m。潟湖中部点礁直径达 100m。由于水产丰富，为我国渔民主要生产区域。

40. 浪花礁

16°01′～16°05′N，112°26′～112°36′E。是宣德群岛中最南端的环礁。故 1935 年译名公布为傍俾礁，1947 年称为蓬勃礁。1983 年改此名。渔民南下作业，由大筐到二筐即到第三站的"三筐"。东西长 17.6km，南北宽 5km。东端尖突，西南偏圆。中包潟湖，只在西南端及西北端有一潮沟所称口门地形，水深只有 2m 以内，呈狭窄水道形态。只容 40t 小船通过。潟湖的东半部基本已台礁化，潟湖只存于西部。礁盘退潮干出不明显，故为船只航行险区。现东北及北面礁盘上有沉船 4 只，所剩锅炉 4 个。浪花礁上设有中国领海基点 4 点。礁的东西两端设有灯塔导航，附近为国际航道。

41. 磐石屿

16°02′～16°05′N，111°45′～111°50′E。位于永乐群岛中，在华光礁以南 7 海里，中建岛东北 30.5 海里之处。1928 年，广东西沙考察团乘"海瑞号"舰到此，曾命名海瑞岛，1935 年公布为巴徐崎，1947 年公布为磐石屿。至今沿用。译自海南岛渔民"白树仔"或"白峙仔"。东西长约 8.4km，南北最宽约 3.8km。呈不规则近椭圆形。基底为一断裂带所经，属边缘海地堑式断裂。此断裂呈东东北向。礁外坡坡度陡峭，5～20m 水深处呈陡坡 60 度以上，5～10m 处有陡崖出现（在西南端）。礁环北侧宽广，宽处达 1100m，最狭处 215m；南侧较狭，最狭处为 160m。并有一潮流切开的潮沟，沟通潟湖和外海，宽处也只有 380m。有许多次成潟湖存在，水深 0.1～0.7m。但集于面积宽广的北侧礁盘上，共 4 个，最大一个位于西北部，东北向长 900m，西北向宽达 380m，水深 0.7m（中部）。在东北端礁盘上的次成潟湖长 580m，宽 360m。环礁西北面礁盘上，已有沙洲地形发育，沙洲东西全长 1.2km。东端沙堤宽 100m，西部约为 220m。海拔 2.5m，面积约 0.4km^2。台风大潮可以淹没全沙洲，故沙洲上草木难生。

42. 中建岛

15°47′N，111°12′E。1935 年公布为土莱塘岛，1947 年公布为中建岛，至今沿用。中建是 1946 年派去接受西沙的军舰名称。渔民称"半路峙"，因去南沙这里是一半路程之意。又因产海螺而称为"螺岛"。1996 年，中国政府发布关于领海范围的声明，中建岛有七点是中国领海基点。

中建岛是发育在珊瑚礁顶部呈东北向西南延展的灰沙岛，呈椭圆形，长 1850m（东北向），宽 850m（西北向），面积约 1.2km^2。地势低平，海拔最高 2.7m，故台风暴潮常淹没。礁盘亦呈东北向延展椭圆形，长轴 14.65km，西北宽 8.8km。中建岛偏于西南部，故礁盘以岛东北方为大，东北向伸延 6km，西北向宽 7.9km，西南端礁盘只有 590m。礁盘西北面礁外坡为急坡区，东南面为缓坡区。礁缘沟谷也发育。岛四周略低，中部偏南仍有一串次成潟湖分布（4 个），退潮水深半 0.5m，东北一潟湖长达 1080m，最宽处为 370m，呈残留潟湖形态，由于中建沙洲加积后而被分隔开来。中建岛西侧断层为地壳断裂带，长达 500km。断裂带中生代形成，在新生代成为张剪性正断层带。中建岛四周礁盘阔 2～3 海里，高潮水深 2m，盛产马蹄螺，海鱼，梅花参及马鲛鱼，又是海鸟栖息地。中建岛在交通上正当赴南沙中途，近年植椰子、木麻黄、橄仁树（俗名枇杷树）已获成功，可扩建人工陆地，加强防卫力。1975 年，南海舰队首批守岛官兵带着一顶帐篷来到这里，开始了长期的建设和植树造林工程，从此解放军边防部队常年驻守于此，经过疏浚航道，在岛西部建有码头。有中国移动通信架设的移动通信基站。岛上立有中国主权碑，1996 年，我国政府发布领海范围声明，中建岛有 7 点是领海基点：

中建岛（1）　　15°46.5′N　　111°12.6′E
中建岛（2）　　15°46.4′N　　111°12.1′E
中建岛（3）　　15°46.4′N　　111°11.8′E
中建岛（4）　　15°46.5′N　　111°11.6′E
中建岛（5）　　15°46.7′N　　111°11.4′E
中建岛（6）　　15°46.9′N　　111°11.3′E
中建岛（7）　　15°47.2′N　　111°11.4′E

43. 嵩焘滩

15°43′N，112°13′E。位于浪花礁西南 23 海里，是宣德群岛最南端。最浅处水深 232m，为一座水下平顶山。1983 年公布嵩焘滩为标准名称。取自人名郭嵩焘，1876 年为我国首任驻英国公使，经西沙群岛，著有《使西纪程》，文中指出西沙群岛属中国。嵩焘滩海浪与海雾水汽大，海面上大量出露的礁顶，常被风浪击打形成响声。

44. 老粗门

16°31′N，111°35′E。甘泉岛和珊瑚岛之间的水道。因珊瑚岛土名老粗岛而得名，1983 年公布老粗门为标准名称。老粗门水道宽 2400m，窄处约 2000m，水深 2～45m。底质为珊瑚碎屑，由于水流动力冲击强，故可维持水道水深。由海南来的船只均经老粗门进入永乐群岛。

45. 全富门

16°33′N，111°38′E。靠南海航路东侧，为主要航道，故来往船只多，在此遇难的也多，渔民来此可获财富得名，1983 年公布全富门为标准名称。系珊瑚岛和全富岛之间的水道，沙底水流强，少珊瑚礁头，门宽 3000m，中部水深 20～24m。

46. 银屿门

16°35′N，111°41′E。全富岛和银屿之间的水道。宽度超过 1200m，水深在 5.0～20.5m。有暗礁。渔民称"银峙门"，1983 年公布银屿门为标准名称。

47. 石屿门

16°34′N，111°44′E。银屿和石屿之间的水道。宽度超过 1500m。水较浅，中部水深 5.6～15.6m。东北季风时，水流急湍，不利航行。1983 年公布石屿门为标准名称。

48. 晋卿门

16°27′N，111°44′E。晋卿岛与琛航岛之间的水道。航道宽 2000m，水深 40～50m，沙底。我国渔民称为四江门、四江水道。1983 年公布为晋卿门标准名称。

49. 红草门

16°53′N，112°21′E。七连屿礁盘与永兴岛之间的水道。宽度 6000～8000m，中间水深在 60～100m，门外水深 120m。我国渔民称为红草门。因七连屿所属的南沙洲、中沙洲和北沙洲渔民称为红草一、红草二和红草三。1983 年公布红草门为标准名称。

50. 赵述门

16°58′N，112°18′E。七连屿北岛和赵述岛之间的水道。宽约 1260m，水深 4～10m，水流急。因为门外水深 100m，门内潟湖水深 58m，有落差。1983 年公布赵述门为标准名称。

51. 甘泉门

16°30′N，111°35′E。甘泉岛与羚羊礁之间的水道，岛礁之间门的形态不明显，水道深宽，最窄处 900m，水深超过 20m，有利于航行。1983 年公布甘泉门为标准名称。

6.2.4 南沙群岛的岛礁

地理坐标为 3°40′～11°55′N，109°33′～117°50′E。1937 年称南沙群岛为"团沙群岛"。1947 年正式命名为"南沙群岛"。1983 年中国政府又一次公布了包括南沙群岛在内的南海诸岛、礁、沙、滩、洲的名称。群岛延伸范围在东西长约 905km，南北宽约 887km，面积约为 823000km²。最高岛屿海拔高度 6.0m（鸿庥岛）。最大岛屿面积为 0.432km²（太平岛）。

南沙群岛海区的海底地形，为自南向北逐级下降的三级阶梯地形。第一级为大陆架，水深在 150m 以浅。其外缘由几个水下古三角洲复合汇聚。与第二级地形大陆坡相连，占海区面积的 17.2%。大陆坡水深 150～3800m，其主体是介于上、下陆坡之间水深 1500～2000m 的南沙台阶，占海区面积的 77.6%。南沙群岛的主体坐落在南沙台阶上。第三级为深海盆，是南海中央海盆的一部分，水深超过 3800m，占海区面积的 5.2%（刘宝银，2001）。

南沙群岛大陆架分布于南海南部，为巽他陆架的一部分。大陆架上发育了规模小、厚度薄的丘状礁，如曾母暗沙等。曾母暗沙所在的礁滩全部位于内大陆架（水深浅于 50m）上。底质中以砂的组分较多。而北康暗沙群和南康暗沙群位于外大陆架（水深介于 50～150m），底质中泥的成分增多，以粉砂为主。

大陆坡：按其深度和形态差异可分为上陆坡、中陆坡和下陆坡。上陆坡是大陆架外缘向下急剧转折处的斜坡，水深 150～1500m，发育了一些浅于 200m 的暗沙、暗滩及一些中低海山和海谷地形。中陆坡处于上、下陆坡之间，水深 1500～2000m。中陆坡属于南沙台阶范围。南沙群岛的绝大多数礁滩都发育在南沙台阶上。这些礁滩按其地理分布划分为三大群：中北群、西群和东群。其中，以中北群为主，有双子群礁、中业群礁、道明群礁、郑和群礁、安渡滩等，集中了南沙群岛中最大型的群礁和最主要的岛屿。东群由礼乐滩和南方浅滩等暗滩，组成了南沙群岛最大的暗滩群。西群由尹庆群礁、南薇滩及一些零星礁滩组成。另外位于西南部的由万安滩外、北康暗沙群外和尹庆群礁三点所组成的广阔的三角地带；中南部的安渡滩都自发育在南沙台阶上。下陆坡是中陆坡外缘向深海盆转折处的斜坡，水深约从 2000m 处开始，向下直达 3800～4200m 的南海中央海盆和西南海盆。

深海盆：水深 3800～4200m，在双子群礁北缘的海盆水深达 4350m。表层沉积物主要有褐色黏土、泥质粉砂、放射虫软泥和有孔虫软泥等，沉积物中还有第四纪火山物质。

南沙环礁形成于古近纪-新近纪地层褶皱的隆起脊上，地貌分区可以用断裂凹陷带来划分。即由西北向断裂所形成的，水深在 2000m 以上的南华水道把南沙群岛分成南北两大区域。北部地貌区可用南北走向南沙中央水道分为两部分，这条水深在 2000m 水道基本上把南沙北半部分出东西两部。南沙南部也可用北北东走向华阳水道分为东西两片，这条水道大部分也达 2000m 水深，直连上大陆架。构造上称东北部的礼乐断块盆地、西北部的太平断隆、东南部的南华断块盆地和西南部的尹庆断隆等 4 个次一级构造单元。对应于岛礁分区，可以分为西北区、东北区、西南区、东南区。

1. 南沙群岛

位于中国南海疆域的最南端，在南海诸岛中岛礁最多，散布最广的珊瑚礁群。位于 3°40′～11°55′N，109°33′～117°50′E。北起雄南滩，南至曾母暗沙，东至海里马滩，西到万安滩，南北长 500 多海里，东西宽 400 多海里，水域面积约 82 万平方海里。周边自西、南、东依次毗邻越南、印度尼西亚、马来西亚、文莱和菲律宾。南沙群岛由 230 多个岛、洲、礁、沙、滩组成，其中有 11 个岛屿，5 个沙洲，20 个礁是露出水面的。

南沙群岛战略地位十分重要，处于越南金兰湾和菲律宾苏比克湾两大海军基地之间，扼太平洋至印度洋海上交通要冲，为东亚通往南亚、中东、非洲、欧洲必经的国际重要航道，也是我国对外开放的重要通道和南疆安全的重要屏障。在我国通往国外的 39 条航线中，有 21 条通过南沙群岛海域，60% 外贸运输从南沙群岛经过。

2. 南沙群岛西北区主要岛礁

（1）双子群礁

11°23′～11°28′N，114°19′～114°25′E。俗称"奈罗"或"双峙"。1935 年公布名称北险礁或双子岛。1947 年称为双子礁，1983 年公布名称为双子群礁。双子环礁呈菱形，东北至西南走向，长轴 16km，短轴 8.5km，面积 79.76km^2，潟湖面积 44.21km^2。环礁基底为水深 1500～2000m 的南沙海台，属于阶梯状的大陆坡部分。环礁礁盘发育完整，上部水深 3～10m，退潮时可部分出露。环礁东北部礁体连续，北子、南子岛即在西北侧礁盘上形成。东南部礁环成钩状礁弧 3 道。东南侧不成礁环，只表现为一串断续相连的礁体，计有 3 大块，礁体间即为"门"所在。中部潟湖广大，水深 40～45m。湖底平坦，点礁不发育。双子环礁是一典型环礁。洲、岛、门、礁具备。由于双子环礁"门"的地形发育，故成为交通方便的环礁。水道中因有西浅礁分出南北两条水道。西水道——在南子岛到南礁之间，北水道水深 10m，宽达 1100m，船只可由此水道驶入潟湖避风。

潮汐、海流：日潮为主，潮差小，大潮潮差 1.5m，小潮潮差 0.3～0.6m；海流流速不超过 1.5kn。

（2）北外沙洲

11°27′00″N，114°21′00″E。土名为奈罗洲。因奈罗是海南话"双峙"的意思，两峙即因双子环礁上有"两个小岛"之意，我国于 1983 年公布北外沙洲为标准名称。双子环礁上的沙洲只此 1 个，在北子岛外围礁盘上的西南部。实为一小沙丘，圆形，直径 91m，高出海面 3m，面积 0.0065km²。该处是由西沙南航的第一站，因有食用水和密林小岛，可作为前往各岛的根据地。

（3）北子岛

11°27′11″N，114°21′18″E。1947 年公布名称为北子礁。1983 年改为北子岛。土名"奈罗上峙""奈罗线仔"或"大奈罗"。是呈 NE—SW 向延伸的梭状灰沙岛，长 0.84km，涨至高潮时仅长 0.74km，宽 0.25km，高潮时 0.22km。面积 0.14km²，低潮时干出面积为 0.16km²。小岛海拔 3.2m，最高处高达 12.5m，为南沙群岛第五大岛。四周有灌木丛生，密生着高约 6.1～9.1m 的树木。周边沙堤高达 5m，礁盘两端狭处宽 500m。中部低地可以垦耕，尚存清代墓葬。北子岛为捕海龟、海参、贝类和鱼类的好地点。

（4）南子岛

11°25′30″N，114°19′20″E。位于北子岛之南。1947 年公布名称为南子礁。1983 年改为南子岛。渔民称南峙或"奈罗下峙"或称"小奈罗峙仔"。礁盘及小岛面积较小，长 0.62km，低潮时为 0.76km，宽 0.25km，低潮时为 0.31km，面积 0.175km²。海拔 4.6m，为南沙诸岛中海拔最高者。海流流速 1.75kn。1956 年以前每年海南有船来运回海产。为南沙群岛第六大岛。岛周沙堤不高，淡水优良，退潮四周沙滩宽 300m，比北子岛宽。杂草繁盛，并密生着高约 9.1m 的树木，为海鸟的繁殖地，多鸟粪层，已被开采外运。

（5）中水道

11°27′N，114°20′E。是南子岛与北子岛之间的水道，宽约 2.8km，水深在 6～9m，吃水 6.1m 以内的船只可通行，为通向双子群礁礁湖的主要水道。1983 年我国公布为中水道。

（6）贡仕礁

11°28′33″N，114°23′20″E。我国渔民称"贡士沙"或"贡士线"。1983 年公布贡士礁为标准名称。位在双子群礁东北角，西距北子岛 1 海里，是一个三角形暗礁与暗沙堆积，落潮露出。

（7）奈罗礁

11°23′10″N，114°17′27″E。1983 年公布奈罗礁为标准名称。位于双子环礁西南端。礁盘上已有沙层堆积。礁盘长 2.08km，宽 1.61km，面积 2.31km²（刘宝银，2001）。低潮露出海面。平时也有个别礁块出水 1m 左右。风天时西南侧有激浪。

（8）东北暗沙

11°26′00″N，114°23′17″E。即日滩，1983 年公布东北暗沙为标准名称。在北礁南方 1.6km，最浅处水深只有 2.7m，因在东北又称为东北暗沙，在风暴时有破波现象。水深 10m 以浅的面积为 0.3km²。

（9）东南暗沙

11°23′30″N，114°22′19″E。1983 年确定东南暗沙为标准名称。分布在环礁东南部，水深 7～9.1m。

（10）北子暗沙

11°27′29″N，114°23′00″E。1983 年中国公布北子暗沙为标准名称。位于北子岛与东北暗沙之间。最浅水深约 8.2m。水深 10m 以浅的面积为 0.074km^2。该暗沙与东北暗沙间有一宽 1.48km 的深水道。

（11）永登暗沙

11°23′～11°31′N，114°38′～114°44′E。1935 年中国公布名为独立登滩，1947 年和 1983 年我国公布为永登暗沙，沿用至今。因礁近奈罗，中国渔民间俗称"奈罗角""奈罗谷"。为隐约现于水下的环礁。环礁北部宽 9.3km，南端收束为 3.7km，南北长达 18.5km，面积为 81.39km^2，潟湖面积为 63.7km^2。所包围着的潟湖深度由 34.8～62.2m。为沉没环礁，基底为 2000m 水深处的海台。从卫星照片观察，东侧有二"门"，西侧有一"门"的地形。

（12）乐斯暗沙

11°19′～11°22′N，114°35′～114°39′E。位于永登暗沙南约 4 海里。1935 年公布为来苏滩，1947 年和 1983 年公布名称为乐斯暗沙，沿用至今。俗名"南奈罗角"或"红草线排"。为沉没水下的一群礁石，长 7.5km，宽 5.25km，面积为 41.65km^2。呈椭圆形，在水下 18m 深处，为沉没环礁。基底为水深 1500～2000m 的海台。东北和西南部礁盘发育，为险区。环礁在东侧有缺口两个，成东北和西南两门。中央有一潟湖，长约 7.4km，有水深 4.5m 的点礁。

（13）中业群礁

11°01′～11°06′N，114°11′～114°24′E 范围内。1935 年公布为帝都岛与群礁。1947 年公布为中业群礁。是 1944 年中业舰开赴接收而定名，又称"铁峙群礁"。由中业岛所在的中业环礁（西滩）和东滩环礁（梅九）两个环礁组成。环礁间以宽 1.3km，深达 180m 的铁峙水道分开。东滩沿 NE—SW 向延伸，长 8.5km，宽 3.7km，面积为 18.77km^2。西滩近东西向，长 12.78km，宽 3.06～6.55km，面积为 41.67km^2。东滩水深 2.7～27m，西滩水深 16～34m。环礁外为上千米的深水区，实属阶梯状大陆坡上的环礁链地形。基底同为 1500～2000m 水深的南沙海台（图 6-17）。

（14）中业岛

11°03′40″N，114°18′20″E。1947 年公布此名。土名"铁峙"。海拔高度约 3.4m，呈三角形，系南沙群岛第二大岛。长 1.32km，宽 0.58km。面积为 0.402km^2。岛礁被高 5m，宽 60m 的沙堤围绕。岛上有椰子树。岛上有季节性渔民居住（图 6-18）。

（15）渚碧礁

10°54′29″N，114°04′52″E。1935 年公布名称为沙比礁，1947 年公布为渚碧礁。渚碧译自英国海图，而英国海图译自中国渔民，中国渔民一向称它为"丑未"，也称"秋尾"。渚碧环礁是一个形状不规则多角形环礁，略呈东北到西南向，长约 6.5km，宽约 3.7km。环礁基底为水深 2000m 的台阶。退潮礁环可全部干出。礁环中围浅水潟湖，没有"门"

图 6-17　中业群礁卫星图片

图 6-18　中业岛航拍图像

与通道。礁盘宽 500～600m，面积 16.1km²。礁盘上洼坑多，礁头很少，只北面、南面各有 1 块，高约 1m。潟湖长 1.6km，宽 1.2km，面积为 7km²，湖底沉积物为中细沙（图 6-19）。西南礁环发育较好，风浪不大，有利于珊瑚生长。中国于 1988 年在渚碧礁建立了第一代高脚屋，于西南礁盘边缘近海处。随后于 1990 年代后期扩建成第三代建筑物（图 6-20）。有码头和直升机停机坪。

潮汐属不正规混合潮，潮差不到 2m，潮流通道或礁坪上落潮流速大于涨潮流速。

（16）铁峙水道

11°03′N，114°18′E。是中业群礁中东西两环礁之间的水道，因近中业岛（铁峙）得名。1983 年公布铁峙水道为标准名称。水道宽约 1.3km，水深 180m。水道北侧水深加大达 1297m。

（17）铁峙礁

11°05′00″N，114°22′30″E。1983 年公布铁峙礁为标准名称，未见英文名。位于中业

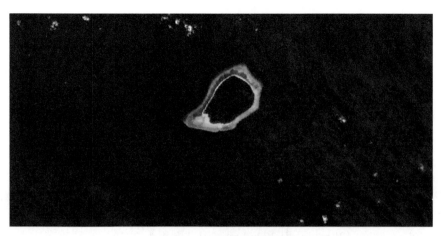

图 6-19 渚碧礁卫星图像

图 6-20 渚碧礁照片

群礁东部,梅九礁东北约 2 海里处。礁体呈三角形,面积为 3.12km²,为暗礁。礁坪上有一面积近 500m² 的沙洲。

(18)梅九礁

11°03′N,114°19′E。长 3.7km,宽 2km,面积为 1.8km²。位于铁峙礁西南约 2 海里处。为一开口向东的 V 形礁。渔民称"梅九",1983 年公布梅九礁为标准名称。

(19)铁线礁

11°01′~11°04′N,114°11′~114°16′E 范围内。位于中业群礁西部。为东北—西南一线排列的三个珊瑚礁的总称。涨潮淹没,退潮露出。铁线礁,也分别称为铁铲东滩、铁铲中滩、铁铲西滩。总面积约 5.4km²。铁铲东滩与中业岛之间的水道深 4.5~14m,铁铲中滩与铁铲东滩之间水道深 9~22m。

东边一圆形礁直径约 1400m,与中业岛相距约 2.5 海里。中间椭圆形礁距中业岛约

3.5 海里，本身范围较大。西端小礁水浅。中国渔民向称铁线。1983 年公布铁线礁为标准名称。

据广东省地名委员会（1987），西滩环礁地形也以东北和西南两端礁体发达为特征。东端礁盘发育了中业岛，西端成为铁线礁（Sandy Cay）（11°03′N，114°13′E）。环礁北面也比南面发育，"铁线"即环礁北缘礁体的总称。"铁线"中间一块小礁盘上的铁峙沙洲，长 100m，宽 50~60m。环礁南缘为一连串礁滩在水下互相连接，中间有深 12~20m 的水道隔开。而礁盘水深只有 3~9m。环礁内的浅湖水深为 30~35m，四周有点礁发育。

（20）道明群礁

10°40′~10°57′N，114°19′~114°37′E。位于中业群礁与郑和群礁之间，是一较大的环礁群。1935 年公布为罗湾岛，1947 年公布名称为道明群礁。道明群礁呈半月形自东北到西南长约 39km，宽约 13km，面积 377.3km²，潟湖面积为 272km²。环礁基底为 1000m 水深的海台。环礁内潟湖为深 55~65m 的广大水域。属于典型环礁（图 6-21）。该环礁由一圈小礁盘串起来，北缘由 12 个小礁盘串成，呈直线状排列，水深 10~16m，南边小礁有9 个，多可在退潮时出露。礁盘间断处"门"的地形发育，水深可达 60~70m，南半部水道更深，如杨信沙洲与南钥岛附近水道，南钥岛东侧水道水深达 80~90m。潟湖水域广大，点礁不发育，湖底地形有一条南北向 60m 深水道，把潟湖分为东西两部。南沙北部西段雁行排列的环礁群，具有由北向南逐行变大之势。双子环礁最小，中业群礁的环礁群大些，到道明群礁的环礁群就更大了。在这行环礁列中，道明环礁最大，其次为长滩，东侧的火艾礁和西月岛为小环礁。

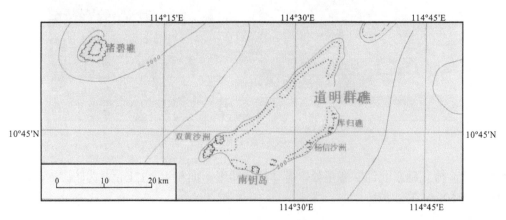

图 6-21　道明群礁的地形简图

（21）南钥岛

10°40′20″N，114°25′20″E。1935 年公布为罗湾岛，1947 年公布为南钥岛。渔民称为"第三峙"。因为我国渔民南来南沙群岛，这是第三站。"南钥"是以 1947 年定名。该岛渔民也称"南乙"。南钥岛海拔高度为 2.5m。长 0.43km，宽 0.23km，面积为 0.087km²。岛上灌木茂密，高 3~4m，中部有椰林及鸟粪层。我国渔民向来以此岛为捕捞基地。

（22）双黄沙洲

位于道明群礁西南端的珊瑚礁。退潮时露出海面的两个珊瑚沙洲，因状如两个蛋黄，被名"双黄"，分别位于 10°41′N，114°25′E（东北侧的）和 10°42.5′N，114°19.5′E（西南侧的）。双黄沙洲又名双黄峙仔，因只长草，亦称"草沙洲"，其礁盘退潮干出，礁盘长 2km，宽 1.1km，礁盘面积为 5.61km^2，沙洲面积为 0.13km^2，浅滩水深 5.4～9m，中央深水处达 20.1m。

（23）杨信沙洲

10°43′30″N，114°31′35″E。1935 年公布为兰家暗礁，1947 年公布为杨信沙洲，是以明成祖派出巡抚收安南洋侨领道明的宦官杨信来取名。土名"铜锅"，象形名称，又名铜金。沙洲位于道明群礁西南侧的小礁盘上，礁盘呈椭圆形，沙洲呈东西长椭圆形。礁盘直径为 2200m，礁盘面积为 3.3km^2，沙洲长径有 100m，沙洲面积为 7850m^2。沙洲的东北方在 3 海里和 4 海里处，有两个露出礁。设中国主权标志和中国渔民搭建的少量建筑。

（24）库归礁

10°46′40″N，114°35′10″E。位于杨信沙洲东北 3 海里处，渔民称库归，是指低潮露出的两个南北向排列的珊瑚礁，两礁相距 3 海里，中间有水深 14.6m 的暗礁相连。礁盘面积 0.803km^2，东侧水深超过 200m，西侧水深 23～65m。

（25）长滩

10°55′00″～11°08′30″N，114°37′00″～48′30″E 范围内的沉没环礁，低潮时也无礁环出露。沉礁由东北向西南延伸 36km，宽约 5km，故名长滩。西南端礁体为长滩最浅处，水深 3.7m。面积为 102.52km^2，潟湖面积为 97.07km^2。较大的开口有 5 个，其中西南部开口最大，约 7km 之宽。

（26）蒙自礁

11°10′N，114°48′E。在道明群礁东北部，属长滩范围内的珊瑚礁。西北方与乐斯暗沙相距约 14 海里，退潮隐现，为环形暗礁，南部水深 3.7m。低潮时被海水冲刷，有宽达 2～5 海里的危险礁脉。面积为 3.6km^2，环礁内潟湖面积为 0.95km^2。

（27）西月岛

11°05′00″N，115°02′00″E。1935 年公布名称为西乐岛，1947 年公布名称为西月岛。"西月"一名是缘于 1905 年有外轮名"西月"号，于此触礁沉没，故命名（图 6-22）。我国渔民习称为红草峙，因岛上有红色草本植物生长。西月岛为一台礁结构（桌礁），礁盘长 5.6km，宽约 1.8km，并有礁环向北延伸 3.7km，水深 1.8m 以内。礁盘面积为 4.86km^2，岛屿面积高潮时为 0.16km^2，低潮时为 0.21km^2。西月岛四周有沙堤围绕，最高点海拔 3m。岛上树木茂盛。历来是我国渔民的捕捞基地，驻岛种植椰树与建造神庙。周围海域是良好的渔场。渔民由第三峙向东出发作业，来此岛定居，再向马欢岛驶去。

（28）火艾礁

10°52′00″N，114°55′30″E。位于道明群礁的东方，西月岛西南约 17 海里处，由一环礁和一点礁组成。火艾得名于海南岛渔民习称。因火艾环礁呈长条状，像用椰衣点火的"火艾"而得名，旧名为蔡伦礁。火艾环礁是一座东北到西南走向长条状环礁，中部最宽达

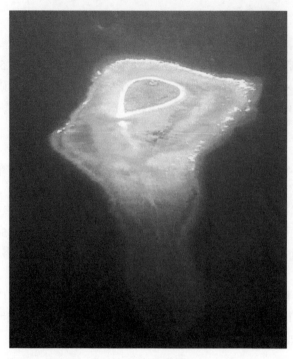

图 6-22　西月岛图

2.4km，长约 7km，向东北礁盘变窄，长达 3km，向西南方向伸展也有 3.5km，礁盘面积
为 7.60km^2，潟湖面积为 0.42km^2。中段深水，浅处仍有 12.8m。在火艾礁南方 2km 海上
有浅滩与小礁相连，水深 13m。环礁中部潟湖在退潮时才显露出来，涨潮时淹没。无"门"
的地形，不能进船。火艾礁北边有一小沙洲，称火艾沙洲。

（29）北恒礁

10°33′N，115°09′E。1935 年公布为北干机斯滩。1947 年和 1983 年公布为北恒礁。位
于火艾礁东南约 22 海里，西南与恒礁相距约 12 海里。

（30）恒礁

10°20′N，115°04′E。1935 年公布名称为南干机斯滩。1947 年和 1983 年公布名称为恒
礁。位于北恒礁西南约 14 海里。

（31）大现礁

10°00′～10°08′N，113°52′～113°53′E。1935 年公布名称为大觅出礁，1947 年公布为
大现礁。渔民称为"劳牛劳"。1983 年公布名称为大现礁。环礁近南北向，南北长 15.26km，
宽 1.92km。面积 23.62km^2（刘宝银，2001）。中部潟湖也呈条带状，宽约 35m，但长达
260m。潟湖为中部沙脊分成南北两个，水深在 10～20m，南端潟湖已渐分成 3 个小湖。
礁盘上有众多礁头。南端礁头常被作为指向礁，因高潮时仍可见有露出海面礁头。由于礁
头众多，无良好的水道通入潟湖。大现礁盘广大，海产尤为丰富。

（32）小现礁

10°01′N，114°02′E。位于郑和群礁西南约 30km，西距大现礁 18.5km。1935 年公布
名称为小觅出礁，1947 年公布为小现礁。小现礁渔民称为"东南角"。1947 年定名时采

用英国海图中地名译出。礁盘呈圆形，直径约 613m，面积为 1.3km²。礁前斜坡很陡，近东岸为 320~330m 水深，西岸约 390m 水深，外围为深海。中部仍见有小潟湖存在。大现礁和小现礁都是西线渔民作业经过的地方。

（33）福禄寺礁

10°14′N，113°38′E。位于郑和群礁之西，大现礁西北 17 海里。1935 年公布名称为西石或女神庙石。1947 年公布为福禄寺礁。渔民习惯称它为"西北角"。福禄寺礁是 1947 年定名从英国海图上译出，原文为 Flora Temple Reef（缘于 1859 年该船沉于此）。福禄寺环礁四周坡度也很大，水深可达 365.8m。环礁由东北向西南延长，长 2.8km，宽度由北面 450m 向南增加为 900m，面积 1.9km²。礁盘水深于 1.8~5.6m，礁头不显明，船驶近才能看到，故为航行险滩。1859 年，Flora Temple 号在礁西北 11km 处触礁沉没。

（34）郑和群礁

范围介于 10°9′~10°25′N，114°12′~114°45′E 内。为南沙群岛北部的第四列环礁，在道明群礁正南方。1935 年公布名称为铁沙礁。1947 年公布为郑和群礁。郑和群礁是南海大环礁之一。位置重要，洲岛众多。是一座开放的典型环礁。由太平岛、中洲礁、敦谦沙洲、舶兰礁、安达礁、鸿庥岛、小南薰礁、南薰礁等组成。是南沙群岛中最大的群礁。因而有"三礁两岛一沙洲"之称。其中太平岛更是南沙最大的重要岛屿。环礁自东北向西南延展，长达 60km，宽 20km，环礁礁盘面积达 2247km²，但露出海面的面积仅为 0.557km²，约为礁盘面积的 1/4000。环礁礁环由 40 个小礁体组成（图 6-23）。环礁由水深 1500~2000m 水下海台长上海面，礁前坡度较大，100m 处可达 900 多米水深（图 6-24）。礁环中央的潟湖水深 50~90m，面积为 535.28km²。湖中浅于 10m 水深的点礁有 20 多座，潟湖和外海沟通的门有 30 多个；潟湖有沟谷深达 3~5m，通向湖底。潟湖底部沉积物为薄层珊瑚砂和有孔虫类砂，还有软体动物及海百合茎类生物所称沙砾，其上还有不少粗糙的珊瑚块体（郭令智和钟晋梁，1986）。

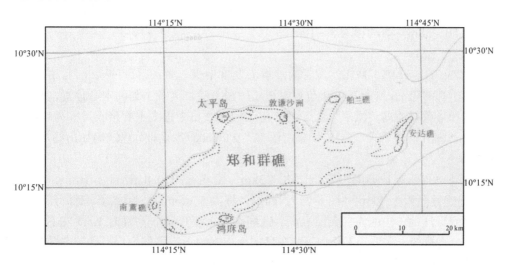

图 6-23　郑和群礁地形简图

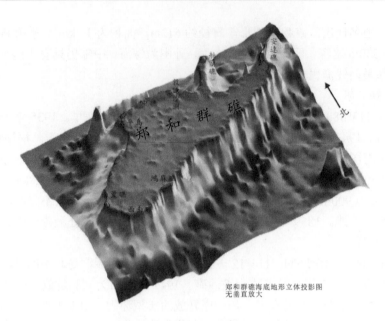

图 6-24　郑和群礁海底地形立体投影图

　　礁环水下可见到 20～25m 和 45～55m 两级平台。这里是珊瑚礁良好发育区，故环礁礁体最多，浅水造礁珊瑚达 100 多种。郑和群礁的礁环大部分由水深 10m 以内的礁盘组成，各块礁盘间仍有深水沟隔开，形成"门"的地形，据海图统计达 31 个，北面礁环 15 个门，南面礁环 16 个门。主要的通道：北面有四个"门"，在太平岛东，水深为 10～18m，其中一门距太平岛 14km，二门距太平岛 6.5km，三门距岛 3km，四门在岛东侧，常用的是三门水道；南侧有两门：一门在鸿麻岛东北，深 18m，二门在鸿麻岛西，深 18m；西门在太平岛西南 4km，深 18m。门内水道一般水深可在 3～5m，最明显的深水道在东南缘处，为一条北向西伸延谷地，宽 1000m，长达 11km，谷底水深在礁湖边已达 60～67m，两坡也有 50～58m，即沟谷深 8～10m。

　　（35）太平岛

　　10°22′30″N，114°21′35″E。位于南沙群岛北部中央，郑和群礁的西北角。1935 年公布名称为伊都阿巴岛，1947 年公布为太平岛。在南沙群岛各主岛的中心位置，也是南沙群岛最大和最重要的岛。"太平"缘于 1946 年 12 月 12 日中国太平舰接收日占岛屿而定名。渔民称为"黄山马峙"或"大马"，海南语称"Widuabe"，意即黄色沙堤如山岭，马即岭，故名。

　　太平岛呈东西延长卵形，东西长达 1.3km，南北宽约 0.4km，高 4.18m。岛屿面积 0.49km²，礁盘面积 1.52km²（图 6-25）。四周沙堤高 5～6m，外为沙滩，有海滩岩发育。中部包绕蝶形洼地，洼地为鸟粪层堆高。低潮礁盘水深 0.6m，高潮时 1.5m 左右。该岛被树木遮盖，有椰树、木瓜、莲叶桐等。在岛的西南端附近有登陆突堤，岛的东端附近有高约 15m 的瞭望台。距岛西端约 0.6 海里处，有浅滩水深 5.4m；以东 2 海里处，有高潮淹没的礁石。1946 年中国台湾驻军岛上，建气象台、水井（19 个）、岛西防波堤及码头。

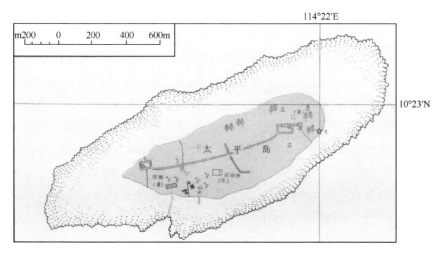

图 6-25　太平岛地形简图

潮汐、海流：属季风海流，冬半年西南向流，流速 0.2～0.5kn；夏半年东北向流，流速 0.2～0.3kn；潮汐为不规则日潮，潮差为 0.6～1.5m，最大为 2m。海水透明度季节变化大，7～9 月透明度在 18m 左右，10～12 月增大到 28～30m，1～3 月为 26～30m。

（36）鸿庥岛

10°11′00″N，114°21′30″E。位于郑和群礁南部边缘，北距太平岛 11.25 海里。1935 年公布名称为南伊岛。1947 年公布名称为鸿庥岛。渔民称之为南乙岛。鸿庥是 1946 年接收该岛的中业舰副舰长名字，杨鸿庥。鸿庥岛面积小，但礁盘广大，东西长达 3.1km，南北宽约 0.7km，鸿庥岛在礁盘东边，亦呈东西长形，长 690m，南北宽 140m，面积约 0.08km^2。但沙堤很高，达 6.2m（图 6-26）。沙堤由珊瑚砾块堆成。该岛的东北方约 1 海里处，有水深 4.5m 的点滩。西南方约 2.3 海里处，有水深 6.7m 浅滩。岛上林木茂盛。有椰树与海鸟群栖，有淡水井。

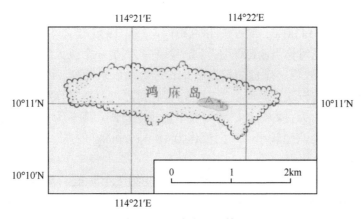

图 6-26　鸿庥岛地形简图

（37）敦谦沙洲

10°23′N，114°28′E。位于太平岛以东 6.3 海里，西距南薰岛 18 海里。1935 年公布名称为沙岛。1947年公布名称为敦谦沙洲，名字来自1946年接受此岛的中业舰长李敦谦。渔民称为"黄山马东"，简称"马东"，亦名"沙岛"。所在礁盘不大，礁盘直径只有1400m，略呈椭圆形，面积0.93km²。沙洲位于中部，长约800m。海拔2.5～4.6m，面积0.051km²（图6-27）。中部沙洲地形已呈现为四周沙堤包围的洼地，上有灌木林和椰子树。太平岛与该沙洲之间的浅滩或水深的12～18m处，为良好的锚地。

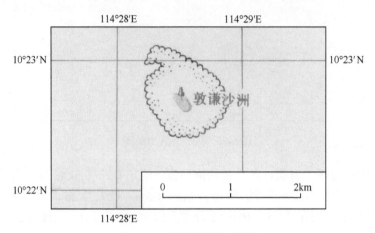

图6-27　敦谦沙洲地形简图

（38）安达礁

10°21′00″N，114°41′30″E。位于郑和群礁东端的东北向尖突礁体。1935年公布为依鲁德礁，1947年公布为安达礁。渔民称安达礁为"银瓶"或"银锅"。安达礁为一"人"字形向东北尖突的礁盘，高出中潮位1.2m，礁后缘发育有次成潟湖，礁盘自东北向西南延长7.9km，宽300～1000m。面积为7.95km²。礁盘上有礁头高出海面，退潮时更大片礁滩出露，东北端的礁头可出露水面1.2m，其他亦可露出水面0.9m。礁盘前缘且呈剑状向海中伸出成"礁脊"，长达1.9km，"礁脊"两侧峻峭而狭窄，为航行险区。

（39）南薰礁

10°13′00″N，114°14′00″E。位于郑和群礁西南端。1935年公布为给予礁，1947年公布名称为南薰礁。渔民习称"南乙峙仔"或"沙仔"。是一个巨大礁盘，退潮时有两处礁盘出水。水深在6.4m以内。礁盘面积为2.8km²。礁盘以东北高，西南低为特色。西面礁前坡较陡。东面潟湖坡较缓。珊瑚生长良好，有鹿角珊瑚、石芝等发育。潟湖坡沉积物为含鹿角珊瑚枝中细沙，为良好锚地。潮汐为不正规全日潮，潮差为1.5m，涨潮为东南流，落潮为东北流，近礁处流速较小。口门流速为18～19cm/s。

（40）舶兰礁

10°24′40″N，114°34′00″E。位于敦谦沙洲东北约5.4海里，郑和群礁之北端。1935年公布名称为彼得来礁。1947年和1983年公布名称为舶兰礁。海南渔民称它为"高佛"。礁形近椭圆，长约1.9km，宽1.21km，面积为1.75km²。涨潮淹没，退潮时礁盘干出，高出低潮面达0.9m，有数处水深5.4～8.5m的水潭。

（41）九章群礁

在9°42′～10°00′N，114°15′～114°40′E范围内。"九章"即多礁滩险阻地方。环礁呈椭圆形，由东北向西南伸延 56km，宽 9～14km 不等，面积为 557.5km²。环礁中部的潟湖面积为 365.9km²。水深只有 50 多米。洲、岛、门、礁都有的典型环礁，并以"门"多为特点（图 6-28）。九章环礁主要礁体多达 20 座，按顺时针顺序沿礁环依次分布：景宏岛、南门礁、西门礁、东门礁、安乐礁、长线礁、主权礁、牛轭礁、染青东礁、染青沙洲、龙虾礁、扁参礁、漳溪礁、屈原礁、琼礁、赤瓜岛、鬼喊礁、华礁、吉阳礁等。环礁中央礁湖水深 50 余米。小礁湖和锚地均多。但难避强风。礁盘亦以东北和西南方面发育好。东北面的大礁盘称中轭礁，西南有两个大礁盘：北面是鬼喊礁，东南是赤瓜岛；中间有深水沟分开。环礁外水深 2000～3000m。潮汐、海流：流速最强 1.3m/s。

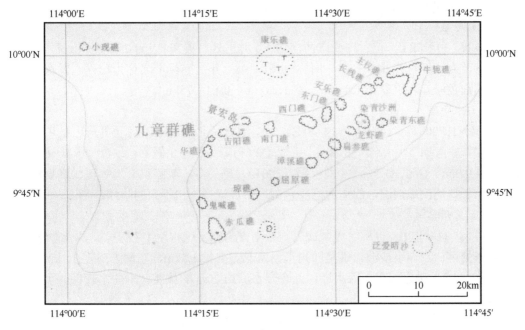

图 6-28 九章群礁地形简图

（42）赤瓜礁

9°43′N，114°18′E。位于九章群礁西南端点，东北距琼礁 4.3 海里，西北距鬼喊礁 1.7 海里。因盛产赤瓜参得名。赤瓜礁礁盘呈三角形，有高出海面 1.3m 礁头出露。南北长约 4.5km，宽 2.2km（宋朝景等，1991），礁盘面积 7.7km²，礁盘上有次生潟湖，面积为 1.6km²，水深在 5～7m。底部堆积着分选较好白色中粗砂。有高脚屋及永久性建筑物建于东部礁盘较高地点。

（43）景宏岛

9°53′00″N，114°20′00″E。位于九章群礁的西北边缘。1935 年公布名称为辛科威岛，1947 年公布名称为景宏岛。为纪念郑和下西洋时的副使王景宏定名。渔民称为"秤钩"，1868 年英《中国海指南》中，称为 Sin Cowe Island。译名缘于我国渔民的地名称呼（刘南威，1996）。该岛在鸿麻岛以南 17 海里处，位于吉阳礁和南门礁之间。附近有鬼喊礁、屈原礁、染青东礁、赤瓜礁、牛轭礁等。景宏岛是碟形小岛，北东—南西走向，四周有沙堤包绕中部洼地。海拔高度 3.7m，为九章群礁上最大的岛屿。沙洲面积 0.33km²，礁盘面积 1.296km²。林鸟天堂，已有鸟粪层发育。小船可通过。

（44）染青沙洲

9°54′N，114°34′E。为九章群礁中的沙洲，在牛轭礁西南 5 海里处。因附近海水呈青绿色，又称为"染青峙"。位于环礁的东部偏北处，沙洲南端有礁石 2 块出露。礁盘长 1.06km，宽 0.58km，面积为 0.46km²。沙洲长 0.21km，宽 0.05km，面积低潮时为 0.013km²，高潮时为 0.006km²。沙洲上有草丛与乔木等植被。

染青沙洲东部为染青东礁，北部为主权礁、长线礁和安乐礁，西部为东门礁和西门礁，南部为龙虾礁和扁参礁。

（45）琼礁

9°46′N，114°22′E。位于屈原礁西南约 1.6 海里处。英文名 Landstowne Reef。因海南岛海民常常到此捕鱼作业，海南岛旧称琼州，1983 年公布标准名称为琼礁。发育于琼礁礁盘上的白色沙丘，礁盘长 1.86km，宽 1.22km，面积 1.75km²。

（46）牛轭礁

9°57′～10°00′N，114°36′～114°40′E。因退潮时东北尖角上礁盘已可露出呈牛轭状得名。也称"威南礁"，土名"九章头"，又名"狗障头""牛轭"。礁盘长 5.5～6.88km，最宽处 4.92km，面积 11.3km²（刘宝银，2001），礁头多，航路狭窄。牛轭状礁盘包围着一个向南开口的次成潟湖，四周为礁头包围，形成进得去出不来的险滩地形。

（47）鬼喊礁

9°45′N，114°15′E。也称"鬼喊线"。东南方与赤瓜礁相距 1.7 海里。多暗礁与险滩，东南偏东处有一珊瑚小沙洲。礁呈四角形，南北方向长 1.5km，东西方向宽 1.1km，面积 2.97km²。与赤瓜礁之间有一深水道，并有一水深约 20m 的浅滩。东面水较深，可锚泊。

（48）华礁

9°51′N，114°16′E。位于鬼喊礁北部偏东约 4.31 海里处，在吉阳礁和鬼喊礁之间，南面有赤瓜礁，北面有景宏岛，东部有漳溪礁和屈原礁。华礁水深 0.1m，长 1.97km，宽 1.07km，干出时面积为 2.49km²。礁体呈西北—东南走向，形似椭圆。东北侧有一椭圆形的深水礁滩；中部有两个不规则的小礁塘，礁体东北部可锚泊。

（49）南门礁

9°54′N，114°24′E。在景宏岛东约 3 海里处，为九章群礁北缘的一个暗礁，长 1.8km，宽 1.3km。渔民称之为"南门"。该礁呈西北—东南走向，形似椭圆，干出时面积为 1.82km²。潟湖水深小于 0.5m。其西部和东南部为水下礁滩，礁坪平坦，无明显高礁石。该礁北、南、西三面有水深 10～35m 的宽广水域，并无浅水点礁，可锚泊。

（50）西门礁

9°54′N，114°28′E。位于九章群礁环礁之北缘，介于南门礁与东门礁之间。礁长 1.89km，宽 1.07km，干出时面积为 1.28km²，潟湖面积为 0.6km²。渔民称之为"西门"。该礁呈西北—东南走向，形似椭圆。其西部和西北部有较大的水下礁滩，礁坪较平坦，仅东南面礁前突起带有数块高 1.2～1.7m 的礁石，一般潮位可出露。礁体东、北、西三面可锚泊，南部 1～3m 浅水区多点礁，水深 10m 以上较安全。

（51）东门礁

9°55′N，114°30′E。于九章群礁环礁北缘，介于西门礁与安乐礁之间。长 2.33km，宽 1.40km。面积为 2.42km^2，潟湖面积为 0.59km^2。英文名为 Hugh Reef 或 Hughes Reef。渔民称之为"东门"。该礁呈东北—西南走向，似方形。礁盘上较平坦，礁盘北和西北侧外陡深；礁坪的发育分隔潟湖为数个区块；礁盘上干出高度 0.1～0.4m。其礁前水深 15～20m 有较宽平整的长条阶地。低潮时礁盘大部分干出，中部有一东西向的浅水潟湖，呈"8"字形，水深 5～8m，最深处 10.6m。湖底沉积为珊瑚沙，潟湖内侧坡度较小。礁盘东部有一口门，小船可进入潟湖；东、东南、西南水域均可锚泊大船，避风条件好，进入锚地三条水道分别为：东水道、西水道、南水道。

（52）安乐礁

9°56′N，114°31′E。九章群礁环礁北缘的一个暗礁，介于东门礁与长线礁之间。长 2.54km，宽 1.64km，干出时面积为 3.63km^2，潟湖面积约 1km^2。1983 年公布安乐礁为标准名称。呈西北—东南走向，形似椭圆。东北和西南两侧均有水下礁滩。东侧与东南侧礁坪有高 1.5～1.8m 的多块高礁石，一般潮位可出露。西部与南部有浅水点礁。礁体东北、东南、西南面在 1 英里的范围内可作锚地；潟湖内也可作锚地，避风条件好。有两个口门，东南口门水浅，口门宽数十米；南口门水较深，深水区宽约达 20m。

（53）长线礁

9°58′N，114°34′E。位于安乐礁与主权礁间的暗礁。长 3.28km，宽 1.72km，干出时面积为 4.64km^2，潟湖面积为 0.6km^2。我国渔民称"长线"。1983 年公布长线礁为标准名称。该礁呈东—西走向，形似椭圆。中部潟湖水深 0.2～0.6m，礁坪的中北部与东南角分别有高程 1.5m 与 1.7m 的高礁石，通常高潮位也可出露。礁西南有浅水点礁，水深 1～3m。该礁东与东南面 0.2～0.4 海里范围内，水深从 10～48m 可锚泊。南面与西南面也有潟湖型锚地。

（54）主权礁

9°58′N，114°35′E。位于九章群礁环礁之东北缘，长线礁与牛轭礁之间。长 1.64km，宽 1.07km。干出时面积为 1.41km^2。1983 年公布主权礁为标准名称。呈东—西走向，近似椭圆形。东、南、西三面水深 20～40m 可锚泊。

（55）染青东礁

9°51′N，114°36′E。位于九章群礁环礁的东北缘，在牛轭礁西南方。长 1.97km，宽 1.15km，干出时面积为 1.80km^2，呈西北—东南走向，形似椭圆。1983 年公布染青东礁为标准名称。

（56）龙虾礁

9°53′N，114°32′E。在九章群礁环礁的东南缘，染青沙洲与扁参礁之间。直径 0.33km，干出时面积为 0.07km^2，水下礁盘面积为 2.76km^2。潟湖面积为 0.58km^2，呈椭圆形，位于水深 0.7～3.2m 水下礁盘的中央，干出 0.6m。礁体由 7～8 片礁坪围拢，礁坪平坦，礁石少，外缘水深 314m。1983 年公布龙虾礁为标准名称。

（57）扁参礁

9°52′N，114°31′E。位于九章群礁环礁东南部边缘的暗礁，居龙虾礁西南约 1 海里处。

直径 0.9km，干出时面积为 0.87km^2。潟湖面积为 0.48km^2，水深小于 2m，呈半月形，向西开口。有 4 处礁石，一般水位时出露。1983 年公布扁参礁为标准名称。

（58）漳溪礁

9°50′N，114°28′E。九章群礁环礁南缘暗礁。其东北侧距扁参礁约 1.4 海里，西南侧距屈原礁约 3.8 海里。直径 1.39km，干出时面积为 1.48km^2。该礁呈不规则 S 形。北部有两块 2~2.8m 高的礁石，一般大潮时可出露。在礁体西北和东北 0.2~0.6 海里范围内，为该礁西北锚地，东北部水深 30~60m，西北部水深 10~30m，避风条件较差。1983 年公布漳溪礁为标准名称。

（59）屈原礁

9°48′N，114°24′E。在九章群礁环礁的琼礁（相距 1.6 海里）与漳溪礁（相距 3.8 海里）之间。为一暗礁，长 2.46km，宽 1.64km，干出时面积为 3.43km^2。呈西北—东南走向，形似椭圆。1983 年公布屈原礁为标准名称。以纪念中国战国时期的伟大诗人屈原。

（60）吉阳礁

9°52′N，114°17′E。位于九章群礁环礁西北部边缘的暗礁，在景宏岛与华礁之间。长 1.56km，宽 1.07km，干出时面积为 1.28km^2。呈西北—东南走向，形似椭圆。两侧有圆形的深水礁滩。1983 年公布吉阳礁为标准名称。

（61）泛爱暗沙

9°42′33″N，114°40′22″E。位于九章群礁东南方，西距赤瓜礁约 21 海里。1935 年公布为破扇滩。1947 年和 1983 年公布名称为泛爱暗沙。

（62）伏波礁

9°23′00″N，114°11′00″E。位于九章群礁鬼喊礁南偏西 18 海里处。1935 年公布为干机斯滩。1947 年和 1983 年公布名称为伏波礁。伏波原是我国汉代封号。

（63）康乐礁

10°00′N，114°23′E。位于九章群礁之北，景宏岛东北约 3.5 海里。1935 年公布名称为康华里礁。1983 年公布康乐礁为标准名称。

4. 南沙群岛东北区主要岛礁

（1）马欢岛

10°44′N，115°48′E。位于南沙群岛北部，费信岛 5 海里，长圆形岛。1935 年公布为南山湾，1947 年公布名称为马欢岛。俗称“大罗孔”，也称“南山峙”。名称是 1947 年定名时采用纪念随郑和下西洋时的翻译官名字，马欢也是《瀛涯览胜》的作者，曾经随郑和三次出洋。该岛长 0.42km，宽 0.27km，面积为 0.059km^2，海拔为 2.4m。礁盘面积为 1.19km^2，中部水深 45~54m。岛西南部浅水处可抛锚。岛上有椰树，可种蔬菜，并有水井。故古代渔民即用此为南海东部生产作业的基地，并由此下五方、过安塘捕鱼。马欢岛是南沙群岛东面的主岛，可以居住（图 6-29）。

（2）费信岛

10°49′N，115°50′E。1935 年公布名称为扁岛，俗称“罗孔仔”，1947 年公布为费信岛，纪念随郑和下西洋的官员名字。费信是《星槎胜览》的作者，他曾四次随郑和下

图 6-29　马欢岛航拍影像

西洋。渔民称它为"平岛"，因四周沙堤发育不良，碟形沙岛地形不明显之故。该岛长
0.37km，宽 40～62m，面积为 0.06km²，礁盘面积为 0.853km²，海拔 1.8m。岛上林木茂
盛，鸟粪丰富。

（3）美济礁

范围在 9°52′～9°57′N，115°30′～115°35′E。1935 年公布为南恶礁，1947 年公布为美
济礁。由于潟湖南面有两条较深水道外通，渔民称它为"双门"或"双沙"。礁体呈东西
向长轴的椭圆形，长约 8km，南北宽约 5km，礁环完整，礁体面积为 45.31km²，潟湖面
积为 30.62km²。东南礁盘宽 400m，北部礁盘宽 850m，礁盘面积为 14.7km²。潟湖内点礁
众多，已知 31 座，水深约 27m。南面有东、西二门：东小门水道宽 18m，有礁头生长；
西门较大，是入潟湖主要航道，宽 108m，长 270m，水深在 18m 以深（图 6-30）。两岸礁

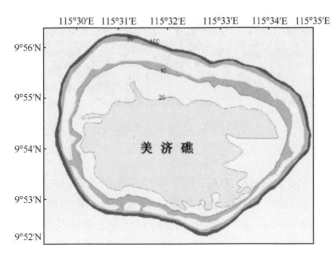

图 6-30　美济礁地形简图

体较急，礁盘以外约 1km，水深可达 1000m 以深。行入潟湖小船以 90m 长为宜。进入水道入口后，应尽量靠深水道稍西航行。潟湖西南半部无险礁，为良好的避风锚地。该礁原为我国渔民东线生产作业点，并有网箱养殖。

潮汐、海流：平均潮差小于 2m，平均涨潮历时 15.6h，平均落潮历时 9.0h，西水道的潮流大，小潮流速达 1.5kn/h，落潮流速大于涨潮流速。

（4）仁爱礁

位于 9°39′～9°48′N，115°51′～115°54′E 范围内，为一环礁。1935 年公布为汤姆斯第二滩，1947 年公布为仁爱暗沙。1983 年公布为仁爱礁。渔民习惯称为"断节"。据卫星照片解译其长轴为南北走向，长 16.5km，宽 5km，面积为 51.62km²，潟湖面积为 30.25km²（图 6-31）。环礁基底位于水深 1300～1800m 海台，据南部环礁钻孔资料，礁灰岩厚达 2100m。北部礁环相连，南部东西两端礁环，被浅水道隔开。低潮时环礁大部分露出，北半环较完整，南半环断成数节，形成若干礁门。虽然大部分礁盘退潮干出，但是小船（35t）仍可由外海驶入潟湖作业。潟湖水深达 27.4m，东部较浅，为 9.1m。东西共有 6 门出入。为我国渔民东头作业线基地之一。

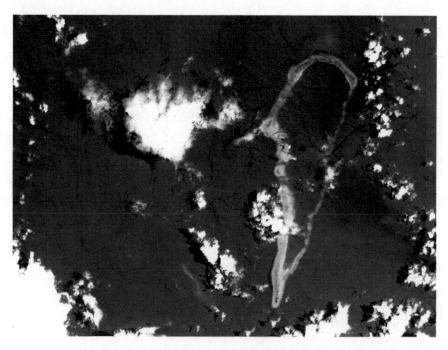

图 6-31　仁爱礁卫星图片

（5）大渊滩

11°4′～11°44′N，116°2′～116°20′E。位于南沙群岛东北部，在礼乐滩西边，费信岛东北方。旧称鼻孔滩。因环礁呈长条状，有如象鼻得名。属于礼乐滩外围环礁，与礼乐滩之间为水深 1100～2000m 的沟谷分开。东北—西南向延伸之礁体长约 78km，宽 5～18.6km，面积为 819km²。大部礁环在 18m 水深以内，属沉没环礁。礁环以东北部和西南部为发育，礁体宽大连续。东西两侧礁体多呈分散小块成串分布：西侧礁块由 5 块圆形小礁和两块长条状小礁组成；东侧礁环由 6 块圆形小礁和 1 条长条状小礁组成。潟湖内已发现点礁 3 处，且位于盆地中央位置。

（6）火星礁

10°48′N，116°06′E。位于南沙"危险地带"内，费信岛以东约 15.5 海里，巩珍礁西北 7 海里处，是经常遭受海浪拍击的小礁，礁缘多激烈浪花。中央水深 0.9m，周围水深 6～7m，外围水深骤变。1983 年公布火星礁为标准名称。

（7）和平暗沙

10°53′N，115°55′E。位于"危险地带"内。在费信岛东北约 3.5 海里。1935 年公布名称为汤姆斯第三滩。1947 年和 1983 年公布为和平暗沙。

（8）五方礁

在 10°27′～10°33′N，115°41′～115°48′E 之间，包括五方尾、五方南、五方西、五方北、五方头等礁。位于"危险地带"内。在马欢岛西南约 10 海里处。1935 年公布名称为北恶滩。1947 年公布为五方礁。旧名"五孔"或"五风"。由于退潮时四周有 5 个礁盘出露，故名五孔。近圆形环礁，直径约为 10.6km，面积为 67.2km²（图 6-32）。湖底较平坦，水深 18.3～47.6m。底质为粉砂质沙与珊瑚块。有 4 个主要礁门，湖内有锚地，但天气恶劣时不起保护作用。其中，五方头、五方北、五方西三块礁盘已发育到海面附近，中潮位已可出露海面（图 6-33）。

（9）五方头

10°32′N，115°48′E。长 2.05km，宽 0.85km。干出时面积为 1.35km²。礁体呈圆丘形，西北—东南长轴向。有数块干出 0.6m 的礁头；东北部的礁前斜坡受东北季风波浪的冲击，坡度较平缓，槽沟发育。两侧有北口门和东北口门，水深浅于 20m。礁坪上生长有粗枝鹿角珊瑚。切断礁环的"门"因而也很多，且很宽广，主要"门"有 4 个，称西北口、北口、东北口、东口，且水道一般水深较大，有利航行。

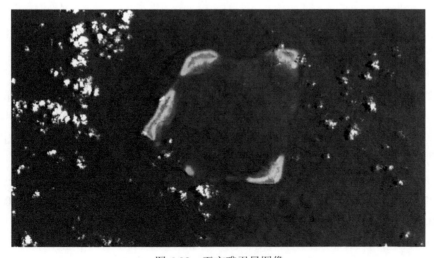

图 6-32　五方礁卫星图像

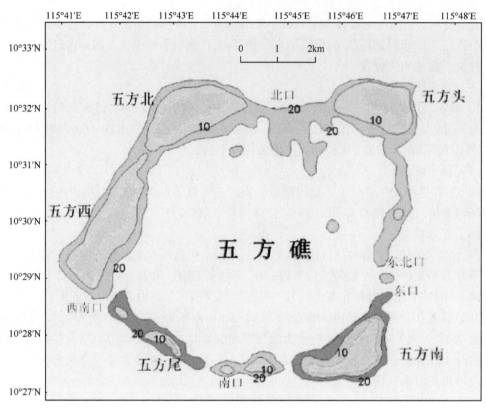

图 6-33　五方礁地形简图

图中数字为等深线

（10）五方北

10°32′N，115°44′E。长 2.9km，宽 0.85km，干出时面积为 2.05km²。水深 20m。礁体呈新月形状，东北—西南走向。上有数块干出 0.6～0.9m 的礁头。

（11）五方西

10°30′N，115°43′E。长 3.75km，宽 0.75km，干出时面积为 2.33km²。该礁体为一长条形，东北—西南走向。干出的礁头约高 0.6m。

（12）五方南

10°27′N，115°47′E。长 3.5km，宽处最宽为 0.9km。干出时面积为 1.70km²。呈火炬形状，东北—西南走向，有数块干出 0.90m 的礁头。东南部水深 25m 处坡度平缓。有生长较好的抗浪性强的滨珊瑚与盔形珊瑚。25m 水深以下，坡度较陡，仅生长有稀疏的珊瑚。

（13）五方尾

10°27′N，115°44′E。五方尾礁石位于五方礁环礁的西南端。长 0.7km，宽 0.25km，干出时面积为 0.15km²。礁体呈长条形，低潮适淹。

（14）浔江暗沙

10°28′N，116°00′E。位于五方礁东约 10 海里，北有鲎藤礁、安塘礁、巩珍礁和火星礁，东有南方浅滩，南有半路礁和仁爱礁，西有五方礁等。1983 年公布为浔江暗沙。

（15）禄沙礁

10°15′00″N，115°22′45″E。为一干出礁，西南方与三角礁相距 3.8 海里。土名"一线"，亦称"鹤礁"。礁体呈东北到西南向长椭圆形。长 2km，腰长 1.3km，面积为 1.7km²，潟湖面积为 0.3km²，水深 3～4m。湖中点礁已充分发育，底质为含砾粗沙。禄沙环礁礁前斜坡坡度大，属急坡型。礁盘在退潮时已可干出。潟湖中已无"门"的断口。礁盘上巨砾块 ¹⁴C 年龄测定为 740±50a B.P.。

（16）三角礁

在 10°10′～10°13′N，115°16′～115°19′E 范围内，位于五方礁西南的环礁。因环礁三角形得名。三角礁长边近 5.5km，短边近 4.5km，面积为 13km²。潟湖湖长约 3.2km，宽约 1.5km，面积为 6.5km²，潟湖水深 15～17m（图 6-34）。环礁北缘礁前坡 25°～30°。三角礁礁盘一般宽 400～500m，面积为 10.8km²。退潮时礁盘部分已可干出，潟湖完整出露（图 6-35）。潟湖沉积为含鹿角珊瑚枝粉沙质沙。未见有点礁发育。据南海海洋研究所 1989 年 5 月到此考察。西北礁盘上有越南油船搁浅，载重 400t，船体生锈，但仍完整。

（17）孔明礁

9°59′N，115°10′E。位于三角礁西南约 12 海里。1947 年和 1983 年公布名称为孔明礁。

（18）安塘滩

在 10°36′～11°00′N，116°09′～116°33′E 范围内。位于南沙群岛东北部，距马欢岛东约 19 海里。滩内有安塘礁、鲎藤礁、巩珍礁等。1935 年公布名称为哑迷笃古拉礁。1947 年公布为安塘岛。位于危险地带以内。呈东北—西南方向延长，长达 56km，宽 11～29km，

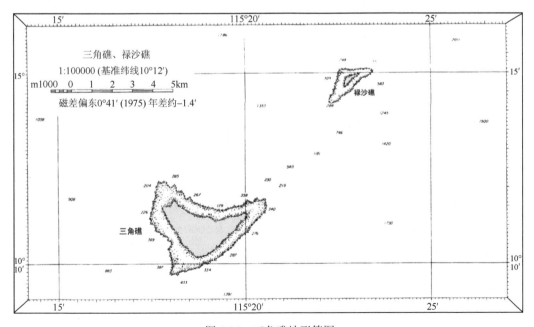

图 6-34　三角礁地形简图

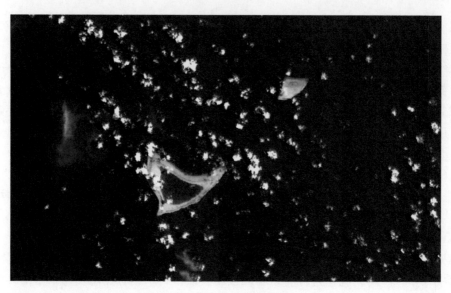

图 6-35　三角礁卫星图像

面积为 429km²。潟湖水深约 18m，因四周礁盘广大而成为良好生产作业区，我国东头生产作业线即以此环礁为目标。

（19）安塘礁

10°53′00″N，116°26′00″E。1947 年公布为安塘岛。为安塘滩中一珊瑚礁。在马欢岛东约 19 海里。退潮时干出，浅水处为 1.8m。为良好渔场和作业区。

（20）鲎藤礁

10°37′00″N，116°09′40″E。退潮露出，一串串礁石如鲎产卵，故得此名。退潮干出时岛礁面积为 2.88km²，礁盘面积为 29.79km²，水深 9.1m。在礁的西南方约 0.2 海里处，有一锚地，水深 20～80m，底质为礁石，可避东北风。

（21）巩珍礁

在 10°43′N，116°10′E 范围内。巩珍礁取名于郑和下西洋的幕僚巩珍名字。渔民称"贝壳礁"。这礁盘上有几个礁头退潮时可以出露海面，礁盘水深约 0.9m。巩珍礁盘向北伸展，潟湖东侧礁体分散。并以安塘礁分上下两段。在该礁东北约 18 海里处，有水深浅于 1.8m 的若干礁石，这些礁石间有水深约为 14m 的滩、礁。

（22）棕滩

10°42′N，117°17′E。在南沙群岛东北部，忠孝滩与勇士滩之南，最浅处水深约 9m。1935 年公布名为棕色滩，1947 年公布为棕滩。环礁形态完整，呈南北方向延伸。干出时长 14.88km，宽 7.75km，面积为 73.04km²。环礁基底为 5000～6000m 厚第三纪浅海相沉积岩。环礁发育以北端为好。东侧礁环较窄，并有门的地形，把礁环切开成 4 块，向东口门最宽。潟湖水深不大，为 9.0～14.1m。

（23）紫滩

10°35′00″N，117°17′00″E，东北距棕滩 8.5 海里。水深为 18.2m 的小浅滩。

（24）南方浅滩

范围介于 10°15′~10°41′N，116°27′~116°57′E。又名"礼南滩"。滩内有东坡礁、宝滩、东华礁和彬礁等。已探明的礁环浅滩有 4 处，总长 60.9km，宽约 26km。面积为 1481km²。中包一潟湖，呈东北—西南走向，中部深水 40~50m，潟湖面积为 954.27km²，有水深 9.1m 以浅的点礁数个。基底是第三纪盆地沉积，有丰富的油气藏。

（25）东坡礁

10°23′N，116°34′E。1935 年公布为南拼素崩那礁，1947 年公布为东坡礁。礁盘成弓形。为南方浅滩中一珊瑚礁。长 14.26km，宽 4.62km。面积 47.09km²。

（26）东华礁

10°32′N，116°56′E。在南方浅滩的东北面。礁盘长 2.48km，宽 0.93km，面积为 7.5km²，水深最浅处约 5.4m。

（27）彬礁

10°34′N，116°59′E。东华礁东部几个暗礁的总称。1983 年公布为彬礁。

（28）小礁

10°30′N，116°50′E。水深 5.5~14.6m。

（29）宝滩

10°30′N，116°40′E。位于东华礁环北缘，东坡礁的东北方，由许多浅水点滩组成。长 13.95km，宽 8.68km，面积为 84.57km²。礁盘浅处水深 9m。

（30）礼乐滩

范围在 11°06′~11°55′N，116°22′~117°50′E。1935 年公布为芦滩，1947 年公布为礼乐滩。此滩位于南沙群岛东端，毗邻菲律宾巴拉望岛。礼乐滩是南沙最大的环礁，它的面积和中沙环礁大致相当。礼乐环礁为沉没环礁。环礁长轴呈北东东向，长 143km，宽约 62km，面积约 7000km²（钟晋梁，1991）。环礁北坡由水深 4300m 南海海盆底部升起，有两级台阶：第一级水深 4000m，为一宽达 60km 的台阶，上有海山存在；第二级台阶在水深 2400~600m 处。东南坡较和缓。礁环沉水 18~20m，成串分散礁体组成，宽度 1~2.5km。礁门地形很多，口门水深 30~55m，环礁边缘已有较高礁体发育，距离海面为 18~27m，潟湖水深 70~90m。潟湖内点礁地貌发育。湖底沉积物，近点礁较粗，多为珊瑚枝体原地沉积，离点礁较远处，即为含灰泥的细沙质粉沙。周围平均潮差小于 0.5m。

（31）雄南礁

11°55′30″N，116°47′00″E。1935 年公布名为报告礁。1983 年公布名为雄南礁。为南沙群岛的最北暗礁。水深 27.4m。

（32）阳明礁

10°49′00″N，116°5′00″E，礼乐滩南缘，紫滩的西北方约 29 海里处。1935 年公布名为北拼素崩那礁，1947 年公布为阳明礁。已知最浅水深为 16.4m。

（33）礼乐南礁

10°51′00″N，116°40′00″E，位于礼乐滩南端，为呈马蹄形分布的点礁群。实为环礁发育中的早期阶段。最浅点水深约 1.5m。礁盘长 18km，宽 1.24km，干出面积为 24.03km²。

（34）勇士滩

11°05′00″N，117°28′00″E。是在水深 600m 的海台积聚起的珊瑚质浅滩，椭圆形台礁，浅处水深 16.5m。长 7km，宽 6km，面积以 200m 等深线范围计为 64km²。

（35）忠孝滩

11°01′42″N，117°13′48″E。1937 年公布为庙滩，1947 年公布此名。和勇士滩相似的点礁群，浅处为 18.3m，南北长达 17.5km，宽 10km，呈近圆形。200m 等深线范围内面积为 370km²，边缘线范围内面积为 125.89km²。

（36）红石暗沙

10°06′00″N，117°21′00″E，位于礼乐滩的东南方。1935 年公布名称为加那的滩。1947 年公布为红石暗沙。其水深约 6.4m。以 100m 等深线计面积为 22km²。

（37）蓁兰暗沙

10°20′00″N，117°17′40″E，位于东华礁东南 25 海里，紫滩南 17 海里，红石暗沙北 131 海里。1935 年公布为勒奥古林滩，1947 年公布为蓁兰暗沙。其最浅水深 14.6m。长 8.37km，宽 3.41km，面积以 100m 等深线范围计为 63km²。

（38）仙后滩

10°38′12″N，117°37′30″E，位于海马滩西南，神仙暗沙南约 21 海里处，西南距红石暗沙约 32 海里。1935 年公布为非利拼滩，1947 年公布为仙后滩。其最小水深为 16.4m，系一小浅滩。与海马滩在同一东北—西南走向的构造脊上。

（39）神仙暗沙

11°02′0″N，117°38′00″E，位于礼乐滩东北部。勇士滩东南 8.6 海里处。南有海马滩，西南有棕滩，东部濒临菲律宾。水深 16.4m。1935 年公布名为沙滩，1947 年公布为神仙暗沙。水深约 16m。

（40）海马滩

位于南沙群岛东端，在 10°43′～10°51′N，117°44′～117°50′E 范围内。在棕滩东面，巴拉望水道西侧。西北与神仙暗沙相距 13 海里，西南与仙后滩相距约 7 海里。1935 年公布此名。海马滩自于水深 1500m 处的海台，由珊瑚质加积而起，基底为第三纪沉积岩，厚达 4000m，可能有油气田。环礁礁盘发育，面积 93km²，东北向西南延长达 15km，宽处达 8.3km，形似梨子，中间潟湖面积 51.65km²，水深 31～35m。南方礁盘发育较差，礁体不连续。属封闭环礁。潟湖无明显出口。礁环北部最浅，水深 8.2m。

（41）半路礁

10°08′N，116°08′E。渔民因它正好位于五方和仙宾两环礁之间而命名，礁面上有沙沉积，亦称"半路线"，据陈欣树 1994 年调查，这座椭圆形环礁长轴北北西向，长 1090m，宽约 500m，面积为 5km²，中部无潟湖，为台礁化环礁。半路礁基底位于海面下 1500m 处的海台上。退潮时礁盘可以干出。本礁早在清代《水路簿》中即有记录，如据苏德柳抄本《更路簿》上，即载有："自五凤去鱼鳞，用辰戌，四更收，对东南，半路有'线'一只，名曰'半路线'"。

（42）仙宾礁

分布于 9°43′～9°49′N，116°25′～116°37′E 范围内。是分布于同一环礁上的礁块总称。

1935 年公布为西宾那滩，1947 年公布为仙宾暗沙，1983 年公布标准名。渔民称为"鱼鳞"。长约 22km，宽 6.8km，面积为 94.69km²，潟湖面积为 77km²。仙宾礁基底属礼乐盆地，为古近纪新近纪盆地沉积，并有白垩纪地层。为一半开放型环礁，外缘陡深。该礁的东半部由许多被海水冲刷得礁块所形成，西半部由礁滩组成，礁滩上潟湖水深 3.6～18.2m。口门多，其中最大的在潟湖的东部。低潮时整个礁平台露出，礁盘西部沉积物多为粗砂和细砾，潟湖中以中砂为主，东南部较窄，但礁头凸起，海水冲刷较烈。潟湖内无碍航物，潟湖西部锚地宽广，但避风条件较差。

（43）钟山礁

9°46′N，116°44′E。为仙宾礁东方一珊瑚礁。1983 年公布为钟山礁。

（44）立新礁

9°51′N，116°35′E。位于仙宾礁北方的一珊瑚礁。1983 年公布为立新礁。

（45）片礁

9°32′N，116°24′E。位于仙宾礁南方一珊瑚礁。1983 年公布为片礁。

（46）蓬勃暗沙

9°27′53″N，116°55′37″E。1935 年公布为傍俾滩，1947 年公布为蓬勃暗沙。渔民称为"乙辛"。苏德柳抄《更路簿》称："自鱼鳞至乙辛，驶乙辛三更"，即自仙宾环礁向东南行 180 里（一更约 60 里）。低潮露出。蓬勃环礁直径约 1.85km，面积为 2.68km²。潟湖面积为 1.07km²。水下浅滩呈东西长 3.8km。基底位于水深 2000m 海下台阶之上，位于礼乐盆地和巴拉望盆地之间，为断裂带所在。东北端有高 0.6m 礁石出露海面，称为"马祖岩"，现定名为"乙辛石"，以示航向。礁环退潮时可以干出，四周无门。潟湖底部为沙质，湖内水深 29.3～32.9m。该礁与舰长礁位于南沙群岛"危险地带"之东缘，扼巴拉望水道之要冲，在航海上，其地理位置十分重要。环礁上潮差为 1.2m，涨潮流向东北。

（47）乙辛石

9°27′N，116°56′E。为蓬勃暗沙东北部一礁石，海拔 0.6m。因我国渔民从海口礁来此处捕鱼作业用乙辛方位，故名乙辛石。1983 年公布乙辛石为标准名称。

（48）牛车轮礁

9°36′N，116°10′E。位于仙宾礁之西南 18.4 海里，在信义礁东北约 19 海里。海南渔民习惯称为"牛车英"，"英"即"辘"，意即"轮子"，故定名时改用"轮"。渔民又因本环礁形扁，故又称为扁礁（刘南威，1996）。从卫星照片中测知为一独立小型环礁，呈豆形，长轴走向为北北东向，环礁面积约为 1.5km²，长约 2000m，宽 800m，中部潟湖已塘化——生长珊瑚礁与砂砾填充，水深 2～5m。高潮淹没，低潮露出，退潮时礁盘可以干出。没有明显潟湖存在，高潮时，全环礁被淹没。是一个向台礁转化的末期环礁。台礁为建造高脚屋的良好基地。

（49）海口礁

9°11′N，116°27′E。1935 年公布为东北调查礁。1947 年公布为海口暗沙，1983 年定名为海口礁，公布于世。渔民称为"脚跋"，海南话"脚盆"的译音，意为形似洗脚盆。外形呈东西延长"口"字形，礁体面积为 3.69km²，干出时为 4.16km²。潟湖面积为 1.06km²，长轴 2.75km，宽 1.98km。为一完整的环礁，无礁门。高潮淹没，低潮露出，其礁湖已塘化，生长珊瑚，底部有生物砂。礁环东端，西北端宽达 700m，北和南狭至 200m，为无口门封闭式环礁，礁湖水深不超过 20m，礁盘上有 400 多吨沉船体。海口礁是珊瑚繁生区，礁盘砂屑成分可占 20%，珊瑚藻占 30%。潟湖沉积珊瑚砂占 19.31%，软体动物占 19.97%，珊瑚藻占 19.78%。

（50）舰长礁

9°02′N，116°39′E。位于半月礁东北约 231 海里。1935 年公布为无劳加比丹礁。1947 年公布为舰长暗沙，渔民称为"石龙"。环礁东西长 4.4km，南北宽 2.68km，面积为 8.5km²。潟湖面积为 5.06km²。退潮时，礁盘可出露海面。潟湖底质多为沙与珊瑚。水深为 27.4～31.1m，潟湖内已有点礁发育。退潮时无口门外通。为建造高脚屋的良好基地。在该礁附近有流速约 0.8kn 的西南流，1966 年该礁的西北侧有触礁沉船。

（51）石龙岩

9°02′N，116°39′E。实为舰长礁西南方一礁石，因我国渔民称舰长礁为石龙，故称此礁石为石龙岩，1983 年公布。

（52）仙娥礁

范围介于 9°22′～9°26′N，115°26′～115°28′E。位于信义礁西约 25 海里。1935 年公布为亚利斯亚安尼礁。1947 年公布为仙娥滩，1983 年公布仙娥礁为标准名。渔民称"鸟串"，"串"即"嘴"。环礁南北长 7.4km，东西宽约 4.6km，礁环北端宽达 1375m，东侧最狭为 375m，面积为 20.75km²，潟湖面积为 11.12km²。高潮时淹没，低潮南北两端出露，礁盘北部有沙洲发育，位于高潮线上 1.2m，面积为 0.25km²，呈白色。潟湖水深 20m 以内，点礁不发育，无口门。北北东处有一小缺口。礁盘沉积物较粗，由粗沙到细砾，潟湖坡上变细，潟湖底为细砂或粉砂质砂分布。最大潮差可能超过 2m。

（53）信义礁

介于 9°20′～9°21′N，115°54′～115°58′E，仁爱礁西南约 18 海里处。1935 年公布为汤姆斯第一滩，1947 年公布为信义暗沙，1983 年公布为信义礁。渔民习惯称它为"双担"。长 7.4km，宽 1.5km，面积为 7.5km²，潟湖面积 1.44km²，水深 4～12m。属封闭性环礁，船不易驶入。有新发育的沙洲地形。环礁外坡急，水深，击岸浪花显著，但环礁东、西两端向海坡可做锚地，渔民来此，顺便生产，不作为主要生产作业区。目前以生产公螺出名，为渔民不断前来采捕的对象。最大可能潮差为 2.6m。

（54）半月礁

8°54′N，116°17′E。位于司令礁东北约 64 海里。1935 年公布为半月滩，1947 年公布为半月暗沙。1983 年定名半月礁公布。形似半月形亦似"海弓"。译自中国渔民用名。长轴近 6.8km，宽约 3km。面积为 14.25km²，潟湖面积为 10km²，水深大于 20m，最深 45m。环礁由海底 1500～2000m 深处海台升上海面（图 6-36）。礁环发育完整，以西侧为发育，东侧礁环狭窄，并于南端断开成门，口门宽 180m，水深 12.8m，可为船只出入潟湖通道，退潮可入 300t 船。礁盘东北方有 7m² 礁石出露，高出礁盘 2m（1987 年）。潟湖内已有点礁发育，有几个发育到水面下 0.3～5.5m 浅处。因为这个环礁东南部被淹，退潮也呈口门，且水产丰富，为我国渔民主要渔场与捕捞作业主要基地，又是良好锚地。潮差大于 1m，潮流急（图 6-37）。

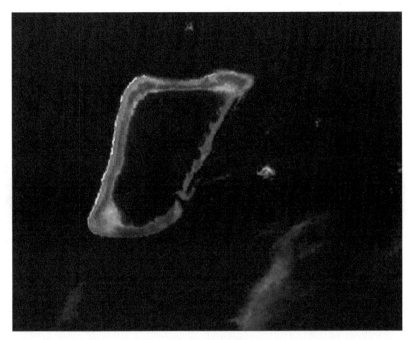

图 6-36　半月礁卫星图片

图 6-37　半月礁科考照片

5. 南沙群岛西南区主要岛礁

（1）永暑礁

介于 9°31′～9°42′N，112°52′～113°4′E。距我国大陆约 740 海里，距榆林港 560 海里。1935 年公布为十字火礁或西北调查礁。1947 年公布为永暑礁。渔民习惯称为"上戊"，上涌之意。永暑环礁地处太平岛至南威岛的中途，居南海中央航线和南华水道交汇处，西北距金兰湾约 250 海里，是经南华水道后首站。为一长纺锤形环礁，长轴呈东北到西南走向，环礁面积为 4km²。整个礁盘长约 25.9km，宽约 7.75km。礁盘面积为 108km²。环礁由水深 2000m 的海台上升海面，水深 15～40m。潟湖在中部，水深 5～11m（图 6-38，图 6-39）。环礁北部发育良好，西南部礁体不成礁环。潟湖向南端开口分成西南门和南门两只水道出海（宋朝景等，1991）。东北礁盘扩展良好，有礁盘干出，易于建筑高脚屋，并且位于南海主航路上，宜于建立灯塔导航，又为渔民西头作业线首站。1988 年联合国委托我国设立海洋气象观察站即建于此礁。

（2）尹庆群礁

介于 8°48′～8°55′N，112°12′～112°53′E。1947 年与 1983 年我国政府公布为尹庆群礁。包括华阳礁、东礁、中礁与西礁等 4 个礁滩。4 个环礁东西向一字排开，礁间浪溅流急。东西向横亘 70.4km，周围陡深。

（3）华阳礁

范围介于 8°51′～8°54′N，112°50′～112°53′E。1935 年公布为克德郎礁，1947 年与 1983 年公布为华阳礁，渔民习惯称为"铜统仔"。环礁长 5.6km，宽 1.48km，面积约 8.2km²。潟湖面积为 0.53km²，水深 1～2m，退潮干出，为珊瑚中砂、粗中砂披盖，有点礁发育（图 6-40，图 6-41）。礁盘中间低而平坦，由珊瑚砂和珊瑚石组成，四周高。在礁盘的礁

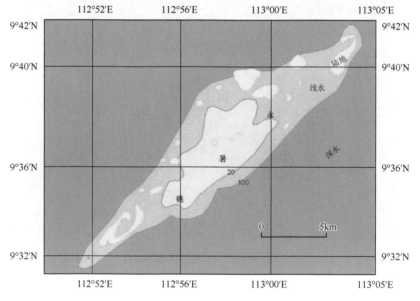

图 6-38　永暑礁地形简图

图中数字为等深线

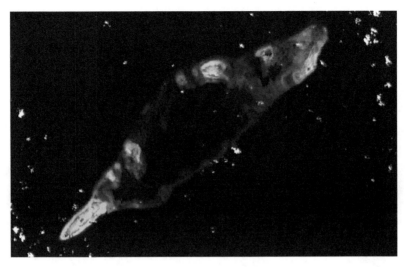

图 6-39　永暑礁卫星图片

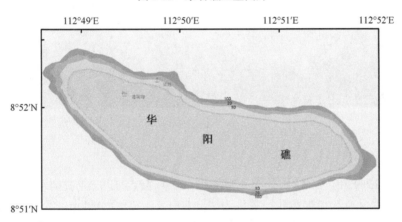

图 6-40　华阳礁地形简图

图 6-41　华阳礁卫星图片

头上，立有中国的主权碑。由于环礁为渔民东线及南线作业必经之地，建高脚屋及永久性设施于此，以建为渔业基地。华阳环礁东临北康水道，为海上航路要冲。

（4）东礁

范围介于 8°48′～8°50′N，112°33′～112°40′E，为尹庆群礁东部一环礁。1937 年公布为东零丁礁，1947 年与 1983 年公布名为东礁。渔民称为"大铜统"。似纺锤形，呈东—西走向，东西长达 13.23km，南北宽 1.8～3.9km，面积为 39.16km²，礁坪面积为 25.1km²，中间潟湖面积为 15.34km²（图 6-42）。礁环不连续，口门地形发育在西南端，有两门可进小船。潟湖水深 7.5～15m，内有众多点礁发育。为我国渔民西头生产作业线基地之一。

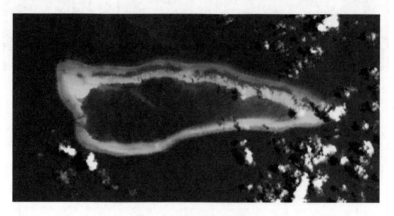

图 6-42 东礁卫星图像

（5）中礁

8°56′N，112°22′E。1937 年公布为中央礁，1947 年与 1983 年我国政府公布为中礁。渔民因它长条状又有缺口如鼻孔，故称为"弄鼻仔"。长约 0.9km，宽 0.08km，面积为 1.3km²。礁盘长 2.42km，宽 1.45km，面积为 2.2km²。礁环发育完好。口门地形发育在东南部，礁盘一部分在退潮时干出。在正向西南季风的西南礁盘上，已有沙洲发育。小沙洲可称为"中礁西沙洲"，未生长草木。东端礁盘发育较好，有小沙洲发育，可称"中礁东沙洲"，由白色珊瑚沙堆积而成，无草木。东西两小洲为渔民晒海参地点。该礁正当群礁交通要冲，是建筑高脚屋的良好基地，也为良好泊地。

（6）西礁

介于 8°49′～8°53′N，112°12′～112°17′E 范围内。1935 年公布为西零丁礁，1947 年与 1983 年公布为西礁。西礁实为环礁，作东西长形，有两个口门，中有潟湖，形似鼻孔和鼻管。渔民称为大弄鼻。环礁东西长 10.5km，南北宽 2.3km。面积为 39km²，潟湖面积为 27km²。礁盘和礁环宽广，潟湖面积相对较小，水深 11～18m，有点礁发育。东侧有高 0.6m 的沙洲。我国渔民常在沙洲上晒海参。由于封闭性潟湖地形，涨退潮流加急，成为良好航道，3t 船可以驶入潟湖。

（7）南威岛

8°39′00″N，111°54′40″E，位于尹庆群礁的西礁之西南方。1935 年公布为暴风雨岛或斯巴拉脱岛，1947 年月 1983 年公布为南威岛。渔民称为鸟仔峙，因岛上林密鸟多而得名。

也称为"草鞋石"，因为南威台礁形状有如一草鞋而得名，早在明代已有记录。岛长 0.8km，宽 0.38km，面积为 0.146km²，礁盘面积为 0.35km²（图 6-43，图 6-44）。海拔 2.4m。为南沙群岛第四大岛。发育在耸立深海之上的巨大台礁礁盘的中南部。该岛为南海航道分叉地点，即北上海南岛和东北上台湾海峡航道分叉。新加坡至香港、马尼拉航线经岛西而过，地理位置重要。岛上有植被和鸟粪层，为我国自古以来南沙渔业基地。船舶在岛的东北方或西南方任何一边的滩上均可抛锚。但水深在 18.2m 以下的地方海底险恶，起伏不规则，不可进入锚泊。潮汐类型为日潮，潮差 1.3～1.5m，涨潮西南流，落潮东南或东北流。

图 6-43　南威岛航拍影像

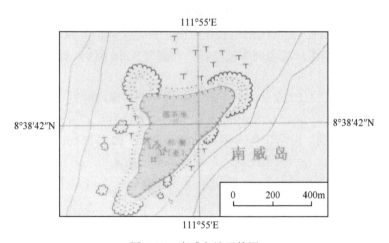

图 6-44　南威岛地形简图

（8）日积礁

范围介于 8°39′～8°40′N，111°39′～111°42′E，位于南威岛西 12 海里处。退潮露出，为一环礁。1935 年公布为拉德礁，1947 年与 1983 年公布为日积礁。我国渔民习惯称为"西头乙辛"。岛似椭圆形，东西长 5.53km，宽 1.84km，面积为 10km²。有一个口门在礁环南侧，只能驶入 20t 小船。潟湖底质为白色珊瑚沙。我国渔民来此作业后，多返回其他礁区。西北端有一触礁沉船。

（9）康泰滩

9°21′N，111°44′E，位于日积礁北约 36 海里，水深 289m。1983 年公布此名。康泰，三国吴人，任孙权手下中部，奉派巡游南海，著有《扶南传》，后人为纪念其功绩，故以其名字命名。2002 年我国在此建立 NS99-57 科学考察站并驻扎人员。康泰礁位于永暑礁西部，战略地位重要。控制此滩，可弥补永暑礁西边防卫的空档，并顺势护卫两者之间的逍遥暗沙，与华阳礁遥相呼应，形成"华阳礁-康泰滩"犄角。

（10）朱应滩

8°32′N，111°28′E。位于日积礁西南约 9.5 海里，水深约 305m。1983 年公布为朱应滩。朱应原是我国古代旅行家，三国吴人，随康泰巡游南海，著有《扶南异物志》等。后人为纪念朱应，故名。

（11）广雅滩

8°08′N，110°31′E。为一椭圆形环礁，长 38.72km，宽 7.4～13.85km。面积浅于 20m 水深范围内达 212km²。在大陆坡 600m 水深处海台上由珊瑚骨架、碎屑逐渐堆筑而成，礁环形态完整。中部为潟湖。在礁环西北角最浅，水深 7.5m，其他部分水深处于 15～19m。由于临近南海主航道，地理位置重要。

（12）人骏滩

介于 7°58′～8°02′N，110°35′～110°38′E，位于南沙群岛西部，西北与广雅滩相距 3.5 海里。以清末广东总督张人骏命名。又称近广雅滩。1935 年公布名称为埃勒生达滩。1947 年和 1983 年公布名称为人骏滩。南北长 9.59km，东西宽约 6.5km，面积为 34km²。平均水深 27.4m。礁盘外北部水深 448m，西部 292m。是在大陆坡上 600m 水深处海台上发育形成。由于海水透明度大，故珊瑚生长良好。东侧有 5.5m 和 9m 深的礁斑。

（13）李准滩

在 7°46′～7°50′N，110°26′～110°31′E 范围内。以清末水师提督李准名字命名。1935 年公布名称为格陵泽滩，1947 年和 1983 年公布名称为李准滩。为南沙群岛西部，在广雅滩以南 12 海里处的环礁，南北长 9.6km，东西宽 3.7km，面积 26km²。水深界于 18～37m，个别礁点水深约 10m。海水透明度大，潟湖底部珊瑚清晰可见。李准滩在大陆坡上水深 600m 的海台上形成。东侧为 1000m 断层崖直泻 2000m 海底平原，断层作西南向，伸到大陆架边缘。

（14）万安滩

范围于 7°28′～7°33′N，109°36′～109°57′E。在李准滩西南 35 海里处。1935 年我国曾公布名称为前卫滩，1947 年和 1983 年公布名称为万安滩。似新月形，礁体长 63km，宽 11km，面积为 712.44km²。水深最浅 16.4m，东北部与中部多为 20～40m，西南部为 40～120m。潮汐类型为全日潮，西部平均潮差大于 1m。

（15）西卫滩

7°52′N，109°58′E。1935 年我国公布名称为比邻康索滩。1947 年和 1983 年公布名称为西卫滩。南北长 30km，东西宽 17km。礁体水深为 56～93m，底部珊瑚丛生，海水透明度大。是以海深 600m 的台阶状大陆坡为基底而发育的珊瑚礁体。

（16）奥援暗沙

8°9′N，111°58′E。为水下环礁，最浅处 6.5m。环礁宽约 3.7km，由众多散列暗礁构成。是在水深 1000m 的阶梯状大陆坡上发育的珊瑚礁体。

（17）南薇滩

位于 7°31′～7°57′N，111°32′～111°46′E 范围内，居于"危险地带"之内，在奥援暗沙西南约 23 海里处。1935 年公布为来福门滩，1947 年和 1983 年公布为南薇滩。为南海大型环礁之一，南北长达 52.24km，东西宽达 22.48km，面积为 747.9 km²，潟湖面积为 443km²。由海底 1800m 深的水下平原上耸立的海山上发育的珊瑚礁体组成的环礁。潟湖水深 22～83m，四周礁环水深 17～32m。南薇滩中部最深，水深达 82m。潮汐类型为全日潮。

（18）蓬勃堡

7°56′30″N，111°44′30″E。1935 年我国公布名称为傍卑炮台滩。1947 年和 1983 年公布名称为蓬勃堡。实为南薇滩东北端的一个暗礁，长 12.25km，宽 5.27km，面积为 54.9km²（刘宝银，2001）。水深最浅处只有 3.2m，其他部分水深 23m。环礁基底有含油气远景。

（19）金盾暗沙

7°32′N，111°32′E，系南薇滩南端堆积之暗沙。1935 年我国公布为顷士登滩，1947 年和 1983 年公布为金盾暗沙。长 13.64km，宽 2.15km，面积为 53.5km²。水深 10.9～12.8m。礁盘外南端陡深，相距 1.6 海里外水深超过 900m。1998 年为越南占领。

（20）奥南暗沙

7°42′N，111°45′E，为南薇滩东端堆积之暗沙。1935 年我国公布为阿利那滩，1947 年和 1983 年公布为奥南暗沙。在环礁最东侧，长 14.26km，宽 5.58km，面积为 67.1km²。水深 8.2～10.9m.（刘宝银，2001）。

（21）常骏暗沙

7°46′N，111°34′E。为南薇滩西北部一暗沙。1949 年曾称为金盾北暗沙，1983 年定为常骏暗沙，名字为纪念隋代 607 年出使赤土国建交官员。长 13.64km，宽 5.45km，面积为 51.8km²。浅处水深只有 7.3m。西部外侧都深。

（22）逍遥暗沙

9°28′N，112°24′E，位于永暑礁西南约 24 海里处。1947 年和 1983 年公布为逍遥暗沙。

6. 南沙群岛东南区主要岛礁

（1）曾母暗沙

3°57′44″～3°59′00″N，112°16′53″～112°17′10″E，是由曾母礁丘、八仙暗沙和立地暗沙组成的群礁。1935 年我国公布为曾母滩，1947 年和 1983 年公布为曾母暗沙。形如纺锤状的水下珊瑚暗礁体，由礁核与礁翼两部分组成。发育在水深 40～50m 的南海陆架上。礁丘脊部呈北北西走向，为水下珊瑚礁，长达 2.4km，宽约 1.4km，面积 2.12km²。已知的最浅水深约为 17.5m，礁缘水深 40～46m。顶部有一水深为 30m 左右，面积为 0.5km² 的锚地。八仙暗沙面积为 0.31km²，最浅点为 23.8m。

（2）弹丸礁

7°24′00″N，113°48′00″E，在南沙群岛中南部，安渡滩西南 13.9 海里，光星礁南 12 海里处。它是由狭长的珊瑚礁带围成浅水潟湖。在其东北端附近有数个高达 1.5～3m 的礁石，而在其东南边也有数个露出水面的礁石。1935 年我国政府公布为燕子窝，1947 年公布为弹丸礁。渔民习惯称为"石公厘"。"石公"指礁盘边上的礁石似人形而言，"厘"即篱笆，指成群礁石排列站立如篱笆，故名。礁盘东北向西南延长，长 7.56km，宽 2.24km，面积为 16km²。潟湖 4.78km²，潟湖内有锚地，南部有东南和西南走向的两个浅的人工水道口门（图 6-45）。环礁东端有成群出水高礁石，成为南海航行的良好标志，也是我国渔民南头生产作业线必经的地点。

图 6-45 弹丸礁航拍影像

（3）光星仔礁

7°37′30″N，113°56′00″E，位于安渡滩西南端，弹丸礁的北北东方向约 14 海里处，为一形似三角形环礁。因在海上观望有如天上光亮的金星，而命名。是安渡环礁西南端礁体一部分。长 5800m，宽达 1200～3600m，面积约为 0.5km²。环礁礁盘发育，退潮干出。南边有深水区，高潮时，20t 小船可以驶入。

（4）光星礁

7°36′～7°38′N，113°45′～113°50′E。位于海口礁东南约 36 海里。旧译为大獭礁。为封闭干出的独立深海的小环礁。东西走向，长 9.22km，宽只 2.7km，面积为 17km²。礁坪完整，无礁门，退潮干出。潟湖长 6.4km，宽只 400～600m，潟湖面积为 2.96km²。附近无锚地，高潮时小船可靠近潟湖。

（5）毕生礁

8°58′N，113°42′E，安波沙洲东北方的小环礁，位于石盘仔南 13.51 海里。渔民习惯称为"石盘"。1935 年称为披尔逊礁，1947 年译成毕生岛公布，1983 年改为毕生礁。全长 9.21km，宽处约 1.84km。面积为 19.58km²。潟湖面积为 2.45km²。环礁基底于海底 2000m 深处。环礁退潮时可干出。只在南面有门外通。在东北部礁盘上，已有小沙洲形成，高出海面 1.6m，可称"东北沙洲"。但未有草木生长，大潮时沙洲仍可淹没，但已成为我国渔民活动地点。旁边还有一小沙洲称"西南沙洲"，海拔 0.9m。毕生礁位于南化水道南侧，北康水道东侧，是航道上要冲，且有良好陆地作为基地建设依据。

（6）石盘仔

9°12′30″N，113°40′00″E，位于毕生礁北 13.51 海里处。为椭圆形珊瑚礁体，面积为 1.8km²，水深 1.8m。低潮不露，为暗礁，水深约 2m。航海上视为险途。

（7）六门礁

范围介于 8°46′～8°50′N，113°54′～114°03′E，在毕生礁南约 21 海里。因渔民称这座有 6 个主要口门地形的环礁为六门而定名。为一椭圆形环礁，东西延伸约 20.28km，中部最宽处约 7.38km，面积为 72.5km²，其中，礁坪面积为 36.8km²，潟湖面积为 35.82km²，是南沙群岛中礁坪面积第二大的，仅次于柏礁。事实上除南面 6 个口门外，北面也有两个门。北面口门因有珊瑚礁而显得水浅，宽约 650m。南面口门水深 9m，可进 30t 以上船只。潟湖有点礁发育，为海藻繁盛地点。

（8）南华礁

8°40′～8°46′N，114°10′～114°12′E，南沙群岛中部，尹庆群礁东侧，无乜礁西 21 海里处的一个环礁。南华环礁渔民称为恶落门（荷落门）。因南门入潟湖时，遇北风即难驶入，故名"恶落"，意即"难入"之意。1935 年公布名称为南康华里礁。1947 年和 1983 年公布名称为南华礁。长 8.9km，宽 3.5km，面积为 38.78km²，潟湖面积为 17.09km²，水深 9m。礁环发育完整，退潮干出，有零星礁石隐没湖中。口门地形只存在东南端礁环最狭处，口门水道弯曲，阔 370m，水深 9.1m，只能驶入 20t 小船。

（9）南华水道

8°40′～10°55′N，112°35′～116°30′E。是指西北边九章群礁、仙娥礁、半月礁与南边的南华礁、无乜礁之间的水道。因近南华礁得名。1983 年公布为南华水道。

（10）无乜礁

介于 8°50′～8°53′N，114°38′～114°41′E 范围内，位于榆亚暗沙之北，东南距司令礁 40 海里的一个环礁。呈东北—西南走向，形似三角形。长 7.52km，宽 2.5km，最宽处 3.7km，面积为 23km²，潟湖面积为 7.79km²。环礁基底是于海面下 2000m 深处的火山。礁盘退潮可干出，没有口门地形发育，船无法驶入。无乜礁是一个环礁，礁盘上有火山物质，礁体呈褐色，说明该礁可能是在死火山基础上发育而来。无水产，渔民多不来此进行生产作业。

（11）司令礁

8°20′～8°24′N，115°11′～115°17′E。因形如眼镜，故渔民称为眼镜铲。环礁长 12.6km，宽 1～2.6km，面积为 45km²。潟湖被湖中高约 0.6m 的沙洲分成东西两个，相隔 7.2km，西部潟湖面积为 5.78km²，东部潟湖 1.76km²。环礁四周无浅水口门发育。

（12）南乐暗沙

8°29′N，115°31′E，在司令礁东北约 15 海里。1935 年公布名称为格拉斯哥礁。1947 年和 1983 年公布为南乐暗沙。

（13）指向礁

8°28′N，115°55′E。位于南乐暗沙的东边，紧靠南沙海槽，在半月礁西南约 19 海里。1935 年公布名称方向礁，1947 年和 1983 年公布名称为指向礁。

（14）校尉暗沙

8°30′N，115°14′E。位于司令礁北约 7 海里，实为珊瑚礁石。1935 年公布名称为东北社礁。1947 年和 1983 年公布标准名为校尉暗沙。"校尉"原为我国古代官职名。

（15）都护暗沙

8°02′N，115°23′E，位于司令礁东南约 18 海里，实为暗礁。1935 年公布名称为北毒蛇滩。1947 年和 1983 年公布为都护暗沙。"都护"原是我国古代官职名。

（16）双礁

8°20′N，115°24′E。为司令礁东方两个礁湖暗礁。1983 年公布为双礁。

（17）柏礁

8°04′～8°17′N，113°15′～113°23′E，位于尹庆群礁东南约 50 海里处的一个环礁。1935 年公布为霸加那大礁。1983 年定名柏礁。渔民习惯称海口线。环礁长 23.5km，宽 3.7km，面积为 63.8km²，潟湖水深 1.5～3m，潟湖面积为 21.29km²（刘宝银，2001）。柏礁是南沙群岛各岛礁中礁坪面积最大的（表 6-3）。无口门地形发育，船不能进入。礁盘大而水浅，海产多，有利捕捞，地理位置又处于南沙群岛南部中心地带，为南沙群岛主要渔场和生产作业基地。礁盘上以礁头多为特色，如鸟鱼锭石、单柱石（4.6m）等。

表 6-3　南沙群岛中礁坪面积最大的八个单体礁*

礁体名称	礁坪面积/km²
柏礁	49.5
六门礁	36.8
榆亚暗沙	27.4
司令礁	25.4
东礁	25.1
南华礁	22.3
大现礁	20.7
南海礁	19.4

*据广东地名委员会，1987

（18）单柱石

8°04′N，113°15′E。是在柏礁南端一个海拔约 4.6m 的礁块，形似柱子，故我国渔民向称单柱。1935 年公布名称为立沙礁，1947 年公布名称为立威岛。1983 年公布以单柱石为标准名称。

（19）鸟鱼锭石

8°15′N，113°22′E。指的是榆亚暗沙北段一暗礁，我国渔民称为鸟鱼锭。1983 年公布鸟鱼锭石为标准名称。

（20）安波沙洲

7°52′12″N，112°54′43″E。1935 年公布为安波那暗礁。1947 年公布为安波沙洲，1983 年同。由于礁盘近圆形，形似锅盖，故渔民称之为"锅盖峙"。实为露出海面的灰沙岩岛,是我国最南的岛陆。沙洲长 0.3km,宽 0.14km,面积为 0.0158km^2,礁盘面积为 2.7km^2。海拔高度 1.8m(刘宝银,2001)。东部主要是沙和珊瑚礁,西部被鸟粪层覆盖,上有碎石。洲上杂草丛生,但无树木。我国渔民常住洲上从事生产活动,用石子、珊瑚礁、木板、竹子和旧船料等搭屋。沙洲附近涨落潮时间不稳定,涨潮北流;落潮西流,流速 1.5kn。

(21)隐遁暗沙

8°27′N,112°57′E。位于安波沙洲北约 32 海里。1935 年公布名称为斯塔格司滩。1947 年和 1983 年公布名称为隐遁暗沙。

(22)榆亚暗沙

介于 8°7′~8°14′N,114°30′~114°50′E 范围内,位于安渡礁的东北方,西距簸箕礁约 20 海里。为一断续的环礁。1935 年公布为调查礁。1947 年公布为榆亚暗沙。渔民习惯称为"深筐",表示这个由礁石包绕的洼地特别深而得名。礁环长 32.16km,最宽处 11.74km,面积 227km^2,潟湖面积为 96.48km^2。水深 5.5~18m,潟湖有 45.7m 深水点(刘宝银,2001)。东南口门是该环礁最好口门,宽近 400m,水道深达 36.6m。西北口门也可进 30t 以上船只。西南口门较大,由于点礁将口门分成东西两个。环礁北部低潮时露出水面,高潮时西端也有若干礁石出露。榆亚环礁为南头生产作业线必经的环礁,环礁中水产资源丰富,礁环广大,礁盘发育,宜作高脚屋建筑地点,交通条件也较好。

(23)金吾暗沙

7°59′N,114°52′E,位于榆亚暗沙东南约 8 海里处,为水下暗礁。环礁完整,礁湖水深,无礁门。1935 年公布名称为西南社礁。1947 年和 1983 年公布名称为金吾暗沙。金吾是我国古代官职名。

(24)普宁暗沙

7°35′N,114°39′E。位于榆亚暗沙南约 29 海里处,水深约 16m。1983 年公布为普宁暗沙。

(25)保卫暗沙

7°30′N,115°00′E,位于榆亚暗沙东南约 39 海里处,为一孤立暗沙。1935 年公布名称为南毒蛇滩。1947 年和 1983 年公布为保卫暗沙。

(26)二角礁

8°12′N,114°12′E,是指榆亚暗沙北段的一个暗礁,呈东—西走向,礁盘宽为 0.84km,东西长达 4.92km,面积干出时为 3.74km^2。

(27)浪口礁

8°08′N,114°33′E。是指榆亚暗沙西端的一个暗礁,礁体呈东北—西南走向,长达 14.88km,宽约 2.64km,有不少孤立礁头出水。干出时面积为 20.88km^2。渔民称该礁为浪口,我国于 1983 年公布为浪口礁。

(28)线头礁

8°8′N,114°48′E。是指榆亚暗沙东段的一珊瑚礁。礁盘退潮干出,长 4.2km,宽 1.2km,干出时面积为 4.9km^2。

(29)安渡滩

7°30′~7°57′N,113°55′~114°30′E,位于榆亚暗沙西南,是个大环礁。1935 年公布为

阿打西亚滩，1947 年与 1983 年公布为安渡滩。东北—西南向伸长达 69.65km，宽度 22.13km，面积达 1287km²，与郑和群礁面积相当，但岛屿不多。潟湖面积为 607.6km²，潟湖水深最深达 64.9m，一般在 40～49m。大部分礁环在海面以下，水深为 3.7～18.3m 不等。礁环西北侧有破浪礁，西南端有光星仔礁。礁区流速强，达 1 节，附近海流为西向。日潮差 1.5，为全日潮。

（30）皇路礁

6°56′40″N，113°36′00″E。位于"危险地带"以南，在弹丸礁西南约 25 海里。1935 年公布为无劳柴乐礁，1947 年公布为皇路礁。渔民习惯称为"五百二"，意即渔民的祖辈曾在这里拣到 520 块银锭而定名。为大陆坡环礁。皇路环礁长 1.9km，宽 1500m。潟湖长 700m，宽 400m，礁环完整，无口门地形发育。为我国渔民南头生产作业线的必经处。东南礁盘发育良好，有数个高 0.6～1.2m 圆形礁石端露出水面，礁盘低潮时大部分干出（钟晋梁，1991）。现东南礁盘上竖 8m 高的太阳能航标塔，指示航行险区，在其北、东北、西北和西南各有一沉船。

（31）南通礁

6°20′N，113°14′E。在皇路礁西南 42 海里处。1935 年中国公布名称为路易萨礁，1947 年和 1983 年公布名称为南通礁。渔民称为"丹节"即"单节"，是"一段"之意。指环礁礁盘上出露一节礁头之意，这节礁头高出海面达 1.8m 之高，可作为航行标志。南通环礁也是大陆坡上生长起来的环礁，基座是水深 1300～1600m 台阶。环礁作东西向延展，长约 1800m，宽约 900m，200m 等深线内面积为 52km²。礁环发育良好，礁环宽度 200～300m，潟湖占总面积的 2/5。退潮时可干出，无口门地形发育。自 1993 年，为文莱占领，南面礁盘外侧有 8m 高航标塔（钟晋梁，1991）。

（32）北康暗沙

介于 5°22′～5°59′N，112°22′～112°36′E 范围内，南通礁的西南方。1935 年公布为北卢康尼亚滩。1947 年与 1983 年公布为北康暗沙。长 68.15km，宽 6～28km，面积为 650km²。由 8 个小环礁组成，无安全的水道。处于大陆坡和大陆架的分界区。北东西三面临 1000m 深海平原，南面和大陆架相连。暗沙群水深在 100m 以内，并形成环礁链。全日潮，西南部平均潮差小于 0.5m。

（33）玉诺礁

8°30′N，114°21′E。位于榆亚暗沙西北约 251 海里处，为一暗礁。1935 年公布为马林诺暗礁，1947 年公布为玉诺岛，1983 年公布为玉诺礁。潟湖小而无出口。

（34）簸箕礁

8°06′00″N，114°08′00″E。位于南海礁东北方 131 海里处，为圆形礁平台。按我国渔民名称定名，因环礁形态似"簸箕"。长 3km，宽 1.8km。潟湖不大长 1.5km，宽 700m。礁环发育良好，退潮干出。潟湖水浅，无口门地形发育。水产丰富，周围主要出产砗磲。是我国渔民主要生产作业区之一。

（35）南海礁

介于 7°56′30″～8°00′00″N，113°53′00″～113°58′00″E 范围内。1935 年公布名称为马立夫礁。1947 年和 1983 年公布名称为南海礁。渔民习惯称为"铜钟"，因为环礁形态似一倒置铜钟而得名。环礁由西北向东南延展 11.06km，宽 0.6～2.94km，面积为 28km^2。潟湖中部有高出水面 1.5m 的小沙洲发育，将长条状的潟湖分为西北和东南两个，西北部面积为 4.42km^2，东南部为 0.34km^2（刘宝银，2001），无口门地形。潟湖小沙洲海拔 1.5m，由白色珊瑚及贝壳砂所成，未生草木，是海龟登陆产卵良好地点。渔民利用为在南海环礁渔场作业的基地。

（36）息波礁

7°57′N，114°02′E。位于南海礁东约 3 海里处的暗礁。1935 年公布为安达息波礁。1947 年和 1983 年公布为息波礁。

（37）盟谊暗沙

5°57′N，112°32′E。系北康暗沙中的一个暗沙，位于南通礁西南约 50 海里处。1935 年公布为友谊滩，1947 年公布为盟谊暗沙。大陆架环礁，基底水深不到 200m，环礁东西和北面水深急增，超过 1000m。环礁南北长 3km，宽 1.8km。潟湖中有一点礁，直径约 200m。礁环发育良好，最浅处达 8m 水深，无口门地形，为我国渔民南头生产作业线所经。

（38）海康暗沙

5°56′N，112°31′E。水深 5.1m，弓形礁环。为北康暗沙中一暗沙。

（39）义净礁

5°54′N，112°33′E。1983 年我国公布定名义净礁。水深 9.6m，为一小礁环。

（40）法显暗沙

5°45′N，112°33′E。水深 9.1m，北康暗沙中的一个暗沙，为东北到西南一组礁环。

（41）北安礁

5°39′N，112°32′E。在南安礁之北，属北康暗沙中的一个暗沙。暗沙呈东北向西南延展 10.9km，东西宽约 7.5km。具备大陆架环礁地形特点，礁环宽度一般为 350m，东北端礁盘宽达 500m。潟湖广大，缺少大型点礁。最浅水深约 3.6m，在西北 2～5 海里处，有两个险滩。

（42）南安礁

5°32′N，112°35′E。1935 年公布名称为破海马滩，1947 年与 1983 年公布为南安礁。环礁的基底为 150m 水深大陆架。由西西北到东东南伸延达 16.8km，由北北东尖端向西南底边距离 13.5km，由一连串狭窄而长条形的礁环包绕，中部潟湖广大。礁环宽度以东北边为宽广，一般宽 300～450m，南缘较狭。礁环水深在 4～11m，最浅处只有 2.7m（曾昭璇，1997）。

（43）南屏礁

5°22′N，112°38′E。1947 年公布。接近赤道。我国渔民习惯称为"墨瓜线"，又称"棍猪线"。已发育成典型的大陆架环礁，面积 1.8km^2。礁盘四周坡陡，风浪冲击强烈。环礁水深多在 4～11m，最浅处为 2m，活珊瑚繁盛。是我国渔民南头生产作业线常到的环礁。低潮露出，四周破浪冲击。

（44）康西暗沙

地理位置为 5°36′30″N，112°22′40″E。发育于大陆架上的环礁。长 9.3km，宽 5.6km，中部水深 7.3m。

（45）海安礁

5°02′N，112°30′E，位于赤道地带，在隐波暗沙西南约 3 海里处。1947 年公布为海安礁。环礁长 17km，呈马蹄形，缺口向西。潟湖水浅，中央水深 54.9m，礁环水深为 4.5～11m。礁环发育以南部为好，宽度超过 300m。

（46）潭门礁

5°04′00″N，112°41′30″E。位于琼台礁东北 3 海里处，因海南省潭门渔民常来此环礁生产作业，故命名。东北到西南长 3.7km，西北到东南宽 1.9km，最浅水深约 3.6m。成半月形环礁，缺口向东，其余三面礁环发育好，宽度达 500m。

（47）海宁礁

4°57′30″N，112°37′30″E。1947 年公布。环礁很小，直径约 740m。潟湖中部水深 55m，礁环浅至 4.6m，外坡陡峻，为封闭性环礁。系巴拉望航道所经地。

（48）琼台礁

4°59′N，112°37′E。位于潭门礁西南约 31 海里处，距曾母暗沙 117km。礁环形态完整，礁盘地形发育，高潮时高出水面。东北礁环和西南礁环间有西北口门及东口门分开。潟湖最浅处水深 3.6m。为建立高脚屋及其他永久性建筑物良好地点。

（49）南康暗沙

在 4°41′～5°07′N，112°28′～112°56′E 范围内。1935 年公布为南卢康尼亚滩。1947 年，1983 年公布为南康暗沙。主体呈东北—西南走向，由暗礁、暗沙和珊瑚浅滩构成。包括隐波暗沙、海安礁、海宁礁、琼台礁、澄平礁、潭门礁与欢乐暗沙等三个水下环礁。全长 38.05km，宽 21.05km，面积以 100m 等深线范围计达 1041km² 。边缘陡深。暗沙有浪花可以辨认。邻近巴拉望水道，地理位置十分重要。

（50）澄平礁

4°51′N，112°32′E。位于海宁礁西南约 5 海里处，实为暗礁。1947 年和 1983 年公布名称为澄平礁。

（51）碎浪暗沙

7°11′N，114°49′E。位于保卫暗沙西南 22 海里处。最浅处水深 82m。1983 年公布为碎浪暗沙。

（52）破浪礁

7°49′N，114°14′E。是安渡滩中一暗礁。1935 年公布名称为格老色似德破礁。1947 年和 1983 年公布为破浪礁。

（53）隐波暗沙

5°06′00″N，112°34′00″E。在南屏礁南方约 41 海里处，由 6 个礁体组成的开放型破碎环礁，其最浅处水深约 8m。

（54）欢乐暗沙

5°01′00″N，112°56′00″E，位于潭门礁东偏南约 10 海里处。以 50m 等深线为范围计，面积近 45km²，水深约 8m。为南康暗沙东端一暗沙。

第7章　南海海洋石油天然气资源[*]

7.1　南海油气资源概况

南海海域分布有 37 个含油气盆地，其中，南海北部有珠江口盆地、琼东南盆地、北部湾盆地、莺歌海盆地、台西南盆地和笔架南盆地等，南海中南部包括万安盆地、曾母盆地、北康盆地、南薇西盆地、中建南盆地、礼乐盆地、文莱—沙巴盆地、西北巴拉望盆地等。含油气盆地面积为 128 万 km²，占南海总面积的 36.5%。

南海是世界最重要贸易通道和潜在的石油、天然气资源富集区。中国国土资源部估计南海石油远景资源量为 244 亿 t、天然气远景资源量为 19676.3 亿 m³（约 117.0 亿 t 油当量），总计 422 亿 t 油当量，约占中国总资源量的 1/3，总价值超过 31.3 万亿美元。美国能源信息局（EIA）估算南海证实和可能储量（proved and probable reserves），石油 110 亿桶（15.1 亿 t），天然气 190 万亿立方英尺（48.4 亿 t 油当量）。合计为 63.5 亿 t 油当量。

目前，南海探明石油储量位居世界海洋石油的第五位（表 7-1），天然气探明储量位居第四位，已经成为世界上一个新的重要含油气区，它与东海陆架组成的亚洲大陆架产油区与波斯湾、墨西哥湾、北海等著名的产油区齐名。南海的油气战略地位非常重要。亚洲经济的强劲增长，促进了该区域对能源的需求，美国能源信息局（EIA）预测亚洲国家石油的消费量正以每年 2.6%的速度增长，到 2035 年将超过 30%；天然气消费量将以 3.9%的速度增加，预计到 2035 年将达到 19%。

表 7-1　南海石油和天然气与世界其他地区的对比表

地区	探明石油储量/亿 t	探明天然气储量/万亿 m³	石油产量/（万桶/d）	天然气产量/（亿 m³/d）
里海地区	154～290	6.68～9.54	100	865.4
墨西哥湾（美国）	27	0.83	101.4	1443.3
北海地区	168	4.43	620	2258.6
波斯湾	6745	48.62	1922.6	1666.0
中国南海	75	4.12	136.7	657.4
西非/几内亚湾	215	3.57	313.7	56.6（东部）

注：引自"我国南海专属经济区和大陆架油气资源评价"专题报告，2000

7.2　南海油气资源勘查历史

7.2.1　南海北部油气资源勘查历史

南海作为亚太地区最重要的边缘海之一，在复杂的地质演化过程中，形成了丰富的

---

* 本章作者：殷勇

油气资源，也具备了形成大油气田的基本地质条件。南海北部海区包括珠江口盆地、北部湾盆地、台西南盆地、莺歌海盆地和琼东南盆地等，这些盆地的油气勘探程度详略不同（表7-2）。

表 7-2　南海主要盆地首个油气田发现时间

盆地名称	油气田名称	发现时间	备注
文莱—沙巴	藤本哥油田	1971	ESSO 公司
曾母	特马纳油田	1962	SHELL 公司
	L 气田	1973	AGIP 公司
万安	都油田	1975	PETEN 公司
湄公	白虎油田	1975	MOBILE 公司
西北巴拉望	尼多油田	1976	城市服务公司
礼乐	桑帕吉他 1 井气田	1976	AMOCO/SALEN 公司
北部湾	湾 1 井（油）	1977	石油部
珠江口	珠 5 井（油）	1979	地矿部
莺歌海	莺 2 井（气）	1978	石油部
琼东南	莺 9 井（油）	1979	石油部

注：引自"我国南海专属经济区和大陆架油气资源评价"专题报告，2000

北部大陆架油气勘探大致分为 3 个阶段：1965 年以前属于探索阶段，原石油部石油科学研究院在 1957 年对莺歌海水域油气苗进行了调查，1962～1964 年在莺歌海及儋州的邻昌岛海区进行了海上地震试验，并完成了 1000km 以上的地震普查。1963 年原地矿部地球物理探矿局航空磁测大队 904 队在北部湾一带（108°～111°E，18°～22°N）进行了 1：100 万的航空磁测，确定北部湾是一个拗陷区。1964～1965 年，茂名石油公司在莺歌海海域水深 15m 左右打出了低硫、低蜡和低凝固点的原油。

20 世纪 70 年代，北部陆架区石油勘探进入初探阶段。1971～1973 年，地质部第二海洋地质调查大队通过地球物理综合调查，进一步确定了北部湾是一个沉积层很厚的盆地。1977 年石油部南海石油勘探指挥部在北部湾的湾 1 井、莺歌海莺 9 井先后打出工业油流。1974～1980 年，地质部第二海洋地质调查大队通过地球物理综合调查发现了珠江口盆地，并于 1979 年 8 月在珠 5 井获得高产油流，1980 年又在珠 7 井获得上第三系油流。

1980 年以后，北部陆架石油勘探进入对外合作勘探和开发阶段，1983 年 6 月，中国海洋石油总公司在湛江成立了南海西部石油公司，在广州成立了南海东部石油公司，分别负责南海北部陆架东经 113° 10′以西和以东的油气资源勘探、开发和生产。我国在 1980 年以后分别与美国、法国、英国、日本等石油公司签订了物探和勘探开发合同，对研究区的各个盆地做了比较系统的综合地球物理调查工作，有的地区向外国石油公司进行招标，大部分为概查区，但也有很多地区进入了勘探开发阶段。目前我国南海北部多个主要盆地已完成综合地球物理概查，多数盆地的主体部位已完成普查，部分盆地已进行勘探开发。

过去的工作已证明，南海北部盆地虽然所处构造位置不同，地质条件有别，勘探和研究程度也很不一致，但它们具有良好的成油（气）条件，都是油气资源十分丰富的盆地。珠江口盆地是中国近海重要的产油区，将是未来重要的天然气勘探开发区[*]。北部湾盆地将继续成为有一定规模的产油区。莺歌海-琼东南盆地有巨大的天然气勘探前景。

7.2.2　南海南部陆架油气勘查历史

南海南部的油气勘查历史要早于南海北部陆架，曾母盆地和文莱—沙巴盆地是南海油气勘探开发最早的地区。19 世纪中叶前首先在文莱拉布安岛发现了油苗，1866 年曾在岛上钻浅井，产少量石油。20 世纪初在加里曼丹岛沿岸进行地质调查，1910 年在马来西亚境内发现米里油田，1929 年在文莱境内发现当时远东第一大油田——诗里亚油田，1940 年又发现杰拉东（Jerudong）油气田，此后再无进展。1954 年荷属壳牌石油公司在沙捞越近海开展地震勘探，1957 年钻 Siwa-1 井，同年在文莱近海钻 SW.Ampa-1 井。1962 年在曾母盆地发现特马纳油田，1963 年在文莱三角洲发现西南安柏油田。60 年代后期至 70 年代，由于采用数字地震技术，资料准确，钻探成功率大为提高，相继发现了大批油气田（表 9-2）。在泰国湾盆地找到一系列天然气，在马来盆地、西纳土纳盆地和曾母盆地西部先后找到了一批油气田。在西巴拉望大陆架，也找到尼多和卡德劳等几个小型礁块油田。

20 世纪 80 年代以来，依靠外国石油公司，开始对南海进行持续的、大规模的石油勘探开发。马来西亚 1992 年在曾母盆地发现了 Jintan 大气田，可采储量达 1132 亿 m^3，之后又相继发现了 Chilipadi-1（日产气 267 万 m^3）、Selashi-1（日产气 119 万 m^3 及凝析油 40t）、Sacleri-1（日产气 121.9 万 m^3 及凝析油 106t）等含油气构造，总储量约 849 万 m^3。文莱 80 年代中期发现了 Iron Duke 油田，1996 年发现了 Selangkir 气田，1997 年发现了 Mampak 油田。越南继 70 年代在湄工盆地发现了白虎油田之后，80～90 年代在南海南部西贡盆地（南昆仑盆地或万安盆地）进行大规模油气勘探和开发，1987 年在西贡盆地发现大熊油田，至 1993 年，共发现大熊、蓝龙等 18 个油气田或含油气构造（表 7-3）。菲律宾的油气勘探从 80 年代末转向西

表 7-3　南海主要盆地油气田和含油气构造统计表　　　（单位：个）

盆地名称	油田或含油构造	气田或含气构造
珠江口	29	3
北部湾	13	1
琼东南	3	4
莺歌海	—	10
湄公	6	—

[*] 龚再升. 2006. 全球海洋油气资源开发现状及对策建议

续表

盆地名称	油田或含油构造	气田或含气构造
万安	8	8
曾母	30	56
马来	44	35
西纳土纳	6	4
文莱—沙巴	50	11
礼乐	—	1
西北巴拉望	11	4

注: 引自"我国南海专属经济区和大陆架油气资源评价"专题报告, 2000

巴拉望盆地的更深海区, 1989 年在水深 700m 处发现了 Camago 气田, 1992 年在水深 859m 处发现了 Malampaya 油田, 两者总储气量为气 1103.7 亿 m^3 和油 2055~4110 万 t。1993 年在水深 350m 处发现了 W.Linapacan 油田, 其可采储量为油 1400~1557 万 t, 气 33 万 m^3。

我国在南沙海域的地质-地球物理调查始于 1987 年。地质矿产部广州海洋地质调查局承担了南沙海域以万安盆地和曾母盆地为重点的油气普查, 截至 1998 年 5 月, 广州海洋地质调查局在南沙海域完成了 10 个航次的地质-地球物理调查, 累计采集多道地震测线 6.52 万 km, 及相应重力、磁力和水深测量资料。中国科学院南海海洋研究所负责南沙海域的综合海洋科学考察, "七五""八五"期间共完成多道地震 13726km, 提交了南沙海域综合海洋科学考察报告(中国科学院南海海洋研究所, 1985; 中国科学院南海海洋研究所地质构造研究室, 1988; 中国科学院南沙综合科学考察队, 1989)。

1994 年 10 月~1995 年 3 月原地矿部航空物探中心在 111°~118°E, 5°N 至西沙群岛和东沙群岛南侧海域, 采用光泵磁力仪和 GPS 定位共完成 11.21 万 km 范围的磁力测量。

1996~2002 年, 中国地调局和国家海洋局对中建南盆地、南薇西、南薇东盆地和礼乐盆地等几个盆地区块进行了补充调查, 共获测线总长 3000km, 并对南海中南部海域各沉积盆地进行了重新评价(中国地质调查局和国家海洋局, 2004)。我国在南沙海域诸盆地尚未实施油气钻探, 但在沿陆缘分布的沉积盆地中发现了 170 多个油气田或含油气构造 (表 7-3)。

据不完全统计, 外国石油公司已在南沙海域完成地震测线 126.18 万 km, 石油钻井(不含开发井) 1323 口。在万安、曾母、北康、文莱—沙巴、西北巴拉望、礼乐 6 个盆地发现油气田 238 个, 其中我海疆线内有 105 个, 占 44%。90%以上的油气储量分布在曾母、文莱—沙巴盆地。共获可采储量 46.85 亿 t 油当量, 其中, 我传统海疆内 27 亿 t, 占 58%。已累计产出 8.87 亿 t 油当量, 其中, 我海疆线内 3.55 亿 t, 占 40%。尚有剩余可采储量 38 亿 t 油当量, 其中, 我海疆线内 24 亿 t, 占 62%。周边国家每年在南海中南部开发的油气年产量超过 5000 万 t 油当量[*]。

---

[*] 龚再升. 2006. 全球海洋油气资源开发现状及对策建议

7.3　南海新生代沉积盆地发育的构造背景及盆地分类

7.3.1　南海新生代沉积盆地发育的构造背景

南海是西太平洋最西面的边缘海，位于欧亚、太平洋和印度—澳大利亚三大板块的交汇处，由华南地块、印支地块、缅泰马地块和菲律宾沟弧系组成（刘光鼎，1992；金庆焕，1989；刘宝明等，2005）（图 7-1）。中侏罗世到早白垩世，由于太平洋板块和欧亚板块的北西—南东向相向挤压，以及太平洋板块向北西的强烈俯冲，导致华南大陆边缘增生并强烈活化。白垩纪末，华南陆缘开始扩张。

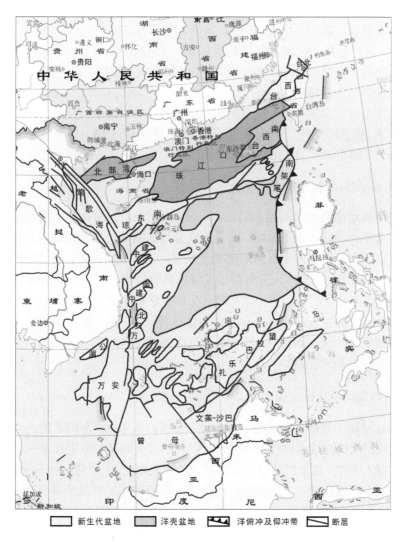

图 7-1　南海区域构造与新生代盆地分布（据龚再升，2003）

1. 新生代盆地；2. 隆起或凸起；3. 洋壳及磁条带；4. 海底火山弧；5. 俯冲及仰冲带；6. 台东弧-陆碰撞带；7. 断层

从大陆一直延伸到现代南海的北部陆架、陆坡地区，在南海北部形成莺歌海、琼东南、珠江口和北部湾一系列断陷盆地。古近纪—新近纪中期，由于印度板块和欧亚板块的南北向碰撞，太平洋板块运动方向从 NNW 转向 NWW，东亚沟-弧-盆体系形成。大约 43Ma 南海进入第一次海底扩张，形成西南海盆；32～17Ma 南海进入第二次海底扩张，形成中央海盆。在南海微陆块的裂离、漂移、碰撞增生和洋壳俯冲消减的构造活动过程中，导致南海东、南、西、北边缘形成不同性质的大陆边缘，不同的边缘，盆地性质也不尽相同。

1. 南海北部伸展型边缘及成盆特征

南海北部大陆边缘为离散型陆缘，在地幔上隆岩石圈拉张减薄的背景下，于晚白垩世—古近纪，南海北部陆缘发生大规模陆缘裂陷，形成以 NE 向为主导的半地堑式的断陷盆地群（龚再升和李思田，2003），包括珠江口盆地、莺歌海盆地、北部湾盆地、琼东南盆地和台西南盆地。裂陷活动由西向东呈雁列式扩展，盆地出现下部断陷和断隆，上部披盖式坳陷的双层式结构（李思田等，1998）。穿过这些盆地的剖面皆显示了不对称拉伸的特点，岩石圈的变化趋势是由陆地向南海中央海盆方向减薄（姚伯初等，2004）。南海北部边缘盆地的构造式样是伸展和离散的，较强的构造活动性、频繁的岩浆活动、较高的热流值使北部边缘带有活动陆缘的印记，同时快速沉降、大规模压力异常，以及高热流也为盆地的天然气生成创造了良好的条件。

2. 南海西部转换-伸展边缘及成盆特征

南海海盆西部边缘为狭窄的越东陆架，呈 SN 向展布，与海岸线大致平行。南海西部在大地构造上是华南地块、印支地块，以及加里曼丹地块等块体的拼贴聚合地区，地质构造异常复杂。陆架上有一系列平直的阶梯状正断层，具有剪切拉张特性，先剪后张，从西向东依次断落（刘昭蜀，2000）。南海西部陆缘发育着红河、暹罗湾和越东等一系列走向断裂，当印度板块向北运动挤入亚洲地壳时，在东南亚和东亚一带产生一系列大型的走滑断裂，这就是西部走滑拉张盆地产生和发育的地质背景。由此，南海西部发育和剪切断裂活动紧密相关的走滑拉张盆地，自北而南发育了莺歌海盆地、归仁盆地、中建盆地、中建南盆地、万安北盆地和万安盆地。

3. 南海南部聚敛型边缘及成盆特征

南海南部边界属于碰撞聚敛边缘，这条边缘从西向东包括：东纳土纳—卢帕尔—武吉米辛俯冲带、沙巴北俯冲带和巴拉望俯冲带，代表了古南海洋盆中生代末—新生代期间多期次的退覆式俯冲消减，以及加里曼丹北侧陆缘的向北增生，沿该带分布有大量的蛇绿岩、变质岩、混杂岩、深浅变质岩、岩浆岩，以及俯冲推覆构造（中国地质调查局、国家海洋局，2004）。沿南部边缘发育系列大中型新生代沉积盆地，曾母盆地、文莱—沙巴盆地、北康盆地、南薇盆地、南沙海槽盆地。这些盆地的发育和板块的俯冲增生以及地块碰撞造成的地壳变形和挠曲作用有关，如曾母盆地是由于南沙地块和婆罗洲碰撞形成的周缘前陆盆地（杜德莉等，2004），文莱—沙巴盆地属于弧前盆地，南沙海槽盆地东部为残留洋盆地,西部为周缘前陆盆地,这些盆地中发育和挤压、推挤和挠曲有关的储油构造,具有良好的生油气远景,具备了构成大油气田的条件。

4. 南海东部俯冲消减边缘及成盆特征

南海东部由一系列走向近 SN 的弧形构造带组成,其构造演化和发展不仅对南海甚至对整个东南亚的发展都有举足轻重的作用。自东向西有菲律宾岛弧、吕宋海槽、马尼拉海沟和中央海盆等构造单元,同时由于南海洋壳消减于现今的马尼拉海沟之下,东部边缘又是一个板块俯冲消减带。南海东部构造带的最大特点是台湾—吕宋岛弧的旋转,古地磁证据表明,自白垩纪以来,吕宋岛曾发生过大幅度的逆时针(70°)旋转,并向北漂移了35°。另外,吕宋岛西部的碧瑶和三描礼士等地自中中新世以来,也都发生了不同程度的逆时针旋转。旋转的结果最终导致菲律宾群岛与中国台湾在中晚中新世—上新世发生碰撞,从而把南海洋壳阻隔起来,使其最终成为一个边缘海(中国地质调查局和国家海洋局,2004)。在这样一种复杂的地质构造背景下,南海东部从北到南发育了珠江口盆地珠一拗陷东部、台西南盆地、笔架南盆地、礼乐北盆地和北巴拉望等盆地,这些盆地的显著特点是盆地西部构造单元相对稳定,盆地东部由于受到块体间碰撞挤压的影响,活动性增强。

7.3.2 南海新生代沉积盆地类型

南海新生代沉积盆地根据其所处的板块构造位置、盆地深部地壳性质、盆地结构和盆地充填类型可以分为拉张型和聚敛型两大类,并归纳为六种类型(表 7-4)。

表 7-4 南海新生代主要沉积盆地类型划分

板块构造位置		区域背景		盆地成因		盆地类型	盆地名称
位置	环境	现代地理位置	地壳类型	形成机制	构造演化及特征		
板内	板内拉张	陆架浅海区部分陆地	陆壳过渡壳	地幔上隆、地壳拉张减薄	早断后拗,张性断裂发育	陆内拉张断陷盆地	北部湾盆地
	拉张离散	大陆边缘、陆架、陆坡区	陆壳过渡壳	地幔上隆、地壳减薄拉张	张性正断层发育,经历了断陷-拗陷的发展	陆缘张裂盆地	珠江口、琼东南、台西南、北康、南薇西、南薇东
	走滑剪切	走滑拉张剪切带之间或转折点	陆壳	大断裂走滑拉张	走滑及拉张断裂发育、断块式构造控制盆地,晚期褶皱、挠曲发育	走滑拉张盆地	莺歌海、万安、中建南等
板缘	拉张离散	大洋边缘陆坡近洋盆边界	过渡壳洋壳	海底扩张引起陆块分离漂移	早期陆缘扩张、陆缘沉积后期整体漂移沉降、碰撞	裂离陆块盆地	礼乐盆地北巴拉望盆地
	挤压聚敛	海沟转折点与岩浆弧之间	过渡壳	洋陆碰撞弧沟消亡	挤压构造,同生背斜发育,构造复杂,相变大	弧前盆地	西巴拉望盆地文莱—沙巴盆地
		俯冲板块之上一侧近克拉通台地,一侧近褶皱带	陆壳过渡壳	板块活动陆陆碰撞	一侧抬升、挠曲,一侧下降,断层、断块构造发育	残留洋盆盆地	南沙海槽盆地
		近地缝合带、俯冲板块之上	陆壳过渡壳	板块活动、洋壳消亡,陆陆碰撞	构造具不对称性,大陆一侧正断层发育,另一侧褶皱、逆断层	周缘前陆盆地	曾母盆地

1. 拉张型盆地：陆内断陷盆地、陆缘张裂盆地、裂离陆块盆地和走滑型盆地

（1）陆内断陷盆地

主要发生在大陆内部，盆地具有早期断陷、晚期拗陷的特点，一般与地幔上隆导致地壳物质拉张减薄有关。如北部湾盆地。

（2）陆缘张裂盆地

主要发育在大陆边缘的陆架和陆坡区，盆地一般经历了幕式裂陷和大规模拗陷沉降阶段，盆地内张性正断层发育。如珠江口盆地等。

（3）裂离陆块盆地

为发育在大陆边缘陆坡上的张性盆地，盆地发育经历早期陆缘扩张、陆缘沉积后期整体漂移沉降、碰撞过程。如礼乐盆地。

（4）走滑型盆地

这类盆地指在板块内部，沿走滑剪切带或转折带之间，由于受走滑断层的影响，或早期拉张，后期受走滑拉张影响而形成的盆地，即剪切拉张盆地。这类盆地一般具有断拗双层结构，早期发育垒堑构造，晚期褶皱挠曲颇为发育。如万安盆地。

2. 聚敛型盆地：弧前盆地、残留洋盆地和前陆盆地

（1）弧前盆地

当大洋板块与大陆板块发生碰撞时，在大陆板块一侧于增生楔形体和火山弧之间所发育的沉积盆地，叫弧前盆地。如文莱—沙巴盆地及西巴拉望盆地。

（2）残留洋盆和前陆盆地

由于板块碰撞缝合不可能瞬时完成或同时发生，往往在缝合带一侧或周围，同时还存在没有完全被消亡的洋壳，在这种残留洋壳基础上发育起来的盆地属于残留洋盆地，如南沙海槽残留洋盆。

当两个板块最终完成碰撞缝合，在仰冲板块前缘由于地壳负载造成地壳的挠曲作用，发育挠曲型坳陷，并随着造山带的发育，沉降沉积中心向陆地发生有规律的迁移，这类盆地称为前陆盆地，如曾母盆地。

7.4　南海油气资源分布和评价

7.4.1　南海油气资源分布特点

南海海域大大小小一共分布有 37 个含油气盆地，但是油气资源主要集中在 13 个大型高丰度盆地内，它们分别为珠江口盆地、莺歌海盆地、琼东南盆地、北部湾盆地、曾母盆地、万安盆地、中建南盆地、文莱—沙巴盆地、北康盆地、南薇西盆地、礼乐盆地、西北巴拉望盆地和笔架南盆地（图 7-2）。南海北部大型高丰度含油气盆地包括珠江口盆地、莺歌海盆地、琼东南盆地和北部湾盆地，南海南部海区共有 27 个新生代沉积盆地，有 8 个属于大型高丰度沉积盆地，它们分别为万安、曾母、文莱—沙巴、北康、中建南、西北

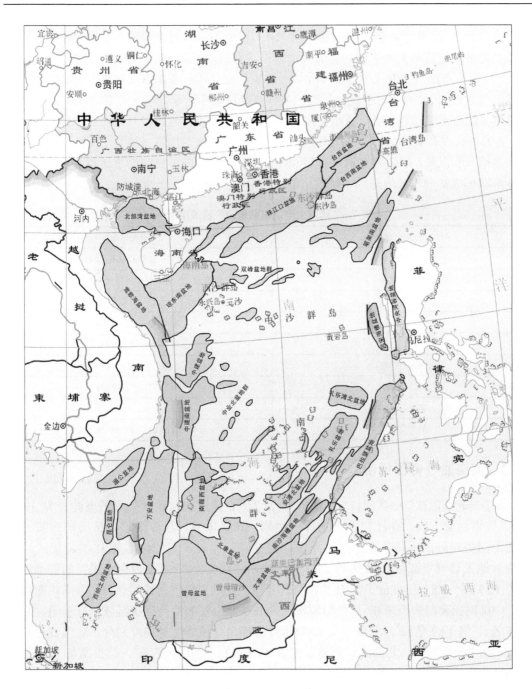

图 7-2　南海含油气盆地分布及资源评价

I 类远景区资源量丰度＞2 万 t/km²；I 类远景区资源量丰度
1 万～2 万 t/km²；III 类远景区资源量丰度 0.5 万～1 万 t/km²；IV 类远景区资源量丰度＜0.5 万 t/km²
（据中国地质调查局和国家海洋局，2004）

巴拉望、南薇和礼乐盆地。这些大型高丰度含油气盆地总资源量达 433 亿，占南海油气总资源量的 96.4%，占我国海域油气资源量的 69.5%，可以说在南海抓住了大型高丰度含油气盆地就等于抓住了整个南海的油气资源。

南海北、东、南、西各大陆边缘性质迥异，形成不同风格的含油气盆地，导致各大型沉积盆地中油气资源类型不同，有的以油为主，有的以气为主，有的油气各半（表7-5）。另外，南海南部油气资源比北部更丰富，南部8个大型高丰度含油气盆地占了南海南部整个含油气盆地的近1/4。这些盆地最突出的特点是规模和沉积厚度大，物源丰富，生油气条件好，盆地形成之初，就广泛接受比较封闭的海相环境，烃源岩分布面积和体积大。另外，南海南部发育和碰撞挤压环境有关的断裂、褶皱和底劈构造，盆地在发育过程中经历了多期抬升和沉降，砂泥岩普遍具有旋回性，在空间上形成了良好的生储盖匹配，奠定了南沙海域形成富油气区的基础（姚伯初等，2004）。

表7-5 南海大型沉积盆地油气资源类型

盆地名称	油气分配情况
珠江口盆地	油为主，油资源量占72.4%
莺歌海盆地	气为主，天然气资源量占99%以上
琼东南盆地	气为主，天然气资源量占81.6%
曾母盆地	油42.1%，气57.9%
万安盆地	油61.8%，气38.2%
文莱—沙巴盆地	油为主，84.4%
北康盆地	油57.7%，气42.3%
南薇西盆地	油为主，74.5%
笔架南盆地	油63.6%，气36.4%

7.4.2 南海油气资源评价

据新一轮全国油气资源评价[①]（表7-6，表7-7），珠江口盆地油气远景资源量为39.85亿t，按资源量丰度，珠江口盆地的珠一坳陷、珠三坳陷、东沙隆起和番禺低凸起为油气资源潜力最好的区块，属I类远景区；南部珠三坳陷、潮汕坳陷属II类远景区。莺歌海盆地天然气资源量2.28亿m^3，相当于22.8亿t油当量。盆地内中央坳陷的资源量丰度为1.59万～1.82万t/km^2，属II类油气远景区，并以天然气占绝对优势。东南块断构造带、中部泥丘隆起构造带和1号断裂构造带是盆地主要的油气勘探区域。琼东南盆地油4.26亿t、气1.89亿m^3，总资源量23.11亿t油当量。按资源量丰度划分，油气资源潜力良好，属I类远景区。北部湾盆地油资源量9.70亿t，气0.09亿m^3，总资源量10.55亿t油当量。北部湾盆地以涠西南凹陷及乌石凹陷的油气资源潜力最好，属I类远景区，迈陈凹陷次之，属II类远景区，海中凹陷及海头北凹陷的油气资源潜力最差，属IV类远景区。台西—台西南盆地油资源量3.96亿t，气资源量0.36亿m^3，总资源量7.6亿t油当量，按资源量丰度计算，台西南盆地属III类远景区。在盆地中部隆起发现建丰、致胜及致昌3个油气田及油气构造，推测其资源前景优于盆地内的南部及北部凹陷区。

---

① 新一轮全国油气资源评价——常规油气资源评价（各盆地）成果汇编，2005

表 7-6　珠江口盆地主要油气田数据表

序号	油气田	油气藏类型	面积/km²	地层时代	岩性	油气层深度/m	油气层厚度/m	油气地质储量/万 t	2001 年石油产量/万 t	2001 年年底累计石油产量/万 t
1	西江 24-3	背斜构造	8.7	N₁	砂岩	2101.4~2366.6	57.7	2296	175	1275
2	西江 30-2	背斜构造	5.0	E₃, N₁	砂岩	1877.5~2844.2	176.6	4874	226	1462
3	惠州 21-1	背斜构造	4.3	E₃, N₁	砂岩	2406~3035	53	1548	38	625
4	惠州 26-1	背斜构造	11.6	E₃, N₁	砂岩	1889.5~2465.5	72.3	3759	173	1680
5	陆丰 13-1	背斜构造	12.7	E₃, N₁	砂岩	2372~2605.5	37.9	1770	74	610
6	陆丰 22-1	断块	16.8	E₃, N₁	砂岩灰岩	1570.5~1653.3	46.8	1903	42	396
7	流花 11-1	礁块	83.1	N₁	灰岩	1197.7~1272.7	75	24015	87	915
8	文昌 13-1	背斜构造	14.4	N₁	砂岩	1221.9~1492.6	46.7	2001	未开发	—
9	文昌 13-2	背斜构造	15.7	N₁	砂岩	983~1363.8	118.7	2139	未开发	—
10	文昌 19-1	背斜构造	16.0	E₃, N₁	砂岩	1269~3244	189.5	未探明	—	—

资料来源：李国玉和吕鸣岗（2002）

表 7-7　万安盆地油气田储量数据表

序号	区块	油气田	油气藏类型	面积/km²	作业者	可采储量	
						石油/万 t	天然气/亿 m³
1	5-1A	大熊油田（Dai Hung）	基底披覆构造	50	BHP 石油（大熊）有限公司	2000	70~283
2	5-2	Kim Cuong Tay	—	—	BP	342~2055	570
3	5-3	Moc Tinh	—	—	AEDC	—	70~283
4	6-1	Lan Tay，Lan Do	—	—	BP		566
5	11-1	Ca cho	—	—	道达尔	S-M	S-M
6	11-2	Rong Bay	—	—	Pedco	1316	254.7
7	—	Rong Dai	—	—	—	—	—
8	—	Rong Vi Dai	—	—		356（凝析油）	56.6
9	—	西卫 24-Blue ragon					

资料来源：叶德燎等，2004；李国玉和金之钧，2005

　　曾母盆地油资源量 51.38 亿 t，气资源量 7.06 亿 m³，总资源量 122.02 亿 t 油当量，属于 I 类远景区，目前已在盆地内发现数十个油气田，其中位于盆地西部台地上的 L 气田（位于我国传统疆界线内），其天然气储量达 1.27×10^{12} m³ 相当于我国海域特大气田崖 13-1 气田储量的 10 倍。万安盆地油气兼产，主要分布在北部低隆起、中部坳陷和中部隆起上，南部地区目前尚未发现大的油气田。根据全国新一轮油气资源评价，万安盆地油资源量 25.54 亿 t，气资源量 1.58 亿 m³，总资源量 41.31 亿 t 油当量。北部坳陷、北部隆起和中部隆起属于 I 级远景区，东部坳陷属 II 类远景区，南部坳陷属 III 类远景区。中建南盆地面积较大，是继万安盆地之后南沙海域又一具有良好勘探前景的油气聚集区。油资源量29.71亿t，气1.12亿 m³，总资源量40.95亿t油当量。北康盆地油资源量：22.10亿t，天然气：1.62亿 m³，总资源量为38.27亿t。按资源量丰度，属于I类远景区。南薇西盆地油资源量13.21亿t，天然气资源量0.45亿 m³，总资源量17.73亿t油当量。南薇西盆地为I类油气远景区。文莱—沙巴盆地油气资源量为32.37亿t，该盆地属于I类油气远景区，目前已在盆地内发现了数十个油气田。礼乐盆地油气资源量为13.78亿t，属III类油气远景区。西北巴拉望盆地油气资源量为13.64亿t，属II类远景区，油气前景良好。

目前，珠江口盆地、琼东南盆地、莺歌海盆地和北部湾盆地已成为中外瞩目的油气合作勘探区，截至2005年年底，共发现局部构造300余个，外国公司在上百个构造上打了200余口井，70口获商业油流，发现和证实了70余个良好的含油气构造，珠江口盆地35个，北部湾盆地22个，莺歌海盆地13个。在所发现的30余个油气田中，有3个大型油气田，即流花11-1、东方1-1、崖13-1，8个中型油气田。

7.5　南海典型含油气盆地

7.5.1　南海北部盆地

南海北缘新生代沉积盆地是南海海盆扩张和周缘块体相互作用的综合产物，从晚白垩世开始，广泛的新生代东亚陆缘大裂解构造运动拉开了序幕。晚白垩世—早始新世，经过中生代强烈的岩浆活动，东亚大陆边缘发生NW—SE向伸展裂陷，裂陷中心位于华南内陆沿海。这一强烈的裂陷作用在地表形成一系列的NE向地堑、半地堑构造，它们多沿NE向大断裂呈串珠状排列（闫义等，2005）。

中始新世—早渐新世，太平洋板块的运动方向由NNW转为NWW方向，洋壳俯冲角度增加，俯冲速度降低。南海北缘裂陷活动达到高峰，裂陷中心南移，并由西向东呈雁列式扩展，西部裂陷活动早于东部。

晚渐新世南海发生第二次扩张（32～17MaB.P.）（何廉声，1982），中央海盆形成，早期的NW—SE向扩张转化为NS向的扩张。北缘陆架盆地由断陷阶段转化为断拗阶段，先后出现不同程度的海侵，发育滨海湖沼、滨浅海相沉积。

早中新世南海中央海盆的扩张达到高峰，南海北部陆续进入裂陷后的坳陷阶段，盆地出现大规模的整体沉降，发生大规模的海侵，形成以滨浅海相为主的沉积环境。晚中新世珠江口、琼东南和莺歌海盆地普遍出现沉降加速和地温增高现象。上新世，南海北缘以海相整体披覆式沉积为特征，发育三角洲-滨浅海相-半深海相沉积体系，陆架-陆坡体系基本形成。

1. 珠江口盆地

珠江口盆地是南海北部陆架上最大的含油气盆地，盆地位于111.5°～118°E，18°～23°N。总体呈NEE向展布，盆地面积为175000km²，新生代沉积最大厚度超过12km，属于大陆边缘断陷盆地，是南海北部最大的含油气盆地（图7-3）。盆地可分为5个一级构造单元和7个二级构造单元。古近纪发育箕状断陷，新近纪转入坳陷阶段，中上新世—全新世海相沉积覆盖全盆地。

图 7-3　珠江口盆地构造区划图（据李国玉和吕鸣岗，2002）

珠江口盆地由于东西部基底性质的差异，盆地构造格局出现东西分块、南北分带的格局。可划分为 4 个一级构造（陈长民，2000）：北部断阶带、北部坳陷带、中央隆起带、南部坳陷带和南部隆起带（图 7-4）。北部断阶包括海南隆起和北部断阶两个次级构造单元，北部坳陷由珠三坳陷和珠一坳陷组成，中部隆起包括神狐暗沙隆起、番禺低隆起和东沙隆起，南部坳陷带包括珠二坳陷和潮汕坳陷两个次级构造单元。

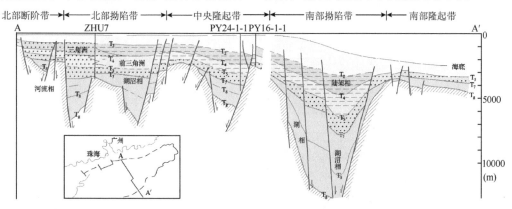

图 7-4　珠江口盆地一级构造带图（据陈长民，2000）

新生代演化具有早期断陷、后期坳陷的特点。古新世、始新世发育箕状断陷，沉积了神狐组、文昌组、恩平组陆相地层，新近纪转入坳陷阶段，中上新统海相沉积覆盖全盆地

（图 7-5）。

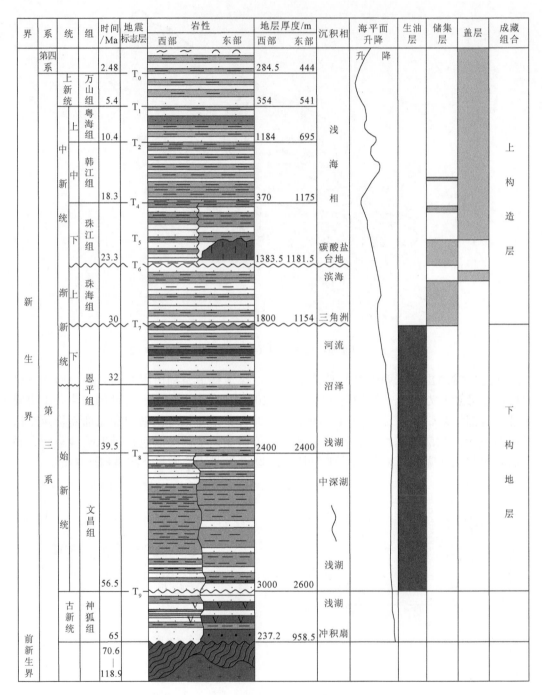

图 7-5　珠江口盆地地层综合柱状图（据王国忠，2001）

　　始新世文昌组湖泊相、渐新世—始新世恩平组湖泊-沼泽相沉积为主力生油层，渐新世珠海组砂岩，早中新世珠江组砂岩、礁灰岩，包括韩江组底部砂岩，构成盆地的主要储集层。珠海组、珠江组和韩江组泥岩可作为盖层（图 7-6）。

珠江口盆地目前已查明的圈闭构造 200 多个。构造圈闭以基底披覆构造和断层遮挡构造最为常见和发育，非构造圈闭以生物礁被非渗透性岩层圈闭和覆盖形成的圈闭最为重要。

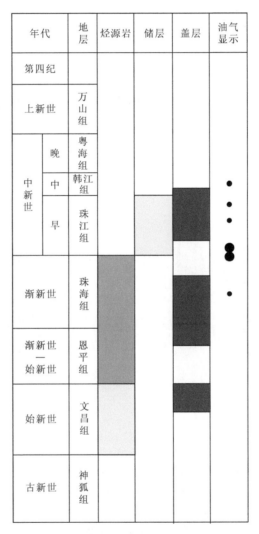

图 7-6　珠江口盆地生储盖组合简图

珠江口盆地自 1973 年开始勘探，1979 年发现油气，开始对外合作，相继在陆架区发现了一批油田投入开发。

流花 11-1 油田位于东沙隆起西南，即水深 260～360m 的大陆坡边缘线上，该油田是珠江口盆地迄今发现的最大的油气藏，其地质储量近 $2×10^8$t，属基岩披覆背斜上发育的礁块型油藏，也具生物礁滩底特征（图 7-7）。其至少由 3 个圈闭组成，钻获 5 口油井，其中 LH11-1-1 获日产原油 57～1367m^3，油柱高达 75m。储集空间以次生孔隙为主，储层

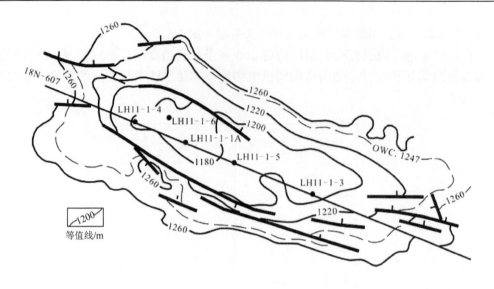

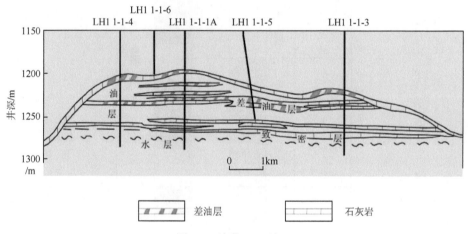

差油层　　　　　　　　　　　石灰岩

图 7-7　流花 11-1 油田

物性较好,孔隙度为 23.1%~28%,渗透率为 7-203×10^{-3}μm^2,盖层为珠江组的海侵泥岩。整体上油田构造形态完整,含油丰富,保存完好。原油性能密度 0.92~0.96g/cm^3,含蜡量 0.43%~6.21%,凝固点为-14~4.4℃,地下原油黏性 47~162mPa·S,为高密度、低含蜡、低凝固点的重质烷基原油。油源富集区长达 40km,说明该油田不但油源丰富,而且具有典型的长距离运移聚集的特点,从而证明东沙隆起碳酸盐台地是重要的油气富集区。

惠州 26-1 油田位于东沙隆起西北边缘带上,水深 110m,属披覆背斜圈闭构造,发育边水、底水油气藏(图 7-8)。该油田已获 3 口油气井,发现 12 个含油砂层,各油层分布面积差异大,其中 3 个主力层储量占 70%,产量占 86%。油源来自临近的惠州凹陷。盖层分布稳定,储量以海相砂岩为主,分选度中-好,孔隙度为 23.5%~26.3%,有效渗透率为 162.5×10^{-3}~24000×10^{-3}μm^2,生储盖组合较好。原油物性属低-中黏度、低饱和度、高凝固点的石蜡基轻质原油,其地面原油密度为 0.79~0.89g/cm^3,地层原油黏度 0.3~17mPa·S,凝固点为-23~37.8℃,含蜡量为 15%~28%,含硫量为 0.09%~0.18%,

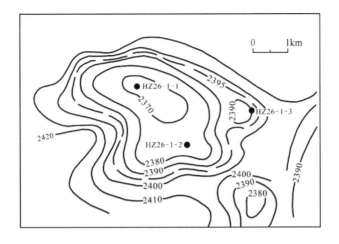

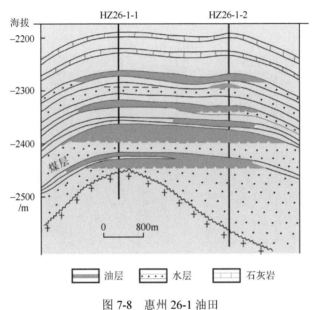

图 7-8   惠州 26-1 油田

属陆相成因。油田日产能力为 2236~9531m³，单井日产量达 1300~4200m³，如惠州 26-1-1 井是我国砂岩储层中获得单井日产量最高的一口井。属油气比很低的低饱和油藏，是南海东部最好的轻质油类型油田。

惠州 21-1 油气田位于惠州坳陷南部边缘。水深 116m，该油田是珠江口盆地第一个发现有气藏的油气田（图 7-9）。圈闭类型受基岩隆起控制，属披覆背斜，发育边水、底水油藏，该油田有 3 个气藏，7 个油藏，气藏受构造和岩性的共同控制，油藏主要受构造控制。气层分布在 2406~2620m 的珠江组中下部的陆架粉砂岩中，含气层厚 7~13.6m。在 HZ21-1-2 井，获日产天然气的珠海组上部滨岸相砂岩中，含油层厚 22~56m，在 HZ21-1-1 井，日产原油 2311.5m³。油气层的储油物性良好，气层孔隙度为 13%~17%，渗透率为 30×10⁻³~200×10⁻³μm²；油层孔隙度 14%~16%，渗透率 50×10⁻³~200×10⁻³μm²。地面原油密度为 0.7974~0.8124g/cm³，黏度 1.2~2.8mPa·S，含蜡量 14.3%~21.9%，含硫量 0.05%~

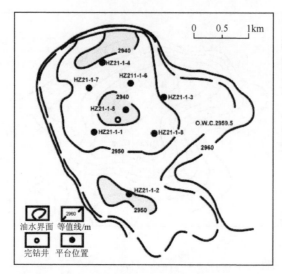

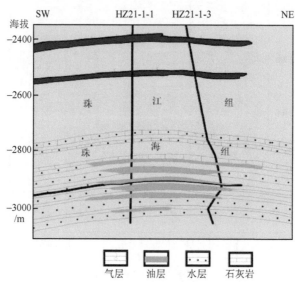

图 7-9　惠州 21-1 油气田

0.27%，原油性质与 HZ26-1 油田基本相似，说明它们的油源同属惠州坳陷。

　　陆丰 13-1 油田位于惠陆低凸起带上，是基岩隆起上发育的披覆背斜型油田（图 7-10）。油田的含油面积约 9km²，水深 140～150m，该油田有 3 个油藏，其中两个为底水油藏，一个为边水油藏，油层部位圈闭面积为 19～22km²。幅度为 58～61m，构造倾角小于 5°。油层为珠江组底部滨岸砂岩及珠江组上部中下层滨岸相砂岩，共有 7 层油层，最大单层厚度 28.4m，平均单井油层有效厚度为 23.7m，日产原油 1061.7m³，储层岩性单一，平均孔隙度 22%～25%，渗透率为 1590×10⁻³～4460×10⁻³μm²。原油物性好，地面原油密度为 0.8649～0.8915g/cm³，黏度为 13.7～26.6mPa·S，含蜡量为 20.13%～26.3%，含硫量为 0.15%～0.29%，凝固点为 37.8～40℃，平均地温梯度为 4.7℃/100m。

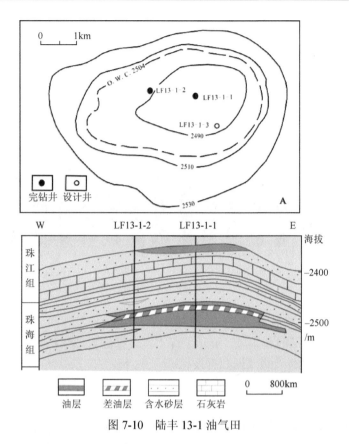

图 7-10　陆丰 13-1 油气田

珠江口盆地油气资源丰富，油气地质条件优越，发育多套生储盖组合，油气资源潜力巨大。珠江口盆地已钻井 100 多口，发现油田和含油气构造 30 多个，13 个油气田（表 7-6）。按资源量丰度，珠一拗陷、珠三拗陷、东沙隆起和番禺低凸起为油气资源潜力最好的区块。珠江口盆地 1997 年原油产量已达 1297.2 万 t，占我国海上石油总产量的 80%，截至 2000 年累计产量达到 7640 万 t（图 7-11，图 7-12）（李国玉和吕鸣岗，2002）。

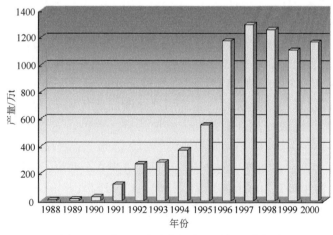

图 7-11　珠江口盆地东部油区历年石油产量

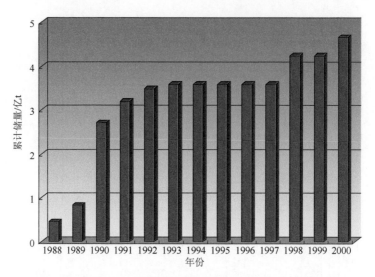

图7-12　珠江口盆地东部油区历年累计探明石油地质储量

2006年在该盆地陆坡深水区，水深1480m处发现LW3-1规模超1000亿 m^3 的天然气田，开拓了我国深水勘探的新领域，展示了深水区良好的天然气勘探远景，珠江口盆地将成为中国近海未来重要的天然气勘探开发区。

2. 北部湾盆地

北部湾盆地位于南海北部大陆架西部，107°31′～111°44′E，19°45′～21°03′N。盆地包括北部湾海区一部分，雷州半岛东部海区小部分，以及雷州半岛南部和海南岛北部陆地。盆地面积36350km²，新生代沉积最大厚度超过7000m，属于板内断陷盆地。古近纪发育厚度巨大的陆相沉积。新第三纪发育海相沉积。到中新世，北部湾盆地逐渐形成现代规模，中中新世以后和珠江口、莺歌海盆地连成一片。

北部湾盆地位于华南亚板块上，属于板内断陷盆地，盆地奠基于中生代末—新生代初期华南大陆边缘的张性构造背景。盆地基地由早古生代变质岩、晚古生代灰岩、中生代碎屑岩和花岗岩组成（李国玉和吕鸣岗，2002）。盆地具有早断后拗的特点，古近纪沉积（长流组、流沙港组和涠洲组），局限在几个分割性较大的断陷中，其沉积环境类似于同期华南大陆上众多的陆相盆地，发育厚度巨大的陆相沉积体系，厚度超过4000m。新近纪是以海相为主的沉积体系，厚度为2000m左右，与南海北部陆缘区的其他盆地存在显著差异。到中新世，北部湾盆地渐成现代规模，中中新世以后和珠江口盆地和莺歌海盆地连成一片。渐新世末盆地抬升、剥蚀，造成古近纪和新近纪之间的不整合。

盆地具有多凹多凸、相间排列的特点，可以划分为9个凹陷、2个隆起和2个坳起构造。它们分别是：海中坳陷、涠西南坳陷、乐明—纪家坳陷、昌化坳陷、海头北坳陷、乌石坳陷、迈陈坳陷、福山坳陷、雷东坳陷，涠西南凸起、企西隆起、流沙凸起和徐闻隆起（图7-13，图7-14）。

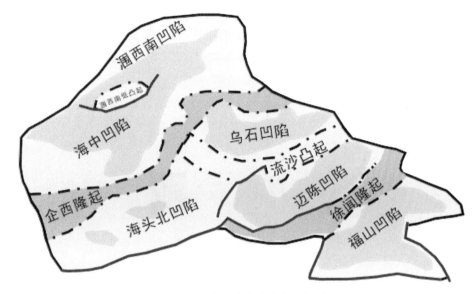

图 7-13　北部湾盆地构造区划图

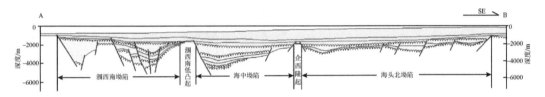

图 7-14　北部湾盆地构造横剖面图

新近系始新统流沙岗组泥岩是盆地的主要生油岩,涠州组下段泥岩也具有一定的生油能力。中新统海相砂岩和新近系砂岩夹层构成主要的储集层。盆地存在三种生储盖组合:流沙港组的自生自储,流沙港组生油、上覆砂泥岩储盖组合,流沙港组生油、下伏石炭系碳酸盐岩储油组合。盆地中存在各种各样的圈闭类型,但以构造圈闭为主:新近系背斜构造,古近纪披覆构造,新近系断鼻构造,岩性尖灭圈闭和古潜山圈闭(图 7-15)。

根据新全国新一轮油气资源评价,北部湾盆地油资源量 9.70 亿 t,气 0.09 亿 m^3,总资源量 10.55 亿 t 油当量。按资源量丰度划分北部湾盆地以涠西南坳陷及乌石坳陷的油气资源潜力最好,属 I 类远景区,迈陈坳陷次之,属 II 类远景区,海中坳陷及海头北坳陷的油气资源潜力最差,属 IV 类远景区。

北部湾盆地经历了 1965 年以前的地质调查及初探阶段、1980～1988 年的对外合作勘探开发阶段以及 1988 年以后的合作与自营勘探并举阶段。自营勘探阶段先后找到了涠 6-1、涠 10-3N、涠 11-4N、涠 12-1 等油田或含油构造,扩大了战果,为在北部湾盆地建成 200×10^4 能力创造了条件,先后开发了涠 10-3、涠 11-4、涠 10-N、涠 12-等油田,1999 年年产原油 180×10^4t。2000 年年底累计探明石油地质储量 8700×10^4t,探明天然气地质储量 $18.87 \times 10^8 m^3$。2000 年生产石油 223×10^4t。至 2005 年探明石油和天然气地质储量分别为 11390×10^4t 和 55.76×10^4t。

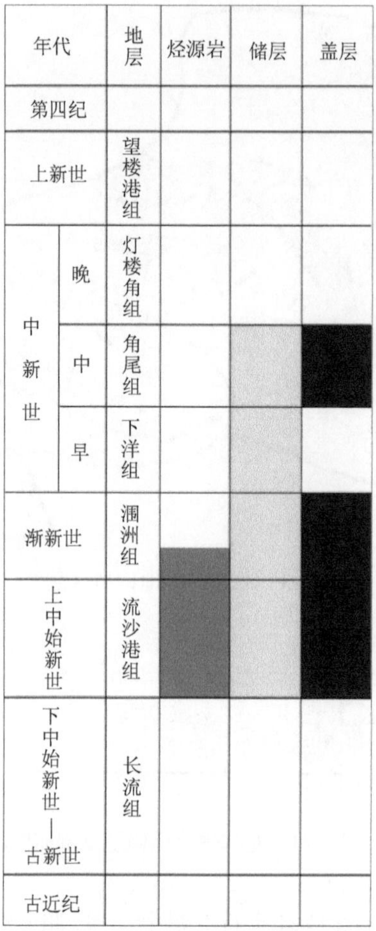

年代	地层	烃源岩	储层	盖层
第四纪				
上新世	望楼港组			
中新世　晚	灯楼角组			
中新世　中	角尾组			
中新世　早	下洋组			
渐新世	涠洲组			
上中始新世	流沙港组			
下中始新世—古新世	长流组			
古近纪				

图 7-15　北部湾盆地生储盖组合图

　　北部湾盆地油气勘探坚持区域展开，选准生油凹陷和有利地带战略思路，取得了良好的效果，并坚持滚动勘探，扩大战果，不断有新发现，合作勘探和自营勘探相结合，两条腿走路，是一条正确的方针。

　　3. 莺歌海盆地

　　莺歌海盆地位于海南岛以西、中南半岛以东海面，是目前我国海上主要产气区，盆地沿 NW—SE 方向展布，似菱形，面积约为 5 万 km²，具有走滑拉伸性质，是一个地温和地下流体压力较高的新生代盆地。基底为前中生代印支地块在海上的延伸，始新世—渐新世早期为裂陷盆地阶段，中新世开始进入裂后沉降期，上新世—全新世盆地出现加速沉降，并伴随强烈的热事件，沿岸有大规模玄武岩浆喷发（图 7-16）。

　　莺歌海盆地新生代以来经历了三期大的构造演化阶段，即左旋走滑—伸展裂陷阶段、中下地壳韧性伸展—热沉降阶段和加速沉降阶段（孙向阳和任建业，2003）。受到右旋走滑扭动派生的拉分效应的影响，盆地沉降快、地温高、异常压力高、泥热流体底劈发育。根据地质-地球物理资料，盆地可以分为莺东斜坡、河内东斜坡、河内坳陷、莺歌海坳陷和莺西斜坡 5 个次级构造单元（图 7-17 和图 7-18）。

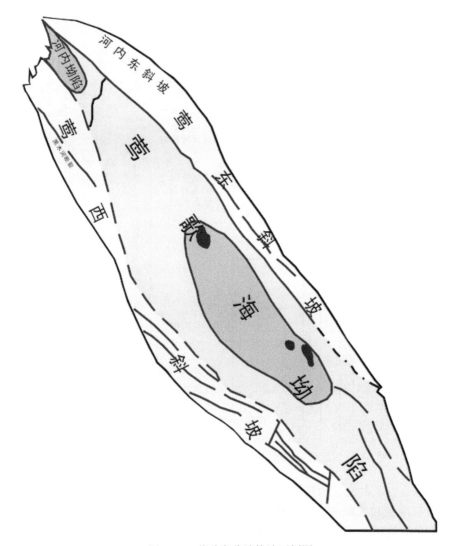

图 7-16　莺歌海盆地构造区划图

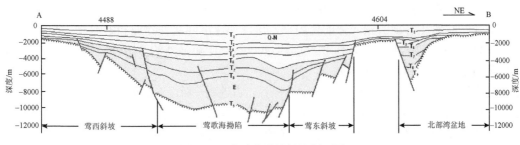

图 7-17　莺歌海盆地构造剖面图

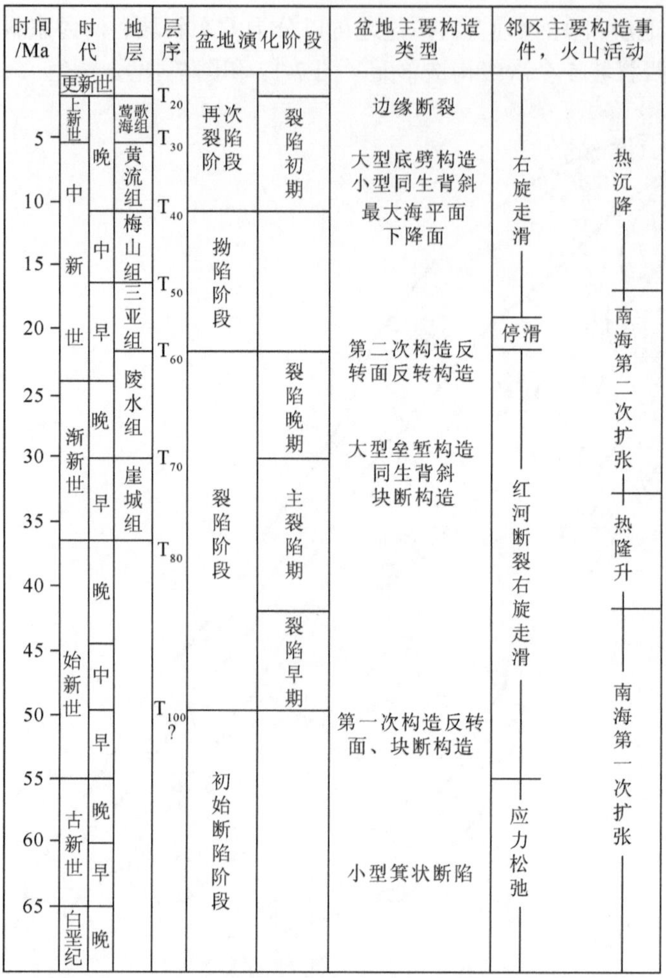

图 7-18 莺歌海盆地地层和构造演化图（据孙家振等，1995）

晚白垩世—古新世为盆地初始裂陷阶段，在一些孤立的小型半地堑和箕状断陷中沉积了一套磨拉石冲积和洪积的砾岩和砂岩，厚度约 3000m。对应于南海第一期扩张。始新世—渐新世早期为裂陷盆地阶段，沉积了冲积相、河流湖泊相和海陆交互相的砾岩、砂岩、泥岩和煤层，沉积厚度约 4000m。中新世开始盆地进入裂后沉降期，沉积了滨海或三角洲到陆缘浅海砂岩、泥岩、煤层等，盆地中央及南部变为完全的海相泥岩，沉积厚度约 6000m。上新世开始盆地在右旋引张应力的作用下，出现加速沉降（任建业和解习农，2004），沉积了浅海-半深海砂岩和泥岩，沉积厚度约 2000m。伴随强烈的热事件，沿岸有大规模玄武岩浆喷发（图 7-18，图 7-19）。

莺歌海盆地具有十分优越的生、储、盖条件，古近系—新近系面积大，沉积岩平均厚度＞12km，地温梯度高（4.5℃/100m），有利于有机质的热成熟，莺歌海盆地以产气为主。莺歌海盆地生烃岩系为中新统三亚组、梅山组、黄流组和上新统莺歌海组，主要储盖层为上新统莺歌海组和上中新统黄流组砂岩、泥岩。以岩性圈闭和泥底劈构造为主，三角洲砂体、浊积砂体和生物礁岩性圈闭是盆地的主要勘探对象（张启明和郝芳，1997）。在盆地中已发现了东方 1-1（DF1-1），乐东 15-1（LD15-1），乐东 20-1，乐东 8-1，乐东 28-1，乐东 22-1 等气田。其中乐东 1-1 气田面积约 230km²，探明天然气地质储量 885 亿 m³，是一个气层浅、厚度大、产量高的大气田。乐东 22-1 气田储量为 431 亿 m³，乐东 15-1 天然气储量为 178.8 亿 m³（康竹林，1998）。

据新一轮全国油气资源评价，莺歌海盆地天然气资源量 2.28 亿 m³，相当于 22.8 亿 t 油当量。盆地内中央坳陷的资源量丰度为 1.58 万～1.82 万 t/km²，属 II 类油气远景区，并以天然气占绝对优势。东南块断构造带、中部泥丘隆起构造带和 1 号断裂构造带是盆地主要的油气勘探区域。

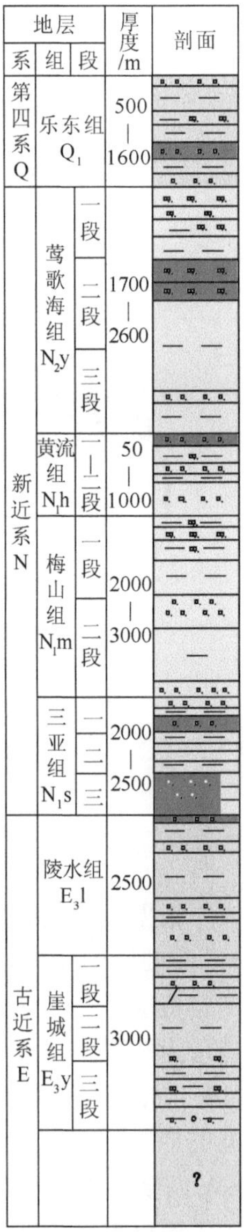

7.5.2 南海南部盆地

南海南部新生代沉积盆地众多，发育在不同地块上，因此盆地基底的性质、时代，以及盆地发育时期各不相同，沉积地层发育特点也有较大差异，但是南海南部盆地也具有许多共同的特点，这些特点使南海南部沉积盆地能够形成大型的高富集度的大型含油气盆地（姚伯初等，2004）。南海南部沉积盆地最突出的是规模大、新生代沉积厚度大，并且具有南部与西部厚、向东向北减薄的特征。例如，南部的曾母盆地，新生界厚达 11～13km，西部的万安盆地新生界近万米（刘振湖，1998）。其次，物源丰富，生油气条件好，盆地形成之初，就广泛接受比较封闭的海相环境，烃源岩分布面积和体积大。另外，南海南部具有较高的热流值，如曾母盆地平均热流值达 97mW/m²。由于南海南部在大地构造上处于一个碰撞挤压的环境，与挤压构造有关的断裂、褶皱、底劈构造非常发育。盆地在发育过程中的多期抬升和沉降，沙泥岩具有旋回性的特点，在空间上形成了良好的生储盖匹配，奠定了南沙海域形成富油气区的基础。

1. 曾母盆地

曾母盆地是南沙海域最南端的大型新生代沉积盆地，西邻纳土纳隆起区，东邻文莱—沙巴盆地，北接南沙隆起区西南端，南靠加里曼丹岛弧，主体位于南海南部的巽他陆架，其西北部分已沿至陆坡。曾母盆地面积约 17×10⁴km²，属我国管辖海域的面积约 12.7×10⁴km²，新生代沉积厚度为 3～16km，最厚处可达 16km。盆地内海底地形复杂，多处发育较大规模的滩礁和暗沙，从南到北，水深由 40m 增大到 2400m。

盆地的基底主要由古新世—始新世的变质岩组成，北部可见早白垩世花岗闪长岩。曾母盆地是南沙地块和加里曼丹地块在始新世晚期陆陆碰撞形成的前陆盆地，形成于晚始新世—渐新世。渐新世—中中新世沉积厚 2～5km；从晚中新世末—早渐新世开始到第四纪，曾母盆地沉积了巨厚的新生代沉积物（4～9km），最厚处超过 10km（图 7-20）。

图 7-19 莺歌海盆地充填柱状图

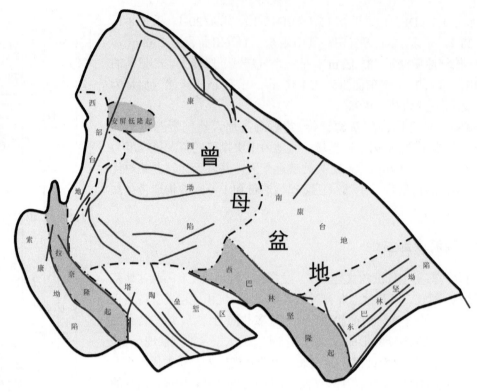

图 7-20 曾母盆地构造区划图

根据地震反射特征，可将盆地的沉积盖层分为 3 个构造层：下构造层大部分已褶皱变形，主要以河流相砂岩夹泥岩为主，是盆地断陷期形成的沉积，最大沉积厚度可达 5000m；中构造层是在盆地沉降阶段形成的海相及滨浅海相沉积，与下伏地层呈不整合接触；上构造层为披覆型浅海-半深海相沉积。盆地发育有 NW、NE 和 EW 向三组断裂，盆地南部以NW 向张剪性断裂为主，这组断裂在盆地南部形成了许多箕状地形，构成盆地南部隆坳相间的格局。NE 向断裂在盆地东部形成了许多 NE 向断块，在断块之上发育了大量礁块。EW 向断裂主要发育在盆地的北部坳陷中。

曾母盆地构造活动以断裂为主，发育有少量褶皱。断裂有北西向、北东向和近东西向三组。盆地南部以北西向张剪性断裂为主，这组断裂在盆地南部形成了大量箕状地形，构成了南部隆坳相间的构造格局。而北东向断裂则在盆地东部形成了许多北东向断块，在断块之上则发育了大量礁块。近东西向断裂影响较小，主要发育在盆地的北部坳陷中。

依据构造差异性，曾母盆地可分为 8 个次级构造单元：即索康坳陷、拉奈隆起、塔陶垒堑、西巴林坚隆起、东巴林坚坳陷、南康台地、康西坳陷和西部斜坡（图 7-20）。

曾母盆地发育有渐新统—下中新统和下—中中新统两套主要生油层，在盆地北部可能还有始新统烃源岩。渐新统—下中新统烃源岩在巴林坚区主要为浅海及三角洲含煤沉积，在康西坳陷和南康台地为浅海—半深海沉积。下—中中新统烃源岩在康西坳陷西部称阿兰组，为一套三角洲—浅海含煤沙泥岩沉积，厚 1800m（图 7-21，图 7-22）（中国地质调查局和国家海洋局，2004）。

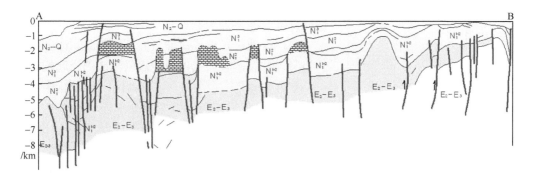

图 7-21　曾母盆地构造剖面图

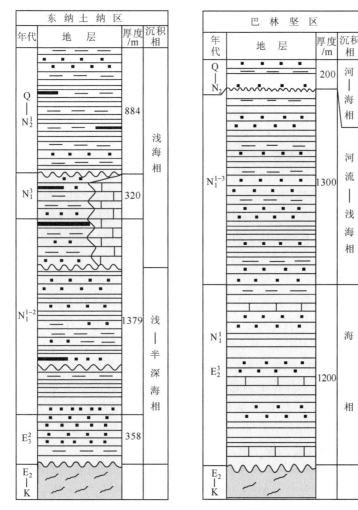

图 7-22　曾母盆地沉积物柱状图

　　国外油气勘探表明，曾母盆地中储层主要为渐新统—中新统砂岩和中—上中新统灰岩或礁灰岩。前者主要分布在盆地南部的巴林坚坳陷，埋藏浅，一般小于20m。后者分布于南康台地和西部台地。盆地内区域性盖层为上新统—第四系泥岩，厚度大于1000m，封盖

数 字 南 海

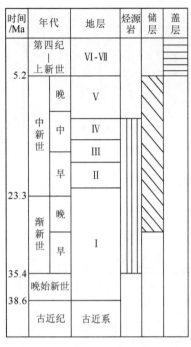

时间/Ma	年代		地层	烃源岩	储层	盖层
	第四纪—上新世		VI-VII			
5.2		晚	V			
	中新世	中	IV			
			III			
23.3		早	II			
	渐新世	晚	I			
35.4		早				
38.6	晚始新世					
	古近纪		古近系			

图 7-23 曾母盆地生储盖组合简图

性能良好（图 7-23）。

曾母盆地已发现许多油气圈闭，储油圈闭以褶皱背斜为主，并有礁岩突起以及泥底劈形成的隆起构造。

曾母盆地是一个大型含油气盆地，油田主要分布在盆地的东部，即南康台地区和东巴林坚坳陷区域，气田主要分布在盆地的中部和西部礁灰岩发育地区。目前已发现重要气田 43 个，油田 23 个，含气构造 13 个，含油构造 7 个。如南康台地生产规模较大的气田有 Daun Kari、M-01、M-04、F-14、F-13、E-06 和 E-08，凝析气田 Jintan、F-32 和 E-11，较知名有 E11、E6 和 E21 气田等；西部斜坡著名的南乐 232 构造（L 大气田），最新资料显示 L 大气田探明储量约为 $1.31×1012m^3$，储层为中—晚中新世隆布组碳酸盐岩。在东巴林坚坳陷早中新世碎屑岩中已找到 39 个中小型油气田，其中 18 个气田，Temana，Bayan，D-18 和 D-35 4 油田已有生产井 87 口。康西坳陷中部位于有效生烃凹陷内，为油气运聚指向区，也是具有完整的油气成藏组合配置的地区。

我国对曾母盆地勘探程度低，完成全盆地路线调查和盆地西部和北部的综合地球物理区域调查（17555km 地震资料及相应的重力、磁力及勘探资料），落实和圈定了盆地的边界，划分出盆地内二级构造单元和地震层序，解释重磁场特征，分析了构造单元的沉积、构造演化史和油气地质条件，初步进行油气资源量计算和远景评价。

2. 万安盆地

万安盆地（越南称南昆仑盆地）位于我国南海西南端，107°20′~110°00′E，5°21′~10°24′N 之间，盆地因位于我国南沙群岛万安滩而得名，曾用名万安西盆地，1990 年改用现名。盆地近南北向，中间宽，两头窄，形似梭形或纺锤状（图 7-24）。盆地中间最宽约 280km，南北长约 600km，面积约 $8.5×10^4km^2$，位于我国海疆线内的面积为 $6.3×10^4km^2$，约占盆地面积的 74%。主体位于南海西部陆架上，仅东部的小部分地区位于陆架转折和上陆坡，盆地呈 NE 走向，沿陆架展布。新生代沉积厚度为 2000~12500m，等值线走向与盆地走向基本一致。西部水深 50~70m，中部 70~120m，东部 120~1000m。在盆地中部坳陷水深 70~150m 处沉积厚度最大。

盆地产生于新生代早期，形成和发展主要受东部边界走滑断裂的控制，右旋走滑派生的扭张应力造成盆地的发育（姚伯初等，2004）。盆地经历了地堑半地堑、张扭断陷、坳陷和区域沉降 4 个构造演化阶段，盆地基底是中生代晚期岩浆岩、火山岩和前新生代变质沉积岩。古新统—始新统发育陆相沉积，堆积在彼此分割的北东向小断陷中；渐新统和下—中中新统为海陆交互相和三角洲、浅海台地、碎屑沉积体系，上新世—全新世盆地发生区域性沉降，堆积了一套浅海—半深海沉积体系（图 7-25）（金庆焕和刘宝明，1997；刘振湖，1998；匡立春等，1998）。

图 7-24　万安盆地构造区划图

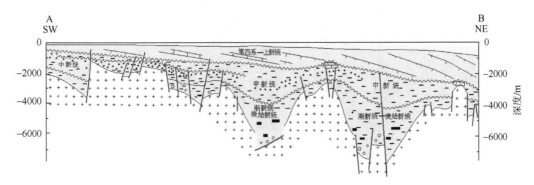

图 7-25　万安盆地构造剖面图

　　盆地从北到南可以依次划分为：北部坳陷、北部低隆起、中部坳陷、西部坳陷、中部隆起、南部坳陷、南部隆起、东部坳陷 8 个二级构造单元（图 7-25）。北部、南部隆起的沉积厚度一般为 3000～7000m，最大可达 9000m；中部、北部沉积坳陷的沉积厚度一般为 5000～7000m，中部坳陷最大沉积厚度可达 12500m；南部和东部坳陷形成时间较晚，沉积相对较薄，沉积厚度一般为 4000～7000m，最大可达 10000m（图 7-26）。

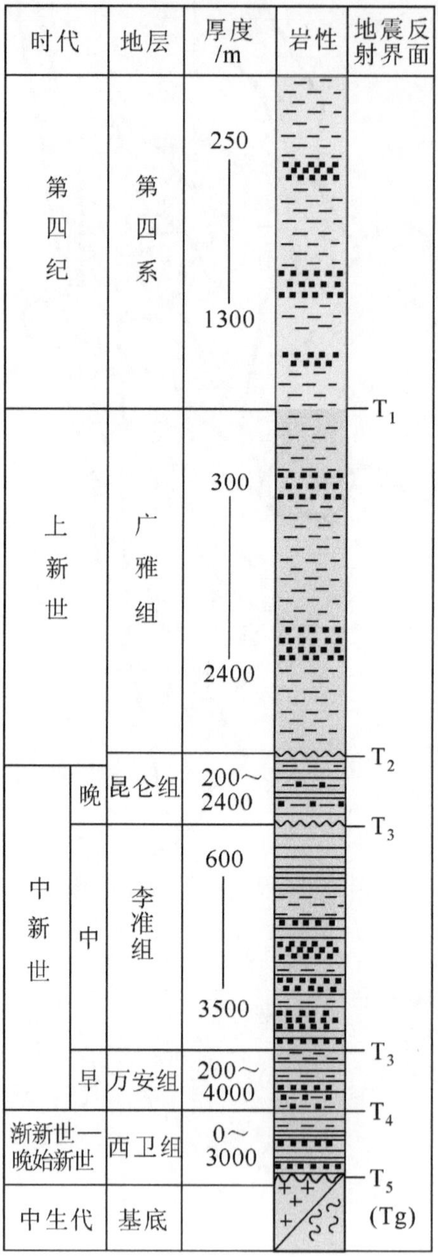

时代		地层	厚度/m	岩性	地震反射界面
第四纪		第四系	250 1300		T_1
上新世		广雅组	300 2400		T_2
中新世	晚	昆仑组	200～2400		T_3
	中	李准组	600 3500		T_3
	早	万安组	200～4000		T_4
渐新世—晚始新世		西卫组	0～3000		T_5
中生代		基底			(Tg)

图 7-26　万安盆地沉积物柱状图

　　在万安盆地中，发育上渐新统近岸湖泊—三角洲相、海湾相泥岩、下中新统浅海相泥岩和中中新统前三角洲、浅海和外浅海相泥岩三套烃源岩。万安盆地存在前新生代裂缝性风化基岩、渐新统—中新统砂岩和中—上中新统台地灰岩或礁灰岩三类储层。下—中中新统砂岩储层的储集性能最好，上中新统储层次之。万安盆地的上新世—第四纪泥岩可为良好的区域性盖层。万安盆地大部分断层未穿过区域盖层，盖层的封闭性能较好，因此，万安盆地局部构造圈闭具有较好的油气保存条件（图 7-27）。

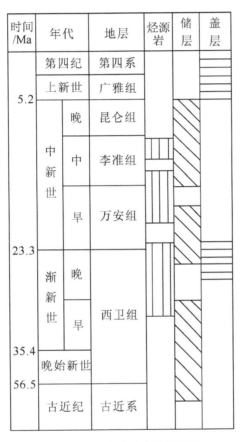

图 7-27　万安盆地生储盖简图

　　万安盆地局部构造较发育，据全盆地 109 个局部构造的统计，多数圈闭面积为几十平方公里，面积大于 $100km^2$ 的圈闭有 6 个，主要分布在盆地中北部地区。万安盆地油气兼产，主要分布在北部低隆起、中部坳陷和中部隆起上，南部地区目前尚未发现大的油气田（表 7-7）。根据全国新一轮油气资源评价，万安盆地油资源量 25.54 亿 t，气资源量 1.58 亿 m^3，总资源量 41.31 亿 t 油当量。

　　我国对万安盆地勘探程度低，仅完成油气资源地球物理概查，包括 7821km 地震资料及相应的重力、磁及测深资料。落实和固定盆地的边界，并划分出盆地内二级构造单元和地震层序，分析了各构造单元的沉积、构造演化史和油气地质条件，初步进行油气资源量计算和远景评价。

3. 文莱—沙巴盆地

文莱—沙巴盆地位于加里曼丹西北大陆架，盆地东南以穆卢剪切平移断裂带为界，西北以南沙海槽为界，西南以延贾断裂和曾母盆地为界，东北端以巴拉巴克断裂为界（图7-28和图7-29）。盆地呈NE向延伸，面积约$9.4\times10^4km^2$，我国传统疆界内的面积为$3.3\times10^4km^2$。

文莱—沙巴盆地是古南沙地块向巽他陆块弧俯冲形成的弧前盆地，晚始新世—早渐新世南沙地块向东南方向运动，古南沙洋壳俯冲于东南方向的沙巴弧之下，南沙海槽属于俯冲海沟。当时文莱—沙巴盆地处于前弧地区，接受来自增生楔的沉积。早中新世，俯冲停止，该区接受来自南部挤压造山带的沉积。

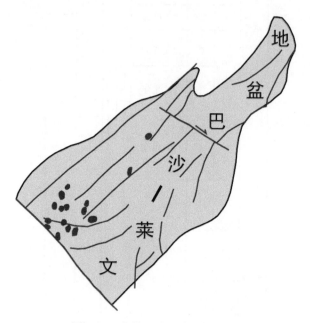

图 7-28　文莱—沙巴盆地构造图

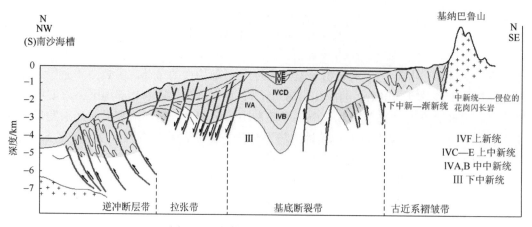

图 7-29　文莱—沙巴盆地构造剖面图

　　由于文莱—沙巴跨越不同的构造单元,其基底由两部分组成。巴兰三角洲区,基底为已经褶皱的晚渐新世—早中新世梅利甘组—麦瑙组—坦布龙组的三角洲平原—深水页岩。盖层为中、晚中新世和晚上新世海岸平原环境(砂、粉砂和黏土)和浅海相沉积(黏土、粉砂和少量的砂)构成的海退砂岩。沙巴区盆地基底为晚白垩世—渐新世克罗克组(Crocker)蛇绿岩和深水复理石建造,早中新世发生强烈褶皱和部分变质。中新统和上新统砂岩和页岩不整合地覆盖在紧密褶皱和部分变质的基底之上构成盆地的盖层。据钻井资料,中新统由浅水碎屑物组成,主要为内滨海泥岩、粉砂岩和少量快速堆积的砂岩。上中新统—下上新统沉积为覆于区域不整合面上的进积型岩层,储集层由深海浊积砂岩组成(童晓光和关增淼,2001;叶德燎等,2004)(图7-30)。

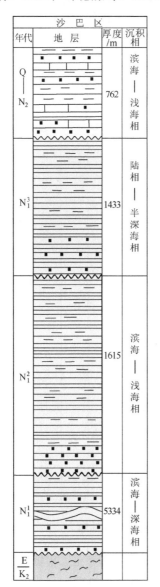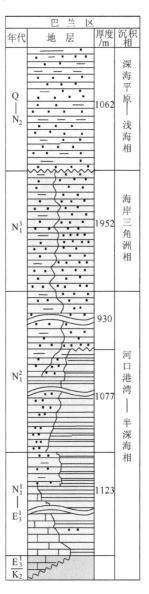

图 7-30　文莱—沙巴盆地沉积物柱状图

　　地质构造上，在文莱区分布一系列大致 EW 向的生长断层，并发育与之相伴生的滚动背斜和挤压背斜。在本区西北角，生长断层与延贾断裂近乎平行；在沙巴区以 NE—SW 向断层为主，大致平行穆卢剪切断裂带，断层多具走滑性质，并发育有扭动构造和泥穿刺构造和背斜。

　　文莱—沙巴盆地主要烃源岩为渐新统和下—中中新统赛塔普组（厚 5000m）和贝莱特组（厚 6000m）。塞塔普组在盆地中心为海相页岩，向盆地边缘过渡为河口潟湖相和海岸平原相砂页岩。储集层主要为中中新统—上中新统米里组和诗里亚组三角洲、近岸沙坝、浅海席状砂、浊积砂，数百至数千米，储集性能良好，空隙度为 12%～35%。盆内的区域性盖层为上新世—第四纪泥岩，在沙巴区页岩也可充当盖层（图 7-31）。

　　在文莱区分布一系列大致 EW 向的生长断层，并发育与之相伴生的滚动背斜和挤压背斜。在沙巴区以 NE—SW 向断层为主，大致平行穆卢剪切断裂带，断层多具走滑性质，并发育有扭动构造和泥穿刺构造及背斜。文莱区发现的油田主要有米里（在岸上）、巴兰、西路通、巴罗尼亚、巴考、波可、贝蒂、吐考、诗里亚、西南安帕和费尔莱等油田。沙巴区发现的油田有腾本戈、萨马兰和圣约瑟夫等。

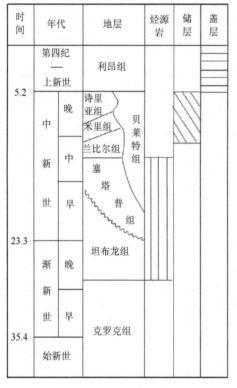

图 7-31　文莱—沙区盆地生储盖简图

　　对我国来说，文莱—沙巴盆地是勘探空白区，勘探程度低。根据全国新一轮油气资源评价，文莱—沙巴盆地油资源量 32.37 亿 t，气资源量 0.60 亿 m³，总资源量 38.34 亿 t 油当量。据资源量丰度，文莱—沙巴盆地属于 I 类油气远景区。

4. 礼乐盆地

礼乐盆地位于南沙群岛东北部，北面为南海中央海盆，东南面为南沙海槽。礼乐盆地呈 NE 向延伸，属于裂离陆块盆地，面积约为 $5.4 \times 10^4 km^2$，全部在我国传统疆界线之内（图 7-32）。盆地范围除礼乐滩外，还包括安塘岛、阳明礁、忠孝滩、东坡礁、棕滩和海马滩等（金庆焕，1989）。盆地范围内海底地形复杂、险要，水深变化从几米至 2000m。

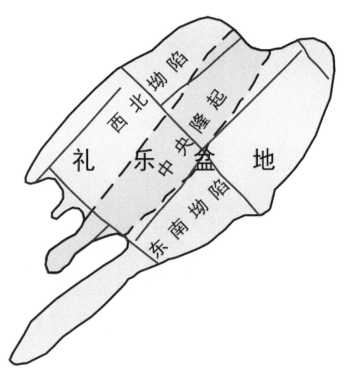

图 7-32　礼乐盆地构造区划图

盆地基底为下白垩统浅海相砂质页岩、粉砂岩、砂岩和砾岩，夹褐煤层、火山集块岩、熔岩和凝灰岩。礼乐盆地经历了陆缘扩张、裂后漂移，以及碰撞 3 个演化阶段。

桑帕吉塔-1 井揭示，古新统东坡组下部为致密陆架白垩质灰岩，厚约 30m，上部为三角洲相碎屑岩，厚约 280m。下—中始新统阳明组整合覆于古新统之上，由半深海相灰绿色、褐色含钙质泥岩组成，偶见粉砂岩、砂岩，钻遇厚度为 520m。上始新统—下渐新统忠孝组，主要为滨海相的粗砂岩夹粉砂岩和泥岩，厚 470m。上渐新统—第四系礼乐组主要为生物礁灰岩，厚 2200m（表 7-8，图 7-33）。

盆地内发育 NE、NW 和 SN 向三组断裂，以 NE 向反向正断层为构造格架，盆地分为两坳一隆：西北坳陷、中部隆起和东南坳陷。西北坳陷为南断北超的箕状坳陷，沉积厚度为 4000~5000m。中部隆起地形上相当于忠孝滩、南方浅滩和半路礁一带。东南坳陷也为南断北超的箕状坳陷，坳陷南部为盆地的沉积中心，最大厚度超过 6000m，北部厚度减薄至 4000m（图 7-34）。

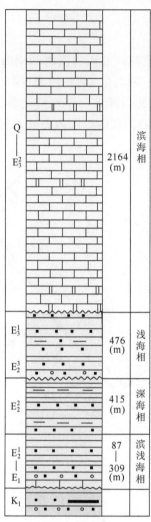

图 7-33　礼乐盆地沉积物充填柱状图

表 7-8　礼乐盆地地震层序划分表

时代		反射界面	地震超层序	地震层序	地层
第四纪			I	A	礼乐群
上新世		T_2			
中新世	晚	T_3	II	B	
	中			C	
	早	T_4			
渐新世	晚				
	早			D	忠孝组
始新世	晚	T_5			
始新世	中		III	E	阳明组
	早	T_g			
古新世					东坡组
白垩纪					

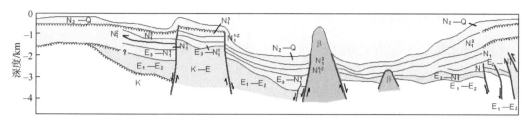

图 7-34　礼乐盆地构造剖面图

据国外研究,盆地内广泛分布的新近系泥页岩,厚度大,既可生烃,也可以作为良好的油气盖层。其中下-中始新统外浅海-半深海相泥页岩和古新统泥岩是盆地内主要生烃源岩,具有中等-好的生油气潜力。

储层主要为古新统和上始新统三角洲相砂岩,孔隙度为 15%～21%,渗透率为 0.001～0.072μm^2,已在 Sampaguita-1 始新统底部砂岩中获得天然气和凝析油分别为 20×10^4m^3 和 19m^3。盆地中渐新统泥岩和下-中始新统半深海相泥岩既可以作为生烃源岩,也是油气藏的良好区域盖层。已证实礼乐盆地具有良好的生储盖组合形式(图 7-35)。

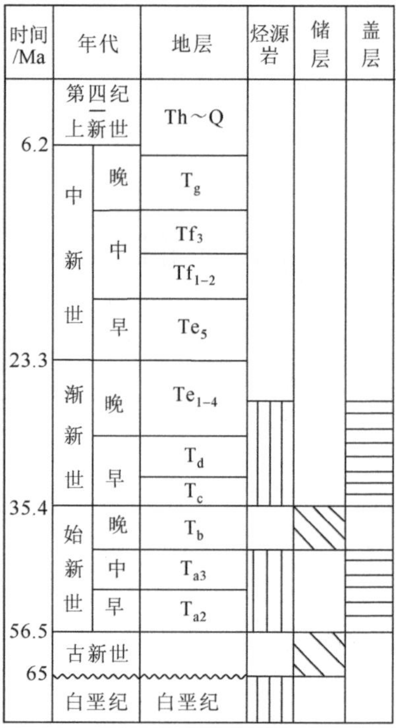

时间 /Ma	年代		地层	烃源岩	储层	盖层
6.2	第四纪 上新世		Th～Q			
	中 新 世	晚	T$_g$			
		中	Tf$_3$			
			Tf$_{1-2}$			
23.3		早	Te$_5$			
	渐 新 世	晚	Te$_{1-4}$			
35.4		早	T$_d$			
			T$_c$			
	始 新 世	晚	T$_b$			
		中	T$_{a3}$			
56.5		早	T$_{a2}$			
65	古新世					
	白垩纪		白垩纪			

图 7-35　礼乐盆地生储盖组合简图

我国对礼乐盆地勘探程度低,仅完成 3423km 地震概查及相应的重力、磁及测深工作,落实和固定了盆地边界,划分出盆地内二级构造单元和地震层序,分析了盆地的重磁场及地质构造特征,并进行了油气资源量和远景评价。全国新一轮油气评价礼乐盆地油资源量:8.16 亿 t,气资源量 0.56 亿 m^3。礼乐盆地油气总资源量相当于 13.78 亿 t 油当量。按资源量丰度属于 III 类油气远景区。

5. 西北巴拉旺盆地

包括北巴拉望盆地和西巴拉望盆地，总面积约 $4 \times 10^4 km^2$（图 7-36）。西巴拉望盆地位于西巴拉望陆架之上，与 NE—SW 向的巴拉望岛平行，其西界是南沙海槽，东界是巴拉望岛，南界是巴拉巴克断层。北巴拉望盆地位于乌鲁根断裂以北的巴拉望岛和卡拉棉岛西北大陆架及大陆坡上，水深 50～300m。

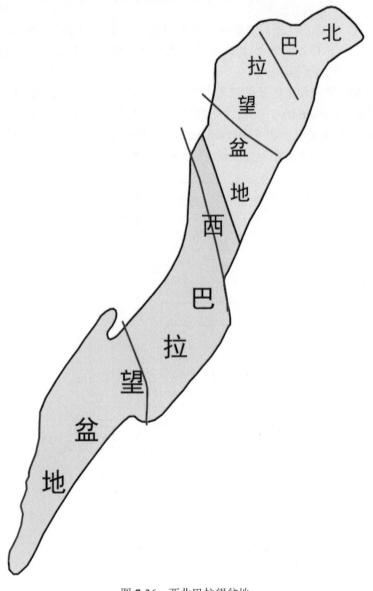

图 7-36　西北巴拉望盆地

北巴拉望地块和礼乐地块曾经作为亚洲大陆的一部分，在古近纪从中国大陆分离出来，因此，北巴拉望盆地和礼乐盆地同属于裂离陆块上的张裂型盆地。随后在晚渐新世，开始向南，再向西南方向漂移，到中中新世与菲律宾群岛相碰撞，因此西巴拉望盆地属于岛弧前缘的前弧盆地。巴拉望地块盆地基底为晚古生代—中生代变质岩、沉积岩和酸性深成岩。

　　北巴拉望盆地渐新统—下中新统为碳酸盐岩陆架台地，发育石灰岩、白云岩和生物礁灰岩。下—中中新统主要为砂质、钙质页岩和泥岩，随着深度的增加成为泥岩和砾岩层，沉积环境属于外潮下带至半深海。中—上中新统主要为含砾砂岩、粉砂岩、泥岩局部夹灰岩，属于浅海潮下带至滨海环境。上新统—第四纪，在陆架区主要为浅水生物礁灰岩，向北渐变为深海软泥（图 7-37）。

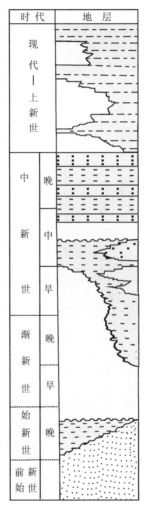

图 7-37　北巴拉望盆地沉积物柱状图

　　西巴拉望盆地渐新统-中中新统卡蒙加组由浅海-半深海相的砂岩、粉砂岩、泥岩夹灰岩透镜体组成。中中新统帕瑞瓜组下部为深水长石砂岩、泥岩夹少量灰岩，上部为浅海、半深海相碎屑岩夹近岸碳酸盐岩。上中新统里克斯组由碳酸盐岩、礁灰岩和碎屑岩组成。上新统-第四系卡卡组主要由钙质泥岩夹粉砂岩及浅水礁灰岩（图 7-37）。

　　巴拉望盆地主要烃源岩是早-中中新世帕加萨组钙质页岩，具有较好的生烃潜力。储集层为晚渐新世-早中新世尼多礁灰岩和早-中中新世帕加萨组底部浊积岩。早——中中新世帕加萨组钙质页岩既是盆地主要的生油岩，也是盆地的区域性盖层，具有良好的封盖性能。据目前了解的情况，巴拉望盆地存在两套含油气系统，即新近系尼多含油气系统和古近系含油气系统（图 7-38）。

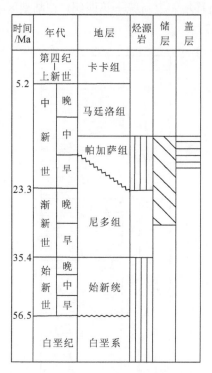

图 7-38　北巴拉望盆地生储盖组合简图

　　下中新统尼多组油气聚集带 4 个油气发现为构造圈闭，为复杂的断裂背斜。13 个油气发现为地层圈闭，1 个油气发现为构造—地层圈闭。下中新统（Lima Pacon 组）和下—中中新统（帕加萨组）的圈闭类型均为与挤压扭断层相关的背斜。

　　菲律宾对巴拉望盆地进行了钻井和油田开发，对在我国来说是勘探空白区。根据全国新一轮油气资源评价，西北巴拉望盆地油资源量为 6.85 亿 t，气 0.68 亿 m^3，总资源量为 13.64 亿 t 油当量。按资源量丰度，西北巴拉望盆地属于 II 类油气远景区。

　　6. 中建南盆地

　　中建南盆地位于南海西部中建岛以南，主体坐落在中南半岛陆架和陆坡区，为剪切拉张型盆地，盆地呈 NNE 走向，面积 $11.13 \times 10^4 km^2$，现今范围包括了原来的中建盆地、归仁盆地和万安北盆地（中国地质调查局和国家海洋局，2004）。地形大致呈南北走向，西陡东缓，水深 200～3000m，最大沉积厚度为 8500m（图 7-39）。

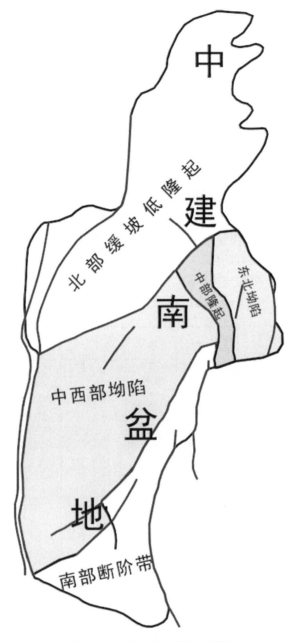

图 7-39　中建南盆地构造区划图

　　盆地基底为古近系，盆地经历了古新世—中新世末期的断陷、始新世晚期—中新世中期的断拗和中新世晚期至今的拗陷期（中国地质调查局和国家海洋局，2004）。

　　盆内主要发育有 NE、NW、NNW、EW 和 SN 向断裂系，SN 向断裂系分布在盆地的西缘，NE 向断裂系主要分布在盆地的中部和东北部，主要为正断层，基本上控制了盆地的地堑沉降区。NW 向和 NNW 向断裂系主要出现在盆地的南部和中部（图 7-40）。

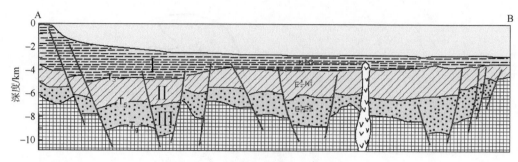

图 7-40　中建南盆地构造剖面图

中建南盆地可进一步划分为西部陆坡断裂带、中部坳陷、东北部坳陷、南部坳陷、北部坳陷、中南部缓坡低隆起和北部缓坡低隆起 7 个次级构造单元。其中大于 5500m 的划分为坳陷，2000～5500m 划分为缓坡低隆起，小于 2000m 的划分为隆起。

新生代沉积地层具有良好的生、储、盖组合，发育了古新统—中始新统和中始新统—中中新统两套烃源岩层，河流—冲积扇、扇三角洲和滨海砂岩等是该盆地的良好储层，上中新统—第四系巨厚的半深海—深海沉积是本区的区域盖层（图 7-41）。

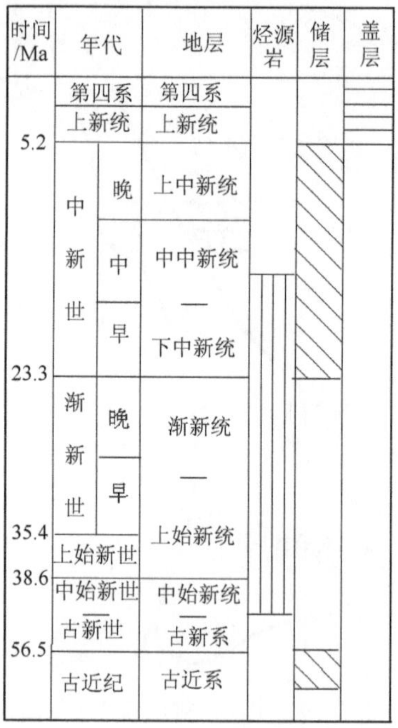

时间/Ma	年代		地层	烃源岩	储层	盖层
	第四系		第四系			
5.2	上新统		上新统			
	中新世	晚	上中新统			
		中	中中新统			
		早	—下中新统			
23.3	渐新世	晚	渐新统			
		早	—			
35.4			上始新统			
38.6	上始新世					
	中始新世		中始新统			
56.5	古新世		—古新系			
	古近纪		古近系			

图 7-41　中建南盆地生储盖组合图

中建南盆地面积较大，最大沉积厚度可达上万米，是继万安盆地之后南沙海域又一具有良好勘探前景的油气聚集区。我国对中建南盆地的勘探程度低，完成了盆地主体部分（东部深水区）的油气资源地球物理概查（940km 地震资料及相应的重力、磁勘探）。初步进行油气资源量计算和远景评价，根据全国新一轮油气资源评价，中建南盆地油资源量为 29.71 亿 t，气 1.12 亿 m^3，总资源量 40.95 亿 t 油当量。

参 考 文 献

陈长民. 2000. 珠江口盆地东部石油地质及油气藏形成条件初探. 中国海上油气（地质），14（2）：73~83

陈鸿瑜. 1988. 南海诸岛主权与国际冲突. 台北：幼狮文化事业公司

陈伦炯（清）. 2009. 海国闻见录. 北京：国家图书馆出版社

丁文江，翁文灏，曾世英. 1948. 中国分省新图（第五版）. 上海：申报馆

杜德莉，万玲，朱本铎. 2004. 南海南部前陆盆地的演化与油气资源. 见：李家彪，高抒. 中国边缘海海盆演化与资源效应. 北京：海洋出版社

段妍. 2000. 明万历年间中菲关系初探. 历史研究，（2）：43~48

傅角今. 1948. 中华民国行政区域图. 北京：商务印书馆

傅岩松，胡伟庆. 2004. 柬埔寨研究. 北京：军事谊文出版社

高抒. 2004. 中国边缘海海盆演化与资源效应. 北京：海洋出版社

高伟浓. 1999. 国际海洋法与太平洋地区海洋管辖权. 广州：广东高等教育出版社

耿立强. 1997. 抗战胜利后中国政府接受南海诸岛的斗争. 文史杂志，（1）：5~7

龚再升，李思田. 2003. 南海北部大陆边缘盆地油气成藏动力学研究. 北京：科学出版社

郭令智，钟晋梁. 1986. 中国南沙群岛郑和群礁的地貌学. 南海研究与开发，（1）：56~61

郭炳火，黄振宗，李培英，等. 2004. 中国近海及邻近海域海洋环境. 北京：海洋出版社

管秉贤. 2002. 中国东南近海冬季逆风海流. 青岛：中国海洋大学出版社

广东省地名委员会. 1987. 南海诸岛地名资料汇编. 广州：广东省地图出版社：195

海南省海洋厅，海南省海岛资源综合调查领导小组办公室. 1999. 海南省海岛资源综合调查研究专业报告集. 北京：海洋出版社

海洋国际问题研究会. 1984. 中国海洋邻国海洋法规和协定选编. 北京：海洋出版社

何廉声. 1982. 南海新生代岩石圈板块的演化和沉积分布的某些特征. 海洋地质与第四纪地质，2（1）：16~23

黄金森，沙庆安，谢以萱. 1977. 西沙群岛及其附近海区的地貌特征. 见：中国地理学会地貌专业委员会. 中国地理学会1977年地貌学术讨论会文集. 北京：科学出版社

黄金森. 1980. 南海黄岩岛的一些地质特征. 海洋学报，2（2）：112~123

黄少敏. 1982. 略论西沙永乐群岛的琛航、广金珊瑚岛地貌. 热带地貌，3（1）：99~111

黄盛璋. 1996. 南海诸岛历来是中国领土的历史证据. 东南文化，（4）：84~94

胡光辉，欧阳卉然. 2003. 中国—东盟自由贸易区与海南经济. 海口：海南出版社

金庆焕. 1989. 南海地质与油气资源. 北京：地质出版社

金庆焕，刘宝明. 1997. 南沙万安盆地油气分布特征. 石油实验地质，19（3）：234~239

鞠海龙. 2003. 论清末和民国时期我国相关史料在解决南中国海争端方面的价值. 史学集刊，（1）：88~95

康英，闻则刚，王正尚，等. 2000. 1999年台湾集集7.6级地震的震源参数. 华南地震，20（4）：60~64

匡立春，吴进民，杨木壮. 1998. 万安盆地新生代地层划分及含油气性. 海洋地质与第四纪地质，18（4）：59~68

黎昌. 1986. 西沙、中沙群岛的形成和演化. 见：中国科学院南海海洋研究所. 南海海洋科学集刊第7集. 北京：科学出版社

李国玉，金之钧. 2005. 世界含油气盆地图集. 北京：石油工业出版社

李国玉，吕鸣岗. 2002. 中国含油气盆地图集. 北京：石油工业出版社

李思田，林畅松，张启明，等. 1998. 南海北部大陆边缘盆地幕式裂陷的动力过程及10Ma以来的构造事件. 科学通报，43（8）：797~810

李金明. 2003. 南海争端与国际海洋法. 北京：海洋出版社

李庆远. 1935. 中国沿岸3338岛屿面积初步计算. 地理学报，2（4）：85~167

李颖虹, 黄小平, 岳维忠. 2004. 西沙永兴岛珊瑚礁与礁平生物生态学研究. 海洋与湖沼, 35 (2): 176~181

李克让, 刘秦玉, 闫俊岳, 等. 2013. 海洋气候. 见: 王颖. 中国海洋地理. 北京: 科学出版社

刘光鼎. 1992. 中国海区及邻域地质地球物理图集. 北京: 科学出版社

刘宝明, 夏斌, 刘振湖. 2005. 南海南部油气资源远景评价. 见: 张洪涛, 陈邦彦, 张海启. 我国近海地质与矿产资源. 北京: 海洋出版社

刘宝银. 2001. 南海群岛遥感融合信息特征分析与计量. 北京: 海洋出版社

刘昭蜀, 赵焕庭. 2002. 南海地质. 北京: 科学出版社

刘振湖. 1998. 南海万安盆地沉降作用与油气远景. 中国海上油气 (地质), 12 (4): 235~241

刘南威. 1996. 中国南海诸岛地名论稿. 北京: 科学出版社

刘楠. 1986. 国际海洋法. 北京: 海洋出版社

刘盛芳, 曾炜, 宋朝景. 1991. 用卫星图像分析南沙群岛岛礁形态与水深. 南沙群岛及其邻近海区地质地球物理及岛礁研究论文集 (一). 北京: 海洋出版社

刘忠臣, 刘保华, 黄振宗, 等. 2005. 中国近海及邻近海域地形地貌. 北京: 海洋出版社

梁必骐. 1991. 南海热带大气环流系统. 北京: 气象出版社

吕文正, 柯长志, 吴声迪, 等. 1987. 南海中央海盆条带磁异常特征及构造演化. 海洋学报, 9 (1): 69~78

吕一然. 1995. 中国海疆历史与现状研究. 哈尔滨: 黑龙江教育出版社

马应良, 1990. 南海北部陆架邻近水域十年水文断面调查报告. 北京: 海洋出版社

马彩华. 2004. 南海地形、底质特征与鱼类配布的研究. 海洋湖沼通报, (1): 45~51

茅元仪 (明). 2001. 《武备志》. 故宫珍本丛刊. 海口: 海南出版社

苗迪菁. 1936. 南海群岛地理的考察. 外交月报, 3 (5): 93

乔方利. 2012. 中国区域海洋学——物理海洋学. 北京: 海洋出版社

齐履谦. 1958. 知太史院事郭公行状. 北京: 商务印书馆

邱永松, 等. 2008. 南海渔业资源与渔业管理. 北京: 海洋出版社

丘世均. 1982. 永乐环礁东南缘广金岛、晋卿岛、琛航岛的地貌研究. 热带地貌, (1): 1~80

阮雅 (越), 等. 1978. 黄沙和长沙特考. 北京: 商务印书馆

任建业, 解习农. 2004. 莺歌海盆地发育的动力学背景及演化过程分析. 见: 李家彪, 高抒. 中国边缘海盆地演化与资源效应. 北京: 海洋出版社

申报. 1947. 南海诸岛名称. 内政部核定公布

沈寿彭. 1982. 黄岩岛珊瑚礁生态. 见: 南海海区综合调查研究报告. 北京: 科学出版社

宋朝景, 朱袁智, 赵焕庭. 1991. 南沙群岛中北部五方礁、赤瓜礁、永暑礁和渚碧礁等9座礁体地貌. 见: 南沙群岛及其邻近海区地质地球物理及岛礁研究论文集 (一). 北京: 海洋出版社

苏纪兰. 2005. 中国近海水文. 北京: 海洋出版社

孙琛. 2008. 加入自由贸易区后中国与东盟水产品贸易关系的变化趋势. 农业经济问题, (2): 60~64

孙家振, 李兰斌, 杨士恭, 等. 1995. 转换-伸展盆地——莺歌海的演化. 地球科学——中国地质大学学报, 20 (3): 243~249

孙光圻. 1989. 中国古代航海史. 北京: 海洋出版社

孙湘平. 2006. 中国近海区域海洋. 北京: 海洋出版社

孙向阳, 任建业. 2003. 莺歌海盆地形成与演化的动力学机制. 海洋地质与第四纪地质, 23 (4): 45~50

孙宗勋, 赵焕庭. 1996. 南沙群岛珊瑚礁动力地貌特征. 热带海洋, 15 (2): 53~60

童晓光, 关增淼. 2001. 世界石油勘探开发图集. 北京: 石油工业出版社

王东晓, 杜岩, 施平. 2002. 南海上层物理海洋学气候图集. 北京: 气象出版社

王国忠. 2001. 南海珊瑚礁区沉积学. 北京: 海洋出版社

王颖. 1996. 中国海洋地理. 北京: 科学出版社

王颖. 2012. 中国区域海洋学——海洋地貌学. 北京: 海洋出版社

王颖. 2013. 中国海洋地理. 北京: 科学出版社

王颖, 马劲松. 2003. 南海海底特征、资源区位与疆界断续线. 南京大学学报 (自然科学), 39 (6): 797~805

王颖, 葛晨东, 邹欣庆.2014. 论证南海海疆国界线. 海洋学报, 36 (10): 1~11

王作秋.1993. 世界港口索引手册. 北京: 人民交通出版社

魏源 (清) .1998. 海国图志. 长沙: 岳麓书社

温孝胜, 赵焕庭, 王丽荣.2001. 南沙群岛南永 3 井岩心常量和微量元素特征及其古环境意义. 海洋通报, 20 (4): 33~38

吴凤斌.1979. 我国中沙群岛的历史沿革. 南洋问题, (6): 91~99

吴士存.1996. 民国时期的南海诸岛问题. 民国档案, (3): 127~132

吴士存.2013. 南沙争端的起源于发展 (修订版) . 北京: 中国经济出版社

吴士存, 朱华友.2006. 五国经济研究. 北京: 世界知识出版社

吴志强.1991. 南沙群岛海域及其岛礁间的航行简介. 航海技术, (5): 10, 15~16

西南沙志编纂委员会.1935. 东西南沙群岛. 见: 中国地理新志. 北京: 中华书局

肖燕萍.2008. 简明世界地图册. 广东: 广东省地图出版社

谢以萱.1984. 我国南海诸岛的地质地貌特征. 见: 中国科学院南海海洋研究所. 南海海洋科学集刊第6集. 北京: 科学出版社

徐万胜.2006. 周边国家与地区军事地理. 洛阳: 解放军外语音像出版社

徐茂泉, 黄奕普, 等.1994. 南海东沙群岛近海域表层沉积物中碎屑矿物的研究. 厦门大学学报 (自然科学版) , 33 (3): 380~385

徐俊鸣.1975. 我国南海诸岛的自然地理概貌. 中山大学学报 (自然科学版) , (1): 81~84

许宗藩, 钟晋樑.1982. 黄岩岛的地貌特征. 见: 中国科学院南海海洋研究所. 南海海洋科学集刊第1集. 北京: 科学出版社

许东禹, 等.1997. 中国近海地质. 北京: 地质出版社

闫义, 夏斌, 林舸, 等.2005. 南海北缘新生代盆地沉积与构造演化及地球动力学背景. 海洋地质与第四纪地质, 25 (2): 53~61

姚伯初, 曾维军, Hayes D E, 等.1994. 中美合作调研南海地质专报 GMSCS. 武汉: 中国地质大学 (武汉) 出版社

杨全喜 钟智翔.2003 东盟国家军事概览. 北京: 军事谊文出版社

姚伯初, 万玲, 吴能友.2004. 大南海地区在新生代板块构造运动. 见: 李家彪, 高抒. 中国边缘海盆演化与资源效应. 北京: 海洋出版社

阎贫, 刘海龄.2004. 南海及其周缘中新生代火山岩活动时空特征与南海形成模式. 见: 李家彪, 余克服, 宋朝景. 西沙群岛永兴岛地貌与现代沉积特征. 热带海洋, 14 (2): 15~23

阎俊岳, 陈乾金, 张秀芝, 等.1993. 中国近海气候. 北京: 科学出版社

叶德燎, 王骏, 刘兰兰, 等.2004. 东南亚与南亚油气资源及其评价. 北京: 石油工业出版社

余克服, 朱袁智, 赵焕庭.1997. 南沙群岛信义礁等 4 座环礁的现代碎屑沉积. 见: 中国科学院南海海洋研究所. 南海海洋科学集刊第10集. 北京: 科学出版社

余克服, 宋朝景.1995. 西沙群岛永兴岛地貌与现代沉积特征. 热带海洋, 14 (2): 24~31

袁友仁, 柳纵阳, 葛宜瑞.1995. 南沙群岛海域晚新生代沉积层发育与构造演化. 见: 中国科学院南海海洋研究所. 南海海洋科学集刊第11集. 北京: 科学出版社

曾昭璇.1997. 南海诸岛. 广州: 广东人民出版社

曾呈奎, 徐鸿儒, 王春林.2003. 中国海洋志. 郑州: 大象出版社

曾昭璇.1986. 南海诸岛. 广州: 广东人民出版社

曾昭璇, 丘世均.1985. 西沙群岛环礁发育规律初探——以晋卿岛, 琛航岛为例. 海洋学报, 7 (4): 472~483

张君然.1998. 抗战胜利后我国海军进驻南海诸岛纪实. 文史精华, (2): 32~36

张明亮.2003. 南中海争端与中菲关系. 中国边疆史地研究, 13 (2): 102~108

张启明, 郝芳.1997. 莺-琼盆地演化与含油气系统. 中国科学 (D 辑) , 27 (2): 149~154

张明书, 何起祥, 业治铮, 等.1989. 西沙生物礁碳酸盐沉积地质学研究. 北京: 科学出版社

张耀光.2003. 中国海疆地理格局形成演变的初步研究. 地理科学, 23 (3): 257~264

赵焕庭.1996. 南沙群岛自然地理. 中国科学院南沙综合科学考察队. 北京: 科学出版社

郑资约.1947. 南海诸岛地理志略. 上海: 商务印书馆

张富元, 章伟艳.2004. 南海东部海域表层沉积物类型的研究. 海洋学报, 26 (5): 94~105

张霄宇，张富元，等. 2003. 南海东部海域表层沉积物锶同位素物源示踪研究. 海洋学报，25（4）：43～49

钟如松，Alte R H. 1992. 南海中沙环礁潜水考察. 南海研究与开发，（4）：45～52

总参谋部测绘局. 2007. 世界地图集. 北京：星球地图出版社

中国地质调查局，国家海洋局. 2004. 我国专属经济区和大陆架勘测专项——海洋地质地球物理补充调查及矿产资源评价. 北
    京：海洋出版社

中国科学院南海海洋研究所. 1985. 南海海区综合调查研究报告（二）. 北京：科学出版社

中国科学院南海海洋研究所地质构造研究室. 1988. 南海地质构造与陆缘扩张. 北京：科学出版社

中国科学院南沙综合科学考察队. 1989. 南沙群岛及其邻区综合调查研究报告. 北京：科学出版社

中国科学院南海海洋研究所. 2000. 南沙群岛海域物理海洋学研究. 北京：科学出版社

中国气象局国家气象中心. 1995. 中国内海及毗邻海域海洋气候图集. 北京：气象出版社

中国科学院南海研究所. 1970. 南海中沙、西沙群岛附近海区调查报告. 广州：广东省科学技术出版社

中国科学院南海海洋研究所. 1975. 西沙群岛海区综合调查初步报告. 广州：广东省科学技术出版社

中国科学院南沙综合科学考察队. 1996. 南沙群岛水道锚地与港口选址研究. 北京：科学出版社

中国对外贸易运输总公司. 1973. 世界港口简况参考资料（第三册 亚洲部分）. 北京：中国对外贸易运输总公司

中国对外贸易运输总公司. 1973. 世界港口名录. 北京：中国对外贸易运输总公司

中山大学东南亚历史研究所. 1980. 中国古籍中有关菲律宾资料汇编. 北京：中华书局

钟晋梁. 1991. 半路礁、南通礁、皇路礁和南屏礁的礁体地貌. 见：南沙群岛及其邻近海区地质地球物理及岛礁研究论文集(一).
    北京：海洋出版社

朱俊江，丘学林，詹文欢，等. 2005. 南海东部海沟的震源机制解及其构造意义. 地震学报，27（3）：260～268

朱袁智，郭丽芬. 1994. 南沙群岛现代珊瑚礁地质研究. 见：南沙群岛及其邻近海区地质地球物理及岛礁研究论文集（一）. 北
    京：海洋出版社

Lanier J，Biocca F. 1992. An insider view of the future of virtual reality. Journal of Communication，42（4）：150～172

Singh G，Feiner S K，Thalmann D. 1996. Virtual reality: software and technology. Commun ACM，39（5）：35～36

Dodge M，Mcderby M，Turner M. 2008. Geographic Visualization，Concepts，Tools and Applications. New York：Wiley

Ru K，Pigott D. 1986. Episodic rifting and subsidence in the South China Sea. AAPG Bull，70：1136～1155

Taylor B，Hayes D E. 1983. Origin and history of the South China Sea Basin. In：Hayes D E. Tectonic and Geologic Evolution of
    Southeast Asian Seas and Islands，Part 2. Geophysical Monograph，AGU，Washington，27：23～56

Tapponnier P，Peltzer G，Le D，et al. 1982. Propagating extrusion tectonics in Asia：New insights from simple experiments with
    plasticine. Geology，7：611～616